中国地质调查局 CGS 2021-079
中国地质调查项目"甘肃天水等城镇和成兰交通廊道工程地质调查"（DD20160271）共同资助
国家自然科学基金重点项目"青藏高原东缘古滑坡复活机理与早期识别研究"（41732187）

青藏高原岷江上游活动断裂与地质灾害效应研究

QINGZANG GAOYUAN MINJIANG SHANGYOU HUODONG DUANLIE YU
DIZHI ZAIHAI XIAOYING YANJIU

郭长宝　张永双　杨志华　吴瑞安　魏昌利　钟　宁
任三绍　沈亚麒　李　雪　陈　亮　韩建恩　金继军　等著
王献礼　张国华　张军龙　宿方睿　张　涛　刘筱怡
郭桥桥　莫家伟　张　瑛　马春田　汪西海　丁莹莹

内容提要

本书系国土资源专项调查项目的研究成果,采用遥感解译、现场调查、物探、槽探、试验测试和数值模拟等多种技术方法,开展了青藏高原岷江上游重要活动断裂发育分布特征和活动性、地质灾害效应等方面的调查研究,主要成果如下:①梳理了岷江上游与成兰铁路、松潘等城镇规划建设密切相关的7条活动断裂发育分布特征,进一步厘定了岷江断裂、龙门山断裂带、塔藏断裂全新世以来的活动特征,并认为岷江断裂、塔藏断裂等活动断裂全新世以来活动性显著;②岷江上游新构造运动表现为南北条带性和东西向差异掀斜抬升的特点,漳腊盆地和斗鸡台盆地在中新世末至上新世初由于断块发生西降东升的翘板式断块运动过程中形成,松潘段最高发育6级阶地,主要形成于中更新世晚期—全新世时期;③查明了区内地质灾害发育规律和控制因素,岷江上游滑坡高易发区、较高易发区主要沿着岷江及其支流两岸呈带状分布,在汶川-茂县、叠溪镇、松潘县城等人类工程活动密集区发育较多古滑坡;④总结了岷江上游发育的叠溪地震滑坡群和龙门山地震滑坡群等2个地震滑坡群,并结合典型案例,揭示了地震、降雨和人类活动作用重大地质灾害成灾机理;⑤调查研究了茂县-北川公路土门段沿线斜坡地质结构,详细划分了68个典型层状岩质斜坡的9种斜坡结构类型,并提出了相应的变形破坏模式;⑥分析研究了岷江上游大型堵江滑坡发育特征,认为历史堵江滑坡主要集中在4个时期,即晚更新世时期(12万年以来)、全新世时期(1万年以来)、古代(1840年以前)和近现代(1840年以后),主要诱发因素为强震和气候因素。

本书是研究青藏高原东部岷江上游活动断裂与地质灾害方面较为系统的专著,图文并茂,理论与实践相结合,可供从事地震地质、工程地质、地质灾害防治、城镇规划建设等领域的科研和工程技术人员,以及高等院校相关专业教师和研究生参考使用。

图书在版编目(CIP)数据

青藏高原岷江上游活动断裂与地质灾害效应研究/郭长宝等著.—武汉:中国地质大学出版社,2021.12
ISBN 978-7-5625-5177-5

Ⅰ.①青… Ⅱ.①郭… Ⅲ.①青藏高原-岷江-上游-活动断层-研究 ②青藏高原-岷江-上游-地质灾害-研究 Ⅳ.①P542.3 ②P694

中国版本图书馆 CIP 数据核字(2021)第 245317 号

青藏高原岷江上游活动断裂与地质灾害效应研究	郭长宝 张永双 杨志华 等著
责任编辑:张旻玥	责任校对:徐蕾蕾

出版发行:中国地质大学出版社(武汉市洪山区鲁磨路388号)	邮编:430074
电　　话:(027)67883511　　　　传　　真:(027)67883580	E-mail:cbb@cug.edu.cn
经　　销:全国新华书店	http://cugp.cug.edu.cn

开本:880毫米×1 230毫米　1/16	字数:613千字　印张:20.25
版次:2021年12月第1版	印次:2021年12月第1次印刷
印刷:武汉精一佳印务有限公司	

ISBN 978-7-5625-5177-5	定价:268.00元

如有印装质量问题请与印刷厂联系调换

目 录

绪 论 …… (1)

第一章 区域地质背景 ……………………………………………………………………………………… (9)
　第一节 自然地理 ……………………………………………………………………………………… (9)
　第二节 地质构造 ……………………………………………………………………………………… (16)
　第三节 地层岩性与工程地质岩组 …………………………………………………………………… (21)
　第四节 水文地质条件 ………………………………………………………………………………… (33)
　第五节 新构造运动与地震 …………………………………………………………………………… (38)
　第六节 小 结 ………………………………………………………………………………………… (52)

第二章 主要活动断裂发育特征与活动性研究 …………………………………………………………… (53)
　第一节 岷江断裂发育特征与活动性研究 …………………………………………………………… (54)
　第二节 龙门山断裂带发育特征与活动性研究 ……………………………………………………… (62)
　第三节 塔藏断裂发育特征与活动性研究 …………………………………………………………… (74)
　第四节 其他活动断裂带 ……………………………………………………………………………… (82)
　第五节 小 结 ………………………………………………………………………………………… (84)

第三章 地质灾害发育特征与易发性评价 ………………………………………………………………… (85)
　第一节 主要地质灾害类型 …………………………………………………………………………… (85)
　第二节 地质灾害发育特征与分布规律 ……………………………………………………………… (91)
　第三节 地质灾害形成条件与影响因素分析 ………………………………………………………… (118)
　第四节 地质灾害易发性评价 ………………………………………………………………………… (138)
　第五节 小 结 ………………………………………………………………………………………… (145)

第四章 岩质斜坡变形破坏模式分析——以茂县-北川公路层状岩质斜坡为例 ……………………… (146)
　第一节 概 述 ………………………………………………………………………………………… (146)
　第二节 主要斜坡结构特征 …………………………………………………………………………… (148)
　第三节 基于坡体结构的层状岩质斜坡发育类型 …………………………………………………… (150)
　第四节 典型层状岩质斜坡破坏模式分析 …………………………………………………………… (156)
　第五节 斜坡岩体工程地质特性分析 ………………………………………………………………… (169)
　第六节 金山村斜坡形成地质力学过程与稳定性评价 ……………………………………………… (182)
　第七节 小 结 ………………………………………………………………………………………… (191)

第五章 古滑坡发育特征与复活机理 ……………………………………………………………………… (193)
　第一节 古滑坡的定义与复活基本特征 ……………………………………………………………… (193)
　第二节 松潘大窑沟古滑坡发育特征与复活机理 …………………………………………………… (194)
　第三节 松潘红花屯古滑坡发育特征与稳定性评价 ………………………………………………… (199)

第四节　松潘俄寨村古滑坡发育特征与稳定性评价 …………………………………………………（206）
　　第五节　松潘元坝子古滑坡发育特征与稳定性评价 …………………………………………………（214）
　　第六节　1933年叠溪地震诱发地质灾害特征 …………………………………………………………（219）
　　第七节　小　结 …………………………………………………………………………………………（232）

第六章　高位远程滑坡发育特征与形成机理 ………………………………………………………………（233）
　　第一节　茂县叠溪镇新磨村高位远程滑坡 ……………………………………………………………（233）
　　第二节　松潘尕米寺古高位远程滑坡 …………………………………………………………………（236）
　　第三节　汶川扣山古高位远程滑坡 ……………………………………………………………………（245）
　　第四节　小　结 …………………………………………………………………………………………（255）

第七章　重大泥石流灾害发育特征与致灾机理 ……………………………………………………………（256）
　　第一节　松潘上窑沟泥石流 ……………………………………………………………………………（256）
　　第二节　松潘大窑沟泥石流 ……………………………………………………………………………（261）
　　第三节　茂县富顺槽木沟泥石流 ………………………………………………………………………（265）
　　第四节　松潘黑斯沟泥石流 ……………………………………………………………………………（272）
　　第五节　小　结 …………………………………………………………………………………………（280）

第八章　堵江滑坡发育特征及地质意义研究 ………………………………………………………………（281）
　　第一节　堵江滑坡国内外研究现状 ……………………………………………………………………（281）
　　第二节　岷江上游堵江滑坡发育特征 …………………………………………………………………（288）
　　第三节　堵江滑坡与构造活动的关系 …………………………………………………………………（294）
　　第四节　小　结 …………………………………………………………………………………………（296）

第九章　主要结论和认识 ……………………………………………………………………………………（297）

主要参考文献 …………………………………………………………………………………………………（301）

绪 论

岷江上游位于青藏高原东缘，是现今地球表面地形地貌和地质构造演化最复杂、构造活动最强烈的地区之一，区内发育岷江断裂、龙门山后山断裂和塔藏断裂等区域性大型活动断裂，断裂活动性强、活动方式复杂，特殊的地质环境决定了工程地质和地质灾害问题的地域性、复杂性和特殊性，导致该区重要城镇和重大工程规划建设过程中遇到了强烈活动的断裂及其断错效应、频发的地质灾害、高陡边坡变形等灾害，防灾减灾形势严峻。

鉴于岷江上游成兰铁路等重大工程与重要城镇规划建设中面临的活动断裂与地质灾害问题，中国地质调查局设立了二级项目"甘肃天水等城镇和成兰交通廊道工程地质调查"，项目周期 2016—2018 年，项目归口管理部门为中国地质调查局水文地质环境地质部，项目所属工程为"重要活动构造与区域工程地质调查"，项目所属一级项目为"地质灾害隐患和水文地质环境调查"。工作的重点内容之一是针对岷江上游成兰交通廊道区域工程地质和地质灾害问题开展综合调查和分析研究。

一、主要内容

本书围绕青藏高原东缘岷江上游成兰铁路等重大工程规划建设中遇到的复杂工程地质和地质灾害问题，开展关键段 1∶5 万工程地质和地质灾害调查（图 0-1），查明青藏高原东缘岷江上游主要活动断裂发育特征和活动性，总结岩土体工程地质性质，分析地质灾害发育分布规律和成灾机理。研究重大工程和重要城镇规划建设中可能遇到的活动断裂断错、古滑坡复活与复杂高陡斜坡稳定性等重大工程地质与地质灾害问题，研究岷江上游大型古滑坡发育历史与规律，为重大工程和城镇规划建设提供科学依据和地质资料。主要研究内容包括：

(1)活动断裂调查分析：通过岷江上游成兰铁路沿线及邻区发育的龙门山断裂带、岷江断裂、塔藏断裂等重要活动断裂调查，分析研究主要活动断裂的空间发育分布特征和活动性，探讨活动断裂的工程避让和防治措施。

(2)地质灾害调查：根据资料收集、遥感解译和野外地质灾害调查，分析岷江上游地质灾害发育分布特征及其主要控制因素，并开展区域地质灾害易发性评价。

(3)活动断裂的地质灾害效应研究：结合活动断裂特点，重点以岷江断裂和龙门山断裂带地质灾害为例，分析活动断裂在演化过程中对地形地貌、岩体结构、斜坡结构的影响，研究断裂活动方式对地质灾害发育特征的控制作用，提出活动断裂带主要地质灾害类型、地震滑坡频发带等地质灾害效应。

(4)典型地质灾害调查与分析：在面上活动断裂和地质灾害调查研究的基础上，选取重点典型滑坡、泥石流等地质灾害，特别是对于区内发育的古滑坡、高速远程滑坡的形成时代和形成机理研究进行了深入研究，剖析了内外动力耦合作用下重大地质灾害形成机理。

(5)堵江滑坡发育特征与地质意义研究：在国内外典型堵江滑坡发育特征、时间序列与影响因素等方面研究基础上，研究了岷江上游堵江滑坡发育特征、地貌效应、灾害意义、环境效应以及和构造活动、古气候的关系等地质意义。

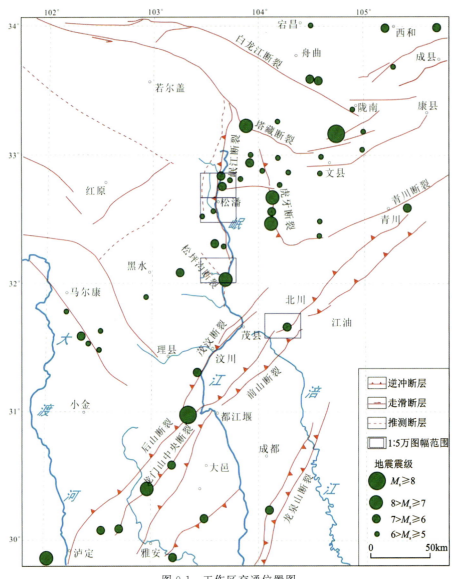

图 0-1　工作区交通位置图

二、研究思路和技术路线

(一) 技术路线

本书紧密围绕服务国家重要城镇、重大工程规划建设中遇到的活动断裂与地质灾害等地质问题，以提高青藏高原东缘岷江上游重要城镇、重大工程规划选址的效率和防灾减灾为核心，以成兰铁路交通廊道为重点区，围绕重大工程规划建设中迫切需要解决的活动断裂断错、地质灾害和高陡斜坡稳定性等重大疑难工程地质问题展开地质调查工作(图 0-2)。主要工作思路和流程如下：

(1) 在广泛收集利用前期已有相关地质研究资料的基础上，采用遥感解译、地球物理勘查与野外调查相结合，线路地质调查与重点地段 1:5 万及以上比例尺工程地质、地质灾害填图调查相结合的方法，查明地形地貌、地层岩性特征、斜坡结构类型等工程地质条件；通过对区域地质构造背景和新构造活动

(地震活动、活动断裂位移和构造应力场转化)与地质灾害相关性的多方位综合调查和研究(模拟试验、常规和非常规岩土工程特性试验等),查明工作区新构造活动特征、重要断裂活动性和地质灾害发育特征,深入剖析活动断裂的地质灾害效应、控灾规律和地震滑坡主控因素。

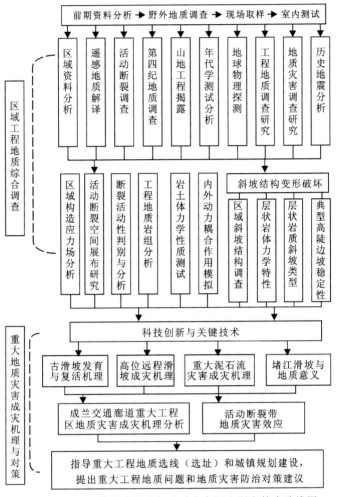

图 0-2　岷江上游活动断裂与地质灾害调查研究技术路线图

(2)在区域工程地质特征分析的基础上,抓住活动构造区复杂地质条件下深埋长隧道进出口、特大桥等重点工程可能遇到的古滑坡稳定性、高位远程地质灾害、高陡边坡稳定性等重大灾害问题,采用实验测试、数值分析等方法,进行区域地质灾害易发性评价,大型古滑坡复活机理研究和边坡稳定性评价。

(3)完成成兰交通廊道重大工程规划区工程地质条件评价,完成重点图幅工程地质条件评价,使地质调查工作直接为国家重大工程规划、建设和安全运营的全过程服务。

(二)工作方法

1. 资料收集与分析

资料的收集与分析是本次工作采用的主要工作方法之一。工作区已经开展了大量相关的灾害地质、环境地质工作,这为该项目的开展奠定了一定基础,项目组对相关资料进行了收集、整理、利用。

2. 遥感图像处理和解译

在区域上采用ETM影像解译重要地质构造和岩土体类型,进行活动断裂、活动盆地、活动褶皱等活动构造的识别和等级划分,确定活动地块边界主断裂和地块内部次级断裂,分析断裂几何学和运动学特征;在重大工程沿线采用Spot影像对重要活动断裂分布区及人类活动或聚居区等进行重点解译,关键地段采用WorldView等高分辨率遥感解译。对于变形强烈、地质灾害高发地区,采用无人机现场航测与精细解译。

(1)遥感图像处理和解译:在遥感图像和解译过程中,通过数据预处理、几何纠正(投影变换、正射校正)、图形镶嵌和遥感影像制作等步骤,进行地形地貌、活动断裂、地质灾害等地理、地质信息的解译。基于数字高程模型DEM(digital elevation model)和高分辨率遥感影像,利用ERADS和ArcGIS等遥感和地理信息系统软件,将影像和地形数据叠合实现大型滑坡要素的三维可视化解译,为滑坡机理和危险性评估等研究提供可靠的基础数据。

(2)无人机航空测绘遥感:无人机遥感地质灾害调查是一个新的技术途径,无人机由地面遥控站通过无线电通信控制飞机的起飞、到达指定空域、进行航拍、返回遥控站降落等操作。采用无人机航测技术,对重要城镇和重大工程周边斜坡一定宽度地带进行大于1∶5000比例尺的航空摄影,并通过外业控制测量,进行数字高程模型(DEM)、数字正射影像图(DOM,digital orthophoto map)、数字线划地图(DLG,digital line graphic)和数字栅格地图(DRG,digital raster graphic)的制作。

3. 活动断裂调查

通过了解大地构造单元部位、区域构造和新构造运动特征,笔者调查地质构造类型、性质、产状、规模、分布、形成时代、活动性,包括断裂的类型、力学性质和活动性、级别、序次、影响的地层,断层构造岩分带及断层的水理性质;调查构造裂隙的类型、力学性质、发育程度、分布规律,裂隙充填情况,构造裂隙与地下水储存和运动的关系;调查工作区内活动断裂类型及特征。

(1)活动断裂的野外调查:路线以采用平行活动断裂走向的追索法为主,并结合穿越法详细调查断裂平面及剖面结构、断层产状、断裂活动强度、活动方式及其分段性、断裂运动方式、活动期次及断错地貌与地质体的时代及断距。

(2)古地震槽探:尽量选择沉积记录较为完整的古地震变形带,并且主要布置能够完整跨越变形带的较大型槽探,尽量避免"残疾"槽探,防止古地震事件的误判。

(3)活动断裂和古地震的测年技术:在野外地质调查和探槽揭露的基础上,结合先进的测年技术,如光释光(OSL)和^{14}C等,定量分析活动断裂晚更新世以来的活动期次、平均运动速度与地震复发周期,估算晚更新世以来活动地块和活动断裂的变形速率。

(4)对于重点调查研究的活动断裂,面上调查达到1∶10万精度,关键部位要求达到1∶1万~1∶5万精度,并相应地布设物探、槽探和地质测年工作;对于一般调查的活动断裂,以资料收集和阶地、水系等地貌断错调查为主。

4. 地质灾害与不良工程地质问题调查

(1)地面地质灾害调查:在综合分析研究收集到的前人资料的基础上,结合遥感解译成果确定地质灾害调查的重点,并在野外对典型地段开展1∶5万专项环境地质、地质灾害调查评价工作,分析其成因,尤其是与活动断裂的关系,以及各地质灾害点的发展趋势,初步评价其稳定性和危害性,提出相应的防治措施建议。

(2)重大地质灾害工程地质测绘:根据现场地质灾害调查情况,遴选出稳定性差、危及重大工程及人民群众生命财产安全的地质灾害体进行重点测绘,采取相关岩土样品。主要是绘制平面图、剖面图,实测地质剖面,适量投入槽探工作量揭露它们与活动断裂、地层岩性之间的关系,分析其成因,着重剖析其形成机理,评价其稳定性、危害性,并提出合理的防治措施建议。

5. 地球物理探测

对于重要的活动断裂和地质灾害隐患点,采用可控源音频大地电磁测深(CSAMT)和高密度电法剖面。可控音频大地电磁测深采用100~200m极距,探测深度达到2000m以上,有效控制工作区内部分大断裂的深部构造特征。高密度电法点距为10m,有效探测深度为100~150m,要求达到相应方法1∶1000的工作精度,同时为选择探槽揭露点提供依据。在开展地球物理测试数据采集前,根据以下原则初步选定布设位置:①典型剖面要布设在能概括反映区内不同地层、构造的地方,长度应大于地质情况已知地段的宽度;②采用综合物探与钻探相结合的方法进行活动断裂、工程线路(规划线路)的工程地质探测,即结合钻探布设点分布情况,满足跨越潜在断层或工程线的要求进行物探剖面布设。

6. 地质灾害易发性评价

在区域地质灾害调查研究的基础上,建立区域地质灾害数据库,采用信息量法、层次分析法等分析方法,基于ArcGIS软件平台,分析工程地质岩组、地震动峰值加速度、地形高差、地形坡度、断裂距离、水系距离与道路距离等影响地质灾害的关键因子,评价各因子的地质灾害敏感性,进而对成兰交通廊道的地质灾害易发性进行评价和分区。

三、主要进展和成果

1. 岷江上游第四纪地质与活动断裂发育特征及其活动性研究

(1)研究区主要位于南北地震带中部,活动断裂极为发育。在梳理区内前人活动断裂发育特征和活动性的补充调查基础上,编制了青藏高原东部主要活动断裂分布图,认为研究区与重要城镇、成兰铁路规划建设密切相关的活动断裂主要有龙门山断裂带、岷江断裂、塔藏断裂等大型区域性活动断裂,部分活动断裂全新世以来活动强烈,且具有诱发强震背景。

(2)龙门山断裂带晚第四纪以来持续活动,是龙门山地区地壳缩短增厚、山脉隆升与构造地貌演化的重要原因,2008年5月12日沿龙门山断裂带的北川-映秀断裂发生$M_s 8.0$级强震,诱发大量地质灾害。

(3)岷江断裂是岷山断块的西边界,起贡嘎岭以北,向南经卡卡沟、川盘、川主寺、较场,至茂县以北消失,全长约170km,走向呈近南北,断面西倾,倾角不定,该断裂分段活动性强,在镇江关-叠溪-两河口段全新世活动显著。

(4)塔藏断裂是东昆仑断裂带的一条分支断裂,晚第四纪的活动表现为分段性和多期性,西部以水平剪切运动为主,东部走滑运动分量逐渐减少,塔藏断裂罗叉段、马家磨段等地段全新世活动性强。

2. 区域地质灾害调查研究

(1)在活动断裂调查、遥感解译和前人研究资料的基础上,开展了4幅1∶5万图幅的工程地质和地质灾害调查,揭示松潘幅内发育崩滑流地质灾害147处,其中滑坡104处,崩塌21处,泥石流22处;漳腊幅内发育地质灾害点202处,滑坡105处,以中小型为主,崩塌39处,均为小型岩质崩塌;泥石流58处;土门幅内地质灾害类型以滑坡为主,其次是崩塌和泥石流,共调查崩塌、滑坡、泥石流等地质灾害及隐患点126处,其中崩塌灾害点36处,滑坡灾害点74处,泥石流灾害点16处;叠溪幅内共调查地质灾害185处,滑坡80处,崩塌73处,泥石流32处。针对区内典型滑坡、泥石流单体灾害开展了大比例尺测绘、调查,结合物探、数值模拟等手段,进行了初步分析。

(2)青藏高原东缘地质灾害极为发育，并发育大量大型、特大型—巨型滑坡，影响滑坡发育分布的因素主要有地震、降雨、人类工程活动和断裂蠕滑等，以及在多因素耦合作用下发生滑动。区内在强震作用下诱发的地震滑坡极为发育，主要分布有叠溪地震滑坡群和龙门山地震滑坡群等2个地震滑坡集中发育区，总体上具有沿高山峡谷和近断裂带密集发育分布的特征。地震滑坡大多具有高位、规模大、滑速快、滑程远、破坏力强等特点，对重大工程建设规划和城镇安全具有极大的威胁。

3. 岩质斜坡变形破坏模式分析

(1)以茂县-北川公路层状岩质斜坡为例开展了岩质斜坡变形破坏研究，主要以斜坡物质组成、层状岩体的完整程度、岩层倾向与坡向的关系以及岩层倾角作为4级分类标准将研究区内所调查的68个典型斜坡进行斜坡结构类型的分类，总共划分为9个类别：中倾顺向层状结构、陡倾顺向层状结构、横向层状结构、斜顺向层状结构、斜反向层状结构、中倾反向层状结构、陡倾反向层状结构、破碎层状结构和碳质千枚岩结构斜坡。

(2)研究区内绢云母千枚岩、绢云母千枚岩风化物中伊利石和蒙脱石等含量较高，伊利石遇水易分解和蒙脱石遇水强烈膨胀的特性导致区内碳质千枚岩斜坡的变形破坏主要以降雨条件下的坍塌为主。

(3)以金山村斜坡为研究对象，详细论述了研究区内特有的滑移—弯曲—压实—剪断型变形破坏模式。

4. 古滑坡发育特征与复活机理

(1)岷江上游因其特殊的自然、地质环境条件，古滑坡极为发育，经研究认为岷江上游的大部分古滑坡可能为地震诱发，这些古滑坡多具地震滑坡的特征，当前整体稳定性较好，但部分因后期地震、降雨、坡脚冲刷、人类工程活动等因素影响而导致局部复活。

(2)在遥感解译、野外调查的基础上，采用无人机、高密度电法和电阻率测深法，并结合钻探对川西岷江河谷发育的松潘县大窑沟古滑坡、红花屯古滑坡、俄寨村古滑坡、元坝子古滑坡等典型大型—巨型古滑坡的空间结构进行了勘探分析，有效确定了古滑坡的空间结构和滑带特征。基于古滑坡的地球物理勘探数据和解译结果，统计分析了川西岷江河谷地区大型—巨型古滑坡空间岩土体的地球物理物性参数，对指导该区滑坡调查分析具有重要的指导意义。

(3)通过古滑坡关键岩土体工程地质力学测试、物质组成结构和强度分析，提出了大型古滑坡变形破坏机制，并研究了古滑坡的稳定性，认为区内古滑坡主要受地震、降雨和河流侵蚀等作用影响，以次级滑动为主，在暴雨和地震等内外动力耦合作用下，部分滑坡可能会发生整体滑动。

5. 高位远程滑坡发育特征与形成机理

(1)青藏高原东缘岷江上游发育大量高位远程滑坡，2008年汶川地震诱发了大量高位远程滑坡-堵江-溃坝灾害链，2017年在叠溪镇新磨村发生了严重的高位远程滑坡灾害，经调查认为研究区内古高位远程滑坡也极为发育，如松潘尕米寺古高位远程滑坡、扣山古高位远程滑坡等。

(2)尕米寺古滑坡位于岷江上游冰缘区，经研究认为其形成于距今25ka左右，最大滑动距离达1.42km，滑坡后壁与堆积区前缘高差约310m，具有高速远程滑动的特征；滑坡堆积体堰塞岷江古河谷，物探和钻探揭露古河道埋藏在滑坡堆积区地表下30~50m，古河床厚40~60m，并在后期溃坝后岷江改道至滑坡前缘目前河道。发育于尕米寺滑坡中后部岷江断裂的强烈活动可能是诱发尕米寺古滑坡形成的主要因素。

(3)扣山滑坡位于岷江上游汶川县雁门乡扣山村体积，滑坡1.5亿~1.8亿 m^3，研究认为扣山滑坡形成于距今24ka左右，其形成与茂汶断裂茂县段在距今28~19ka年间发生过多次强震事件有关，形成过程可分为坡体后缘震动拉裂、软弱层(千枚岩)顺层滑动、前部"锁固段"剪断、溃滑震动堆积4个阶段。

6. 重大泥石流灾害发育特征与致灾机理

(1)岷江上游泥石流极为发育，以沟谷型为主，主要分布在高山峡谷区、活动构造带附近和历史强震区内，正在规划建设的成兰铁路受泥石流危害极为严重，其经过的安县、茂县和松潘县等地段内位于2008年汶川地震极震区内，在汶川地震之后形成的若干大型、巨型泥石流直接威胁着铁路选址、施工和运营安全。

(2)采用空天地一体化技术，系统调查研究了松潘上窑沟泥石流、大窑沟泥石流、黑斯沟泥石流和茂县富顺槽木沟等大型泥石流沟发育分布特征、形成条件与形成机理，提出了泥石流发展区域与防治建议。

7. 堵江滑坡发育特征与形成机理

(1)伴随着青藏高原的强烈隆升，岷江上游新构造运动强烈、地震频发且震级大，在极为发育的崩塌、滑坡和泥石流等地质灾害作用下，堵江滑坡事件频繁发生，1933年叠溪地震、2008年汶川8.0级地震均诱发了大量的堵江滑坡，形成大量堵江滑坡堰塞湖，其中叠溪地震形成的较场海子堰塞湖于45天后溃坝，形成的洪水、泥石流导致岷江下游大量人员伤亡。

(2)通过对岷江上游33个堵江滑坡的发育规律进行总结分析，按照时间序列将岷江上游堵江滑坡分为四期：晚更新世(12万年以来)、全新世(1万年以来)、古代(1840年以前)、近现代(1840年以后)。认为岷江上游堵江滑坡形成绝对年龄有明显的两个陡直增长区间，对应时间分别为距今15~25ka和1933年，堵江滑坡群发事件与该时期构造活动诱发的强震事件有关。

(3)岷江上游堵江滑坡的空间分布规律与地形地貌、地层岩性、斜坡结构具有密切关系；诱发因素以地震和降雨为主，地震堵江滑坡以大型—巨型滑坡为主，降雨诱发的堵江滑坡主要以中型—大型滑坡为主。

四、参加人员及分工

在研究过程中，充分体现学科优势互补、加强产学研的密切结合，发挥集体智慧的作用。野外地质调查和室内测试分析工作完成后，由相关专业的技术骨干进行了书稿的编写工作。编写分工如下：

绪论由郭长宝、张永双撰写，主要介绍项目的任务来源、目标任务，本专著的主要研究内容、研究思路、技术路线和主要进展等。

第一章由李雪、陈亮、丁莹莹等撰写，主要介绍研究区的自然地理、地质构造、地层岩性、新构造运动特征、人类工程活动等。

第二章由钟宁、任三绍、张军龙撰写，主要根据现场调查、探槽揭露和浅层物探资料，阐述了岷江上游成兰交通廊道及邻区主要活动断裂的空间分布特征、分段活动性及其与历史地震的关系。

第三章由吴瑞安、魏昌利、宿方睿等撰写，从主要地质灾害类型、地质灾害发育分布规律和地质灾害易发性进行了分析，对研究区内典型地质灾害发育分布特征和成灾机理进行分析评价。

第四章由郭长宝、沈亚麒撰写，从区域岩质斜坡结构、变形破坏模式阐述了以茂县-北川公路层状岩质斜坡岩体结构工程地质条件，研究了典型斜坡变形破坏的地质力学过程。

第五章由杨志华、吴瑞安、任三绍、郭桥桥等撰写，主要分析了岷江上游大型古滑坡发育特征和形成机理，研究了典型古滑坡的复活机制。

第六章由吴瑞安、任三绍、郭长宝等撰写，主要论述了岷江上游典型高位远程滑坡发育特征和形成机理，研究了典型高位远程滑坡的启滑机理和运动过程。

第七章由李雪、魏昌利、莫家伟等撰写，主要论述了岷江上游泥石流的空间发育分布特征、典型大型泥石流形成机制与危险性。

第八章由任三绍、郭长宝等撰写，主要论述了堵江滑坡国内外研究现状，岷江上游堵江滑坡发育特征、堵江滑坡与构造活动等之间的相关性。

第九章由郭长宝、张永双撰写，对本项研究的主要结论和存在问题进行总结，并提出了需要进一步研究的关键科学问题。

全书由郭长宝、张永双、杨志华和吴瑞安进行统稿。除了上述标注的撰写人员外，参加本项研究工作的人员还有：张鹏、汪西海、孟文、唐杰、马春田、杜洋、张怡颖、闫怡秋、袁浩、李彩虹、刘定涛等，他们都不同程度地参与了野外调查、相关资料整理和分析研究工作，为书稿的最终完成做出了贡献。

本书的出版得到了作者所在单位中国地质科学院地质力学研究所的大力支持与帮助。在调查研究过程中，中国地质调查局总工室、水环部、地质灾害处等部室领导时刻关注本项目进展，并给予多方面的指导和帮助，委托业务承担单位的领导和技术人员在野外调查和资料共享方面给予了大力支持。中国地质科学院地质力学研究所邢树文所长、余浩科书记、马寅生副所长、科技处郭涛处长、工程首席谭成轩研究员等时刻关注本项目进展，并给予多方面的指导和帮助。借此机会，特向对本项研究提供帮助、支持和指导的所有领导、专家和同行表示衷心的感谢！

第一章 区域地质背景

岷江上游位于青藏高原与四川盆地之间的过渡区,地跨岷江和涪江上游高山峡谷地带,河谷深切,发育有纵横交错的高山深切河谷地貌,同时,受龙门山断裂带、岷江断裂和塔藏断裂等区域性大型活动断裂的影响,地质环境复杂并十分脆弱,构造地貌形态多样,是内、外动力地质灾害都极为发育的地带。

第一节 自然地理

研究区位于四川省西北部的青藏高原东部边缘,行政区划主要涉及四川省阿坝藏族羌族自治州汶川县、茂县、理县、黑水县、松潘县,绵阳市的平武县、北川县、安县,绵竹市的小部分区域。研究区受西风环境和印度洋西南季风影响,属高原性季风气候,因海拔高差大,垂直气候和地区气候明显,局部气候复杂,昼夜温差和地区温差大。常见的灾害性天气有春旱和伏旱,秋季多阴雨,春夏常有暴雨、洪水、冰雹发生。

一、气象和水文

(一)气象条件

研究区位于青藏高原东缘,岷山山脉中段,属高山寒温带气候区,西部为岷江流域,东部为涪江流域,气候具有按流域呈明显变化的特点。涪江流域湿润多雨,四季分明,岷江流域则寒冷潮湿,冬长无夏,春秋相连,四季不分明。受东南、西南季风和青藏高原冷空气双重影响,气候要素随着海拔高度的变化而呈垂直分布。低山河谷地带属山地湿润性季风气候,低中山地带属山地温暖带气候,中山地带属寒温带气候,高山地带属亚寒带气候,极高山地带属寒带气候。由于地形起伏变化大,气温的垂直变化十分明显,随地势的增高而逐渐降低,昼夜温差大。

区内降雨在空间和时间上都极不均匀(表1-1),多年平均降雨量810.8mm,主要集中在5—9月,全年暴雨较少,以中、小雨为主,降雪主要集中在10月至次年5月;年均蒸发量1 272.5mm,其中陆面蒸发量为545.5mm;最大冻结深度1m。

表1-1 研究区各县城气象站降雨量统计表 单位:mm

气象站	1月	2月	3月	4月	5月	6月	7月	8月	9月	10月	11月	12月	全年
汶川	6.96	11.8	33.2	67.3	95.9	116.9	184.3	164.1	116.5	138.6	22.6	47.1	885.5
茂县	2.9	6.05	21.87	53.1	77.8	94.4	95.9	83.3	70.2	38.3	10.4	2.7	418.9
理县	8	12	37	50	95	105	72	62	88	53	18	6	601.0

续表 1-1

气象站	1月	2月	3月	4月	5月	6月	7月	8月	9月	10月	11月	12月	全年
松潘	9	20	30	50	100	130	120	100.8	134.2	88	25	10	729.7
黑水	4.4	8.2	29.2	65.5	125.5	146.2	139.2	95.4	135.1	70.8	12.3	4.0	835.8
平武	3.7	7.0	20.5	45.9	81.2	106.7	183.5	178.3	121.4	44.7	10.8	2.3	806.0
北川	5.9	11.4	22.8	52.6	97.3	135.3	370.8	350.4	206.6	64.4	18.6	4.1	1 399.1

总的来看,区内降雨有以下几个特点(图1-1)。

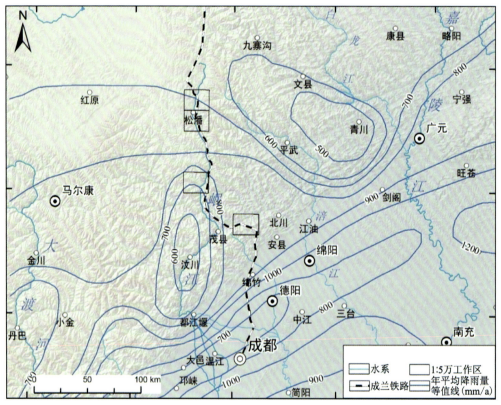

图1-1 研究区降雨等值线及水系图

(1)降雨空间分布不均:区内降雨受大气环流和地形地貌的影响,时空分布不均。中部汶川、理县、茂县三县降雨最少,多年平均降雨量分别为458mm、554mm、541mm;映秀以南降雨最多,多年平均降雨量大于1200mm,紫坪铺一带达1565mm。大致以茂县白溪、沙坝、渭门一带为降雨低值中心,向北至松潘县川主寺、向南至都江堰紫坪铺一线逐渐升高。

(2)降雨时间分布不均:根据气象资料统计,岷江上游降雨量60年来变化不大,年降雨量的波动值仅有70mm左右,说明岷江上游的降雨量是基本稳定的。但在年内分配极不均,降雨集中在5—9月,5个月降雨量占全年降雨量的75%左右,12月至次年1—2月的降雨量仅占全年降雨量的2%左右,降雨年内分配不均是区内河流流量枯洪变差大的主要原因。理县、黑水县、松潘县全年降雨呈双峰型分布,5月、6月、9月是降雨高峰期,每年雨季开始和临近结束有两次大的降雨过程。

(3)降雨雨强大是地质灾害的主要诱发因素:受局部大气环流影响,降雨在区域上分配不均,年内分配也不均,而且各次降雨的雨强差异极大,洪期降雨小时和日雨强常常是很大的,往往成为地质灾害的诱发因素。

据松潘县气象局1981—2016年资料,松潘县月最大年降雨量为202.9mm(1992年6月),日最大降雨量为40.0mm(2002年6月23日),月降雨量>100mm和日降雨量>10mm的时间多集中于每年的5—9月,降雨占多年平均降雨量的70%以上,且强降雨过程集中于2~3h内,降雨小时雨强非常大,致使每年5—9月成为区内地质灾害高发期。

(4)同一地区降雨量在垂向上分布不均:总体上来看,降雨量随海拔的升高先上升,至海拔3000m左右,又随海拔的升高而降低。以黑水县为例,在海拔高度1650~3000m地区,年降雨量从600mm增至1000mm,降雨量随海拔高度增加而增多;海拔3000m以上至5286m地区,降雨量随海拔高度增加而减少,年降雨量从1050mm逐步减少到205mm。研究区东南部的都江堰,其东南部平原区多年平均降雨量为800~1100mm,西北部山区多年平均降雨量为1200~1750mm。

(二)水文条件

研究区内河流分属岷江水系和涪江水系(图1-1),山区河谷深切,大小溪沟发育,主要河流积雨面积多在100km²以上。由于降雨的季节分配极度不均,区内各主要河流在枯、丰期流量差比较大,洪期流量、水位陡增,常常引发地质灾害。

岷江水系:岷江是长江上游地区重要的一级支流,它源于岷山南麓,分东西二源,东源起于贡嘎岭,西源起于郎架岭,汇流于红桥关后,干流经松潘县、茂县、汶川县和都江堰市,沿途接纳小姓沟、黑水河、杂谷脑河与鱼子溪等主要支流,于都江堰进入成都平原。岷江上游主干流从都江堰起上行至松潘县川主寺,全长330km,流域面积$2.30 \times 10^4 km^2$,总落差3009m,多年平均流量492m³/s,多年平均年径流总量$153.5 \times 10^8 m^3$。

涪江水系:涪江是嘉陵江的支流,发源于松潘县与九寨沟县之间的岷山主峰雪宝顶,干流向南东方向流经绵阳市平武县、江油市,由江油市武都镇进入成都平原,沿途接纳夺补河、清漪江、湔江等主要支流,在重庆市合川区汇入嘉陵江。全长700km,流域面积$3.64 \times 10^4 km^2$,多年平均径流量572m³/s。

二、地形地貌

研究区西北部为若尔盖丘状高原,东南部涪江流域大部分地区属龙门山山脉,中部岷江干流及涪江上游地区属岷山山脉。研究区内海拔一般在1200~5500m之间,山峰海拔多为4500~5000m,最高峰为雪宝顶,海拔5588m。区内峰峦起伏,山高谷深,总体地势北西高、南东低,中部近南北走向的岷山山脉构成岷江与涪江水系分水岭(图1-2—图1-4)。

研究区北部岷江上游海拔相对较高,主要为海拔4000m左右的丘状高原,东南部龙门山地区明显变低,海拔一般在2800~3500m之间,主要为中山区。地质构造复杂,控制着地貌发展格局。挽近时期构造运动使大部分地区强烈上升,河谷下切,气候、植被具明显垂直分带性。与此相适应的外动力地质作用下所塑造的地貌类型、形态特征也呈现显著的垂直分带性。在海拔3800m以上,降雨以固态形式,融冻、寒冻风化作用为主,冰蚀、冰缘地貌形态极为发育,如冰斗槽谷、角峰、刃脊、石海等;在海拔3800m以下,降雨以面蚀、线蚀作用为主,山坡、沟坡、谷坡上浅沟、细沟、冲沟密集分布。深切河谷与山坡脚之间界线明显,高程分布差异较大,在山坡缓、坡脚坡积物厚的地区,地质灾害较少,分布有大量的居民区,而在谷坡地带,滑坡、崩塌、泥石流等地质灾害极为发育。根据该区的地形地貌特征,结合地貌成因,本研究人员对全区地貌形态类型进行分区,其中一级地貌分区按研究区所处的大地构造控制和大地貌单元形态划分,二级地貌分区主要以特定条件下外动力地质作用下形成的地貌形态的差异划分。按成因归类将研究区地貌类型划分为4个大类6个亚类(图1-5),其中4个大类分别为剥蚀堆积丘状高原区(Ⅰ)、岷山极高山、高山、中山区(Ⅱ)、龙门山极高山、高山、中山区(Ⅲ)和侵蚀深切河谷区(Ⅳ)。现简述如下。

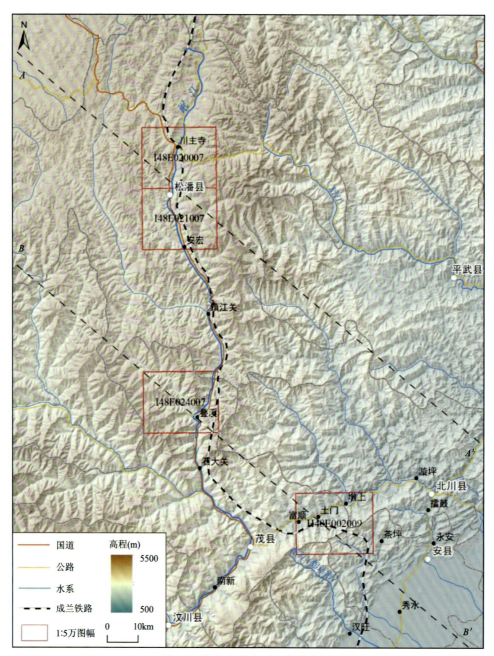

图 1-2 岷江上游地面高程分布图

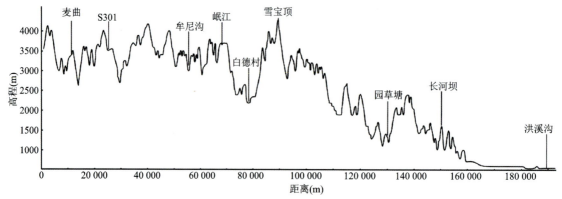

图 1-3 岷江上游地形剖面（A—A'）

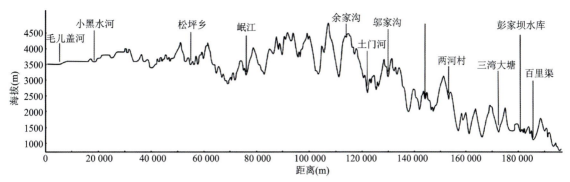

图 1-4 岷江上游地形剖面（B—B'）

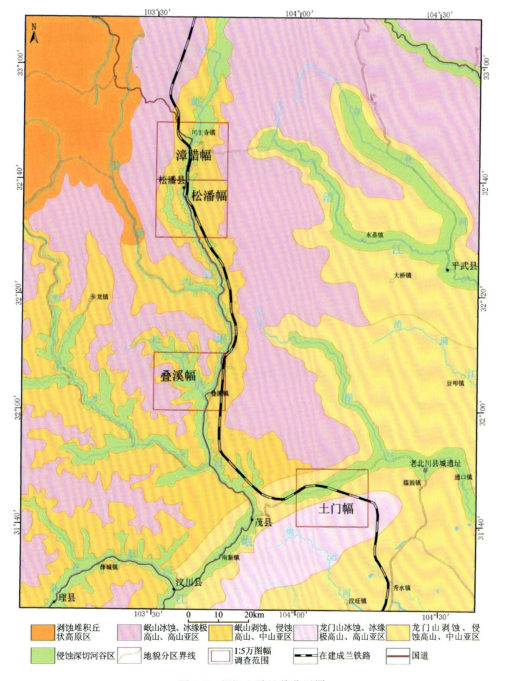

图 1-5 岷江上游地貌分区图

（一）剥蚀堆积丘状高原区（Ⅰ）

剥蚀堆积丘状高原区主要分布于研究区西北部，位于毛儿盖河、热务沟上游及其源头地区，分布面积2 142.5km²，是若尔盖丘状高原东南边缘部分，地势北高南低，山呈垄丘状，海拔一般3700～3800m，相对高程200～450m。坡度一般小于20°，沟谷呈"U"形，一般宽约0.5～1.0km，溪水蜿蜒其中，河源往往为沼泽，水草丰富，宜放牧。但气候恶劣，温差大，融冻风化作用强烈，残坡积物丰富，常形成泥石流堆积在沟旁谷口。

（二）岷山极高山、高山、中山区（Ⅱ）

1. 岷山冰蚀、冰缘极高山、高山亚区

该亚区分布于研究区中西部—北部岷江较大支流分水岭地区及岷江、涪江流域上游边界地带，分布面积9 702.7km²。一般山峰海拔4000～4500m，下限海拔3600～3800m。岷江上游北部与丘状高原接壤的冰蚀冰缘地貌，山坡较缓，坡度15°～30°，冰斗分布海拔3800～4200m，冰川谷长一般小于1km，石海、石河、季节性冻土等冰缘地貌特征明显。中部和西部边缘的羊拱海、班尔尼、雪隆包、雪宝顶等地及东北的虎牙、王朗自然保护区一带，山体浑厚，山头宽，山坡缓，坡度20°～30°，山峰如犄角状耸立山顶。冰斗集中分布在海拔4000～4400m处，冰湖星罗棋布，面积0.15～0.50km²。海拔4500m以上的现代冰川活跃，悬谷冰舌、冰瀑布、冰塔十分发育，冰川谷长度悬殊，一般3～5km，最长的羊拱海沟达23km。海拔3600m一带，基岩裸露，寒冻风化作用强烈，发育石海、石河、冰丘等冰缘地貌。

2. 岷山剥蚀、侵蚀高山、中山亚区

高山亚区分布于研究区中西部岷江干流及其支流冰蚀冰缘极高山、高山与侵蚀堆积深切河谷之间，中山亚区主要分布于茂汶断裂与二王庙断裂之间，山脊走向与构造线一致，为北东向，地势北高南低，分布面积5 467.5km²。

1）高山亚区

海拔一般3200～3800m，相对高差800～1600m，镇江关以北山体长圆，走向南北，坡缓；镇江关以西山尖、脊狭、坡陡（25°～30°）；镇江关东南及叠溪海子周围，山顶次圆，山脊纯锐相，山坡上缓（18°～24°）下陡（24°～35°）、石大关—茂县红岩与黑水河、杂谷脑河一带，山顶尖棱、山坡陡直，上段38°～42°，下段30°～40°。

局部发育高山森林，分布规律明显，据统计坡向0°～60°、290°～330°（阴坡）地区森林较发育，分布海拔可达4000m左右；相反，坡向110°～150°、180°～240°（阳坡）植被稀疏，分布区的上限海拔3200～3600m。高山地带融冻、寒冻风化作用强烈，坡积物发育，同时流水剥蚀、侵蚀山坡，谷坡纹沟密集，泥石流、滑坡、崩塌时有发生。

2）中山亚区

海拔一般2500～3200m，齐头岩最高，达3624m，相对高程一般大于1000m，山脊形态因岩性而异，呈鳍状、齿状，坡度36°～45°。这一带北东向断裂构造发育，灰岩飞来峰屹立，山顶形态宽、平、圆，山脊垄状，山坡上、下缓，中间陡。

中山地带剥蚀、侵蚀作用强烈，伴随飞来峰岩溶发育，产生大量风化产物被流水携带至坡脚，易发生滑坡、泥石流，水土流失严重。

（三）龙门山极高山、高山、中山区（Ⅲ）

1. 龙门山冰蚀、冰缘极高山、高山亚区

该亚区分布于茂县—汶川县以东九顶山—红岩分水岭地带，分布面积1 057.9km²。一般山脊海拔3 200～4 500m，峰顶4 500m左右，最高峰九顶山海拔高差4 970m，山顶呈锥状，山脊如鳍，尖棱，山坡陡直，角峰、刃脊十分发育。由九顶山至红岩顶，北高南低，角峰、刃脊南北向延伸，冰斗分布在山坳、山洼沟头等，冰湖发育，现代冰川活跃。

2. 龙门山剥蚀、侵蚀高山、中山亚区

该亚区分布于岷江干流茂县—汶川县段及涪江流域冰蚀冰缘极高山、高山与侵蚀堆积深切河之间，分布面积6 586.3km²。一般海拔2 200～3 200m，相对高差500～1 500m。南部碳酸岩区岩溶作用较强烈，岩溶地貌比较完善，连续厚度较大的中厚层状灰岩、白云岩地层中岩溶更发育，岩溶发育的走向往往与构造轴线一致，岩溶地貌类型主要有漏斗、落水洞、溶蚀洼地、溶洞等。

（四）侵蚀深切河谷区（Ⅳ）

1. 岷江流域侵蚀深切河谷区

岷江干流及一级支流黑水河、杂谷脑河、鱼子溪、热务沟大部分均属深切河谷，根据谷宽、谷深可分为峡谷、宽谷、河谷盆地，面积1 952.1km²。

岷江源头贡嘎岭至红桥关为卡卡沟—漳腊河源盆地，走向南北，上、下段开阔，中间部位狭窄，长45km，宽4～8km，Ⅱ级阶地发育，宽度达2km左右。红桥关至西宁关为岷江深切曲流宽谷，长26km，谷宽600～700m，谷坡18°～22°。茂县县城所在地为多个洪积扇与岷江多级阶地组成的小盆地，面积约20km²，岷江纵贯其中。

岷江干流西宁关—普安、茂县—汶川段为不对称峡谷。前者东岸谷坡陡急（40°～50°），西岸缓倾（18°～24°）；后者正好相反，西岸陡急（36°～39°），东岸缓倾（18°～30°）。河谷宽200～500m，深600～1 000m，纵坡降5.5‰～7.0‰，支沟发育，呈羽状、树枝状。前者植被较好；后者植被较差，处于断裂带上，在干旱河谷，降雨集中时，滑坡、崩塌、泥石流频频发生。

岷江干流普安至椒园堡段，黑水河中、上游，毛儿盖河等为对称峡谷段，谷坡35°～45°，深500～1 200m，宽50～200m，纵坡降10‰～20‰，多跌水，支沟发育，重力滑塌地质现象普遍，毛儿盖河森林保护较好，其他河谷局部有森林。岷江干流汶川至理县段河谷宽、窄相间，汶川县县城段两侧谷宽400～800m，水面宽50～100m，水量丰沛。

2. 涪江流域侵蚀深切河谷区

涪江干流及一级支流清漪江、湔江均属深切河谷，根据谷宽、谷深可分为峡谷、宽谷区，面积1 543.5km²。河谷区内地形平缓，谷宽200～1 000m，由漫滩和阶地组成，谷坡10°～20°。漫滩以边滩为主，宽100～500m，长1～2km，高出水面1～5m，阶地以Ⅰ级阶地为主，宽500～1 000m，长5～10km，Ⅱ级—Ⅴ级阶地零星分布。

3. 贡嘎岭-漳腊盆地区

该盆地位于岷江源头贡嘎岭—虹桥关一带，走向南北，上、下段开阔，中间部位狭窄，长45km，宽4～8km，Ⅱ级阶地发育宽度在2km左右。

第二节 地质构造

一、青藏高原的活动构造分区

青藏高原通常是指南起喜马拉雅山,西抵帕米尔—西昆仑山—阿尔金山,北接祁连山,东邻六盘山—龙门山及安宁河—小江一带所围限的区域(图 1-6)。作为地球上一个独特的自然地域单元,青藏高原晚新生代以来的强烈隆升及其对周边地区气候与环境的影响,一直为科学界所关注,成为国际上地球科学、资源与环境科学的研究热点和关键区域。青藏高原内部鲜水河断裂带、金沙江断裂带等几条重要

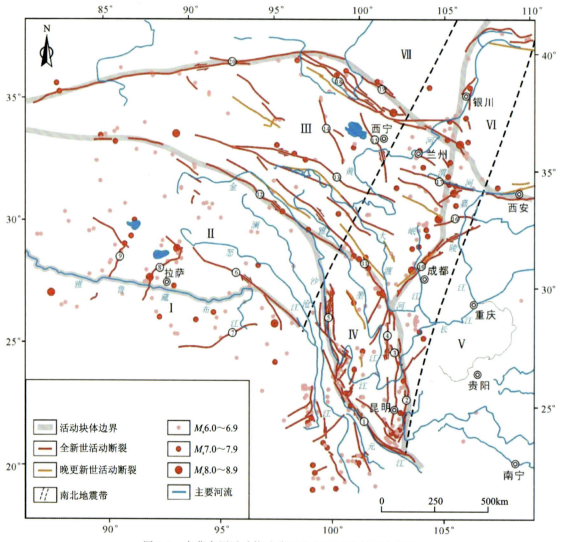

图 1-6 青藏高原活动构造分区及主要活动断裂分布图

Ⅰ.喜马拉雅块体;Ⅱ.西藏块体;Ⅲ.甘青块体;Ⅳ.川滇块体;Ⅴ.华南地块;Ⅵ.鄂尔多斯地块;Ⅶ.塔里木块体;①红河断裂带;②小江断裂带;③则木河断裂带;④安宁河断裂带;⑤金沙江断裂带;⑥嘉黎断裂带;⑦喜马拉雅南麓主山断裂带;⑧亚东-谷露断裂;⑨甲岗定结断裂带;⑩龙门山断裂带;⑪鲜水河断裂带;⑫玉树断裂带;⑬东昆仑断裂带;⑭鄂拉山断裂;⑮日月山断裂;⑯文县断裂;⑰西秦岭北缘断裂带;⑱海原断裂;⑲龙首山断裂;⑳阿尔金断裂带

的构造活动带将它分为4个主要构造块体:喜马拉雅块体(Ⅰ)、西藏块体(Ⅱ)、甘青块体(Ⅲ)和川滇块体(Ⅳ)。雅鲁藏布江带是喜马拉雅块体与西藏块体的分界线;拉竹笼—可可西里—金沙江带是西藏块体与甘青块体的分界线;金沙江—红河带为川滇块体的西南边界,鲜水河断裂—安宁河断裂—小江断裂构成川滇块体的东北边界(丁国瑜,1991)。现今构造格局的形成经历了极其复杂的演化过程。

自德国地层学家M.Neumayr于1885年拉开对青藏高原研究的序幕以来,人类已获取了有关高原地质的丰硕研究成果,并极大深化和丰富了人们对青藏高原形成与演化的认识(王成善,1998)。在青藏高原晚新生代构造变形和演化有关的大陆动力学理论中,目前占主导地位的主要有3种:①刚性块体挤出理论(Tapponnier et al.,1982,2001;Avouac,1993);②岩石圈尺度的连续变形理论(England et al.,1986;Holt et al.,2000);③下地壳塑性流动理论(Royden et al.,1997)。关于地壳缩短在高原内部怎样吸收的问题主要有下列一些观点:①刚性块体挤出(Armijo et al.,1986;Avouac et al.,1993);②弥散性的均匀缩短(England et al.,1986;Wang et al.,2001);③地壳物质向东流动(Le Dain et al.,1984;Molnar et al.,1989;Holt et al.,1995;Royden et al.,1997;Clark et al.,2000);④沿古老缝合带的陆内深俯冲复活和变形局部化(许志琴等,1999;Tapponnier et al.,2001)。尽管在青藏高原形成和演化方面仍存在许多重大科学问题尚未得到解决,但是人们普遍认为印度板块与欧亚板块的碰撞是高原形成的前提和重要因素之一。印度板块与欧亚板块之间50～70Ma以来的持续碰撞作用造成了青藏高原及其周边地区强烈的新生代构造变形和山脉隆升,使得青藏高原及其周边地区一直是现今地球构造活动最为活跃的区域之一,并对东亚地区地貌格局的形成演化产生了重要影响(Molnar et al.,1975,1978;Dewey et al.,1988)。区内断裂、褶皱十分发育。

岷江上游位于印度板块与欧亚板块相互碰撞会聚形成的青藏高原东部边缘川西北高原东部,跨川西北高原及其与四川盆地过渡带的高山峡谷区,地处著名的"南北向地震构造带"中段(图1-6),在大地构造上属特提斯喜马拉雅域东北缘,即松潘-甘孜北西西向地槽褶皱带的东部和西部秦岭近东西向地槽褶皱带南部及龙门山北东向断裂带交会部位的三角地带以内。从板块构造角度看,该地区位于由欧亚大板块之次级青藏亚板块、扬子亚板块、华北亚板块等三块体所围限的川青断块东部与平武—青川断块所构成的川西北倒三角形块体东部地区。由于印度板块、太平洋板块及欧亚板块等共同作用和影响,区内构造十分独特和复杂,褶皱、断裂广泛发育分布,研究区内的主要构造体系包括龙门山推覆构造带、岷山隆起带、西秦岭褶皱带和川西前陆盆地。受这些构造体系相互影响,地质构造复杂,不同时代、不同构造体系的新老构造形迹彼此交织,致使老构造支离破碎,新构造时断时续。

二、岷山隆起带

岷山隆起带位于龙门山推覆构造带中段以北,北起贡嘎岭北,南达镇江关以南,呈南北向延伸,长达150km以上,宽50～60km(图1-7)。向北至西秦岭地区已不明显,向南合并于龙门山中段的中高山区。岷山隆起的东西边界分别为岷江断裂和虎牙断裂。从大地构造背景来看,岷江断裂以东,镇江关北属摩天岭东西向构造带;岷江断裂以西,镇江关以南属松潘-甘孜褶皱带(邓起东等,1994)。

根据构造地貌和第四纪地质特征,岷山隆起带可分3段,自北向南为贡嘎岭-川主寺段、红桥关-镇江关段和镇江关-较场-茂汶段。北段贡嘎岭-川主寺段由一系列海拔4500m左右的山峰呈南北向排列组成,最高峰红星岩海拔5010m,隆起东侧向摩天岭中低山过渡,西侧陡峻,以岷江河谷和漳腊盆地、斗鸡台盆地与松潘高原分界,并在岷江断裂以西的松潘高原东侧形成狭窄的、平行于岷山隆起的隆起带,显示了它们与岷山隆起一起遭受近东西向挤压。岷山隆起的红桥关-镇江关段由岷山主峰雪宝顶(海拔5588m)及其南侧一系列海拔高度超过4500m的山峰组成,雪宝顶北坡的雪宝顶断裂为本段隆起与贡嘎岭-川主寺段的分界断裂。西界岷江断裂沿狭窄的岷江河谷分布,东界虎牙断裂两侧高差在1000m以上。岷山隆起中段与南段镇江关-较场-茂汶段为过渡关系，由海拔高度4000m以上的山峰逐渐过渡到龙门山推覆构造带的中高山区，其中雪姑寨海拔4739m,帽合山4269m,其东西界为虎牙断裂和岷江断裂所控制。据四川省地震局水准测量资料,1960—1975年岷山隆起的上升速率达21mm/a,这说明了隆起带至今仍在快速隆升。

三、龙门山推覆构造带

龙门山构造带是一条著名的逆冲推覆断裂带,总体走向NE 30°～50°,倾向北西,倾角50°～70°,宽从不足10m到超过100m不等,延伸长度大于500km(图1-7)。该断裂带自北西到南东分别为龙门山后山断裂、龙门山中央断裂、龙门山前山断裂和山前隐伏断裂(邓起东等,1994;李勇等,2006;陈国光等,2007)。

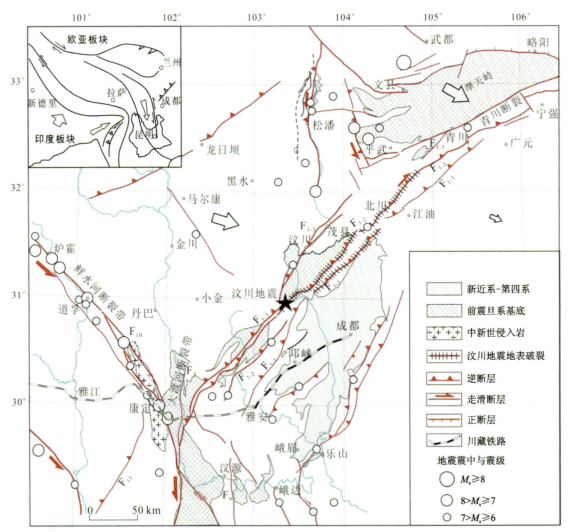

图1-7　岷江上游及邻区活动断裂与地震分布图

龙门山后山断裂南起泸定一带,向北东经陇东、渔子溪、耿达、草坡、汶川、茂县、平武、青川进入陕西省内。其南段通常称为耿达-陇东断裂,中段称为汶川-茂汶断裂,北段称为平武-青川断裂,是松潘-甘孜造山带与龙门山之间的一条大型断裂,由一系列倾向北西的叠瓦状逆冲断层组成,发育于前震旦纪花岗岩、元古宇杂岩体、震旦系或志留系—泥盆系之间，沿断裂形成强烈变形的断层角砾岩、断层泥或劈理化带，其活动性以中段的茂县-汶川段最为强烈（李传友等，2004）。

龙门山中央断裂从泸定两河口，向北东斜穿龙门山体，经盐井、映秀、太平、北川、南坝、茶坝至青林口后断续发育，再向东可能与勉县-阳平关断裂相交，长约500km，走向NE45°，倾向北西，倾角60°左右。以此断裂为界，断裂西侧为龙门山高山区，海拔高程为4000~5000m；东侧则为海拔高程在1000~2000m的中低山区，地貌反差显著，活动性构造地貌保存完好。根据断裂几何特征，中央断裂可分为盐井-五龙断裂、北川-映秀断裂和茶坝-林庵寺断裂3条次级断裂，呈右阶右行展布。在断裂两侧还发育一系列与之平行的次级断裂，剖面上呈叠瓦状，显示明显的压扭性特征。龙门山中央断裂自新元古代形成以来经历了多期构造活动，断错了震旦纪—三叠纪各时代地层，破碎带宽数十米至百余米，由假砾岩、糜棱岩和断层泥组成。该断裂晚第四纪具分段活动特征，杨晓平等（1999）发现盐井-五龙断裂切割宝兴河阶地堆积物，是晚第四纪以来活动的最新证据。

龙门山前山断裂，也常称为彭灌断裂或安县-灌县断裂，其南西端始于天全附近，向北东延伸经芦山县大川、大邑县双河、灌县、彭县通济场、安县、江油市、广元市后在陕西省宁强县、勉县一带消失，构成成都平原与龙门山的地貌分界线，长约500km。断裂切割部分古生界、三叠系及侏罗系—白垩系，总体走向呈NE35°~45°，倾向北西，倾角50°~70°。龙门山前山断裂是由众多逆冲断层组成的断裂，由西南段的双石-大川断裂、中段的灌县-二王庙-江油断裂、北东段江油-广元断裂（马角坝断裂）组成，在平面上大致成右行左阶斜列。该断裂晚第四纪具有分段活动特征，断裂规模和活动强度表现为中段大，而向北东及南西有逐渐减小的趋势。除前山主断裂外，在主断裂的上、下盘又发育了多条次级分支断裂，如林盘-杨开-大飞水冲断裂带、小关子冲断裂带以及金陵寺断裂等。

龙门山山前隐伏断裂是指发育在成都平原西北缘的隐伏构造，由北东向的大邑断裂、彭州断裂和绵竹断裂左阶斜列而成。其中，最主要的是大邑断裂和彭州断裂（钱洪等，1997；陈国光等，2007；李永昭等，2008）。地表仅断续出露一些次级断层和倾向南东、发育在隐伏断裂上盘的上三叠统须家河组和侏罗系组成的单斜构造。地震反射资料显示，在侏罗系之下须家河组内部存在1条盲断层，断裂上盘发育的开阔背斜为断裂扩展褶皱（邓起东等，1994）。第四系等厚线图显示，成都盆地具不对称的楔形结构特征，沉积基底整体自东向西呈阶梯状倾斜，第四系凹陷中心分别位于大邑和竹瓦铺一带，且第四系厚度明显受到大邑断裂和彭州断裂的控制。钻孔资料揭示，大邑断裂以东第四系最大沉积厚度约为400m；彭州隐伏断裂以东，第四系最大沉积厚度为541m（李勇等，2006）。

四、东昆仑断裂带

东昆仑断裂带为青藏高原北部一条近东西向大型走滑断裂带，断裂带西起鲸鱼湖以西，向东经布喀达坂峰、库赛湖、西大滩、东大滩、秀沟、阿拉克湖、托索湖、玛沁、玛曲，过若尔盖草地后向南东止于九寨沟南东，总体走向270°~290°，全长约2000km（青海省地震局，1999）。早期以挤压逆冲活动为主，自上新世末或第四纪初，断裂以左旋走滑为主（刘光勋，1996；赵国光，1996），断裂带西段全新世走滑速率达12~14mm/a，东段减为6~7mm/a，平均为10mm/a（Kidd et al.，1988；Tapponnier et al.，2001；青海省地震局，1999）。断裂带西端为玛尔盖茶卡断裂、木孜塔格-鲸鱼湖断裂和阿尔喀断裂，呈分散状，称为鲸鱼湖段。东端向东散开，称为塔藏（或岷山）段。中间则由结构相对简单的多个断裂段斜列组成，其间为拉分盆地或挤压隆起，断裂段自西向东依次为库赛湖段、东大滩-西大滩段、阿拉克湖段、阿尼玛卿山段和玛沁-玛曲段（图1-8）（青海省地震局，1999；Van et al.，2000；张军龙等，2012），成兰铁路主要涉及断裂带东侧的塔藏段。

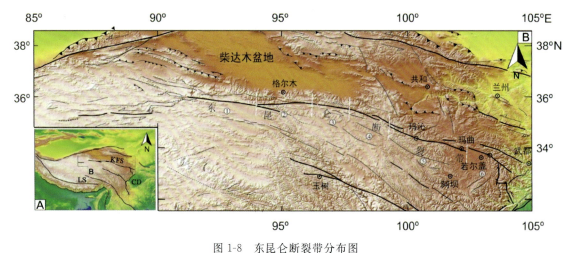

图 1-8 东昆仑断裂带分布图
①库赛湖段；②东大滩-西大滩段；③阿拉克湖段；④阿尼玛卿山段；⑤玛沁-玛曲段；⑥塔藏段

Kidd 等(1988)根据西大滩处 30km 的冰碛位错，估计昆仑山断裂带的第四纪左旋滑动速率超过 10mm/a。刘光勋(1996)和青海省地震局(1999)等研究认为，东昆仑断裂带晚更新世以来平均滑动速率为 6~7mm/a，在库赛湖一带最大为 12~14mm/a。而赵国光(1996)得到的东昆仑断裂带全新世平均滑动速率则为 7~22.5mm/a。Van 等(1998,2002)测定河流阶地的位移量，推测晚第四纪东昆仑断裂带的位移速率为 12±3mm/a。Yin 等(2000)根据这一结果，估测东昆仑断裂带至少在过去的 7Ma 年以来一直活动。李春峰等(2004)通过研究托索湖至玛曲范围内的东昆仑活动断裂带，根据河流阶地位错和水系位错量及相关沉积物年代测定，发现断裂带的分段性特征，以阿尼玛卿山玛积主峰为界，分为花石峡段(即托索湖-阿尼玛卿山段的东部)和玛沁段(即玛沁-玛曲段的西部)。李春峰等(2004)研究表明西段花石峡段水平运动速率相对东侧玛沁段要大，分别为 11.5mm/a 和 7.0mm/a，同时东西两段的垂直运动速率也存在差异性，花石峡段自 4ka 以来约为 2.1mm/a，玛沁段自 10ka 以来约为 0.55mm/a。由玛沁段向东存在不同的观点：①利用高阶地模型，根据晚更新世(约 22ka)以来断错阶地陡坎(约 220m)，得到若尔盖盆地北侧塔藏段的活动速率为 7.68~9.37mm/a，认为呈匀速滑动(Zhang et al., 2014)。②利用低阶地模型，根据晚更新世(约 12ka)以来断错阶地陡坎(75±5m)，得到玛曲段的活动速率为 4~6mm/a(李陈侠等, 2011)，在玛曲县西见 I 级阶地边缘左错 11.5m，阶地的 ^{14}C 测年结果为 2798±54a，由此计算出全新世晚期以来的平均水平滑动速率为 4.03~4.19mm/a(何文贵, 2006)，古地震工作显示活动速率为 3~4mm/a(Lin, 2008; Li et al., 2016)，并保持到塔藏段(Ren et al., 2013)。玛沁以西的高速率向东矢量分解到了阿万仓断层(平均左旋水平滑动速率为 3mm/a)、玛曲断层，少量滑动速率通过阶区跳跃转换到迭部-武都断裂带上(Chen et al., 1994; Vand et al., 2002; Zhang et al., 1995；马寅生等, 2005, 李陈侠等, 2009, 2016)，断裂继续向东扩展，最终与秦岭南缘断裂相连。③利用低阶地模型，玛曲西侧的鄂尔戈斯曲全新世以来滑动速率为 2.0±0.4mm/a，在若尔盖以东趋近于零，认为在约 150km 范围内，速率由大于 10mm/a 快速呈近线性递减至小于 1mm/a，玛曲段东端不是作为简单的构造转换，而是作为断层系统的终止(Kirby et al., 2007)。值得注意的是，不同学者对玛曲段和塔藏段水平错距和垂向错距的比值接近 10 的结论基本认同(张军龙等, 2012; Zhang et al., 2014; Li et al., 2016)。

第三节 地层岩性与工程地质岩组

一、地层岩性

区内地层发育较为齐全，自元古宇古老变质岩至第四系松散堆积物均有出露。地层大致以茂汶区域性断裂为界，断裂以东为龙门山及四川盆地地层分区；以西为马尔康地层分区；研究区北部岷江断裂以东、雪山断裂以北属西秦岭地层分区（图1-9，表1-2~表1-4）。

（1）区内变质岩分布最广，主要分布在茂汶断裂以西的广大地区。其中以三叠系西康群为主，岩性主要为变质砂岩、砂质板岩，次为结晶灰岩、千枚岩等。岷江河谷茂县—汶川县一带分布的变质岩主要是志留系茂县群组，岩性以千枚岩为主，夹少量变质砂岩、板岩、结晶灰岩等。

（2）岩浆岩主要为晋宁期—澄江期及印支期—燕山期的侵入岩体，黄水河群及寒武系的喷出岩体分布范围较小，多呈带状镶嵌于晋宁期—澄江期侵入岩体上。晋宁期—澄江期侵入岩体分布于茂汶大断裂两侧，岩性为花岗岩、钾长花岗岩、闪长岩、橄榄岩及蛇纹岩等，俗称"彭灌杂岩"。

（3）印支期—燕山期侵入岩体分布于松潘—赤不苏—理县一线以西，侵入三叠系西康群中，岩体明显切割构造线，为后构造岩浆岩。印支早期为闪长岩、辉长岩、石英闪长岩、黑云二长花岗岩等；晚期以黑云母花岗岩为主，次为黑云母角闪二长岩、似斑状花岗闪长岩等。燕山早期为斑状黑云花岗岩、斑状云闪石英二长岩；中期为黑云三长花岗岩、黑云花岗闪长岩；晚期为黑云石英闪长岩、花岗闪长岩、闪长玢岩等。

（4）碳酸盐岩主要分布于岷江断裂以东涪江上游地区；研究区中部受控于弧形构造，呈带状或环带状分布；研究区南部，以飞来峰构造形式呈北东向坐落于三叠系须家河组砂页岩之上。岩性主要为灰岩、白云质灰岩，夹少量砂、页岩。碎屑岩主要分布于映秀断裂以东，岩性主要为中生界砂岩、泥岩、砾岩、页岩。

（5）第四系松散岩类主要零星分布在岷江和涪江上游河谷地带内，由于岷江上游第四纪经历过多期冰川活动，河谷内古冰川地貌遗迹、冰碛、冰水堆积较多，杂谷脑、磨刀溪等地尤为显著。区内阶地上第四系堆积物成因复杂，包括冲积、洪积、冰碛、冰水堆积、崩坡积等。

二、岩土体物理力学性质

研究区内松散堆积物主要有冲洪积砂卵砾石，崩坡积块石、碎石土、残坡积含角砾粉质黏土，冰川（水）堆积含碎石角砾土，岩石主要有基性火山岩、变质砂岩、千枚岩、板岩、碳质板岩等。各类岩土物理力学指标见表1-5、表1-6。

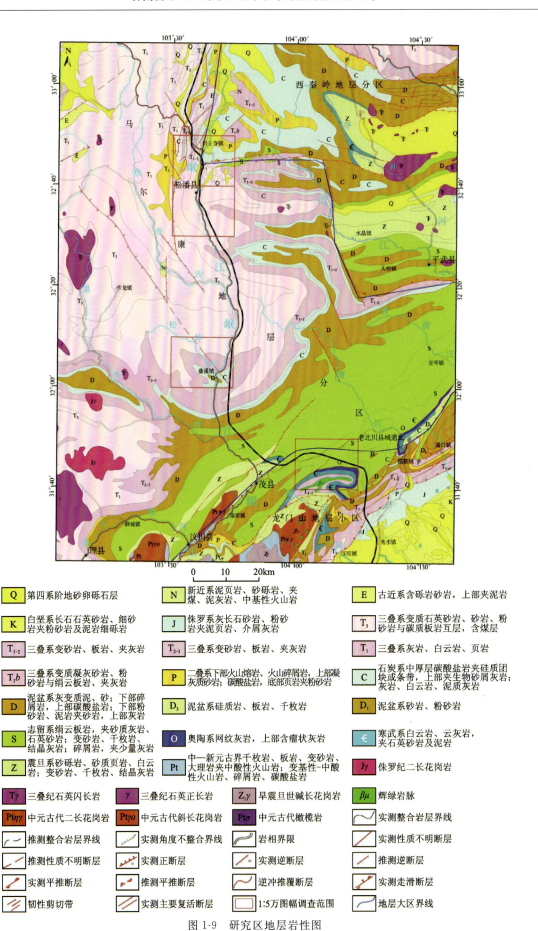

图 1-9 研究区地层岩性图

表 1-2　地层岩性特征表（龙门山及四川盆地分区）

界	系	统	组		地层代号	厚度(m)	岩相	岩性简述
新生界	第四系	全新统			Q_4	5~20	冲洪积	褐灰、黄灰色黏质砂土、砂砾石层
		更新统	上		Q_3	28~57	冰水、冲洪积	棕黄色黏土、砂质黏土、含泥砂砾石屋
			中		Q_2	7~148	冰碛、冰水、冲洪积	黄棕色黏土夹白色条带、含泥质砂砾石层
			下		Q_1	10~377	冲洪积、湖相	棕黄、棕红色黏土、粉砂岩、砂砾岩
	古近系				E	0~>400	河湖相	棕红、砖红色泥岩、粉砂岩、砂砾岩
中生界	白垩系	上统	灌口组		K_2g	0~689	河湖相	棕黄色泥岩、砂岩、砂砾岩
			夹关组		K_2j	140~559	河湖相	棕—紫红色厚块状长石石英砂岩夹粉砂岩及泥岩
	侏罗系	上统	莲花口组	上段	J_3l^2	284~397	滨湖相	棕红、紫灰色砾岩、砂岩、粉砂岩、泥质互层
				下段	J_3l^1	753~1510	浅湖相	紫灰色砾岩、泥质互层夹砾层
		中统	遂宁组		J_2sn	155~499	河湖相	以棕红、砖红色泥岩、粉砂质为主夹砂岩、砾岩
			沙溪庙组		J_2s	259~951	河湖相	棕红、棕黄色泥岩、粉砂岩、砂砾岩互层
		中下统	自流井组		$J_{1-2}zl$	111~700	河湖相	灰绿色砾岩、砂岩、粉砂岩与紫红色泥质互层
	三叠系	上统	须家河组	上段	T_3x^3	709~1430	河湖相	深灰色岩屑石英砂岩、粉砂岩、页岩互层
				中段	T_3x^2	>457~>1748	沼泽湖	以深黄色砂岩为主夹页岩及煤线
				下段	T_3x^1	>460~1100	海陆交互相	黑灰色碳质页岩、粉砂岩、砂岩、泥灰岩夹煤层
		下统			T_1	>266~>660	浅海相	灰紫色泥岩、粉砂岩与白云质灰岩互层

续表 1-2

界	系	统	组	地层代号	厚度(m)	岩相	岩性简述
古生界	二叠系	上统		P_2	8～486	浅海相	深灰色灰岩,中、上部夹火山碎屑岩
		下统		P_1	132～662	浅海相	深灰色灰岩,生物灰岩夹页岩、煤
	石炭系			C	0～>495	浅海相	白色灰岩,质纯
	泥盆系	上统	沙窝子组	D_3s	240～1345	浅海相	灰色灰岩、白云岩夹页岩
		中统	观雾山组	D_2g	13～1378	浅海相	白色灰岩、白云质灰岩、白云岩互层
			养马坝组	D_2y	0～750	浅海相	灰色灰岩夹钙质页岩,细砂岩
元古界	震旦系	上统	灯影组	Zdn	310～>814	浅海、滨湖相	白云岩夹钙质页岩,顶部为含磷硅质岩
			陡山沱组	Zd	0～>150	滨海相	紫红、灰绿色砂质岩
		下统		Z	0～>1000	喷发相	以安山岩、凝灰岩为主,次为流纹岩、集块岩
			黄河水群	PtH	0～>1000	海相、喷发相	绢云石英片岩、角闪斜长岩夹火山岩

表 1-3 地层岩性特征表(西秦岭分区)

界	系	统	地层名称	符号	厚度(m)	岩相	岩性简述
中生界	三叠系	中统	祁让沟组	T_2q	>350	海相	灰白色块状灰岩
		下统	红星岩组	T_1h	408～582	海、潟湖相	以白云质灰岩为主,夹白云岩、灰岩
			罗让沟组	T_1l	74～302	浅海相	以深灰色薄层泥质灰岩为主
古生界	二叠系	上统	长兴组	P_2c	210	浅海相	浅灰白色中厚层状灰岩
			龙潭组	P_2l	100～436	海相	深灰黑色页岩夹硅质、泥砂质灰岩
		下统	茅口组	P_1m	138～418	浅海相	浅灰色致密灰岩为主,夹燧石灰岩
			栖霞组	P_1q	60～130	浅海相	深灰黑色沥青质灰岩,夹页岩、生物灰岩
	石炭系	上统	尕海群	C_2GH	70～131	浅海相	以灰岩为主,夹白云岩、白云质灰岩
		中统	岷河群	C_2MH	170～400	浅海相	以浅灰色致密灰岩为主,夹泥质灰岩
		下统	略阳组	C_1l	682	浅海相	深灰色生物碎屑灰岩夹燧石团块、黏土页岩
			益哇组	C_1y	375	浅海相	以深灰色灰岩为主,夹碎屑灰岩、泥灰岩、页岩
	泥盆系	中统		D_2	>200	浅海相	灰岩、泥质灰岩、石英砂岩

表1-4 地层岩性特征表(马尔康分区)

界	系	统		组	地层代号	厚度(m)	岩相	岩性简述	
新生界	第四系	全新统			Qh	0~8	冲积、坡积	含砂黏土、砂砾石、碎石层	
		上	更新统	飞机坝组	Q^{sf}	0~25	冲积、风积	风成黄土、次生黄土、砂砾石	
		中		对河寺组	Q_2d	0~90	冲洪积	碎石、砾石层	
		下		观音山组	Q_1g	0~116	冲洪积	砾岩,夹泥晶灰岩	
	新近系	上新统		红土坡组	N_2h	0~963	陆相	紫红色砾岩,夹砂岩	
		中新统		马拉墩组	N_1m	30~186	河湖相	浅黄、灰白色细砾岩、粉砂岩、泥灰岩夹褐煤岩	
中生界	三叠系(西康群)	上统		雅江组	T_3y	>200	海陆相	灰色凝灰色砂岩夹千枚岩	
				罗空松多组	T_3l	359~859	海相、火山	火山碎屑岩、粉砂质板岩互层	
				新都桥组	T_3xd	389~828	浅海相	深灰、黑色板岩夹砂岩、板岩	
				侏倭组	T_3zh	363~1519	浅海相	变质砂岩,夹碳质千枚岩、结晶灰岩、板岩等	
		中统	杂谷脑组	上段	T_2z^2	186~422	浅海相	中厚层—块状变质砂岩夹板岩、千枚岩、灰岩	
				下段	T_2z^1	853~1119	浅海相	变质砂岩、板岩、结晶灰岩等	
		下统		菠茨沟组	T_1b	0~186	浅海相	深灰色灰岩与粉砂岩、板岩互层	
古生界	二叠系	上统			P_2	0~186	海底喷发	灰绿色蚀变玄武岩、火山砾岩、熔岩	
		下统			P_1	0~460	浅海相	以白云质灰岩为主,夹泥页岩、千枚岩、二云英片岩	
	石炭系	中上统		西沟群	$C_{2+3}XG$	0~90	浅、深海相	灰白色灰岩,夹白云质条带及生物灰岩	
		下统		雪宝顶群	C_1XB	8~374	浅海相	灰白色灰岩,夹千枚岩	
	泥盆系	危关群	DWG^2	74~>941	月里寨群	DYL^2	130~>1056	浅海相	石英岩与碳质千枚岩互层	灰岩与千枚岩互层
			DWG^1	197~>880		DYL^1	160~379	滨海相	千枚岩夹石英岩、结晶灰岩	灰岩夹结晶灰岩

续表1-4

界	系	统	组	地层代号	厚度(m)	岩相	岩性简述
古生界	志留系		茂县群	SMX^6	134～667	浅海相	灰绿色千枚岩夹砂岩、灰岩
				SMX^5	100～1148	浅海相	灰色绢云千枚岩夹砂岩、泥质灰岩
				SMX^4	107～907	浅海相	灰色绢云石英千枚岩与结晶灰岩石榴子石片岩
				SMX^3	63～1508	浅海相	黑灰色碳质千枚岩、板岩夹灰岩、砂岩
				SMX^2	0～291	浅海相	绢云石英千枚岩,夹砂质条带
	奥陶系			O	12～261	浅海相	以结晶灰岩为主,夹千枚岩
	寒武系	中上统		C_{2+3}	0～1243	火山岩相	火山碎屑岩与沉积变质岩互层
		下统	清平组	C_1q	>125～>373	海相	碳质千枚岩、含碳硅质岩及结晶灰、磷块岩

注:在岷江上游峡谷地段,第四系仅分为Qp、Qh。

表1-5 岩石物理力学指标参考值表

岩性	相对密度	饱和吸水率(%)	弹性模量(GPa)	泊松比	干抗压强度(MPa)	饱和抗压强度(MPa)	干抗拉强度(MPa)	湿抗拉强度(MPa)	软化系数
基性火山岩	2.9	0.09	65	1.07	268	234	2.6	2.4	0.87
变质砂岩	2.7	0.61	46	0.23	139	107	10.8	8.8	0.76
千枚岩	2.5	0.18	30	0.24	8.5	4.6	0.2	0.12	0.54
板岩	2.7	1.41	41	0.27	69	51	9.5	7.7	0.74
碳质板岩	2.7	0.29	32	0.22	82	55	8.2	6.3	0.71

表1-6 松散土体物理力学指标参考值表

土名	天然密度(g/cm³)	抗剪强度		变形模量(MPa)	地基承载力基本值(MPa)
		黏聚力(MPa)	内摩擦角(°)		
冲洪积砂卵砾石	2.0～2.2	0.01～0.02	30～45	35～45	0.4～0.5
崩坡积块石、碎石土	1.85～2.1	0.02～0.03	25～35	30～40	0.4～0.45
残坡积含角砾粉质黏土	1.80～1.85	0.03～0.04	20～30	15～20	0.2～0.3
冰川(水)堆积含碎石角砾土	1.90～2.15	0.03～0.05	20～35	25～40	0.45～0.5

三、工程地质岩组

工程地质岩组是指具有一定成生联系、相似工程地质性质的岩层组合。工程地质岩组的划分方法主要从岩体结构观点出发，即以岩性和原生结构面的性质及其分布规律等为标志进行划分。具体表现在：首先，就岩性而言要求每一岩组内岩性是相同的，主要指的是成因相同和岩石物质成分相类似；其次，要求每一岩组中的原生结构面性质是相同的，这里主要指成因相同、分布规律相同、密度相同、层厚一致及延展性相同等，然后对岩体进行工程地质岩组划分，划分出的每一岩组都应具有其相似的物理力学指标、相似的水理性质、渗透性质及其一定的波速传播特征等，这些共同点就决定了每一岩组内具有一定相类似的工程地质性质。

根据研究区内岩石类型、岩体完整程度和区域构造特征，本书将研究区的地层岩性划分为13类工程地质岩组（图1-10，表1-7，表1-8），各工程地质岩组的基本特征和分布规律描述如下：①坚硬的厚层状砂岩、砂砾岩、砾岩岩组；②较坚硬—坚硬的中—厚层状砂岩、砾岩、白云岩、泥岩夹板岩岩组；③软硬相间的中—厚层状砂岩、砂砾岩、泥岩、板岩夹灰岩岩组；④软弱—较坚硬的薄—中厚层状砂岩、泥岩及砾岩、泥岩互层岩组；⑤软弱的薄层状泥岩、页岩、片岩岩组；⑥坚硬的中—厚层状灰岩、白云岩岩组；⑦较坚硬的薄—中厚层状灰岩、泥质灰岩、板岩、泥岩岩组；⑧软硬相间的中—厚层状灰岩、砂岩、泥岩夹千枚岩、板岩岩组；⑨较坚硬—坚硬的薄—中厚层状板岩、千枚岩与变质砂岩互层岩组；⑩较弱—较坚硬的薄—中厚层状千枚岩、片岩夹灰岩、砂岩、火山岩岩组；⑪以坚硬的块状玄武岩为主的岩组；⑫坚硬块状花岗岩、安山岩、闪长岩、火山岩岩组；⑬软质散体结构岩组。

1）坚硬的厚层状砂岩、砂砾岩、砾岩岩组

该类工程地质岩组的地层岩性主要有：二叠纪—三叠纪窑沟组的暗紫色、紫红色砂岩、粉砂岩；早中三叠世二断井组的紫红色、灰白色砾岩、砂岩夹粉砂岩、泥灰岩；早中三叠世西大沟组的灰色—灰绿色石英砂岩、含砾砂岩、底砾岩；早中三叠世冰水川组的绿色—灰绿色—灰色细砂岩、粉砂夹中酸性（局部基性）火山岩；中泥盆世雪山组的紫红色砾岩，含砾长石砂岩；早白垩世三桥组的厚块状紫红色砾岩夹砂岩；早白垩世宜宾窝头山组的砖红色岩屑砂岩夹泥岩粉砂岩。其中，早中三叠世西大沟组的砂岩分布最为广泛。

该类工程地质岩组零散分布于西秦岭褶皱带北侧少量分布。岩性以砂岩、砂砾岩、底砾岩为主，呈厚层层状构造，岩体坚硬，力学强度高，抗风化侵蚀能力强。

2）较坚硬—坚硬的中—厚层状砂岩、砾岩、白云岩、泥岩夹板岩岩组

该类工程地质岩组的地层岩性主要有：寒武纪磨盘井组的灰绿色中—厚层浅轻变质中细粒长石石英砂岩，夹少量板岩、砂质板岩、千枚状板岩；早石炭世巴都组，以暗色矿物为主的杂色砂岩、粉砂岩夹砂质灰岩、砾状灰岩及砾岩；早长城世湟中群磨石沟组的灰色、灰白色石英岩、变砂岩夹变粉砂岩、板岩、千枚岩、片岩；晚泥盆世老君山组的紫红色砾岩、长石石英砂岩、粉砂岩、泥岩夹泥岩、灰岩、砂质灰岩透镜体，局部夹中基性火山岩；始新世西柳河组的红色块状疏松砂岩，夹灰白色细砂岩、砂砾岩；早白垩世剑阁梓潼苍溪组—曲寺组的砖红色、紫灰色、绿色砂岩粉砂岩泥岩；早白垩世河口群组的紫红色、棕红色、棕褐色、紫灰色、灰绿色、蓝灰色、橘红色砂岩、砾岩、砂砾岩、泥质粉砂岩与泥质岩、黏土；中白垩世麦积山组的紫红色含砾砂岩、砂砾岩夹细砂岩、粉砂质泥岩；新近纪甘肃群、含红柳沟组、干沟沟组的下部橘红色、橘黄色黏砂土夹灰白色砂岩、砂砾岩，上部灰色、白色砂岩、砂砾岩夹土红色、土黄色粉砂岩、砂质泥岩；中新世干河沟组的灰色砂砾岩，灰白色石英砂岩、土黄色、土红色、橙黄色粉砂岩、砂质泥岩；青白口纪王全口组的含硅质条带和结核白云岩，夹石英砂岩、粉砂岩、钙质板岩和砾岩；中晚三叠世雅江松潘扎尔山组与杂谷脑组的海相，中—上三叠统的变砂岩板岩夹灰岩；晚三叠世雅江松潘杂谷脑组—两河口组的变砂岩板岩，厚度巨大。

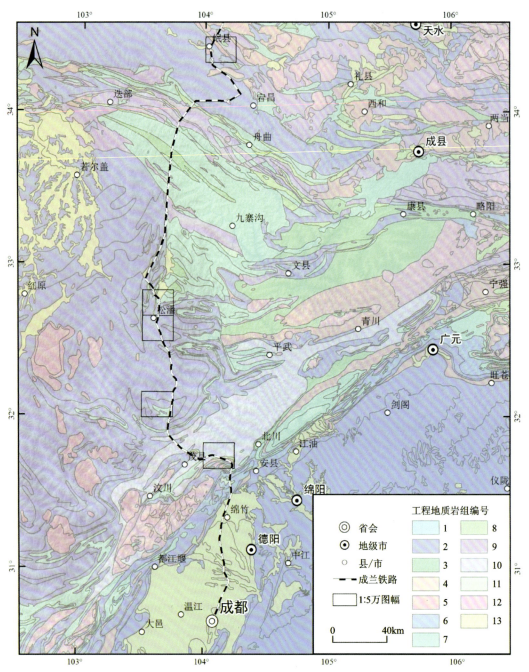

图 1-10 岷江上游成兰交通廊道工程地质岩组划分图

表 1-7 岷江上游成兰交通廊道工程地质岩组对应一览表

编号	工程地质岩组	面积（km²）	比例（%）
1	坚硬的厚层状砂岩、砂砾岩、砾岩岩组	110.40	0.04
2	较坚硬—坚硬的中—厚层状砂岩、砾岩、白云岩、泥岩夹板岩岩组	129 551.39	41.54
3	软硬相间的中—厚层状砂岩、砂砾岩、泥岩、板岩夹灰岩岩组	11 798.41	3.78
4	软弱—较坚硬的薄—中厚层状砂岩、泥岩及砾岩、泥岩互层岩组	1 302.16	0.42
5	软弱的薄层状泥岩、页岩、片岩岩组	35 035.09	11.23

续表1-7

编号	工程地质岩组	面积(km²)	比例(%)
6	坚硬的中—厚层状灰岩、白云岩岩组	4 990.35	1.60
7	较坚硬的薄—中厚层状灰岩、泥质灰岩、板岩、泥岩岩组	21 940.39	7.03
8	软硬相间的中—厚层状灰岩、砂岩、泥岩夹千枚岩、板岩岩组	3 225.69	1.03
9	较坚硬—坚硬的薄—中厚层状板岩、千枚岩与变质砂岩互层岩组	14 178.25	4.55
10	较弱—较坚硬的薄—中厚层状千枚岩、片岩夹灰岩、砂岩、火山岩岩组	8 672.51	2.78
11	以坚硬的块状玄武岩为主的岩组	98.46	0.03
12	坚硬块状花岗岩、安山岩、闪长岩、火山岩岩组	23 811.53	7.63
13	软质散体结构岩组	57 156.91	18.33

表1-8 研究区工程地质岩组地层时代划分表

岩体类型	工程地质岩组	地层代号
碳酸盐岩岩体	坚硬的中—厚层状灰岩、白云岩岩组	$\in_3-O_1, D, D_{1-2}, D-C, O, O-S, \in_1-O_1, \in_1-O_2, C_1, C_1-P_1, C_1-P_2, Nh, O_{1-3}, P_{1-2}, T_1 PLF, T_{1-2} MS, D_3-C_1, J_{2-3}, Jx, O_1, O_{1-2}, P_3-T_1, Qb, T_{1-2} M$
碳酸盐岩岩体	较坚硬的薄—中厚层状灰岩、泥质灰岩、板岩、泥岩岩组	$C_1, C_2, C-P, O_2, Pt_{2-3}, TMS, D_{1-2}, D_{2-3}, J_{1-2}, J_2, J_3, K_1, Nh-Z, P_1-T_1, P_{1-2}, P_2, Pt_{2-3}, Qp^{gfl}, Sw, S, S_{1-2}, T_3 M, \in_3, \in-O, C_1-P_1, C_2-P_1, C-P, D, D_3, Jx, O_{2-3}, P_{2-3}, P_3, P_3-T_1, Qb, T_3 M, Z-\in$
碳酸盐岩岩体	软硬相间的中—厚层状灰岩、砂岩、泥岩夹千枚岩、板岩岩组	$\in_{1-2}, C, C_1, C_1-P_1, C_2-P_1, C-P, D_2, D_2-C_1, D_{2-3}, D_3, Nh_2-Z, O, P_2, P_{2-3}, T_{1-2} M$
变质岩岩体	较坚硬—坚硬的薄—中厚层状板岩、千枚岩与变质砂岩互层岩组	$\in_1, \in_{1-2}, C_2, D, D_1, D_{1-2}, D_2, D_3, O, O_{2-3}, O_3, S, S_1, S_2, S_{2-3}, S_3, S_3-D_1, T_{1-2} M, T_1 M, T_{2-3} M, T_3 M, E, \in-O, Nh$
碎屑岩岩体	坚硬的厚层状砂岩、砂砾岩、砾岩岩组	$P_3, T_{1-2} C, T_{1-2}, D_3, T_1 M, J_3, T_{1-2} M, D_2, \in_2, K_1, T_{2-3} C, Nh, C_2$
碎屑岩岩体	较坚硬—坚硬的中—厚层状砂岩、砾岩、白云岩、泥岩夹板岩岩组	$D, \in_3, D_1, D_{2-3}, Jx, K_1, O_{1-2}, S, TM, C_1-P_1, \in_1-O_1, \in_1, C_1, P_1, P_2, Ch_1, Ch_2, CP, D_{1-2}, D_3, E, E_2, K_2, Nh, Nhz, O, O_{2-3}, O_3, P, P_{1-2}, Pt_3, Pz_1, S_3, T_1 M, T_{1-2} M, T_2 M, T_{2-3} M, T_3 M, C_2-P_3, D_3-C_1, T_3-J_1, C_1-P_2, C_2-P, J, J_1, J_3, K, N, N_1, N_2, P, P_{2-3}, P_3, T_3 C, Pt_3, Qb, S_1, T, TM, T_{1-2} C, T_2 C, T_2-C, Qp^{pl}_1, P_2, D, \in, Z$
碎屑岩岩体	软硬相间的中—厚层状砂岩、砂砾岩、泥岩、板岩夹灰岩岩组	$S_1, \in_1, D_2, D_3, O_{1-2}, O_2, O_3, P_1, P_2, P_3, Qb, S_2, T_1 M, T_{1-2} M, T_2 M, T_3 MS, C_2, CP, E_2, J_1, J_2, J_{1-2}, J_{2-3}, K, K_1, N, P, P_{1-2}, T_1 C, T_{1-2} C, T_{2-3} C, T_3 NS, T_3 C, E_3-N_1, T_3 MC$
碎屑岩岩体	软弱—较坚硬的薄—中厚层状砂岩、泥岩及砾岩、泥岩互层岩组	$E_3, \in_1-O_1$
碎屑岩岩体	软弱的薄层状泥岩、页岩、片岩岩组	$\in_3, \in bmg, Pz_1, \in_{1-2}, Ch, CP, D_2-C_1, E, E_3, J_1, J_{1-2}, J_2, K_1, K_2, N, N_1, N_2, O_2, O_{2-3}, O_3-S_1, P_{2-3}, P_3, \in, \in_1, Ar_3-Pt_1, C_1-P_1, D, Jx, O, O_{1-3}, Pt_1, Pt_1 gg, Pt_2, Pt_2 gn, S_1, S_{1-2}, Z$
碎屑岩岩体	较弱—较坚硬的薄—中厚层状千枚岩、片岩夹灰岩、砂岩、火山岩岩组	$Pt_2, T_{1-2} M, Ch, Pt_2, S, Z$

续表 1-8

岩体类型	工程地质岩组	地层代号
岩浆岩岩体	以坚硬的块状玄武岩为主的岩组	P_3
	坚硬块状花岗岩、安山岩、闪长岩、火山岩岩组	$\in_2, \beta\mu, \gamma, \delta, Ar_3-P_1, Ar-Pt_1, C, C\beta\mu, C\gamma, C\gamma\delta, C\gamma o, C\delta, C\eta\gamma, C\sigma, D\gamma, D\delta, D\delta o, D\xi\gamma, Do\varphi, E, E\gamma, E\gamma\delta\pi, E\eta\gamma, E\xi o, E\xi o\pi, J\gamma, J\gamma\delta, J\gamma o, J\delta, J\delta o, J\eta\gamma, J\kappa o\gamma, J\xi\gamma, J_1, J_2, J x, K\sigma, K_1, Nh\gamma, Nh\eta\gamma, Nh\nu, Nh\xi\gamma, O, O\beta\mu, O\gamma, O\gamma\delta, O\gamma o, O\delta, O\delta o, O\eta\gamma, O\nu, O\xi\gamma, O\sigma, O\Sigma, O_1, O_{1-2}, O_2, O_{2-3}, O_3, P\beta\mu, P\gamma, P\delta, P\delta\mu, P\nu, P\sigma, P\in, P_3, Po\varphi, Pt_1, Pt_1\gamma o, Pt_1\delta o, Pt_1\eta\gamma, Pt_1\nu, Pt_1N, Pt_1\sigma, Pt_1\Sigma, Pt_2, Pt_2\gamma, Pt_2\gamma\delta, P\gamma\delta o, Pt_2\gamma o, Pt_2\gamma\pi, Pt_2\delta, Pt_2\in, Pt_2\eta\gamma, Pt_2\kappa\xi, Pt_2\nu, Pt_2\Sigma, Pt_2\sigma, Pt_2\Sigma, Pt_2\upsilon\beta, Pt_{2-3}, Pt_{2-3}\gamma o, Pt_{2-3}\delta, Pt_{2-3}\delta o, Pt_{2-3}\nu, Pt_{2-3}\sigma, Pt_3\beta\mu, Pt_3\gamma\delta, Pt_3\gamma\pi, Pt_3\delta, Pt_3\delta o, Pt_3\Sigma, Pt_3\upsilon\delta, Pz_1, Pz_1\beta\mu, Pz_1\xi, Pz_1\sigma, Pz_1\psi, Pz_2 o\varphi, Pz_2\delta o, Pz_2 N, Pz_2\sigma, Pz_2\varphi o, Qb, S\gamma, S\gamma m, S\gamma\delta, S\gamma o, S\delta, S\delta o, S\eta\gamma, S\nu, S\xi\gamma, S_{1-2}, S_3, So\varphi, T\gamma, T\gamma\delta, T\gamma o, T\gamma\pi, T\delta, T\delta\eta o, T\delta o, T\eta, T\eta\gamma, T\eta o, T\xi, T\xi\gamma, T\upsilon\beta, T_2\gamma, T_3 C, T_3\gamma\delta, T_3\gamma\delta o, T_3\gamma\delta\pi, T_3\delta, T_3\eta\gamma, T_3\nu, T\xi\gamma\pi$
	软质散体结构岩组	$N_1, Q, Q^{mi}, Q^w, Qh^{al}, Qh^{alp}, Qh^{fl}, Qh^{ch}, Qh, Qh^{al}, Qh^{all}, Qh^{alp}, Qh^{ch}, Qh^{eol}, Qh^{fl}, Qhpl, Qh^w, Qp, Qp^{al}, Qp^{alp}, Qp^{fl}, Qp^{gfl}, Qp_1^{al}, Qp_1^{all}, Qp_1^{alp}, Q_1^l, Qp_1, Qp_2^{al}, Qp_2^{all}, Qp_2^{eol}, Qp^{gfl}, Qp_2^{gl}, Qp_2^{los}, Qp_2^{pl}, Qp_3^{al}, Qp_3^{all}, Qp_3^{alp}, Qp_3^{eol}, Qp_3^{gfl}, Qp_3^{gl}, Qp_3^{pl}, T_3 M$

该类工程地质岩组在研究区分布最广,主要分布在青藏高原东侧的红原县、黑水县、松潘县、碌曲县,四川盆地的西北侧的绵阳市、德阳市、遂宁市,西秦岭褶皱带的漳县等地区。岩性以砂岩,砾岩为主,夹少量板岩、火山岩,为中厚层层状构造,岩体坚硬,力学性质较好,抗风化侵蚀能力一般。

3) 软硬相间的中—厚层状砂岩、砂砾岩、泥岩、板岩夹灰岩岩组

该类工程地质岩组的地层岩性主要有:早寒武世广元市平武邱家河组和油房组的变砂岩、千枚岩、碳硅质岩夹硅化灰岩;晚泥盆世沙流水组的紫红色、橘红色砂岩、粉砂岩、粉砂质泥岩、泥质粉砂岩夹砂砾岩、砾岩,上部夹泥灰岩;始新世—近新世寺口子组下部的砖红色、棕红色砾岩、砂砾岩、含砾砂岩,上部的泥岩、粉砂岩夹砂岩及石膏层;新近纪西宁群的棕红色砂岩、砂质泥岩与灰绿色、灰白色砂岩、粉砂岩、石膏岩互层;早志留世肮脏沟组下部的绿色、灰绿色板岩、浅变质砂岩、砂砾岩,上部灰绿色、蓝灰色浅变质厚层砂岩、粉砂岩、板岩互层;中志留世泉脑沟山组的绿色、灰绿色、褐黄色、紫红色浅变质砂岩、粉砂岩、板岩互层,夹扁豆状灰岩、泥灰岩,局部夹变火山岩;下中三叠统玉佛寺组、丁家窑组的砂岩、粉砂岩、砂质泥岩;上三叠统西大沟组和南营儿组下部的砂岩夹粉砂岩、页岩,上部的砂岩、粉砂岩、页岩夹碳质页岩及煤线或煤层。其中,三叠纪的砂岩、砂砾岩分布最为广泛。

该类工程地质岩组主要分布青藏高原东北缘。岩性主要为砂岩、砂砾岩,夹少量火山岩,为中厚层层状构造,岩体软硬相间,力学性质较差,风化作用明显。

4) 软弱—较坚硬的薄—中厚层状砂岩、泥岩及砾、泥岩互层岩组

该类工程地质岩组的地层岩性主要有:渐新世清水营组的褐红色、砖红色泥岩、粉砂岩夹灰绿色砂岩、泥岩及石膏层;寒武纪—奥陶纪雨台山组、朱砂硐组、馒头组、张夏组、三山子组,由下而上为石英砂岩、含镁碳酸盐岩、页岩、鲕状灰岩、白云岩,夹白云质灰岩、灰岩、竹叶状灰岩等。分布最为广泛的是清水营组的泥岩、粉砂岩。

该类工程地质岩组主要分布在隆德县、泾源县等地区,岩性以粉砂岩、砂岩为主,为中—厚层层状构造,抗风化侵蚀能力较弱,风化程度较高。

5) 软弱的薄层状泥岩、页岩、片岩岩组

该类工程地质岩组的地层岩性主要有：以渐新世白杨河组的红色泥岩和砂岩为主，富含石膏；早古生代草滩沟群下部的变英安质、流纹质熔岩、火山碎屑岩，上部的黑云石英片岩、变粒岩、浅粒岩、变角砾岩；新近纪甘肃群黄色、红色、灰色为主的泥岩、砂质泥岩、砂砾岩夹泥灰岩；古近纪固原群下部的砖红色、棕红色砾岩、砂砾岩、砂岩为主，上部的褐红色、砖红色泥岩、粉砂岩夹灰绿色砂岩、泥岩、石膏层；长城纪葫芦河组的黑云石英片岩、绢云方解片岩、方解石英片岩、变石英砂岩为主，夹绢云千枚岩、变砂岩、变砂砾岩；新太古代—古元古代化隆岩群上部的深灰色角闪斜长片麻岩、石英片岩、黑云斜长片麻岩；下部的黑云斜长片麻岩、混合岩、石英岩；新近纪贵德群的土黄色、棕黄色泥岩、砂质泥岩、灰白色砾岩、砂岩及泥灰岩；中侏罗统川盆千佛岩组—沙溪庙组的灰—紫红色泥岩粉砂岩砂岩夹灰岩。其中，甘肃群与固原群的泥岩、砂岩、砾岩分布最广。

该类工程地质岩组主要分布在龙门山地区，岩性以泥岩、砂岩、片岩、片麻岩为主，为薄层层状构造，抗风化侵蚀能力弱，岩体力学性质较差。

6) 坚硬的中—厚层状灰岩、白云岩岩组

该类工程地质岩组的地层岩性主要有：下石炭统—下二叠统尕海群的岩性以致密块状灰岩为主，尚有结晶灰岩、鲕状灰岩、泥砂质灰岩、含燧石结核灰岩及含砾灰岩，偶见白云岩；侏罗纪高家湾组的灰白—灰黑色中薄—中厚层灰岩、硅质岩、白云岩为主，夹少量钙质千枚岩、板岩；新元古代盐源攀西康定苏雄组—列古六组的基性—酸性凝灰岩熔岩砂砾岩及粉砂岩；下奥陶统马家沟组的灰色、深灰色厚—中层灰岩、泥质灰岩、白云质灰岩，底部为厚层白云岩；奥陶系—志留系川西南红石崖组—回星哨组，碳酸盐岩及碎屑岩；上二叠统—下三叠统的甘孜松潘大石包组和菠茨沟组，灰岩及基性熔岩火山角砾凝灰岩；台地相下—中三叠统的川盆西部飞仙关组—雷口坡组，灰岩白云岩底部页岩顶部岩溶角砾岩。其中，川盆西部飞仙关组—嘉陵江组的白云岩、泥质灰岩、页岩、碳酸盐岩分布最为广泛。

该类工程地质岩组主要分布在研究区青藏高原东部边缘小金县，宝兴县一带、四川盆地西部、西南部北川县、安县一带，松潘西北部等地区，岩性主要为灰岩、白云岩，中厚层层状构造，岩体坚硬，风化程度低，力学性质较好，但易受岩溶作用影响。

7) 较坚硬的薄—中厚层状灰岩、泥质灰岩、板岩、泥岩岩组

该类工程地质岩组的地层岩性主要有：早石炭世益哇沟组的致密块状灰岩、白云岩、泥质灰岩、燧石结核灰岩、白云质灰岩、角砾状灰岩，局部夹千枚岩；石炭系—二叠系康定宝兴西沟组—大石包组的碳酸盐岩夹硅质团块或条带，顶部含基性火山岩；泥盆系捧达组和河心组的碳酸盐岩夹泥岩砂岩；下—中泥盆统扬子西北缘及摩天岭平驿铺组—观雾山组，下部的碎屑岩，上部的碳酸盐岩；下白垩统东河组的紫红色、砖红色、灰绿色、黄绿色等杂色碎屑岩，下部粗，上部较细；中白垩统中堡群的浅变质碎屑岩、板岩夹灰岩、变火山岩；二叠系大点山组的灰—深灰、灰白色中厚层灰岩、结晶灰岩、鲕状灰岩、含燧石结核或条带灰岩夹碳质页岩；中—上二叠统川盆西北及东部梁山组—吴家坪组，灰岩、白云岩夹粉砂岩、泥页岩、碳硅质岩。其中，泥盆系的碳酸盐岩分布最广。

该类工程地质岩组主要分布在研究区九寨沟—松潘及四川盆地西北部，主要为碳酸盐岩，含生物碎屑岩、泥质灰岩及基性火山岩，为薄—中厚层层状构造，岩体较坚硬，力学强度高，抗风化侵蚀能力强，有岩溶发育。

8) 软硬相间的中—厚层状灰岩、砂岩、泥岩夹千枚岩、板岩岩组

该类工程地质岩组的地层岩性主要有：中石炭统—下二叠统岷河组的灰岩、页岩、砂岩；二叠系红岭山组的灰白色—灰色中厚—巨厚层灰岩、生物岩夹泥灰岩、局部夹板岩，下部有时变为角砾状、团块状及条带状灰岩；中泥盆统下吾拉组的微晶灰岩、生屑灰岩、碎屑灰岩、生物礁灰岩夹浅变质石英砂岩、粉砂岩和板岩，中部为板岩夹灰岩。其中，岷河组的灰岩、砂岩分布最广。

该类工程地质岩组主要分布于成县、玛曲县地区，岩性为灰岩、砂岩、泥岩，为中厚层层状构造，岩体

强度较低,易受风化作用影响。

9)较坚硬—坚硬的薄—中厚层状板岩、千枚岩与变质砂岩互层岩组

该类工程地质岩组的地层岩性主要有:奥陶系陈家坝组的板岩夹泥质灰岩、粉砂岩、细砂岩;下志留统达部组的深灰、灰黑色含碳硅质板岩、硅质岩、变砂岩、千枚岩,夹白云岩、白云质灰岩;下三叠统隆务河群的灰—深灰色灰岩夹板岩、粉砂、板岩夹薄层灰岩及砾状灰岩。自下而上,灰岩逐渐减少、变薄;中下奥陶统天祝组、斯家沟组下部的浅变质碎屑岩夹板岩、局部夹块状重晶石,上部为钙质板岩与瘤状灰岩互层,莲沱组、南沱组的粉砂质板岩、粉砂岩、砂岩、凝碳质砂岩、冰碛泥砾岩、砾岩。其中,隆务河组的灰—深灰色灰岩夹板岩、粉砂、板岩夹薄层灰岩及砾状灰岩分布最为广泛。

该类工程地质岩组主要分布在成县、迭部县等地,岩性为板岩、千枚岩及变砂岩,为薄—中厚层层状构造,岩体力学强度较高,抗风化侵蚀能力弱。

10)较弱—较坚硬的薄—中厚层状千枚岩、片岩夹灰岩、砂岩、火山岩岩组

该类工程地质岩组的地层岩性主要有:长城系兴隆山群下部的浅变质中基性火山岩、变质碎屑岩夹千枚岩,上部的千枚岩夹变碎屑岩、变凝灰岩及透镜状铁矿层;中元古界喜德冕宁登相营群的千枚岩板岩变砂岩大理岩夹火山岩;震旦系木里平武蜈蚣口组和水晶组的千枚岩变砂岩硅质白云岩大理岩。其中兴隆山群的变质岩分布最广。

该类工程地质岩组主要分布在龙门山一带的兴隆山地区,岩性主要为灰岩、千枚岩,为薄—中厚层层状构造,岩体强度低,抗风化侵蚀能力弱。

11)以坚硬的块状玄武岩为主的岩组

该类工程地质岩组的地层岩性为上二叠统扬子西南缘峨眉山玄武岩组和宣威组或黑泥哨组的拉斑玄武岩苦橄岩,顶部含砂页岩。

该工程地质岩组主要分布于四川省峨眉山一带,岩性以玄武岩为主,坚硬的块体结构,抗风化侵蚀能力强。

12)坚硬块状花岗岩、安山岩、闪长岩、火山岩岩组

该类工程地质岩组的地层岩性主要有:侏罗纪二长花岗岩(部分具片麻状构造);奥陶纪的灰红色、浅红色中粗粒花岗二长花岗岩,似斑状二长花岗岩;古元古代秦岭岩群的斜长角闪岩、片麻岩、大理岩、白云岩、黑云石英片岩、石英片岩,角闪片岩、混合质片麻岩;中元古界彭县汶川黄水河群的变质基性—中酸性火山岩碎屑岩碳酸盐岩;三叠纪似斑状二长花岗岩,含少量黑云母花岗岩、钾长花岗岩、花岗闪长岩等;晚三叠世的灰色、灰白色、浅肉红色中粗—粗粒花岗闪长岩及似斑状花岗闪长岩。其中,三叠纪的二长花岗岩分布最为广泛。

该类工程地质岩组主要分布在西秦岭褶皱带西北部、龙门山断裂带内的汶川县等地区,岩性以花岗岩、安山岩为主,坚硬的块体结构,抗风化侵蚀能力强,部分地区风化较严重。

13)软质散体结构岩组

该类工程地质岩组的地层岩性主要有:新近纪红柳沟组的橘黄色黏质砂土、黏土夹灰白色长石石英砂岩、砂砾岩透镜体;全新世的冲洪积砾石及砂土;更新世的高原及盆地边缘,冰水堆积砂、砾、砂砾质黏土、黏土;更新世的黄土;贺兰山组的土黄、棕褐色黏质砂土、砂质黏土与灰白、灰色中细砂、砂砾岩互层。其中,红柳沟组的橘黄色黏质砂土、黏土夹灰白色长石石英砂岩分布最为广泛。

该类工程地质岩组主要分布在青藏高原东北边缘若尔盖和红原县、四川盆地西部的成都、陇西黄土高原地区。该组地质年代最新,抗风化侵蚀能力极弱,风化作用。

第四节 水文地质条件

岷江上游地下水类型有松散岩类孔隙水、碳酸岩盐岩溶水和基岩裂隙水，基岩裂隙水根据赋存条件和岩相建造进一步划分为构造裂隙水和风化带网状裂隙水两个亚类。

一、地下水类型及特征

研究区水文地质条件受岩相建造、地质构造、地形地貌及气象水文等因素影响和控制。按赋存介质和储集特征，研究区地下水可分为松散层孔隙水、碳酸盐岩岩溶水和基岩裂隙水3大类（梁云甫等，1990，图1-11，表1-9）。

1. 松散层孔隙水

沿岷江、涪江干流及其支流等河道带分布的第四系松散堆积层中赋存孔隙水，多为潜水，局部具承压、半承压性，根据其富水性划分为水量丰富和水量贫乏两类。

（1）单井出水量 $100 \sim 500 m^3/d$：主要分布在卡卡沟至漳腊与茂县河谷盆地。含水层由Ⅰ、Ⅱ级阶地上更新统、全新统冲洪积砂砾卵石层构成，富水性不均一，在杂谷脑河理县附近，砂砾卵石层厚10.72m，单井出水量可达 $1000 m^3/d$；而在茂县太平附近的岷江河谷，第四系厚40.11m，但仅上部3.97m的砂砾石层，其下为黏质粉砂，单井出水量仅 $138.8 m^3/d$。

（2）单井出水量 $<100 m^3/d$：主要指组成较高阶地的松散堆积层，成因复杂，富水性差异也较大，以弱含水为主，但出露位置较佳的老冲洪积砂砾石层仍有较好的富水性，如出露在漳腊盆地对河寺组砂砾石层中的泉水，流量可达8.53L/s。

岷江、涪江上游河谷及坡地带，分布有较多的各类松散堆积物，它们往往不具备储水条件，但其渗透性对沿河（沟）堆积层滑坡、崩塌等地质灾害的产生有较大的影响，它的形成通常具有多期性，从而形成了堆积层渗透性在剖面和平面上的差异，弱透水带会因此成为滑坡的滑动面或滑动带。

2. 碳酸盐岩岩溶水

碳酸盐岩岩溶水赋存于震旦系、泥盆系、石炭系、二叠系及三叠系的碳酸盐岩建造之中。该类地下水的富水程度视介质——灰岩的纯度和非可溶岩类所占比例的多少而定，可分3个富水等级。按以下3个分区（地层分区）简述如下。

1）北部西秦岭分区

分布于岷江断裂以东，出露面积 $366.71 km^2$，划为两个富水等级。

（1）岩溶大泉流量 $100 \sim 1000 L/s$：含水层由石炭系下统和二叠系下统构成，其岩性特点是纯灰岩占优势，在区内岩溶化最发育，岩溶大泉平均流量 $200 \sim 300 L/s$，平均径流模数 $7.04 L/(s \cdot km^2)$。

（2）岩溶大泉流量 $10 \sim 100 L/s$：含水层由三叠系中下统和石炭系上统、二叠系上统构成，其特点是灰岩纯度较差，夹大量杂质灰岩和非可溶岩，岩溶化发育不明显，大泉平均流量20L/s左右。

2）中西部马尔康分区及部分龙门山分区

马尔康分区受弧形构造和断裂的影响，大体呈断续飘带状分布于北部的热戈寨-香腊台和中部的石大关-老君山-木卡-甘堡-转转岩窝-磨子沟一线，为石炭系、二叠系构成；龙门山分区在汶川县城以东呈

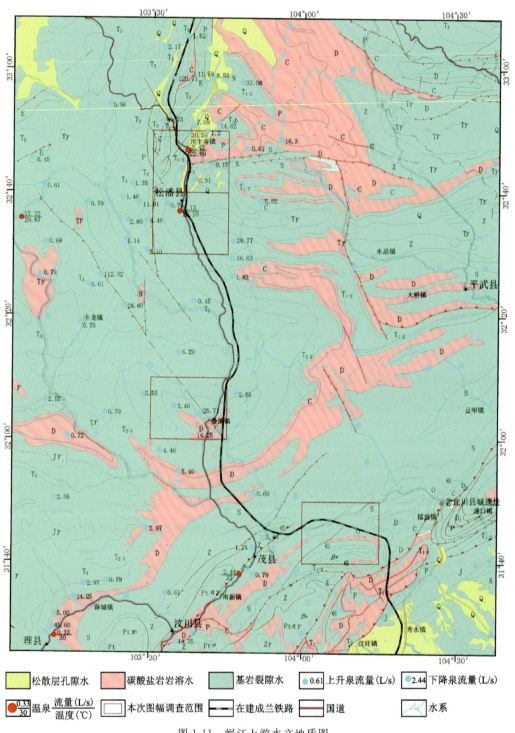

图 1-11 岷江上游水文地质图

表 1-9 地下水类型及含水岩层(组)富水性划分表

地下水类型		构成含水岩层的地层代号			富水性划分				
		龙门山-四川盆地分区	马尔康分区	西秦岭分区	水量极丰富	水量丰富	水量中等	水量贫乏	水量极贫乏
松散层孔隙水	岷江上游	Q_1、Q_2、Q_3、Q_4 或 Q_h、Q_b						单孔出水量 100~500 m^3/d	单孔出水量 <100m^3/d
		Q_1、Q_2、Q_3、Q_4			单孔出水量 >3000 m^3/d	单孔出水量 1000~3000 m^3/d	单孔出水量 500~1000 m^3/d	单孔出水量 100~500 m^3/d	单孔出水量 <100 m^3/d
碳酸盐岩岩溶水		Z_{bdn}、D、C、P、T_1	C+P	C、T、P	大泉、暗河流量 100~1000 L/s	大泉、暗河流量 10~100 L/s	泉流量 <10L/s		
基岩裂隙水	"红层"裂隙水	J、K、E		N (源头盆地)			单孔出水量 100~300 m^3/d	单孔出水量 <100 m^3/d	
	变质岩裂隙水	P_{thn}、Z_a、Z_{bd}	∈、O、S、D、T	D			泉流量 1~10L/s	泉流量 0.1~1L/s	
	岩浆岩裂隙水							泉流量 0.1~1L/s	

块状分布,由震旦系、泥盆系、石炭系、二叠系组成。含水层出露厚度变化大,马尔康分区石炭系、二叠系最甚,碳酸盐岩中纯灰岩比例小,夹大量杂质灰岩和非可溶岩,岩溶化程度低,富水性较差。泉水流量一般为 1~10L/s,径流模数<3L/(s·km²),但在构造有利或灰岩纯度较高的部位,大泉流量可在 10L/s 以上,如北部香腊台一带,断层泉流量最大可达 120.7L/s;石大关弧形构造的弧顶部位,单孔出水量为 616.03~1 288.63m^3/d。

3)南部龙门山飞来峰区

含水层以飞来峰形式坐落在 T_3x 砂页岩之上,其组成地层和岩性特征可划分为两个富水等级(表 1-9)。

(1)岩溶大泉流量 10~100L/s:地下水径流模数大于 6L/(s·km²),含水层由 D_3、C、P、T_1 少夹层的质纯灰岩、白云岩构成,储水和透水通道以裂隙溶洞为主。

(2)泉流量<10L/s:地下水径流模数 1~3 L/(s·km²),含水层由泥盆系中统的观雾山组(D_2g)和养马坝组(D_2y)构成,储水和透水通道以裂隙溶隙为主,暗河最大流量 284L/s。

该区含水层的富水性,特别是大泉、暗河的分布不仅受断裂、褶皱的控制,而且岩性的制约。在飞来峰的底座,往往形成岩溶水的富集-排泄带。

3. 基岩裂隙水

基岩裂隙水为研究区内分布最广的一类地下水,也是岷江、涪江上游地区一独特的水文地质特征,赋存该类地下水的含水岩层大都历经多次构造运动,地下水的储集空间也因此以构造裂隙为主。为此,按含水岩层的岩相建造和地下水存条件的差异,将该地下水分为三个亚类。

1)红层裂隙水

分布于研究区东南,龙门山低山丘陵地区,含水层由中生界侏罗系、白垩系和第三系的红色砂岩、砾岩、泥岩组成,属河湖相沉积,含水层以砂砾岩为主,占59%～75%,泥岩占25%～41%,由于在地层层序上因胶结物种类的不同而造成了地下水储、运空间类型的不一致,又可分为以下两种。

(1)裂隙孔隙水。

由第三系和白垩系红层构成,裂隙一般不发育,以层间裂隙为主,面裂隙率0.36%～0.56%,泉水多以浸润状产出,流量一般<0.1L/s,受地貌影响,在宽缓沟谷内,单井出水量一般为100～300m³/d。该含水层在平原区的台地附近,被第四系中下更新统泥砾层覆盖,无法直接接受大气降雨的补给,因而富水性较差,常与上覆松散岩类含水层组成统一的含水岩组,单井出水量<100m³/d。

(2)溶隙裂隙水。

由侏罗系自流井群($J_{1-2}zl$)、沙溪庙组(J_2s)、遂宁组(J_2sn)和莲花口组(J_3l)的砂岩、砾岩与泥岩不等厚互层构成含水岩组。由于砂砾岩以钙质胶结为主,裂隙溶蚀现象普遍,在两河口一带,溶蚀现象更为明显,溶蚀漏斗、小型溶蚀洼地呈串珠状分布,为大气降雨的补给提供了有利的地形条件。该含水层富水性中等,单井出水量100～300m³/d。

2)变质岩裂隙水

是研究区分布最广的一类地下水。赋存该类地下水的含水岩组以元古宇黄水河群至中生界三叠系西康群的老、新变质岩所构成,累计厚度3162～15 424m,富水程度按泉流量及地下水径流模数划分为以下两级。

(1)泉流量1～10L/s,地下水径流模数3～6L/(s·km²)。

含水层由马尔康分区的三叠系下、中统的菠茨沟组(T_1b)和杂谷脑组(T_2z)构成。分布范围较大,受构造的控制,北部呈大面积分布,中南部呈条带状分布,常在背斜的核部或近核部出露。含水层以变质石英砂岩为主,其次为泥质结晶灰岩夹薄层板状结晶灰岩和少许千枚岩、板岩等,总厚度1039～1727m,含水层的富水性与所在构造部位和地貌条件密切相关。就构造而言,在褶皱的轴部或近轴部、弧形构造的反射弧张裂段及断裂破碎带等部位,富水性较好。

(2)泉流量0.1～1L/s。

在研究区分布最广,面积为13 152.49km²,占变质岩裂隙水分布面积的75.5%,主要集中在测区中部。含水层由龙门山及四川盆地分区的前震旦系黄水河群和震旦系上统陡山沱组与马尔康分区的寒武系、奥陶系、志留系、泥盆系及三叠系上统组成,总厚度2123～13 700m,岩性以千枚岩、板岩、硅质岩为主,其次是变质砂岩、细砂岩,部分夹结晶灰岩或结晶白云岩。此外,黄水河群有石墨石英片岩、绿泥石片岩及流纹岩等。

构成该富水等级的含水层组被众多的构造体系和构造形迹所卷入,均显示为强烈挤压之紧密褶皱,片理、裂隙较发育,如马尔康北西向构造带裂隙频率2～3条,裂隙宽一般0.5～1.5mm,个别>2mm,呈闭合或充填状。裂隙多发育于硬性岩层中,是地下水的主要储集场所。相比之下,软弱千枚岩等仅片理发育,含水性极差,因此,本含水层组其岩性组合对地下水的富集和运移不利,为本区富水性最差的含水岩组之一,泉流量一般0.1～1L/s,单井涌水量<50m³/d。但在构造有利部位,地下水可局部富集,如薛城S型构造的拐弯部位(理县甘堡),泉流量可达5.0L/s。

本含水层组与侵入岩接触的三叠系上统地层中有温泉出露。其中水温最高的为理县古尔沟热水塘温泉,水温为61℃,温泉流量一般<1.0L/s。

3)岩浆岩裂隙水

岩浆岩裂隙水是研究区内仅次于变质岩裂隙水的又一大的地下水类型(亚类),含水层组由晋宁期—澄江期及印支期—燕山期侵入岩体构成。主要分布在映秀-汶川、黑水县达盖-羊拱海、理县米亚罗以北-雪隆包等地。岩性主要为晋宁期—澄江期的黑云母花岗岩、斜长花岗岩、花岗岩、花岗闪长岩、闪长岩等及印支期—燕山期的白云母斜长花岗岩、黑云母二长花岗岩、黑云母花岗岩以及黑云石英闪长岩等。

岩浆岩大多是高山、极高山的主体,寒冻风化作用强烈,风化壳裂隙发育,风化壳深度一般 10～35m。沿岷江等河谷卸荷裂隙发育,形成卸荷裂隙带,构成地下水的储集场所。因该类含水岩组的岩体裂隙发育程度不等,富水性差异较大,泉流量以 0.1～1L/s 为主,径流模数 1～3L/(s·km^2)。局部如米亚罗以北花岗岩体裂隙频率较高,在理想的地貌条件下,泉流量可达 5.62L/s。

二、水化学特征

根据舒卡列夫分类法,主要类型如下。

(1) HCO_3-Ca 型水:主要分布于岷江上游流域杂谷脑河以南的高山、平原区及北部少部分的高原山区以及涪江流域平武县西南部泗洱—土城一带山区,其化学成分与含水层岩性中的钙质组分有极为密切的关系。在研究区内主要分布于松潘县十里乡、大寨乡、牟尼乡一带。

(2) HCO_3-Ca·Mg 型水:主要分布于岷江上游杂谷脑河以北及涪江上游平武以西的高原山区,从补给、径流、至排泄区的变质岩、岩浆岩含水层,主要为这一类型,其 Ca、Mg 主要来源于含钙变质岩、岩浆岩,少量碳酸盐岩中的含钙镁矿物,如黑云母、白云石、角闪石经氧化分解于水中形成。该类地下水在研究区内广泛分布。

(3) HCO_3-Ca·Na 型水:主要分布于研究区西北边缘及南部边缘的 T_2、T_3、γ_5^3 变质岩、岩浆岩裂隙水地带。其化学成分中 Na 增高的原因是有机质分解和长石石英砂岩中的钠长石风化溶于水中形成。

三、地下水补给、径流、排泄及动态特征

研究区地下水的补给、径流、排泄及动态特征,一方面由其含水层的岩相特征,出露产出情况和相应的地貌类型所决定;另一方面,又受本区气候、陆地水文、森林生态等自然条件和农业生产等人为因素的影响和控制。其特征分述如下。

(1) 地下水的补给来源主要是大气降雨,其次是高寒山区和分水岭地带的融雪水,农灌水的补给非常有限。

就大气降雨补给来讲,一方面由于上游地区地形切割强烈,地面坡度大,含水岩层的透水和储水性能差,致使降雨迅速转化为地表径流而流失;另一方面,本区无论是降雨总量,还是降雨年内分配等较之于平原区都不利于地下水的补给,尤以汶川县、理县、茂县三县干旱河谷地区为甚。本区植被覆盖率的高低,也是影响降雨入渗补给的重要因素,据苏春江《岷江上游大沟流域下渗研究》一文,在同由石英脉千枚岩残坡积物与淋溶褐土构成的下渗场内的下渗实验表明,无林地的初始下渗速度为 7.75mm/min,稳定下渗速度为 2mm/min,有林地的初始下渗速度为 81.48mm/min,可见植被覆盖对降雨入渗补给的影响。

尽管农灌水对研究区地下水的补给极为有限,但沿山开挖渗漏性很强的引水渠(如茂县引水渠的输水损失率可达 40%)与水泡、水漫地的浇灌方式,已形成对浅层地下水,特别是残坡积层孔隙水(或滞水)的不合理补给,其后果是造成沿河地带大量堆积层滑坡、崩塌等地质灾害的形成和加剧,应予以高度重视。

(2) 因地形的强烈切割,本区地下水径流快,限径流途径短,并随深度的增加而减弱。岷江及其支流是地下水的排泄基准面,排泄方式一是以泉(包括暗河出口)或浸出状排泄;二是以蒸发的方式排泄,这

在干旱河谷地区尤为明显。

(3) 本区不同类型的地下水,其动态差异很大,且受多种因素的影响,以松散岩类孔隙水为例,残坡积孔隙水常呈雨季有水和枯季无水,高阶地内地下水较之近河低阶地内地下水动态变化大,而后者又受河水位涨落的影响,岩溶水较之基岩裂隙水动态稳定,前者大泉流量的洪枯比一般小于3,而后者泉流量的洪枯变幅常在数倍至数十倍之间。

森林植被覆盖对本区地下水的动态有较好的稳定作用。以杂谷脑河上游相距4km的夹壁沟和车站沟为例:二沟地形地貌、含水层条件以及降雨情况等都相同或相似,但夹壁沟森林覆盖率高达70%,而采伐后的车站沟仅15%,由此造成二沟枯季径流量和径流模数相差悬殊,又以采伐前后的夹壁沟为例(表1-10),森林覆盖率每减少1%,径流模数即减少0.2L/(s·km²)。

表1-10 夹壁沟采伐前后径流量比较表

项目	集水面积 (km²)	年径流量 (×10⁴m³/a)	平均流量 (m³/s)	径流模数 [L/(s·km²)]	森林覆盖率 (%)
采伐前	3.31	218.3	0.069	20	70
采伐后	3.31	91.53	0.029	8	10
减少量	0	126.77	0.04	12	60

就岷江上游及涪江上游而言,森林覆盖率从大约500年前的80%减至1950年左右的30%,又减至1980年的18%,这对本地区水源涵养,水土保持影响很大,岷江紫坪铺水文站从20世纪30年代至70年代间,枯季径流(1~3月)总量和平均流量分别减少$3.11×10^8m^3$、$40.01m^3/s$,这与本地区森林覆盖率的减少是分不开的,换句话说,森林覆盖率的减少,即造成本区地下水资源的枯竭。

综上所述,研究区内岷江上游及涪江上游地区地下水补给来源少,补给条件差,径流途径短,但径流强烈,排泄迅速。

第五节 新构造运动与地震

研究区位于印度板块与欧亚板块相互碰撞汇聚形成的青藏高原东侧边缘川西北高原东部,地处著名的南北地震构造带的中段,跨越中国西部强烈隆升区和东部较弱隆升区两个一级新构造运动单元,岷山隆起带和龙门山挤压构造带则构成了这两个一级新构造单元的分界线。自晚新生代以来,伴随着青藏高原的强烈隆升,研究区内新构造运动强烈,地震频发且震级大。

河流系统是陆地沉积循环的主要通道,也是塑造地貌形态重要的外营力(杨景春等,2001),它对外部因素的变化,如构造抬升等做出积极而敏感的响应(Schumm et al.,2000),并将这些变化信息记录下来。河流阶地作为河流系统演化的产物,在理解河流地貌对构造抬升和气候变化响应机制方面具有不可替代的优势(Maddy et al.,2008;Pan et al.,2009)。晚新生代,青藏高原强烈隆升,由于高原隆升在不同时期、不同区域具有较大的差异,在青藏高原周缘的河流阶地表现不同,因而成为研究新构造运动的主要标志。成兰铁路自南而北横跨土门河、白龙江、洮河,自茂县北至松潘县川主寺一带与岷江平行展布,其中土门河、岷江、白龙江等属长江水系,洮河属黄河水系。本书结合前人资料,对岷江上游所处的新构造运动、地震活动及所经河流的阶地发育情况进行讨论。

一、构造地貌与隆升速率

1. 构造地貌特征

研究区位于四川盆地向青藏高原过渡的强烈掀斜抬升区,抬升幅度 1000~3000m。晚第四纪以来,构造活动异常活跃,尤以岷江断裂、映秀断裂、茂汶断裂、虎牙断裂活动突出。由于新构造运动剧烈,研究区地貌有如下特点。

(1)阶地发育,河床横剖面多呈"V"字形(图 1-12),少数河段河床呈"U"字形(图 1-13),且阶地级数多,可见研究区在隆升过程中存在多阶段隆升的特点。相对高度由老到新依次递减,从上游往下游,同级阶地相对高度依次减低,除Ⅰ级阶地部分为堆积阶地外,其余皆属基座阶地。

(2)区内河流支流众多,在流水切割下,沟、坡、墚随处可见,河流下切和溯源侵蚀强烈,分水岭单薄,河谷深切。

(3)地形起伏度通常在 1000m/km² 以上,河流纵坡降比大,岷江上游松潘至茂县河段,海拔在 1300~3300m 之间,区内山势陡峻、水流湍急。茂县县城、松潘县城一带岷江水面渐开阔,河段平均比降为 4.5‰~7.2‰。在叠溪一带为深山峡谷,河流最为汹涌,其中叠溪至黑水河段坡降达到 21.1‰。

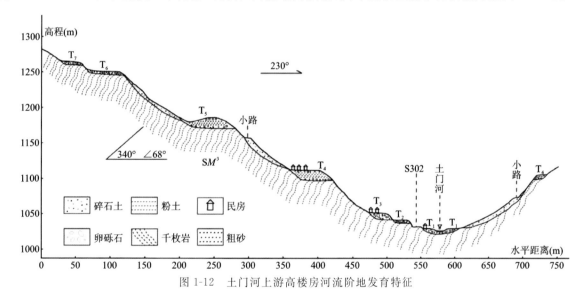

图 1-12 土门河上游高楼房河流阶地发育特征

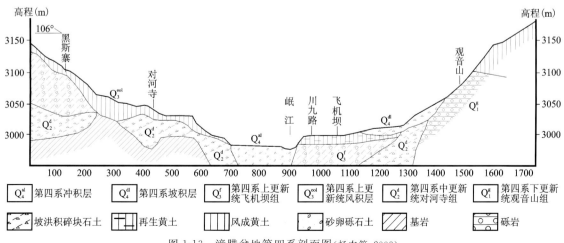

图 1-13 漳腊盆地第四系剖面图(杨农等,2003)

2. 构造隆升速率

自晚新生代以来,伴随着青藏高原间歇性的强烈隆升,研究区在地质历史上也曾遭受快速的构造隆升和强烈的河流下切作用。近年来,众多学者对岷江上游区域地壳隆升速率进行过深入研究。周荣军等(2000)认为岷江断裂第四纪以来呈现出明显的逆冲推覆运动并兼有左旋走滑分量,岷山第四纪以来的隆升速率为1.5mm/a左右。Kirby等(2003)通过河流陡峻指数计算了青藏高原东缘地区的隆升速率,认为青藏高原东缘各个区域的隆升速率存在明显的差异性,并不是以整体形式隆升的,最大隆升速率集中在岷山和龙门山中南段。李勇等(2005,2007)对岷江上游河流下蚀速率与岷山、龙门山隆起作用间的相互关系进行了研究(图1-14),认为岷江下蚀速率与山脉隆升速率存在线性关系:山脉隆升速率约为河流下蚀速率的1/5;川西高原、龙门山地区的下切速率分别为1.07~1.61mm/a和1.81mm/a,对应的表面隆升速率分别为0.21~0.32mm/a和0.36mm/a。张岳桥等(2005)认为晚新生代以来岷江河谷经历了两个快速下切阶段,反映了岷山-龙门山南北构造带2个重要的隆升阶段:早期的构造隆升作用发生于上新世时期,下蚀速率约为0.77mm/a;晚期的快速隆升作用发生于中、晚更新世时期,下蚀速率约为北段0.375~0.750mm/a、中段1.620mm/a、南段1.875mm/a,南段下蚀速率代表了岷山-龙门山构造带的隆升速率。高玄彧等(2006)利用河流阶地与阶地形成年龄间的线性关系计算得出岷江上游河段的年平均下蚀率(1.40mm/a)大于岷江中游河段的年平均下蚀率(1.08mm/a)的结论,并认为这可能与岷江上游河段地壳上升速率(0.2~0.3mm/a)大于中游河段地壳上升速率(0.11mm/a)有关。综上所述,岷江上游晚第四纪以来具有明显的地壳隆升,河流下蚀速率在1~1.8mm/a之间,对应的隆升速率在0.2~0.3mm/a之间。

二、岷江上游第四纪地质与新构造运动特征

不同学者对岷江上游及其邻区龙门山构造带的地震地质、断裂活动、构造地貌、河流阶地、新构造运动等做了大量的调查和研究工作。在岷江断裂带性质方面,杨景春等(1979)认为岷江断裂带为逆冲断裂;赵小麟等(1994)、陈社发等(1994)、Chen等(1994)、Kirby等(2000)认为是一条第四纪逆冲走滑断裂,晚更新世以来具有强烈的活动性。周荣军等(2000,2006)根据地貌特征所确定的岷江断裂平均垂直滑动速率介于0.37~0.53mm/a之间,左旋位错量与垂直位错量大致相当。基于断裂带地貌特征和盆地沉积物测年结果,张岳桥等(2010,2012)认为岷江断裂由2个不同性质的断裂组成:早期为逆冲断裂和晚期为正断裂。在中更新世时期,岷江逆冲断裂发生构造负反转,在其前缘形成一条东倾的正断层,它控制了岷江上游漳腊盆地的发育。可见,关于岷江断裂带的性质仍存在不同的认识。构造地貌方面,张会平等(2006)基于数字高程模型数据(DEM),对流域地貌参数以及纵向河道高程剖面等的统计分析,认为岷江水系东西两侧具有截然不同的地貌特征,指示了岷江水系两侧晚新生代构造活动的差异性,反映了岷江断裂带东西两侧的不均衡抬升。张军龙(2013)利用DGPS方法,结合高精度影像数据,提出了层状地貌空间参数的获得方法,进而探讨了区域新构造运动的特征。河流阶地方面,岷江上游河流阶地形成于上新世末,主要分布于山间盆地内,阶地反映了区内的新构造运动(赵小麟等,1994;Kirby et al.,2000;唐文清等,1999,2004;Kirby et al.,2002;杨农等,2003;李勇等,2007;吴小平和胡建中,2009;王旭光等,2017)。不同学者对河流阶地的性质、级数、形成时代等认识还存在差异,如唐荣昌等(1993)认为岷江上游发育5级阶地;赵小麟等(1994)认为该河段仅发育3级阶地,且均为堆积阶地;杨农等(2003)认为岷江上游谷地以发育基座型阶地为主,侵蚀阶地和堆积阶地不发育,主要发育3级阶地;李勇等(2007)认为岷江上游存在高位河流阶地;吴小平和胡建中(2009)认为岷江源区发育3级阶地,以堆积阶地和基座阶地为主,阶地发育明显受断裂活动控制。在已有调查研究资料的基础上,通过

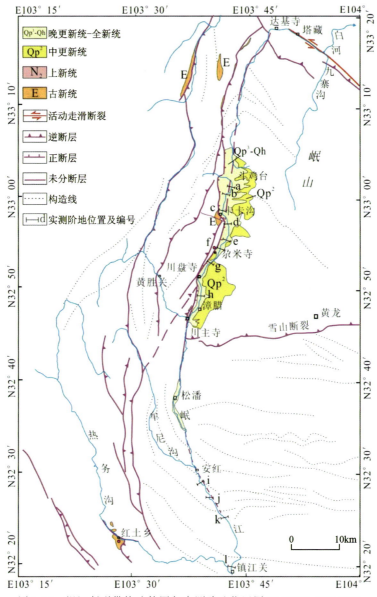

图 1-14 岷江断裂带构造简图与实测阶地位置图(张岳桥等,2012 修编)

实地调查漳腊盆地、斗鸡台盆地的控盆断裂、第四纪地貌特征和河流阶地等,结合新生代沉积物的形成时代,笔者认为岷江松潘段河流阶地主要分布于山间盆地内,形成于第四纪时期,是在盆地河湖相地层的基础上形成的。随后对岷江上游地形、地貌的形成机制及其与新构造运动的关系进行分析。

1. 岷江上游盆地沉积地层及盆地性质

1) 盆地沉积地层

在岷江上游,沿岷江断裂带分布有串珠状的山间盆地,其中以漳腊盆地和斗鸡台盆地最为典型(图1-14),两个盆地于上新世末开始接受沉积(杨农等,2003;张岳桥等,2012),主要出露于卡卡沟附近,为陆相湖泊沉积环境。沉积物主要为紫红色的泥岩、粉砂岩、细粒砂岩,钻孔揭示厚约105m。对于漳腊盆地和斗鸡台盆地的第四纪地层,根据四川省地质局区测队的资料(四川省地质局第二区域地质测量队,1978),参考公开发表的资料(张军龙,2013),并结合野外调查整理而来,地层从老至新依次为文家祠组(Q_1)、观音山组(Q_2)、对河寺组(Q_2)、飞机坝组(Q_3)和全新统(Q_4)(图1-15)。

图 1-15 岷江上游沉积盆地第四纪地层特征

文家祠组是一套冰川、冰水沉积，零星出露，地层明显发生变形，局部倾角达 25°～30°。灰褐色、黄灰色块状中、粗粒砾岩，砾石成分以砂岩为主，其次为灰岩、板岩、脉石英等。分选性较差，次圆至次棱角状，砾石排列基本无序，局部显示定向排列，半固结-固结成岩，填隙物及胶结物主要为砂泥质、钙质，常被阶地所掩埋，上部地层风化呈红色。

观音山组与下伏地层不整合接触，由冰川、冰水、河湖相沉积物构成。下部主要为灰色钙质胶结的中厚层状砾岩，中部为黄褐色泥质胶结为主的砂质砾岩夹数层厚度大于 1m 的未胶结层，顶部为钙质胶结的黄褐色、灰色砂质砾岩。观音山组地层向西倾斜，平均倾角 10°～14°，西厚东薄，最厚处近 300m。斗鸡台观音寺组上部测得的 ESR 年龄为 37.6ka(杨农等，2003)；传子沟砾岩顶部砂层的热释光(TL)年龄为 83ka(赵小麟等，1994)，其上部测得的光释光(IRSL)年龄为 15.7ka，下部年龄为 25.4ka(Kirby et al.，2002)。表明观音山组地层时代为中更新世。观音山组砾岩层仅分布在斗鸡台、漳腊两个盆地，盆地以南沿岷江河谷两岸无该组地层出露。据此推测，当时岷江尚未形成，观音山组砾岩是断裂拉张作用导致盆地快速沉陷而快速堆积的产物(王华等，2007)。

对河寺组为一套黄色、黄褐色、褐红色富泥质胶结的砂砾石层，单层厚度 0.5～2.0m，夹泥质胶结中粗砂层。砾石主要为次棱角状-次圆状灰岩、白云岩、砂岩等。主要分布在盆地的贡嘎岭—松潘一带，基座为文家祠组或观音山组(杨农等，2003)。

飞机坝组多出露于岷江河谷两岸，多为冲积层。岩性为灰色砂砾层夹褐灰色泥砂砾石层、泥砂碎石层及钙质泥岩，地层发生明显倾斜。砾石成分为灰岩、砂岩，砾石砾径 3～5cm，砾石层倾向西，倾角约 7°。张岳桥等(2010)在这套地层上部一层黏土质粉砂层中，采集了 1 个光释光样品，获得的年龄为 189.8±8.9ka。张军龙(2013)对飞机场附近砂砾石层中的 3 个样品进行 ESR 测年，年龄分别为 264±29ka、471±47ka 和 588±76ka；飞机坝组形成于中更新世晚期。

全新统主要为冲洪积层，沉积物主要由砾石、砂及粉砂组成，部分地段可见少量泥质分布，砾石成分以灰岩为主，次圆—圆状，分选中等；岷江及其支流河谷中有泉华沉淀。在虹桥关以北构成开阔的河漫滩及 T_1 阶地，局部宽达 200m 以上(如川主寺)，高出河水面 1～5m，在红桥关至十里乡段可见拔河高 10～20m(唐文清等，1999；杨文光等，2011)。

2)盆地性质

对于构造盆地的成因,主要是通过其控盆断裂的性质来确定。岷江断裂位于青藏高原东缘的北段,由多条南北向断裂束组成,其主干断裂构成漳腊盆地、斗鸡台盆地的西缘边界。该断裂属于南北构造带或南北地震带的组成部分,也是东昆仑走滑断裂东端的挤压转换构造(Chen et al.,1994;Kirby et al.,2002;徐锡伟等,2003;Zhang et al.,2009;张岳桥等,2012)。断裂北延与塔藏断裂交接,南延终止于镇江关、红土坡一带,南北长达120km(张岳桥等,2012)(图1-15)。

沿岷江从北向南,笔者对漳腊盆地和斗鸡台盆地的控盆断裂进行了考察。在漳腊盆地西侧的漳金沟中,发育一宽约130m,走向190°的断裂带,可识别出三条断裂,断层倾向110°～130°,倾角65°～70°,为逆冲断层,具有左行走滑分量;断层面上见明显的擦痕,产状为45°∠38°[图1-16(a)]。这与前人认为岷江断裂带为逆冲性质相一致;断层面呈黑褐色,可能为第四纪不活动断层。此外,该断层在红桥关南十里乡附近出露,未错断岷江T_3阶地[图1-16(b)],也指示其为第四纪不活动断层。因此,这条断裂不是漳腊盆地和斗鸡台盆地的控盆断裂。漳腊盆地西缘还发育一条东倾的正断层,基岩中发育一组向东陡倾的破裂面理,倾角约75°(吴小平和胡建中,2009)。沿断层走向发育一系列断层三角面,三角面清晰可见,倾角50°～60°,推测该三角面为小西天断层作用所致,这反映出在盆地边缘构造活动明显(吴小平和胡建中,2009)。断层上盘(东盘)相对下降,断层下盘为基岩,上盘为第四系堆积物,正断层控制了盆地的展布与发育,应为漳腊盆地和斗鸡台盆地的控盆断裂。在岷江左岸、漳腊盆地东缘,麻依村东发育一条逆断层[图1-16(c)],地貌上表现为山顶凹坑,断层倾角20°～30°。在漳腊镇见培村东,发育有两条逆断层[图1-16(d)],通过第四纪沉积物,应为同一逆断层的两条分支。结合野外调查,麻依村和见培村东的逆断层为同一条断裂,是漳腊盆地和斗鸡台盆地东部的控盆断裂。

(a) 漳金沟逆断层(镜向S)　　(b) 十里乡逆断层(镜向SW)

(c) 麻依村逆断层(镜向S)　　(d) 见培村逆断层(镜向S)

图1-16　岷江上游盆地控盆断裂发育特征

综合以上研究成果,漳腊盆地和斗鸡台盆地具有以下特点:①盆地长轴与岷江断裂走向相一致(图1-17);②盆地沉积物南厚北薄,剖面形态呈"箕"状或"楔"状;③盆地内第四纪沉积地层向NW、SW倾,且地层越老,倾角越大;④西侧控盆断裂为东倾正断层,东侧控盆断裂为西倾逆断层,盆地为断块发生西降东升的翘板式断块运动过程中形成的。盆地西侧正断、东侧逆冲,故可称漳腊盆地和斗鸡台盆地为"翘板式箕状盆地"(图1-17)。漳腊盆地和斗鸡台盆地均是在区域挤压环境下形成的山间盆地,这可能是陆内块体汇聚挤压构造环境中的一种块体自组织调整的方式。

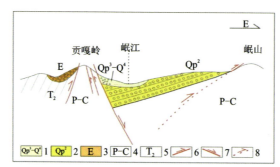

图1-17 岷江上游盆地"翘板式箕状盆地"形成模式示意图
1.晚更新统—全新统;2.中更新统;3.古近系;4.石炭系—二叠系;
5.中二叠统;6.断层;7.正断层;8.推测断层

2.岷江上游河流阶地发育特征

前人对岷江上游河流阶地进行了大量研究工作,获得了一系列阶地的隆升量及其相应起始年龄(吴小平和胡建中,2009),并讨论了阶地的演化过程(张岳桥等,2005)。但对岷江上游河流阶地的级数还存在分歧。赵小麟等(1994)认为岷江上游松潘县城以上河段仅发育3级阶地,均为堆积阶地。Kirby et al.(2002)认为岷江在贡嘎岭和川主寺之间发育2级堆积阶地,高阶地不连续,只在岷江谷地有保存;低阶地连续存在于岷江源头到松潘县。张岳桥等(2005)认为岷江上游松潘县城以上河段共发育5级阶地,其中有2级高阶地(4级和5级)断续发育,3级低阶地连续发育。张军龙(2013)认为岷江上游可见5~8级阶地,其中T_3阶地在纵向上较为连续,其他低级阶地连续性稍差,在横向上也不对称,高阶地保存更差;阶地类型以基座阶地为主,部分高阶地属侵蚀阶地。总之,关于岷江上游河流阶地级数和类型的分歧,制约了对岷江上游构造隆升期次、隆升时间、隆升量及其相应隆升起始年龄、岷江形成演化等问题的正确认识。

1)实测阶地剖面

本项目组对松潘段岷江干流阶地进行了实测,通过对比河流两岸阶地拔河高度,确定该段岷江河流阶地的级数(图1-18)。

通过对岷江上游四条支流河流阶地的测量(表1-11,表1-12),斗鸡台盆地的七藏沟发育2级阶地,拔河为4.0m和10.7m;漳腊盆地的安备沟发育2级阶地,拔河高度为33.0m和38.0m,均为侵蚀阶地。在东北村,岷江支流羊洞河发育2级阶地,拔河高度为3.0m和17.6m,均为堆积阶地。岷江支流牟尼沟仅发育Ⅰ级阶地,拔河高度2~5m,为堆积阶地。

2)阶地特点

(1)阶地级数呈分段性。

在卡卡沟以上河段,岷江发育3级阶地,在斗鸡台与漳腊盆地之间阶地数目逐渐增多,最多达Ⅵ级。自安备村往南,阶地数目逐渐减少,至漳腊盆地山巴乡境内,阶地数目减至Ⅲ级,至红桥关附近,阶地又增至Ⅳ级。进入十里乡境内,河流形态转为曲流河,阶地数又减至Ⅲ级。从松潘县安宏乡往南至镇江关,岷江进入峡谷区,仅发育Ⅱ级阶地。同时,盆地流域内的岷江支流发育Ⅱ级阶地,而峡谷区的支流仅见Ⅰ级阶地。

(2)阶面宽窄不一。

在盆地区,岷江河流阶地阶面宽度总体是左岸大于右岸。十里乡的曲流河段,阶面宽度左岸大于右岸;进入峡谷段,阶地呈对称状,阶面宽度近于相等。即在宽阔地区,岷江上游两岸多形成不对称的阶地;而在狭窄地区,多形成对称的阶地,这与黄河在源区河流阶地宽度变化不同。

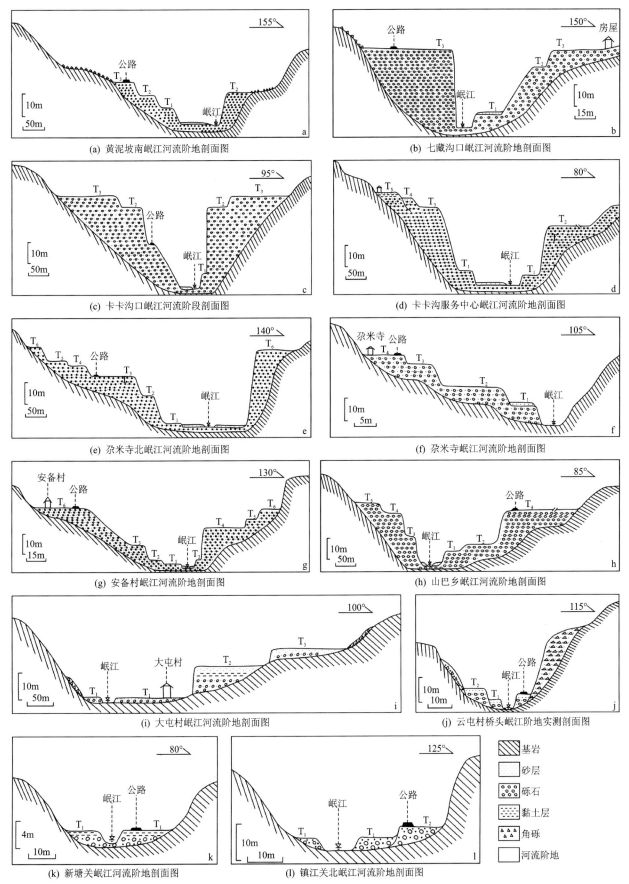

图 1-18 岷江上游河源至镇江关段河流阶地横剖面图

表 1-11 岷江上游河流阶地高程统计表

序号	地点	坐标		河面海拔(m)	拔河高度(m)					
		经度	纬度		T_1	T_2	T_3	T_4	T_5	T_6
1	黄泥坡	103°41′57.74″	33°0′25.50″	3420	7.1	13.0	19.0			
2	七藏沟口	103°41′53.45″	32°59′0.25″	3345	6.0	29.0	36.0			
3	卡卡沟口	103°41′24.20″	32°58′32.63″	3330	7.0	39.0	44.0			
4	卡卡沟	103°42′25.18″	32°57′27.29″	3290	7.0	28.0	37.0	41.0	44.0	
5	尕米寺北	103°42′1.06″	32°55′20.73″	3226	2.0	15.0	24.0	33.0	35.0	42.0
6	尕米寺	103°41′0.17″	32°53′59.66″	3183	8.0	16.0	25.0	29.0		
7	安备村	103°40′20.29″	32°53′3.77″	3137	2.0	4.0	12.0	20.0	24.0	30.0
8	山巴乡	103°38′57.40″	32°50′13.71″	3058	7.0	10.0	28.5			
9	大屯村	103°36′59.51″	32°43′11.11″	2921	2.0	14.0	20.0			
10	云屯村	103°37′40.30″	32°32′23.36″	2762	4.0	8.7				
11	新塘关	103°39′39.42″	32°28′33.44″	2674	2.5					
12	镇江关	103°43′50.65″	32°20′40.84″	2509	3.5	6.5				

注：拔河高度使用图帕斯 200 测距仪和皮尺测制。

表 1-12 岷江上游支流河流阶地统计表

序号	地点	坐标		河面海拔(m)	支流	拔河高度(m)	
		经度	纬度			T_1	T_2
1	七藏沟	103°41′20.71″	32°59′29.25″	3404	七藏沟	4.0	10.7
2	安备村	103°40′26.96″	32°53′6.21″	3345	安备沟	33.0	38.0
3	东北村	103°34′29.88″	32°47′55.62″	3055	羊洞河	3.0	17.6
4	二道海	103°30′30.87″	32°40′1.20″	3284	牟尼沟	2.0	
5	桥头	103°32′30.16″	32°39′17.43″	3096	牟尼沟	2.0	
6	上寨村	103°32′48.89″	32°37′46.80″	3031	牟尼沟	5.0	
7	包座村	103°32′18.37″	32°36′26.88″	3013	牟尼沟	2.0	
8	安宏村	103°37′16.18″	32°30′55.40″	2741	牟尼沟	2.0	

注：拔河高度使用图帕斯 200 测距仪和皮尺测制。

(3)阶地类型不同。

在盆地区，岷江上游两岸多形成侵蚀阶地，阶地磨圆度由次圆—圆状的第四纪砂砾石组成，阶面上覆盖薄层的含砾粗砂层和含砾黏土层。在曲流河段和峡谷段，两岸多形成堆积阶地，阶地二元结构清楚。

3. 岷江上游新构造运动特征

1）新生代盆地与新构造运动

岷江上游的斗鸡台盆地和漳腊盆地表现为南北条带性和东西向差异掀斜抬升的特点。斗鸡台盆地南北长约10km，最宽处约5km。漳腊盆地南北长约12km，东西宽3～6km；岷江自北向南纵贯其中，盆地内最多发育Ⅵ级阶地，阶地的组成以第四纪堆积物为主。从整体特征看，两个盆地都向西倾，地势东高西低；盆地之间被安备-小西天隆起分开，以北为斗鸡台盆地，以南为漳腊盆地（赵小麟等，1994）。斗鸡台最高处海拔3850m，至岷江源海拔降为3497m；安壁村附近公路海拔为3207m，由南向北高差近800m，说明盆地具有大幅度沉降的特点（吴小平和吴建中，2009）。新生代盆地主要发育在岷江断裂的东侧，主断裂分布在盆地的西侧，走向NNE；断层西盘为基岩，东盘为第四系堆积物，基岩中发育一组向东陡倾的正断层，沿断层发育一系列断层"三角面"。东西向差异掀斜抬升主要表现在岷江河谷两侧盆地形态、地层的不对称分布。从沉积物分布类型来看，垂向上盆地内由冰川、冰水、河湖相沉积物组成。从沉积物的分布结构来看，地层厚度自西部河谷向东部盆地边缘逐渐变薄，并有尖灭的趋势，有西厚东薄的特点，表明盆地是在掀斜抬升过程中形成的。

2）第四纪地层与新构造运动

斗鸡台盆地和漳腊盆地内都发育了相当完整的第四纪地层（图1-13）。文家祠组地层明显发生变形，局部倾角达到25°～30°。观音山组地层向西倾斜，平均倾角10°～14°，西厚东薄，最厚处近300m。飞机坝组砾石层倾向西250°～260°，倾角7°左右。漳腊附近晚更新世地层产状为325°∠70°，八十沟附近为345°∠150°，地层倾向西，坡度7°～8°（唐文清等，1999）。结果表明，岷江断裂东侧的掀斜抬升使盆地在东西方向上表现为差异性升降的特点。

3）河流阶地与新构造运动

河流阶地是自然界河流演化的一种地貌形态，是河谷地貌中最突出的地貌特征之一（沈玉昌等，1986）。构造作用是河流下切侵蚀的动力因素，也是形成河流阶地的主要驱动力，因而河流阶地对构造运动极其敏感（Maddy et al.，2001）。岷江上游河谷内最多发育有Ⅵ级阶地，其中以T_1、T_2和T_3阶地最为发育，T_4、T_5和T_6阶地仅在个别河段可见（图1-19）。各级阶地的高差由北向南拔河高度逐渐降低，东西两岸阶地发育不对称，阶地整体表现为北西倾（吴小平和胡建中，2009）。由于构造运动的差异，阶地的形态表现也不同。从阶地相位图（图1-20）上可以看出，越靠近上游同级阶地距河床的高差越大，向下游则高差降低，说明在岷江上游地区隆升幅度大、速度快，至红桥关到松潘一带隆升幅度小、速度慢。另外，相位图中岷江阶地在安备-卡卡沟一带出现Ⅵ级阶地，说明分割斗鸡台盆地与漳腊盆地的尕米寺地区地壳发生多次局部的强烈隆起。尕米寺后山的滑坡堆积体可能是地壳强烈隆升引发地震形成的。相位图中岷江阶地在红桥关一带出现Ⅳ级阶地，存在反倾斜地段，说明在红桥关一带地壳局部隆起，具有掀斜抬升的性质（吴小平和胡建中，2009）。上述分析可知，岷江上游红桥关以上整体为构造隆升区，河流阶地显示至少有3次构造隆升；斗鸡台盆地构造隆升强度整体上大于漳腊盆地。同时，在尕米寺地区可能发生了6次构造抬升，红桥关一带构造抬升明显要强于漳腊盆地。

图1-19 茂县牟托村高河流阶地发育特征（镜向E）

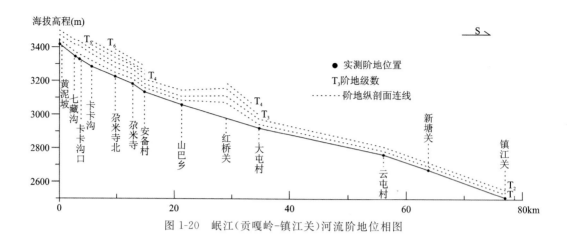

图 1-20　岷江(贡嘎岭-镇江关)河流阶地位相图

4. 关于岷江断块隆升时代、幅度与速率的初步估计

根据青藏高原东缘的构造活动及沉积响应推测岷江隆起的山顶面在 3.6Ma 开始快速隆升。此时陇西块体及四川块体垂直运动仍然十分微弱。2.4Ma 左右青藏运动仅在岷山隆起形成两级夷平面,其他地点并没有明显的层面地貌遗留,活动范围较小,活动强度不明显;1.6Ma 左右层状地貌逐渐扩大,兰州和黑山峡一带高级阶地形成,说明此次活动影响范围增大,强度有所增加。约 1.2Ma 前后,青藏高原再次发生强烈抬升,并被称之为昆仑黄河运动,这次强烈构造活动在青藏高原及其周围都有体现。岷山隆起及其东侧摩天岭弱隆起形成层状地貌,汾渭盆地至孟津以及晋陕峡谷形成了最高阶地(胡晓猛等,2001;Hu et al,2005),说明构造活动范围已扩展到华北地块。在 0.8Ma 前后,青藏高原隆升进入冰冻圈,高原最大冰期开始发育,岷山隆起西侧出现明显的层状地貌。0.15Ma 以来,高原及其周缘区域再次发生强烈的构造活动,青藏高原处于"共和运动"时期(李吉均等,1996),包括岷山块体在内的大范围区域均呈现快速隆升(图 1-21)。

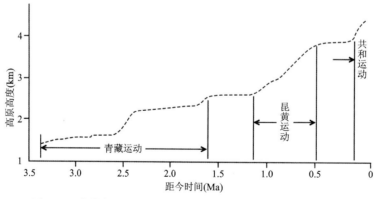

图 1-21　青藏高原 3.5Ma 年以来地壳隆升示意图(李勇等,2007)

岷山断块隆起区为第四纪强烈抬升区(唐荣昌等,1991;赵小麟等,1994),构成川西高原的西边界,隆起区南部逐步向龙门山构造带过渡(张岳桥等,2005)。岷山主峰海拔高度大于 5500m(雪宝顶为 5588m),山顶面平均海拔高度大于 4500m,相对地形高差大于 1000m。岷山和龙门山中段组成的南北隆起带与四川盆地过渡地带是一个地形陡变带。岷山隆起区的东西边界分别受岷江断裂与虎牙断裂控制。研究区即位于岷江上游和岷山隆起区的松潘县与九寨沟县交界地带。岷江上游发育于该隆起带的西侧,总体呈南北向展布。岷江支流向高原腹地溯源侵蚀,形成了沟谷纵横的山地侵蚀地貌。在构造-气候作用下,岷江侵蚀切割,发育一系列中小型盆地及多级层状地貌面,记录了青藏高原东部边缘晚新生代间歇性隆升过程(唐荣昌等,1991)。

斗鸡台-漳腊盆地两侧 P1 面(山顶面),多在 4600～4800m(东部红星岩山地海拔约 5100m),以盆地面的高程 3000～3500m 计算,P1 面拔河 1400～1600m,其年代为 3.6Ma。考虑到盆地内部还沉积有约 300m 厚的新生代沉积物,因此 P1 面的相对隆升量应增加盆地内部的沉积厚度,累计 1700～1900m。P2 和 P3 山麓台地面分布较为广阔,普遍出现在河间分水岭地带,多在 4200～4400m。以盆地面计算,P2 面拔河约 1150m,P3 面拔河约 900m。根据新生代沉积物的厚度和沉积速率推测 P2 面形成时代约 2.4Ma(钱洪等,1995),P3 形成年代不详,P4 面拔河约 700m,可以与若尔盖盆地 P2 相对比,推测形成时代约 1.6Ma。T_9 面拔河约 520m,推测形成时代约 1.3Ma,T_8 面拔河约 350m,根据漳腊盆地阶地砾岩内砂层 TL 年龄,推测形成时代 0.64～0.83Ma,可以与若尔盖盆地 P3 相对比。T_7 面拔河约 300m,根据漳腊盆地飞机场上部阶地砂砾石层内砂层 TL 年龄,推测形成时代约 0.59Ma。T_6 面拔河约 230m,根据漳腊盆地飞机场下部阶地砾岩内砂层 TL 年龄、斗鸡台 T_5 级阶地砂砾石层、松潘 T_4 级阶地河流相沉积物和理县盆地 T_6 级阶地砾石层内砂层的 ESR 年龄,推测形成时代 0.37～0.50Ma。T_5 面拔河约 130m,据漳腊盆地 T_4 级阶地下部砾岩内砂层、松潘 T_4 级阶地河流相沉积物、茂县盆地 T_3 级阶地下部堆积物、溶洞堆积物和理县盆地 T_4、T_5 阶地砾石层内砂层 ESR 年龄,推测形成时代 0.25～0.31Ma。T_4 面拔河约 90m,根据漳腊盆地 T_4 级阶地上部砾岩内砂层和黄土、松潘 T_3 级阶地湖相沉积物底部砂岩 T_4 级阶地顶部砂岩、茂县盆地 T_3 级阶地上部堆积物和黄土和理县盆地 T_3 级阶地砾石层内砂层 ESR 年龄,推测形成时代 0.06～0.16Ma。T_3 面拔河约 30m,根据漳腊盆地 T_4 阶地上部砾岩内砂层和黄土、松潘 T_3 阶地湖相沉积物底部砂岩和 T_4 阶地顶部砂岩、茂县盆地 T_3 阶地上部堆积物和黄土与理县盆地 T_3 阶地砾石层内砂层 ESR 年龄,推测形成时代 0.015～0.04Ma,可能与若尔盖盆地 T_3 相对比。

根据上述各级阶地年龄和拔河高度资料,同时参考前人在拔河约 15m 和约 5m 两级阶地获得的测年数据和相应的拔河高度,获得岷山隆起区(以斗鸡台-漳腊盆地为主)的隆升速率。根据层状地貌序列的拔河高度、地貌年龄,并参考区域构造活动的时代,拟合得到层状地貌隆升速率的上限是 0.523mm/a,下限是 0.445mm/a,平均是 0.483mm/a;各值位于均线附近,说明晚新生代以来层状地貌面序列的演化接近于均匀隆升过程。这一结果与大地测量获得的龙门山降升速率(0.3～0.4mm/a)和川西高原主要(岷江、大渡河、青衣江、鲜水河等)阶地高程和阶地形成年代计算得出的杂谷脑河、大渡河、鲜水河更新世以来的下切速率分别为 0.37mm/a、0.38mm/a 和 0.39mm/a(刘勇等,2006)基本相一致。山麓台地面 P4 的隆升速率位于均线下部,可能受年龄精度的影响。

此外,岷江河谷西侧岩壁陡峭,冲沟短而陡,阶地狭窄,东侧冲沟缓而长,阶地较宽;在东侧阶地与山地间的盆地内出露观音山组砾岩。观音山砾岩露头最大宽度达 3000m,台地前缘拔河约 150m,局部保存原始沉积顶面,在地貌上倾角约为 15°,向北西平缓倾斜的山前台地;东侧高级阶地前后缘高差异常增大的现象,反映了岷江断裂东侧相对沉降和西侧相对抬升的现象。岷江断裂晚第四纪以来表现逆冲运动,使断裂东侧的晚第四纪沉积盆地成为向西掀斜的单侧压陷盆地。中更新世以来,近南北向岷江断裂继续活动,观音山组砾岩受到挤压,形成走向近南北的小背斜(钱洪等,1995)。有趣的是,观音山砾岩仅分布在斗鸡台和漳腊盆地两个盆地内,盆地以南沿岷江河谷两岸无该组地层出露。

Kirby et al.(2000)根据斗鸡台-漳腊盆地实测产状,推算出砾岩发生了约 10°的掀斜,然后据此推算出距岷江断裂 3～6km 的砾岩东部边界,7～9km 的断陷盆地东部边界以及 12～15km 的岷山山顶,分别抬升了 500～1000m、1200～1500m 和 2000～2500m,最后推算出砾岩东部边界、断陷盆地东部边界以及岷山顶的抬升速率分别为 2.0～4.1mm/a、4.8～6.2mm/a 和 8.3～10.3mm/a。与前人结果有较大的差异,其原因在于测年数据偏小(约 254ka),并将雪山梁子断裂两侧的构造形迹一起讨论(虎牙断裂受雪山梁子断裂限制于南侧)。然而观音山砾岩却只分布于斗鸡台-漳腊盆地中。此外,将岷山隆起的原因归结于由东向西的掀斜和下地壳增厚,显然缺少更为精确的年龄和构造成因解释。单就隆升量而言,不存在矛盾。

三、活动断裂发育特征

在青藏高原东部南北向构造带演化过程中,在地壳东向运动不均匀的部位形成了不同方向的活动断裂带(图 1-22,表 1-13),这些活动断裂都对地震分布具有显著的控制作用。研究区内主要活动断裂(带)包括岷江断裂、龙门山断裂带、塔藏断裂、雪山断裂和虎牙断裂等。

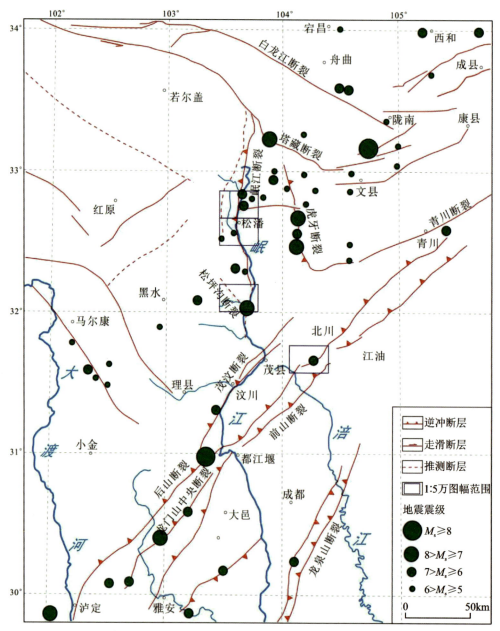

图 1-22 成兰交通廊道及邻区主要活动断裂与地震分布图

表 1-13 研究区内主要活动断裂一览表

编号	断裂名称及断裂分段特征		活动性质	活动时代	活动速率(V_H-水平活动速率，V_v-垂直活动速率，mm/a)	与铁路或重点城镇的关系
1	龙门山前山断裂	江油-灌县断裂	逆冲兼右旋走滑	$Q_3 \sim Q_4$	$V_H = 5.0 \pm, V_v \leq 0.5$	与成兰铁路大角度相交
		江油-广元断裂	右旋走滑/逆冲	$Q_1 \sim Q_2$	$V_H = 1.54$	与兰渝铁路大角度相交
2	龙门山中央断裂	北川-映秀断裂	逆冲兼右旋走滑	$Q_3 \sim Q_4$	$V_H = 2.0 \sim 3.0, V_v = 1.0 \pm$	与成兰铁路近于直交
		茶坝-林庵寺断裂	南段走滑，北段逆冲	南段 Q_4，北段 Q_{1-2}	$V_H = 1.0 \sim 5.0, V_v \leq 1.0$	
3	龙门山后山断裂	耿达-陇东断裂	逆冲兼右旋走滑	$Q_3 \sim Q_4$		
		茂县-汶川断裂	右旋走滑/逆冲	Q_4	$V_H = 1.4 \pm, V_v = 0.5 \sim 0.9$	与成兰铁路近于直交
		平武-青川断裂	逆冲兼右旋走滑	Q_3	$V_H = 1.0 \pm, V_v = 0.5 \sim 0.7$	
4	岷江断裂		左旋走滑,走滑	Q_4	$V_H \leq 0.2, V_v = 0.37 \sim 0.53$	与成兰铁路平行展布，与成兰铁路多次斜交
5	虎牙断裂		逆冲兼左旋走滑	Q_4	$V_H = 1.4 \sim 2.55, V_v = 0.3 \sim 0.5$	
6	雪山梁子断裂		右旋走滑	Q_3		与成兰铁路近于直交
7	龙日坝断裂		右旋兼逆断	Q_4	$V_H = 1 \sim 2, V_v = 0.7$	
8	塔藏断裂		左旋走滑	Q_4	$V_H = 3.2 \sim 3.6, V_v = 0.5 \sim 0.7$	与成兰铁路大角度相交

四、地震活动特征

本区地处我国著名的南北地震带中部的龙门山地震带上，是青藏高原东北部地震亚区主要强震活动带之一。据第五代中国地震动参数区划图(1:400万)，研究区内抗震设防烈度均为Ⅷ度(0.2g)及以上地区，在康定、文县等地区设防烈度达到Ⅷ度(0.3g)。历史上强震频发，地震动峰值加速度均≥0.10g，最高超过0.30g。区内大震主要有1933年8月25日叠溪M_s7.5级地震、1938年3月14日松潘

M_s6.0 级地震、1958 年北川 M_s6.2 级地震、1960 年 11 月 9 日漳腊 M_s6.7 级地震、1976 年 8 月 16 日松潘 M_s7.2 级地震、2008 年汶川 M_s8.0 级地震、2013 年雅安 M_s7.0 级地震、2017 年 8 月九寨沟 M_s7.0 级地震等(钱洪等,1995;周荣军等,2000;唐文清等,2004;周荣军等,2006;张永双等,2014)。

第六节 小 结

研究区位于青藏高原东部南北活动构造带中部,断裂活动性强、地质灾害发育密度大、部署建设的重大工程多,遇到的工程地质问题多且复杂。本章重点论述了研究区自然地理、区域地质构造、地层岩性、工程地质岩组、新构造运动、地震活动、人类工程活动对地质环境的影响、主要存在的工程地质和地质灾害问题。

(1)研究区复杂特殊的地质环境决定了工程地质问题的地域性、复杂性和特殊性,制约着重大工程规划和建设,并导致区内重要城镇、重大工程建设过程中工程地质问题频发、防灾形势严峻。

(2)研究区属于深切河谷地形地貌区,地表作用强烈,海拔高程 1200~5500m,最高峰雪宝顶海拔 5588m。总体地势北西高南东低,构成岷江与涪江水系分水岭。区内地质构造复杂,挽近时期构造运动使大部分地区强烈上升,河谷下切。气候、植被垂直分带明显。与此相匹配的外力地质作用下所塑造的地貌类型、形态特征也呈现显著的垂直分带性。谷坡陡峻,谷坡地带滑坡、崩塌、泥石流发育。区内地层发育较为完整、齐全,自元古宇古老变质岩系至第四系松散堆积均有出露。大致以茂汶区域性断裂为界,断裂以东为龙门山及四川盆地地层分区;以西为马尔康地层分区;研究区北部岷江断裂以东,雪山断裂以北属西秦岭地层分区。

(3)研究区地处著名的"南北向地震构造带"中段,在大地构造上属特提斯喜马拉雅域东北缘,即松潘-甘孜 NWW 向地槽褶皱带的东部和西部秦岭近 EW 向地槽褶皱带南部以及龙门山 NE 向断裂带交会部位的三角地带以内。从板块运动角度看,该地区位于由欧亚大板块之次级青藏亚板块、扬子亚板块、华北亚板块等三块体所围限的川青断块东部与平武-青川断块所构成的川西北倒三角形块体东部地区。由于受印度板块、太平洋板块及欧亚板块等共同作用和影响,致使区内构造十分独特和复杂,褶皱、断裂广泛发育分布。主要构造体系包括龙门山推覆构造带、岷山隆起带、西秦岭褶皱带和川西前陆盆地。受这些构造体系交相影响,地质构造复杂,不同时代、不同构造体系的新老构造形迹彼此交织,致使老构造支离破碎,新构造时断时续。

(3)研究区水文地质条件受岩相建造、地质构造、地形地貌及气象水文等因素影响和控制,按赋存介质和储集特征,研究区地下水可分为松散层孔隙水、碳酸盐岩岩溶水和基岩裂隙水 3 大类。整体上区内岷江上游及涪江上游地区地下水补给来源少,补给条件差,径流途径短,但径流强烈,排泄迅速。

第二章　主要活动断裂发育特征与活动性研究

岷江上游位于印度板块与欧亚板块相互碰撞汇聚形成青藏高原东缘的川西北高原东部,地处著名的"南北向地震构造带"的中段,跨越中国西部强烈隆升区和东部较弱隆升区两个一级新构造运动单元,岷山隆起带和龙门山挤压构造带则构成了这两个一级新构造单元的分界线。东西向、近南北向和南西向断裂极为发育,地震活动频繁。本章在总结前人研究资料的基础上,对研究区内活动断裂发育特征和活动性进行了梳理和补充调查,认为岷江上游活动断裂带主要有灌县-江油断裂、映秀-北川断裂、茂县-汶川断裂、岷江断裂、松坪沟断裂、雪山断裂、塔藏断裂7条(图2-1),这些断裂晚更新世以来活动强烈,并且具有诱发强震背景。

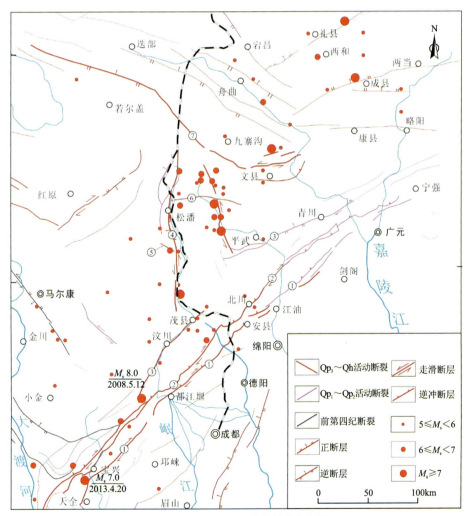

图 2-1　研究区主要活动断裂分布图

①灌县-安县断裂;②映秀-北川断裂;③茂县-汶川断裂;④岷江断裂;⑤松坪沟断裂;⑥雪山断裂;⑦塔藏断裂

第一节 岷江断裂发育特征与活动性研究

岷江断裂带是控制岷山隆起西界一条规模巨大的区域性断裂带,广义的岷江断裂带由东、西两条分支断裂组成,东支称为岷江断裂,西支称为羊洞河-牟泥沟断裂(图2-2)。西支断裂牟尼沟—羊洞河断裂为岷江逆冲构造带的西边界断裂,沿牟尼沟—羊洞河—热摩柯一线展布,由3～4条断层组成,在松潘以南断层合并为1～2条,晚第四纪以来,西支牟尼沟—羊洞河断裂的活动性已明显减弱,未见明显的断裂活动迹象(周荣军等,2000)。岷江断裂起源于贡嘎岭以北的如意坝至桦木桥一带,为东昆仑断裂带所截,向南经尕米寺、川主寺、松潘、叠溪,至茂县北的两河口附近,全长约170km,该断裂总体走向近南北,倾向北西,属逆冲断层。

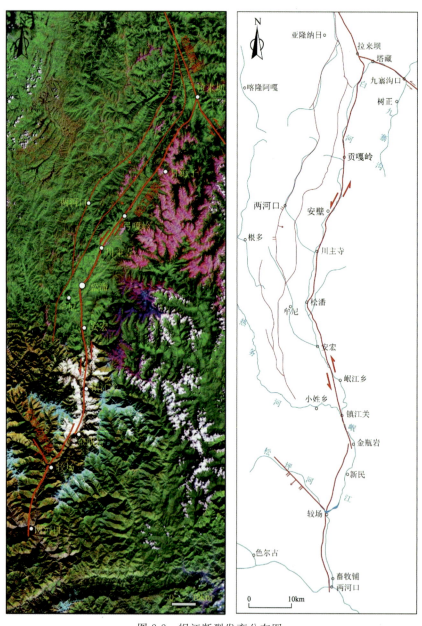

图2-2 岷江断裂发育分布图

钱洪等(1995)根据岷江断裂延伸方向的差异将它分成3段:北段为贡嘎岭以北,总体呈南北向;中段为贡嘎岭—红桥关之间,总体呈NE30°;南段为红桥关以南,呈南北向。3段断裂组合在一起,总体呈NE15°。周荣军等(2000)、司建涛等(2008)分别以茂县叠溪和松潘川主寺为界将岷江断裂分为南、北、中3段,其中叠溪以南为南段,川主寺以北为北段,川主寺至叠溪为中段,即贡嘎岭-川主寺、川主寺-叠溪、叠溪-茂县。何玉林(2013)认为川主寺以南和川主寺以北岷江断裂在结构、地质背景、第四纪活动史和地震活动强度都有较大差异,据此将岷江断裂分为南北两段。李峰等(2018)以贡嘎岭、川主寺和镇江关为界将岷江断裂分为4段。

本次调查研究在前人资料的基础上对岷江断裂开展了遥感解译与野外地质调查,对重点部位补充开展高密度电法、大地音频电磁测深等地球物理探测和槽探工作。根据断裂的几何结构、空间展布、活动性等特征,参照周荣军等(2000)、司建涛等(2008)、李峰等(2018)的划分方案,本书将岷江断裂划分为贡嘎岭-川主寺、川主寺-镇江关、镇江关-叠溪-两河口3段进行研究。

一、岷江断裂分段发育特征

1. 贡嘎岭-川主寺段

岷江断裂贡嘎岭-川主寺段,全长约40km,经卡卡沟、尕米寺、川盘,至川主寺虹桥关(图2-2)。断裂贡嘎岭-尕米寺段走向NE10°~15°,沿贡嘎岭盆地西界展布,控制了贡嘎岭盆地的沉积,长约20km;尕米寺-川盘段走向NE30°~40°,为一新构造隆起区,阻断了贡嘎岭盆地与漳腊盆地的连通,长约7km;川盘-川主寺段走向NE10°~15°,沿漳腊盆地西界展布,控制了漳腊盆地的沉积,长约10km;川主寺-松潘段走向NE10°~15°,由数条次级断裂呈左阶羽列组合而成,长约18km。

以上现象表明,岷江断裂在尕米寺—川盘附近存在一较大尺度的右阶羽列区,羽列距达3km(周荣军等,2000)。该右阶羽列区新构造隆起现象暗示着岷江断裂不仅以推覆逆掩运动为主,而且也存在一定的左旋滑动分量,应是岷江断裂左旋错动所导致的地貌效应(Crone et al.,1984;Barka et al.,1988)。在山巴乡附近,岷江断裂的次级断裂在岷江T4级阶地砂砾石层[热释光年龄为(134.8±10.2)ka]中形成新断层,显示明显的压性特征(图2-3)(周荣军等,2000)。在寒盼—川盘附近,岷江断裂在岷江T2级阶地和洪积扇上形成了明显的断层陡坎,T2级阶地陡坎高6~10m不等,洪积扇上的陡坎高约16m。川盘附近的断层陡坎经探槽开挖,揭示出由4~5条逆断层形成的宽约4m的冲断带,主断层产状为NE45°,倾向北西,倾角40°(图2-4)。陡坎下盘沉积了具韵律特点的细砂层,顶部热释光年龄为(30.2±2.3)ka(周荣军等,2000)。

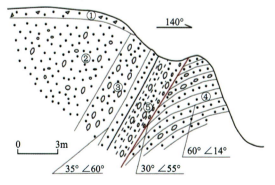 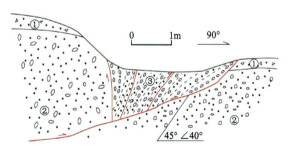

图2-3 山巴乡第四纪断层(周荣军等,2000)
①残积层;②砂层偶夹砾石;③砂砾石层;
④砂层;⑤定向排列的砾石层

图2-4 川盘附近岷江断裂错断T2阶地
①砂砾石层;②砂砾石;③具定向排列的砂砾

贡嘎岭盆地边缘的卡卡沟沟口见岷江断裂上盘的上三叠统灰岩逆冲到新近系砾岩之上，砾岩产状不清，破碎带宽约50m，由断层泥、碎裂岩、角砾岩等组成，压性特征明显；取断层泥样品经TL法测龄，年龄值为62.9ka。漳腊盆地西边缘的漳金沟南侧，岷江断裂的新构造运动使中三叠统杂谷脑组碳质角砾岩逆冲于新近系红土坡组紫红色砾岩之上，断层破碎带宽约50m，角砾岩化十分发育，压性特征明显，显示逆断层性质。断面上有厚约10cm的断层泥，样品经TL法测试，年龄值为(196.4±14.7)ka。

川盘村附近T2级阶地断错地貌线性较好，实测断层陡坎高度约3.1m，冲沟累积水平走滑量约3.1m，断层作用造成的水平累积缩短量约3.0m，断裂具有逆冲兼左旋走滑性质。按照位移相依的特征地震计算，同震垂直位移量和水平走滑量约为1.0m，同震水平缩短量为1.0m。结合地层年代测试结果，获得该断裂段的垂直位移速率和水平走滑速率均为0.7～0.9mm/a，水平缩短速率为1.0～1.1mm/a。探槽揭示出距今1405～1565a和2750～2875a两次古地震事件。根据相关关系式计算结果，该断裂段具备发生7.0级以上地震的潜在能力，目前处于应力积累阶段，具有一定的地震危险性(李峰等，2018)。

2. 川主寺-镇江关段

岷江断裂川主寺-镇江关段，经松潘、安宏乡、岷江乡、至镇江关，全长约60km。其中川主寺-松潘段，长度约20km，断裂走向NE10°～15°；松潘-镇江关段长度约40km，断裂走向NW15°。

在松潘县城西和松潘城南下泥村、施寨村均可见岷江断裂新活动形迹出露，主要表现为冲沟、山脊和全新世洪积扇发生左旋错动。在松潘县城西分布的岷江T1、T2级阶地和T3级冲洪积台地，岷江断裂的破碎带出露于岷江T2级阶地后缘与T3级冲洪积台地的前缘陡坎处，T3级冲洪积台地前缘的砂砾石层发生了挠曲变形。在下泥村，岷江断裂切过冲沟处见跌水现象，冲沟也发生左旋错动。冲沟北侧边缘全新世早期发育了厚层的砂、粉砂层[TL年龄(12±2.3)ka]，其层理有挠曲错动现象，应为岷江断裂活动产生的新断层形迹。在施寨村，岷江断裂错断洪积扇[TL年龄(8.5±1.2)ka]，致使洪积扇及其冲沟明显向岷江上游偏移，断裂通过处，亦可见扇体块碎石层扰动。

在镇江关西约3km的白杨沟，岷江断裂形成明显的垭口地貌(图2-5)，物探解释出其主断裂位置和产状(图2-6)，其形迹通过白杨沟口的洪积扇、热务河和王登沟口，导致白杨沟口的洪积扇和热务河发生北西方向偏移，并在白杨沟口的洪积扇面上形成一条走向NW30°高约2m的陡坎。岷江断裂通过王登沟口，由于沟口下游相对抬升，导致上游堰塞沉积厚层粉土细砂，沟口处则形成跌水。王登沟口跌水坎右岸坡壁开挖探槽显示褐红色粉土层发生了错动，其下的灰色砂土层中含有炭屑，^{14}C年龄为(8350±370)a(成兰铁路沿线活动断裂专题报告)。

图2-5 镇江关西岷江断裂错断地貌

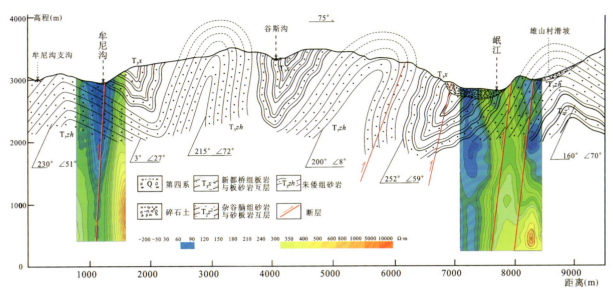

图 2-6　松潘县城南大地音频电磁测深显示的岷江主断裂位置

3. 镇江关-叠溪-两河口段

岷江断裂镇江关-叠溪-两河口段，自北向南经茂县太平乡、叠溪镇至茂县两河口，全长约50km，断裂走向基本呈正南北方向，倾向西，倾角60°~70°。

木耳寨附近，一冲沟沿岷江断裂产生左旋错动，冲沟南壁左旋错动了约790m。木耳寨以北，沿岷江断裂见明显的坡中槽地貌。木耳寨南，岷江断裂在山脊上形成了明显的坡中槽地貌[图2-7(b)]，坡中槽内，分布有走向NE20°~30°的地裂缝，地裂缝呈雁行式排列，单条地裂缝长数米至数十米，可能是1933年叠溪7.5级地震的同震破裂，断层逆冲错断岷江河流阶地之上的湖相沉积地层[图2-7(c)]。在叠溪对岸的岷江大拐弯处，断裂北西盘的泥盆纪危关群变质砂岩逆冲于南东盘的石炭纪灰岩夹页岩地层之

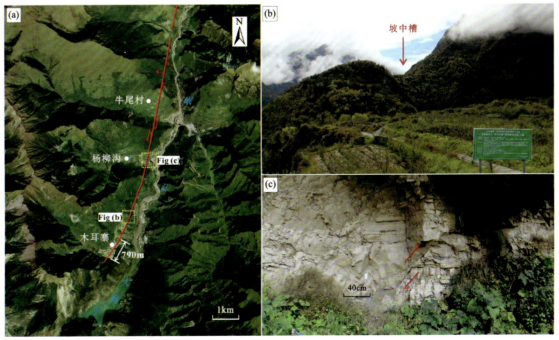

图 2-7　木耳寨附近岷江断裂断错地貌

上(图2-8),形成宽约40~50m的破碎带,发育有碎裂岩、构造角砾岩和糜棱岩等;主断面上的灰黑色断层泥经热释光法测定,年龄值为(90.6±6.8)ka,表明了断层晚更新世有过活动。此处,岷江断裂切穿了上覆的全新世坡洪积物,形成走向NE30°、倾向北西、倾角68°的斜断层,产状与基岩主断面一致,并导致全新世坡洪积物产生了明显的变形。

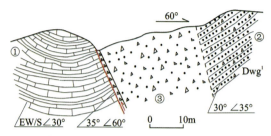

图2-8　岷江大拐弯处岷江断裂剖面图
①灰岩夹页岩;②变质砂岩;③断层破碎带

叠溪团结村堰塞湖沉积地层中发育多条错断湖相粉砂层和河流相卵砾石层的断层,断距约5m,断层产状206°∠74°,断层破碎带宽0.5m(图2-9)。根据断层错动的地层,断层年龄应在叠溪古堰塞湖溃坝形成的T3阶地之后,形成年龄大约为4.5ka。在叠溪北8km的太平乡附近出露叠溪古堰塞湖沉积,顶部年龄约为10ka(王兰生等,2012);该套湖相层中发育多条正断层,错断距离20cm。这些断层表明在叠溪古堰塞湖形成以来(30ka以来),区域内曾发生多次强震事件(王兰生等,2012)。

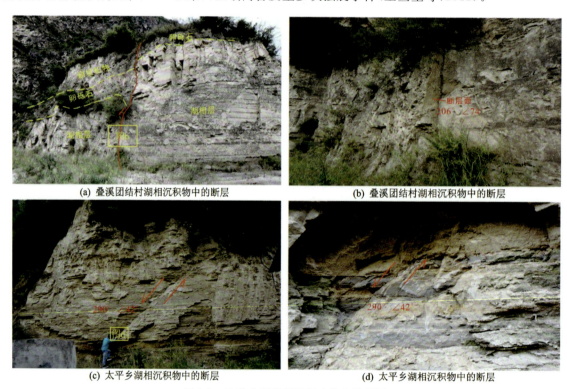

图2-9　叠溪古堰塞湖沉积中发育的断层

团结村南见断裂出露。断裂上盘湖相沉积层的产状为走向347°,倾向南西,倾角为46°;下盘靠近断层的湖相沉积层产状为走向334°,倾向南西,倾角为42°,远离断层,地层逐渐变成近水平(任俊杰,2013)。破裂带宽约2.5m,见破碎的湖相沉积碎块定向,以及阶地沉积的松散粉砂和砾石层沿断裂定向排列。团结村阶地的中部,也见到阶地被位错2.5m,靠近断层的地方湖相沉积有拖曳现象(图2-10)。根据王兰生等(2012)对团结村湖相沉积物为基座阶地时代的详细研究,T3的¹⁴C年龄为(3428±82)cal yr,该年龄应代表 T3 阶地年龄的上限。据此估算岷江断裂全新世中晚期以来的垂直滑动速率约 0.74mm/a，代表断裂垂直滑动速率的下限(任俊杰，2013)。

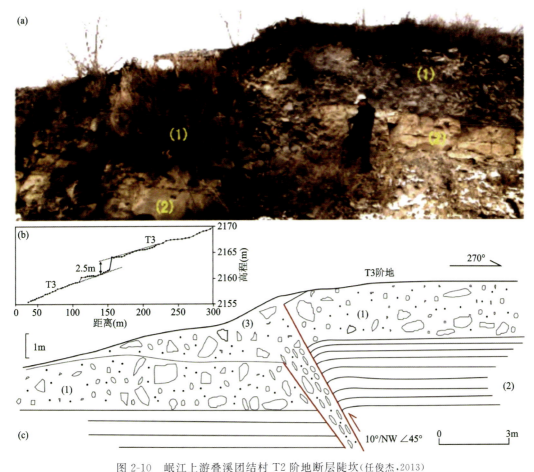

图 2-10　岷江上游叠溪团结村 T2 阶地断层陡坎(任俊杰，2013)
(a)团结村 T2 阶地断层陡坎野外照片；(b)团结村 T2 阶地断层陡坎实测剖面；(c)团结村 T2 阶地断层陡坎素描图

汶川地震后，蒋汉朝等(2014)认为地震引起沉积物源变化，从而使得高分辨率沉积指标变化可以记录地震信号与高分辨率指标变化相伴生的软沉积物变形。在堰塞湖成因方面，四川茂县刁林堰塞湖的湖相沉积底部不具有水流作用的粒序变化和相应的沉积层理，很可能是来自对岸缺少分选和磨圆的大小砾石混杂堆积，结合光释光和孢粉浓缩物测年分析，推测该堰塞湖可能是公元 638 年当地一次地震所致(Xu et al.，2015)。在软沉积物变形方面，四川理县厚 23.4m 的湖相沉积序列中出现了碎屑脉、球-枕构造、火焰状构造、碎屑小砾石、微断层和滑动褶皱 6 种软沉积物变形。考虑前述 6 个方面的判定要素，推测理县湖相沉积的长序列可能揭示了当地 24 次古地震事件(Jiang et al.，2014)。Zhong 等(2019)在沙湾 7 个层位中识别出 7 种类型的软沉积物变形(负载、火焰、假结核和球-枕构造、液化卷曲、液化角砾、微断层)(图 2-11)，地震是它们最可能的触发机制，代表强液化或流化作用。依据软沉积物变形的类型、扰动层厚度、累积砂层厚度、最大液化距离等方法，沙湾剖面可能记录了 6 次 6~7 级和 1 次大于 7 级的古地震。

在高分辨率沉积指标分析方面，从湖相沉积物的物源入手，分析了茂县叠溪新磨村剖面的湖相沉积物的稀土元素、石英颗粒扫描电镜照片和粒度分布特征，提出这些干旱—半干旱地区的湖相细颗粒沉积为风力搬运(Jiang et al.，2014；Liang and Jiang，2017)。这不仅受到该剖面主、微量元素细致分析和岷江上游降雨、滑坡特征分析(李艳豪等，2015)的支持，也与最近东亚晚新生代湖相沉积物地球化学和粒度分析结果(Jiang et al.，2017b)一致。其中，新磨村湖相沉积物中的中粗粉砂和砂($>16\mu m$)含量的突

 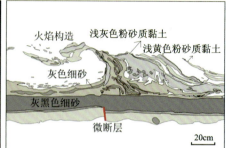

(a) 岷江上游叠溪沙湾湖相沉积记录的火焰构造和微断层

 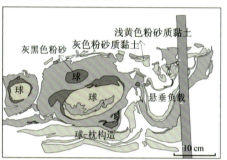

(b) 岷江上游叠溪沙湾湖相沉积记录的球-枕构造变形

 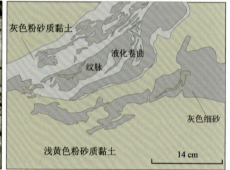

(c) 岷江上游叠溪沙湾湖相沉积记录的液化卷曲变形

图 2-11 岷江上游叠溪沙湾湖相沉积中的软沉积物变形(Zhong et al.,2019)

然增加并逐渐降低的特征可能揭示了研究区地震引起的粉尘事件。这不仅表明构造活跃地区的湖相沉积有潜力连续记录古地震活动历史,而且为构造活跃地区的粉尘产生过程提供了新视角(Jiang et al.,2014)。新磨村剖面的沉积时代为 10.63~18.65ka(Jiang et al.,2014),推测大地震(M_s>7)复发周期约 1600a。

为进一步追踪更长的地震引起粉尘事件的历史、区域内不同地点之间的粉尘事件是否可对比以及高分辨率沉积指标变化与软沉积物变形之间的相互制约关系,Jiang et al.(2017a)分析了理县厚 23.4m、19.3~6.0ka 的湖相沉积序列,显示高分辨率粒度和磁化率指标变化与软沉积物变形具有较好的相互制约关系,可能揭示了研究区在 19.3~6.0ka 期间发生了 70 次地震事件。谱分析揭示可能对应强震的 810a 和 378a 的长周期以及可能对应中小地震的 85a 和 65a 短周期。分粒组磁化率测量显示,中粗粉砂(16~32μm 和 32~63μm)相对于其他粒组对磁化率值贡献更大,暗示气候增温变湿导致风化增强为研究区提供更多粗的磁性颗粒(Jiang et al.,2017a)。锆石 U-Pb 测年研究(Zhong et al.,2017)显示,茂县新磨村湖相沉积与刁林湖相沉积具有颇为相似的粉尘物源,但它们与理县粉尘沉积具有明显不同的物源。这表明即使空间上相距不足 100km,地震引起的粉尘事件更多地影响当地,但范围有限,不具备远距离对比的特征(Jiang et al.,2017a)。

二、跨断层GPS速度剖面监测结果

唐文清等(2004)利用TRIMbLE4000SS系列GPS双频接收机,进行4期(1991年、1993年、1995年和1998年)GPS监测,结果表明岷江断裂东侧相对于西侧的运动速度矢量分量西向为2.48mm/a,虎牙断裂东侧相对于西侧的运动速度分量东向为0.43mm/a,两条断裂矢量拟合速度大于2.5mm/a。E向速度误差约20%~40%,N向误差多超过其测量速度值,因此得到的岷江断裂和虎牙断裂E向速度较N向速度更合理。杜方等(2009)根据从20世纪90年代后期至2007年的"中国地壳运动观测网络"工程项目获得1999年、2001年、2004年和2007年4期区域GPS站的流动观测数据分析,其中H025、H030、H034和H032空间位置分别对应于SBP5、MJZ1和ZHM3。结果表明岷江断裂东向速度分量约2.5mm/a;虎牙断裂的速率约1mm/a,但运动方向与唐文清等(2004)的结论相反。N向误差虽然得到改善,但也较大;同样认为岷江断裂和虎牙断裂E向速度较N向速度更合理。

陈长云等(2012)选择距离岷江断裂最近的两个流动GPS测站WP03和WP04(2008年汶川地震后,国家973重点基础研究项目"汶川地震发生机理及其大区动力环境"建立了穿越岷江-东昆仑-西秦岭断裂和龙门山北段-东昆仑-西秦岭断裂的加密GPS流动观测站,2009年至2011年5期观测数据)组合得到岷江断裂现今活动特征,右旋滑移速率约2.9mm/a,挤压速率约0.5mm/a,运动方向与前人结论相同,但挤压速率小于前人得到的结果。WP01和WP02拟合虎牙断裂带活动速率结果显示:平行断层方向活动速率约2.9mm/a,挤压速率约2.8mm/a,运动方向与杜方等(2009)结论相同,但速率远大于前人得到的结果。综上所述,因误差较大,不考虑其N向运动速率,岷江断裂和虎牙断裂东向挤压速率分别约2.5mm/a和1~3mm/a(表2-1)。

表2-1 岷江断裂和虎牙断裂的运动特征

断层名称	方法	断层错动速率(mm/a)		来源
		水平滑动	垂向缩短	
岷江断裂	地质调查	1.0~1.1	0.7~0.9	李峰等,2018
			0.37~0.53	周荣军等,2000
	GPS测量	2.48		唐文清等,2004
		约2.5		杜方等,2009
		约0.5		陈长云等,2012
虎牙断裂	地质调查	约1.4	约0.5	周荣军等,2000
	GPS测量	0.43		唐文清等,2004
		约1		杜方等,2009
		约2.8		陈长云等,2012

三、岷江断裂活动性探讨

青藏高原喜马拉雅运动以来,岷江断裂呈现出强烈的活动性,沿断裂发育一系列新近纪红色磨拉石小盆地,接受红土坡组砾岩沉积。新近纪末期,喜马拉雅运动第二幕使岷江断裂强烈活动,导致磨拉石盆地的强烈变形,并使西部三叠纪变质岩系向东逆冲在新近纪地层之上。第四纪以来,伴随着青藏高原的间歇性抬升，青藏高原地壳物质逐渐向东蠕散，岷江断裂作为青藏高原东边界的重要组成部分，进一步控制了第四纪盆地的形成和演化。

岷江断裂是一条第四纪逆冲走滑断裂（杨春景等，1979；邓起东等，1994；赵小麟等，1994；陈社发等，1994；Kirby et al.，2000），晚更新世以来具有强烈的活动性，估算的左旋走滑量达2.4km，走滑速率约1mm/a。唐荣昌等（1991，1993）、唐文清等（2004）的研究认为岷江断裂现今的运动速度大于2mm/a。钱洪等（1995）认为岷江断裂晚第四纪的活动性是明显的，但不同地段其活动程度有着显著的差别，南段和北段的活动性远低于中段。周荣军等（2000，2006）根据活动地貌特征所确定的岷江断裂平均垂直滑动速率介于0.37～0.53mm/a之间，左旋位错量与垂直位错量大致相当。岷江断裂不同分段的活动性有所差异，第四纪以来贡嘎岭以北段活动性较弱，贡嘎岭-川主寺段的现今水平走滑速率为0.7～0.9mm/a，水平缩短速率为1.0～1.1mm/a，全新世以来曾经有过强烈地震活动。川主寺-镇江关段晚第四纪以来有过活动，但活动性较弱；镇江关-叠溪-两河口段是岷江断裂晚第四纪乃至全新世以来活动性最强的一段，最近活动为1933年的叠溪地震。

据不完全统计，岷江断裂内历史上发生$M_s \geq 6.0$级地震6次，$M_s 7.0$级以上地震3次：1713年9月4日$M_s 7.4$级地震、1748年5月2日$M_s 6.5$级地震、1933年8月25日叠溪$M_s 7.5$级地震、1938年3月14日松潘$M_s 6.0$级地震、1960年11月9日漳腊$M_s 6.7$级地震、1976年8月16日松潘$M_s 7.2$级地震（钱洪等，1995；周荣军等，2000；唐文清等，2004；周荣军等，2006；张永双等，2014）。

第二节 龙门山断裂带发育特征与活动性研究

近年来，学者们对龙门山断裂做了大量的研究工作，并取得了许多重要的成果，但对龙门山后山断裂带的茂县-汶川断裂的研究相对较少，关于茂县-汶川断裂北段第四纪以来的活动性还不清楚。究其原因是该区地处高山峡谷地貌区，第四系地层弱发育，加之植被覆盖较好，河谷受到人为破坏严重等因素，使得探槽开挖困难，古地震研究薄弱。

一、茂县-汶川断裂发育特征与活动性研究

（一）茂县-汶川断裂空间展布特征

龙门山后山断裂北起茂县神溪沟，南经茂县、汶川、陇东至泸定冷碛附近与南北向的大渡河断裂相交，长230km。断裂总体走向北东，倾向北西，倾角50°～70°，为上盘向南东推覆的逆冲断裂，并具有左旋特征。茂县-汶川断裂为龙门山后山断裂的主干断裂（图2-12），其断裂北段（茂县至北川墩上乡一带）以神溪沟为界可分为两部分（图2-13）。西侧断层为：沿甘青村—胜利村—刀溪村一线分布，整体走向为50°左右，倾向北西，倾角在70°～80°之间，为一脆性右旋逆断层，断层明显错动沿线第四系地形和地貌，具有较强活动性。东侧断层在神溪沟以东，分布在土门—坝底—开坪一带，主要表现为深层次韧性剪切强烈应变带，延伸约23km，南北宽约2km，剪切面理走向总体为北东-南西向，倾向以北西为主，倾角较陡，一般在60°左右。主要表现为密集石英脉分带和强烈劈理密集带，广泛发育节理、牵引褶皱、无根钩状石英脉与折劈理等现象，同时叠加晚期未固结碳化断层泥砾带，部分地段发育脆性断面，断面清晰，断层泥宽2～10cm。

野外调查发现了10处断层露头点（图2-13），并对每一处露头点进行了详细的观测、描述和分析。研究区内断裂带主体走向以北东向为主，其次为小型北西向断裂，并错断早期北东向断裂。断裂性质以逆冲-走滑为主，局部发育晚期脆性正断层。

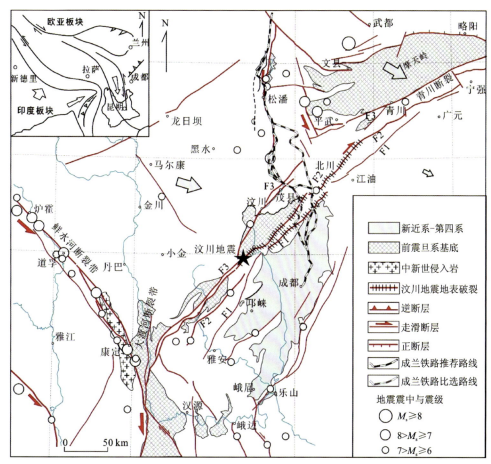

图 2-12 龙门山构造带主要活动断裂分布图

F1.灌县-江油断裂;F2.映秀-北川断裂;F3.茂县-汶川断裂

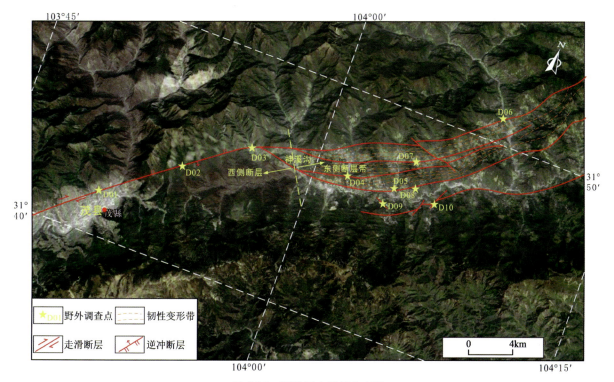

图 2-13 研究区内断层分布图

1. 神溪沟西侧断层特征

从卫星影像上可以观察到茂县-汶川断裂有较清晰的水系位错、断层三角面等断层地貌，整体走向50°，倾向320°，倾角为70°～85°，为一逆冲走滑断层，野外共发现了3个断层露头点，即D01～D03。

1) 甘青村断层特征

甘青村位于茂县县城西北侧的岷江右岸，其南侧为岷江T3高阶地，并发生右旋错动；北侧经过岷江T2阶地进入山体后发育断裂槽谷地貌(图2-14)。此处拔河高度与附近T3阶地的高度基本一致，由于侵蚀改造，加之后期可能的滑塌等因素，只残留了很少一部分。结合剖面的沉积结构和岩性，推测应属于T3阶地。该点公路边砂砾石层中出露一断层剖面，断层产状300°∠70°，断层带垂直断距为30cm；断层为一宽20cm左右的条带，条带中砾石具定向排列，指示断层活动方向(图2-15)。砾石砾径最大约10cm，多数在1～5cm，堆积紧密，砾石间有固结现象，可能为断层面活动挤压所致。断层错断了剖面上的所有地层，并错断到地表。据断层面两侧地层的对应关系可看出断层性质为逆冲，地层被垂直位错约0.5m。在主断面西侧2m处，还发育一条次级断面，产状与主断面基本一致[图2-15(b)]。据王旭光等(2017)在断层下盘砂层取光释光样品，测得样品年龄为(40±7.6)ka，表明断裂在约40ka B.P.以来有过活动。

图2-14 茂县F1断层走向特征图

(a) D01点野外观测点（河流阶地）

(b) D01点野外观测点（湖相沉积）

图2-15 汶川县甘青村断层特征

2）板桥沟断层特征

板桥沟位于汶川县城以南约10km，在冲沟右侧发现基岩与第四纪砂砾石层之间有一清晰的断面，产状287°∠70°（图2-16、图2-17）。接触面砾石具定向排列，砾石磨圆一般，最大砾径约80cm，最小2~3cm，大部分为10~20cm。断层面基岩为上震旦统灯影组灰白色至浅黄色的白云岩、硅质岩、砂质页岩，偶夹磷块岩，由于断层逆冲作用发生挠曲。砂砾石层顶面距沟床约40m。从第四纪砂砾石层的堆积高度、成分结构特征，结合冲沟洪积台地和岷江阶地发育情况推断其应为T3阶地。

(a) 汶川县板桥沟断层全貌　　　　　(b) 汶川县板桥沟断层泥

图2-16　汶川县板桥沟断层照片

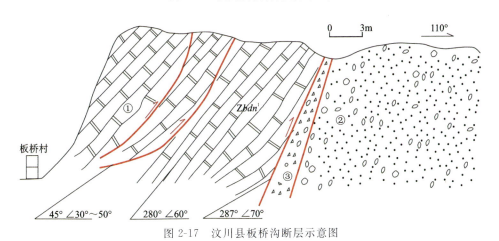

图2-17　汶川县板桥沟断层示意图
①白云岩；②卵砾石层；③断层破碎带

3）板桥村北断层特征

在汶川县板桥村北1km处，岷江左岸发现一断层出露点，断面产状105°∠62°，擦痕明显，产状210°∠67°（图2-18）。根据擦痕和阶步产状推测该断层为逆冲断层。断层面附近已出现碳化现象，触摸污手。周围岩性为震旦纪灰岩和白云岩，岩层产状120°∠45°，节理裂隙发育。

4）胜利村断层特征

该断层露头位于茂县光明乡胜利村北500m处，断面清晰，主断层带宽约6m，产状314°∠75°（图2-19）。断层岩岩性为黑色碳质板岩，板岩内局部存在颗粒状碎屑结构，板理间存在黑色污手物质，推测为碳粉。断层上盘为奥陶系龟裂状白云岩，岩体结构完整，层内靠近主断裂处存在次级小断层。断层带夹有白云岩透镜体，透镜体长轴长约5m，宽约3m。该断层走向上延伸方向见较为明显的垭口地貌（图2-19）。

图 2-18 汶川县板桥沟北断层

(a) D02点野外观测点　　　　　　　　　　　(b) D02点野外地貌点

图 2-19 茂县光明乡胜利村断层特征

5）刀溪村断层

该断层露头位于茂县光明乡刀溪村北侧100m处的小沟内，为一逆冲右旋走滑断层（图2-20）。断层带内岩性为碳化强烈的片岩并夹有黄褐色的石英透镜体，由于受到逆断层挤压形成小型膝褶皱现象。断层带宽约2.2m，产状320°∠85°。由于断裂的右旋走滑作用，已使沟谷溪流发生明显的右旋位错。

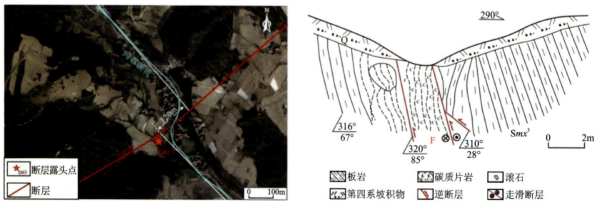

图 2-20 茂县光明乡刀溪村断层特征

2. 神溪沟东侧断层带特征

该断层位于富顺乡—土门乡—墩上乡一带,构造形式主要表现为强烈的韧性变形带与脆性断层相互叠加。野外共发现7处断层出露点(图2-21),各出露点特征如下:

1)堵料口断层

该断层位于茂县富顺乡堵料口村,通往团结村的县道左侧,断层走向为70°~80°,为一人工修路开挖边坡时出露的断层点。断层与地层呈小角度斜交,切割茂县群第三岩组(SM^3)千枚岩夹砂岩地层。断层延伸方向至地表为第四系坡积物所覆盖,断裂带可识别出3条断层,编号为F_1、F_2、F_3。南侧F_1主断层产状为350°∠61°,断层破碎带宽10~30m,破碎带内主要含石英角砾和黑色碳化断层角砾岩,石英角砾粒径一般为1~2cm,断层性质为一逆冲断层。F_2断层识别出两个平行的分支断层,产状为345°∠51°,倾角较F_1断层较缓,且切割F_1断层;断层宽度较窄,活动期次应晚于F_1断层。F_1和F_2断层之间岩层已经发生二次挤压变形,岩性为灰黑色碳质板岩且夹有大量的肠状石英脉;板岩和石英脉均发生了较大的劈理化变形。F_3断层位于北侧,为一宽度较大的主断层,产状为345°∠51°,断层由一系列破碎带组成,主要矿物成分为已经劈理化的石英脉体,下部有黑色含石英角砾的断层角砾岩。总体而言,F_1和F_3为活动性较弱的老断层,F_2为较新的后期叠加断层。该断层表明,断层发育具有分期性和继承性特征(图2-21)。

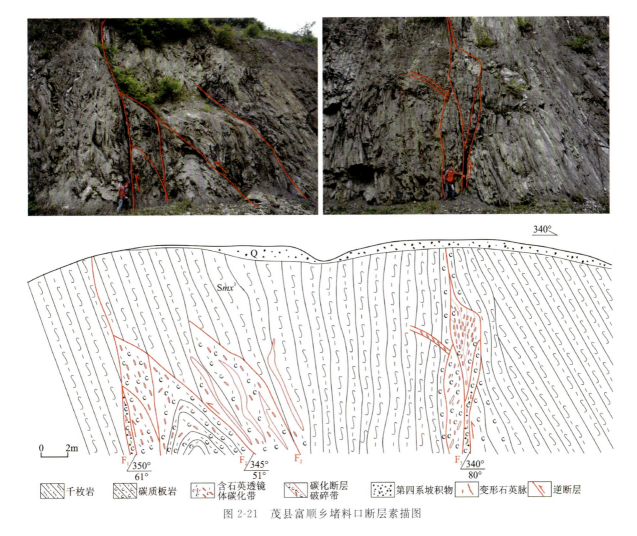

图2-21 茂县富顺乡堵料口断层素描图

2) 土门乡建设村断层

该断层露头位于茂县土门乡建设村,土门小学西北 500m 处太安村村路左侧,应为堵料口断层的延伸,断层顶部为一条主断层,向下分出一次级分支断层。主断层下部见宽约 10cm 的断层角砾岩(图 2-22),主要矿物成分为呈透镜状排列的石英透镜体和褐色碳化的断层泥组成,部分石英透镜体已经碎裂化。断层产状 340°∠55°,从透镜体排列方式判定该断层为一逆断层(图 2-22)。

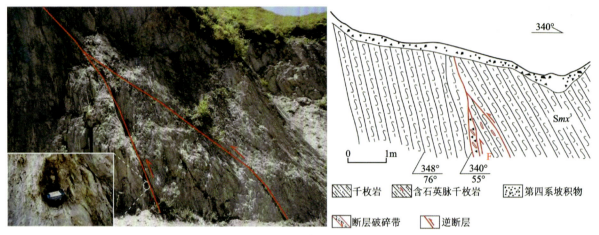

图 2-22 茂县土门乡建设村断层素描图

3) 北川县坝底乡断层

该断层露头位于北川县坝底乡坝底大桥南 2km 处,墩上乡到坝底乡公路左侧,为一典型的逆冲褶皱型断层(图 2-23),构造变形带宽约 15m,由 3 条断层和一个复式褶皱变形带组成。断层带由左到右依次编号为 F_1、F_2、F_3,其中 F_1 和 F_2 断层相距较近,类型相似,顶部均为单一断层,底部为断层碎裂带,碎裂带宽 5~10cm,带内又可以分为两个亚带,下侧为灰黑色强烈碳化的断层泥,宽约 5cm,上侧为石英透镜体排列,透镜体为黄褐色,长轴尺寸一般为 3~5cm。F_3 断层为褶皱变形岩层与未变形岩层的界限,宽度较窄;褶皱变形带可识别出两条较明显的轴迹,且局部表现出明显的右旋走滑特征。因此,该点出露的 3 条断裂均是在逆冲作用下形成的逆冲-右旋走滑断层。

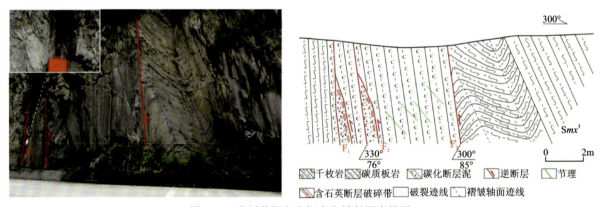

图 2-23 北川县坝底乡坝底大桥断层素描图

4) 土门乡邓家山断层

该断层露头位于土门乡邓家山村通往上黄金湾村的水泥路左侧,断层带宽约 1.7m(水平厚度),其中断层角砾岩厚度约 15~20cm,断层产状为 340°∠56°(图 2-24)。断层角砾岩为黑色,并填充有白色细方解石脉,脉宽约 1~2mm;角砾粒径一般为 1~2cm,局部夹有 5~10cm 的石英透镜体,透镜体长轴方向与断层倾向方向一致,透镜体部分呈碎裂状,裂隙中有褐铁矿化现象。断层角砾岩与上盘相接触,其下约1.6m宽的变形带,主要岩性为灰黑色碳质板岩,劈理化现象较强烈,围岩中存在着两组优势节理,分别为J1和J2,产状为347°∠63°和358°∠66°,围岩产状为340°∠56°,依据断层带内石英透镜体等指示标志,断层为逆断层,活动时代较老。

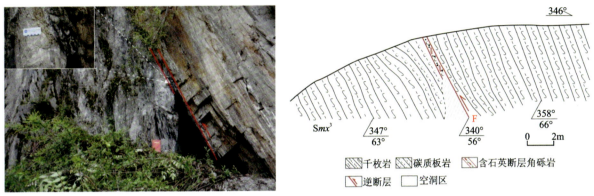

图 2-24　茂县土门乡邓家山村断层素描图

5) 土门乡三元桥断层

该断层露头点位于茂县土门乡三元桥路口北,村口大桥东侧的陡壁上,出露有两条断层,编号为F_1和F_2(图 2-25)。F_1断层现象明显,产状为325°∠61°,断层带宽约10~15cm;断带内为黑色断层泥夹白色石英透镜体,石英透镜体部分已经强烈风化成白色粉末状。F_2断层现象不甚明显,为一变形带,产状为340°∠70°,两条断层带之间为岩层变形带,带宽约12m,主要为强烈劈理化的碳质板岩为石英脉所填充,石英脉呈肠状。由断层带内的石英透镜体推测该断层为一逆冲右旋断层。

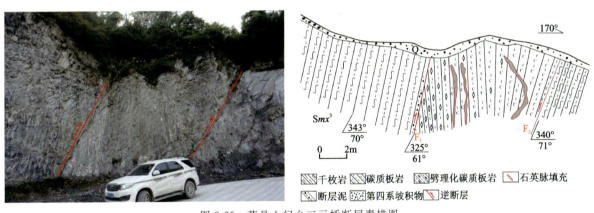

图 2-25　茂县土门乡三元桥断层素描图

6) 土门乡瓦窑上断层

该断层露头位于土门乡土门河南岸瓦窑上村通往山上的一条土路旁,断层产状近直立,产状为0°∠68°;断层宽80~100cm,可分为两部分(图 2-26):上部为石英透镜体,宽约40~60cm,透镜体被黄褐色断层泥胶结在一起;下部为褐色碳质板岩,劈理化强烈,夹有黑色断层泥,带宽约20cm,断层两侧的围岩中有张裂缝,并有石英脉体充填,表明局部存在张应力环境。该断层走向近南北,与区域性整体走向近垂直,且与龙门山断裂整体挤压环境相悖。因此,该断层可能为主断层的局部衍生断层或是后期区域应力转置所致,为一正断层。

7) 土门乡洋坪村断层

该断层露头位于羊坪村西50m,为一典型的走滑断层,断层产状105°∠87°,断面上见典型的断层陡坎,陡坎深2cm,擦痕倾伏角为38°(图 2-27)。断层两侧围岩为千枚岩,产状为340°∠45°;见一组优势节理J1,产状为160°∠60°。从断层陡坎判断该断层为一左旋走滑断层。

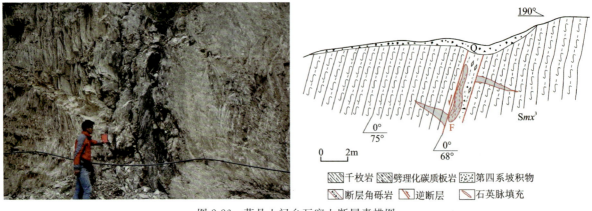

图 2-26　茂县土门乡瓦窑上断层素描图

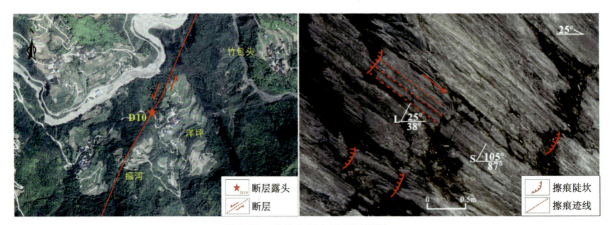

图 2-27　茂县土门乡洋坪村断层

(二)茂县-汶川断裂北段活动性研究

1. 断裂活动性特征

茂县-汶川断裂北段活动性特征表现为区内存在逆冲右旋走滑断层、左旋走滑断层、正断层等多类型断裂方式,具有多期性、多层级性的构造特征,既有新断层对老断层的继承性,也有老断层的新生性。继承性表现为龙门山第四纪活动构造带与先存龙门山逆冲推覆构造带在空间展布方向、形态和产状上存在一致性和相似性,老断裂对新断裂的分布具有明显控制作用。断裂的新生性体现在新断裂对老断裂的叠加改造,老基岩断裂韧性—脆性构造岩带中广泛出现未固结碳化断层泥带,这种断层泥是在近地表黏滑兼蠕滑脆性剪切动力变质作用下形成的。四川省地质调查院在北川坝底乡测得的断层泥电子自旋共振(ESR)年龄为(189 ± 18)ka,大致相当于中更新世中—晚期。这说明老断层自第四纪以来发生了复活,转变成了活动断层。

2. 断裂活动性分期及分段

依据《1∶5万大宝山等四幅联测区调报告》(1996)等已有的地质资料,北川坝底乡韧性断裂构造石英细脉的 ESR 年龄为(188 ± 18)Ma,大致相当于晚三叠世晚期,也就是说韧性变形发生在晚印支期。此外,既有左行走滑剪切,也有右行走滑剪切,同时叠加挤压作用,表明龙门山造山带的走滑构造可分两期。李勇等(2006)认为龙门山陆内复合造山带走滑运动方向发生转置的时间晚于43Ma。2008年汶川大地震为逆冲-右行走滑型地震。这些资料表明区内左行走滑剪切变形可能形成于早白垩世以后、始新世之前,之后则以蠕滑为主的右行走滑兼挤压逆冲活动为主。

综合分析研究区内断层露头特征可知,神溪沟以西的断层在地貌上明显错断第四纪地形、地貌,断层具有较强的活动性。王旭光等(2017)通过对区域内断裂沿线的阶地、冲沟等地质地貌的野外调查,结合卫星影像解译和差分 GPS 测量等工作,认为汶川-茂县断裂在 T3 阶地(40~50ka)形成后、T2 阶地(约 20ka)形成前有过活动,而在 T2 阶地形成以来不再活动。

综上所述,茂县-汶川断裂北段断层特征主要表现为断层的多期叠加性和继承新生性。区内先后经历了印支期的韧性变形、喜马拉雅期以来的逆冲作用、南北向挤压兼左行走滑作用和近东西向挤压兼右行走滑改造作用等多期构造演变过程。在构造应力环境变化过程中,会使已形成的地质构造发生应力环境转置。区内存在的正断层多是由于先发生挤压逆冲,再发生滞后伸展作用的结果,这也很好的体现了活动断层的继承性。

二、北川-映秀断裂发育特征与活动性研究

北川-映秀断裂为龙门山中央断裂的分支断裂,南西起于汶川县映秀西南侧鱼子溪,向北东延伸经映秀、虹口、龙门山镇、清平、北川、平通、南坝、石坎等地,止于青川县木鱼镇西,总体走向 NE35°~45°,倾向北西,倾角大于 60°,总长约 300km(Li et al.,2016)。该断裂主要发育在古生代和中生代地层与晋宁期花岗岩体(彭灌杂岩)之间,是彭灌杂岩体的东边界。北川-映秀断裂在构造形态上呈叠瓦状构造,是由多条次级逆断裂组成,在滑动性质上既具有右旋走滑分量又具有逆冲分量,属走滑-逆断层性质,是龙门山构造带这 3 条主干断裂中活动构造地貌保存最为完好的一条。断裂线性地貌特征清晰,见明显的沟槽地貌,局部段水系发生右旋位移。从岷江河流阶地断错特征等估算,断裂中南段晚更新世以来的逆冲垂直滑动速率为 0.6~1mm/a,右旋走滑速率为 1mm/a(邓起东等,1994;赵小麟等,1994;马保起等,2005;Densmore et al.,2007)。

北川-映秀断裂活动性最强,是 2008 年汶川地震的主发震断裂(徐锡伟等,2008),沿该断裂发育长约 275km 的地表破裂带。从运动特征和组合特征来看可分为南段破裂带(映秀破裂带、深溪沟破裂带和冲破裂带)和北段破裂带。①映秀破裂带长约 100km,地表破裂带宽为 5~400m,在老的映秀断裂(前寒武纪彭灌杂岩与三叠纪砂板岩之间的逆冲断裂)东侧 200~500m 处平行其分布,主要由地表弯曲滑动褶皱构造、明显的剪切断裂以及一些张裂隙组成(李海兵等,2008)。在虹口镇八角庙村,映秀破裂带的断裂面明显出露,并使北西侧地表抬高 2~6m,其断裂陡坎走向 NE40°~50°,向北西陡倾,倾角 70°~80°,断裂面上擦痕清晰,显示了块体由北西向南东方向逆冲的运动学特征(李海兵等,2008)。②深溪沟破裂带在映秀镇南侧,从璇口镇南西过龙池隧道北口、深溪沟至庙基坪,发育长约 20km、宽 5~50m 的破裂带。该破裂带沿北东方向逐渐靠近映秀破裂带,属于映秀-北川南段破裂带。③沿映秀破裂带,在虹口镇周家坪至高原村地区,与主破裂逆冲构造(由北西向南东逆冲)伴生的反冲构造(由南东向北西逆冲)较为发育。④北段地表破裂带从绵竹市清平镇过安县高川乡和千佛乡、北川县擂鼓镇、北川县城、北川县桂溪乡、平武县平通镇、南坝镇至青川县木鱼乡西,长约 175km,宽 5~100m,沿老的北川活动断裂发育。

在映秀一带,北川-映秀断裂与岷江斜交,错断了岷江 T3 阶地(唐荣昌等,1993)。映秀北上升盘 T3 阶地的拔河高度分别为 11m、38m 和 96m,下降盘分别为 8m、30m 和 64m,各级阶地的变形量分别为 3m、8m 和 32m;阶地的年龄为 10ka、20ka 和 50ka B.P.。据此估算北川-映秀断裂晚更新世中期以来的平均逆冲滑动速率为 0.6mm/a,晚更新世晚期以来的平均逆冲滑动速率为 0.4mm/a,全新世以来的平均逆冲滑动速率为 0.3mm/a。50~20ka、20~10ka 和 10ka B.P. 以来的变形量分别为 24m、5m 和 3m,3 个时间段的平均逆冲滑动速率分别为 0.8mm/a、0.5mm/a 和 0.3mm/a。阶地纵剖面上的拔河高度变

化显示出断裂活动具有掀斜抬升的特点。晚更新世中期以来断裂垂直活动总体上有减弱的趋势。

在汶川县三江镇以南的严家河坝一带,河右岸见明显的断裂出露,断裂产状290°∠70°,可分辨出2.5m的垂直断距。沿断裂破碎带牵引现象明显,千枚状板岩挤压破碎形成断层泥,夹有石英透镜体,并淋滤出膏盐或渣状析出物。受挤压作用,断裂两侧的D_2y中厚层石灰岩夹千枚状板岩出现顺层滑动,滑动面多表现为顺层-切层特点。经测量,断裂影响宽度可达200m。在三江镇麻柳村,北川-映秀断裂呈北西向横穿黑石江,造成河流发生明显偏转。黑石江左岸斜坡,断裂形成明显的垭口地貌,并沿断裂发育古滑坡或古崩坡积物。根据黑石江洪积台地存在红土化风化壳,推测该段断裂活动时代应早于晚更新世。

在映秀变电站西,晋宁期彭灌杂岩逆冲在第四纪河流相砂砾石层之上,测得阶地面年龄为(76.36±6.49)ka(邓起东等,1994)。此处T_4阶地被断错形成约40m的断坎,且伴生4个次级断坎,每级断坎高约2.0m。2008年汶川地震后,张永双等(2009)在映秀变电站所在的山坡处,发现了北川-映秀断裂带产生多条近平行的同震地表破裂(图2-28),累积地表位移大于3.0m,证明了它为全新世的活动断裂,具有很强活动性。

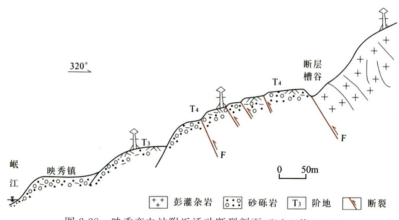

图2-28 映秀变电站附近活动断裂剖面(张永双等,2009)

在映秀至北川之间,穿越断层的河流常表现为反"S"形弯曲。在关凤沟一带,断裂从白沙河西岸T_3阶地后缘通过。关凤沟的水流汇入白沙河时,被T_3阶地堵住了正常的流路而形成了"闸门"地貌。关凤沟和T_3阶地右旋错动约50m;T_3阶地的年龄为50ka B.P.,推测晚更新世中期以来断裂右旋滑动速率为1mm/a(李传友等,2008)。2008年汶川地震高原村发育同震的地表破裂。在白沙河右岸(西岸),T_2阶地发现了明显的错断现象;阶地顶部一层厚40cm的褐黄色砂层被垂直错动达2.2m,OSL测定该砂层的年龄为(39.29±3.34)ka B.P.,表明断裂在晚更新世以来有过活动(张永双等,2009)。

在擂鼓至北川老县城一带,北川断裂的右旋错动导致盖头山断块隆起,迫使湔江改道,形成蛇形大拐弯(李勇等,2008)。盖头山山顶面高出湔江河床面400m,山顶面黄褐色砂砾石沉积物TL年龄值为(432±43)ka,估算该处晚第四纪以来平均抬升速率在0.93mm/a左右。盖头山隆起区还记录了两次古地震事件,最晚一次在(13.81±0.26)ka以后。2008汶川地震后,笔者在北川老县城主街东侧发现了出露较好的中央断裂剖面,断裂破碎带宽约5.0m;D_2gn厚层灰岩逆冲于T_3阶地之上,断层产状100°∠48°,发育0.5~2.5m厚的断层泥(图2-29)。此外,在曲山镇北山沿汶川地震地表破裂开挖的探槽,揭露了2次古地震事件(张永双等,2009),说明该断裂全新世以来曾有过活动。汶川地震之后沿地表破裂带开展的古地震研究显示,映秀-北川断裂(中央断裂)上除了汶川地震之外,还分别在距今2300~3300a和5730~5920a之间发生过与汶川地震震级相当的古地震事件(Ran et al.,2014)。

王焕等(2013)在汶川地震发震断裂映秀-北川断裂中虹口八角庙地区地表露头,发现了宽约240m的断裂,断裂内发育有碎裂岩、假玄武玻璃、断层泥、断层角砾岩等多种类型的断裂岩,总体走向N55°~

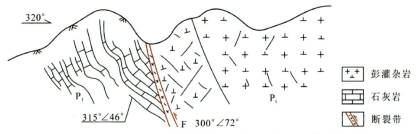

图 2-29　彭州市小鱼洞镇中坝村西北的采石场中央断裂剖面图

65°,由 5 个具不同特征的断裂岩带组成,分别为碎裂岩带、黑色断层泥和角砾岩带、灰色断层角砾岩带、深灰色断层角砾岩带及断层泥和角砾岩带。进一步研究表明断裂宽度与地震活动次数及其演化历史有着成因上的直接联系,多次地震活动叠加可能是龙门山形成的主要成因(王焕等,2013;Wang et al.,2014)。通过对汶川科学钻探一号孔(WFSD-1)岩芯岩石学、构造分析、地球化学和地球物理分析表明:映秀-北川断裂具有高角度、锁闭断裂(黏滑断裂)和震后快速愈合等断裂性质,容易产生大地震(经常发生大地震)(李海兵等,2013)。

综合分析认为,北川-映秀断裂为全新世活动断裂,具有很强的地震活动性,2008 年汶川地震沿该段断裂形成新的地表破裂带。

三、灌县-江油断裂发育特征与活动性研究

灌县-江油断裂为龙门山断裂带前山断裂分支,主要分布于都江堰市和彭州市境内,由两河北部入崇庆县境和泰安寺,过岷江后北折,经二王庙、都江堰火车站、懒板凳至洞坛口,经宽河坝至彭县西南通济场、白鹿场北,再向北东延入什邡市八角镇。在区内长约 90km,走向 NE30°~60°,倾向 310°~330°,倾角较陡,在约 1250m 深处倾角约 38°,在地表倾角约为 60°(Li et al.,2016),属压扭性断层。灌县-安县断裂主要发育在中生代地层中,是龙门山的三叠纪地层与发育在四川盆地的侏罗纪地层的边界,断裂带内发育角砾岩和断层泥(何祥丽等,2018)。断裂切割河流谷坡,形成断层崖、断层沟槽和垭口等,控制了晚第四纪地层的分布,说明晚更新世以来有过较强的构造活动(邓起东等,1994;杨晓平等,2008)。2008 年汶川地震中,在安县-灌县断裂南段,发育一条长约 80km、宽 5~40m 的地表破裂带。破裂带分布从南端都江堰北西约 6km 的紫坪铺水库北,向北东不连续分布至彭州市通济场西南侧,然后从彭州市通济场东北过白鹿镇、什邡市八角镇、绵竹市九龙镇和汉旺镇,至安县睢水镇南连续分布(李海兵等,2008)。此外,彭州的小鱼洞镇,发育一条北西走向长约 6km、宽 5~20m 的地表破裂带,称为小鱼洞破裂带。该破裂带主要由地表弯曲滑动褶皱构造组成,表现为由南西向北东逆冲并具较强的左旋运动特征。弯曲陡坎的走向为 NW290°~325°,破裂带向南东方向延伸,其走向逐渐转变为南北向及南西向,与汉旺破裂带南段相连。沿该破裂带普遍产生 1~2m 垂直位错,以及 1~3m 左旋水平位错(李海兵等,2008)。

在二王庙东侧,灌县-江油断裂与岷江直交,错断了岷江 T3 阶地。断裂两侧拔河高度分别为 82m 和 70m。T3 阶地的变形量为 12m,阶地年龄为 50ka,断裂平均逆冲滑动速率约为 0.2mm/a(马保起,2005)。据河流阶地的高度变化分析,映秀-紫坪铺段 T3 阶地呈明显的掀斜抬升,为灌县-江油断裂掀斜活动所致。此段 T2 和 T1 阶地的拔河高度向下游逐渐升高,同样存在掀斜特点,但掀斜量不大,故推测江油-灌县断裂在 T2 和 T1 阶地形成后亦有活动。

在什邡境内,灌县-江油断裂由红星煤矿断裂、八角断裂等组成。红星煤矿断裂北东起于红白,经红星煤矿区,南东止于三交界处,具逆断特征,倾向南东,倾角 45°~55°。在什邡市八角镇楠木村五组,

2008年汶川地震时,沿断裂面断层上盘抬升,致使村内公路抬升,形成高约0.5m陡坎,陡坎延伸方向50°。其西侧为干河沟,冲沟左岸出露T_3x砂岩及泥岩,可见发育完好的断裂(楠木村断裂),断裂面产状为320°∠52°(图2-30),顺断裂面走向延伸与公路上地表陡坎相一致。沿该断裂发育断层泥,带宽0.1~0.2m,夹砂岩构造透镜体。

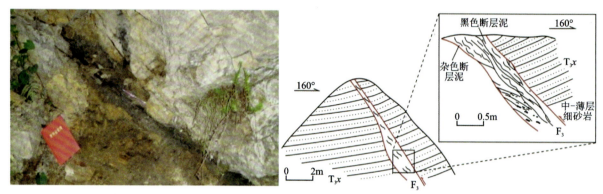

图 2-30 什邡市八角镇楠木村断裂特征照片(SW)及剖面图

何祥丽等(2018)选择以灌县-安县断裂地表露头和汶川地震断裂带科学钻探三号先导孔(WFSD-3P)岩芯为主要研究对象。通过对断层岩进行多尺度构造分析(从野外宏观到镜下微观)、XRD矿物分析、全岩地球化学分析、稳定同位素分析、高分辨率磁化率测试、XRF岩芯无损元素扫描和摩擦实验等研究,第一次揭示了灌县-安县断裂具有长期蠕滑的变形行为。结合P波速率和地层分布,提出灌县-安县断裂在浅部蠕滑、深部闭锁的模型,并解释了其蠕滑机制,改变了传统认为蠕滑断裂不发生大地震的认识,为汶川地震破裂机制提供了可能性的解释。此外,通过方解石脉分布规律和矿物、化学成分含量的变化特征,发现在流体和压力作用下,灌县-安县断裂的断层泥中石英、钠长石、碳酸盐矿物等发生溶解,产生明显的质量和体积损失,尤其碳酸盐矿物(CaO和CO_2)含量相较于围岩明显降低。这与方解石脉仅出现在围岩和破碎带岩石中,而不出现在断层岩中的观察结果一致。结合前人的研究和区域地层、地形、降雨等资料,本书提出来自深部的含CO_2酸性流体与高构造应力环境,以及断裂内丰富的大气水循环的耦合,导致碳酸盐矿物在断层岩中溶解或很少沉淀,使断裂内的粒间孔隙保持开放,流体通道畅通无阻,加速了水岩反应和黏土矿物的形成,从而导致了灌县-安县断裂的长期不愈合和蠕滑变形(He et al.,2018)。

在地震地质科学考察的基础上,震前的GPS观测结果表明,5·12汶川大地震时灌县-江油断裂在地震中也发生了破裂,形成的地表破裂带长达60km(张培震等,2008)。汶川地震之后沿地表破裂带开展的古地震研究工作显示,映秀-北川断裂(中央断裂)上除了汶川地震之外,还分别在距今2300~3300a和5730~5920a之间发生过与汶川地震震级相当的古地震事件。而小鱼洞断裂和灌县-江油断裂(前山断裂)还分别在距今约2300~3000a和约3300~7700a间发生古地震。综合分析认为,灌县-江油断裂为全新世活动断裂,具有很强的地震活动性,2008年汶川地震沿该段断裂也形成新的地表破裂带。

第三节 塔藏断裂发育特征与活动性研究

塔藏断裂是东昆仑断裂带的一条分支断裂,东昆仑断裂带东部地处甘川青3省交界的青藏高原东北部,以及东西向构造和南西向构造的交会部位;分割北侧武都弧形构造、文县弧形构造及南侧南北向的岷江构造体系,晚第四纪活动十分强烈(邓起东等,2002;Wen et al.,2007;徐锡伟等,2008)。塔藏断裂作为东昆仑断裂带东延的分支,总体呈近北西走向。空间展布上,塔藏断裂西部隐伏于若尔盖县罗叉村西北冲洪积扇体,向东在求吉乡下黄寨村顺时针偏转,经过大碌乡东北村,在漳扎镇荷叶村附近逆时针偏转,经九寨沟景区、扎如沟、南坪县苗寨、马家磨乡、英各村、下勿角直到沙尕里东南,与文县断裂相望,全长约170km。断裂走向自西向东由北西西转为北西再转为北西西,总体近反"S"形。西北部与玛曲段左阶排列,北部与迭部断裂、光盖山-迭山断裂等近平行分布,东南部交于文县断裂,构成巴颜喀拉块体东北部边界(图2-31)。

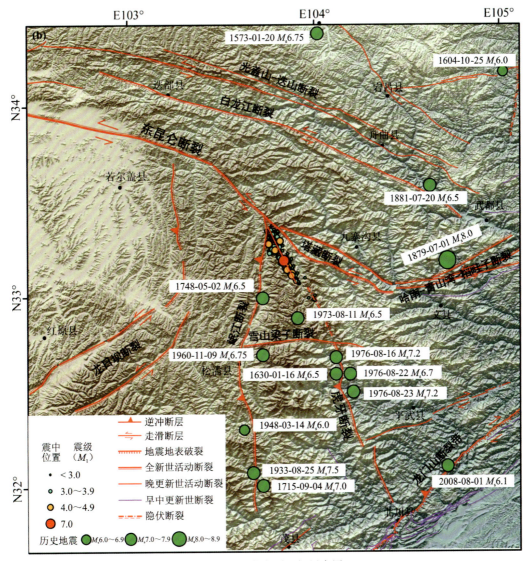

图 2-31 塔藏断裂空间展布图

一、塔藏断裂分段发育特征

据走滑断裂的几何分段标志,即断裂走向变化、阶区、断裂的分叉和交会、断裂活动性质变化、断裂带的岩石类型变化、物性差异形成的障碍体、断裂宽度的突然增加或减小等,可将塔藏断裂分为3段、5个次段,自西向东分别为罗叉段、东北村段(南北两个次段)、马家磨段(扎如次段、唐寨次段、勿角次段)(图2-32)。在卫星影像上,罗叉段、马家磨段的线性清晰,东北村段线性特征不清楚。

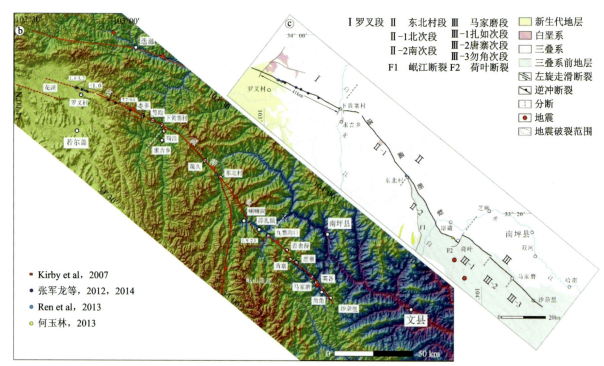

图 2-32　塔藏断裂几何展布及分段示意图

1. 罗叉段

罗叉段位于塔藏断裂的西部,在卫星影像上呈清晰的灰黑色、灰白色线性条带。西起若尔盖县花湖南,向东南经过罗叉村西北,在阿细龙曲上游位置穿过长江和黄河水系分水岭,然后沿本多、等均、抵达下黄寨,全长 50km,总体产状 N295°W∠60°～85°。断层形变带表现为断层陡坎、坡中谷、冲沟和阶地位错、植被分布呈线性异常、跌水、断层泉、断塞塘及伴随地表错动而出现的滑坡、垮塌和倒石堆。

在罗叉村北断裂剖面,断层切割晚第四纪坡洪积物,断层下部产状为 325°∠43°,倾角向上逐渐减小,共揭露了 9 个地层单元(图 2-33),识别出 14 条次级断层和 F1、F2 两个主断层。利用充填楔、断层上断裂、沉积层的变形特征这些识别标志,识别出自地层⑨沉积以来共发生过 2 次古地震事件。最早一次古地震事件(E2)主要表现为错断了地层⑥～地层⑨。从沉积特征看,断层两侧地层发生明显的位错、缺失和不对称性,最大位错量约 50cm。从地层接触关系来看,E2 事件发生在地层⑤之前,地层⑨之后。最新一次古地震事件,主要表现为错断了地层②～地层⑨,并发育多条次级的断层。从沉积特征看,断层两侧地层发生明显的位错和不对称性,最大位错量约 50cm。在地层③中见两个小的充填楔,楔体中靠近断层一侧,砾石颗粒较大,并具有明显的定向性。表明充填楔是由于断层活动沿断层形成的张性裂缝,之后裂缝被充填形成充填楔。从地层接触关系来看,E2 事件发生在地层①之前,地层⑨之后。

黄河黑河支流和长江白水江支流分水岭东南断塞塘探槽揭示 5 条主要断层,14 条次级断层,地震断错了地层②～地层⑨,被地层①覆盖。探槽共揭露了 10 个地层单元(图 2-34),自上而下描述如下:①灰黄色表土层;②黑色泥炭层;③灰褐色砂质黏土层;④棕黄色粗砂层;⑤黄褐色细砾层;⑥灰黄色细砾层;⑦青灰色楔状充填体;⑧灰白色细砾层;⑨青灰色黏土层,夹黄褐色粉砂层;⑩青灰色基岩破碎带。

利用充填楔、断层上断裂、沉积层的变形特征这些识别标志,识别出自地层⑨沉积以来共发生过 5 次古地震事件。最早一次古地震事件(E5)主要表现为 f1～f14 共 14 条次级断裂发育于青灰色基岩破碎带中,与附近地层突变接触关系,但未错断上覆青灰色楔状充填体(地层⑦)。从地层接触关系来看,E5 事件发生在地层⑦之前。倒数第四次古地震事件(E4)主要表现为 F3 错断了地层⑧灰白色细砾层。

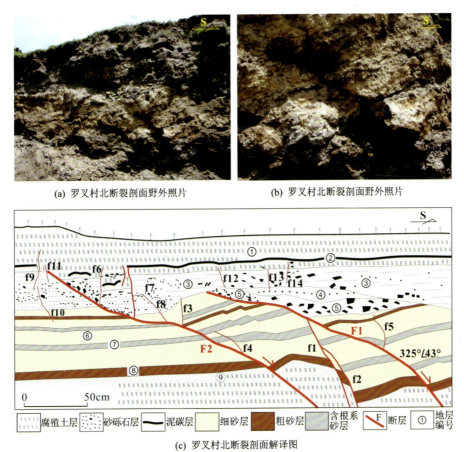

(c) 罗叉村北断裂剖面解译图

图 2-33 若尔盖盆地北缘罗叉村北断裂剖面

F.主要断层；f.次级断层

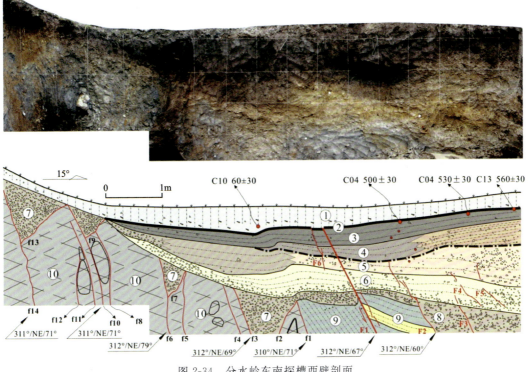

图 2-34 分水岭东南探槽西壁剖面

F.主要断层；f.次级断层

从地层接触关系来看,E4 事件发生在地层⑦之前、地层⑨之后。倒数第三次古地震事件(E3)表现为 F2 错断了地层⑦和地层⑧。在地层③中见 4 个充填楔,主要为砾石堆积,楔体中靠近断层一侧,砾石颗粒较大,并具有明显的定向性。这表明充填楔是由于断层活动沿断层形成的张性裂缝之后被充填形成的。从地层接触关系来看,E3 事件发生在地层⑥之前、地层⑨之后。倒数第二次古地震事件(E2)主要表现为地层⑤和地层⑥内发育 F4 和 F5 断裂。从地层接触关系来看,E2 事件发生在地层⑤之前、地层⑥之后。最新一次地震事件(E1)表现在 F1 断层错断了地层⑨、地层⑧以及地层②~地层⑥,且 F6 断层错断了地层②~地层⑤。从沉积特征看,F1 断层两侧地层都发生了位错,位错距离约 20cm,局部地层见明显的变形。从地层接触关系来看,E1 事件发生在地层①之前、地层②之后。根据地层①和地层②中的碳粒年龄,推测 E1 事件应该发生在 560~60 cal yr BP 之间。

本多村东南坡中谷地探槽中地层发生了明显的变形和错动(图 2-35),揭露出两条断层,其中主断层 F2 产状为 305°∠59°,次级断层 F1 产状 305°∠88°。主断层南侧主要沉积深色的沼泽相泥碳物质,含层状分布纤维状植物根茎残体;断层北侧沉积物主要为棕黄色坡积沙砾物质,堆积于三叠系浅变质砂岩上部。三叠系浅变质砂岩逆冲于全新世沉积层之上。利用充填楔、断层上断裂、沉积层的变形特征这些识别标志,识别出自地层⑥沉积以来共发生过 2 次古地震事件。最早一次古地震事件(E2)主要表现为 F1 断层错断了地层⑤和地层④。地层⑤地层中,F1 断层两侧见明显的位错,位错距离为 25cm。从地层接触关系来看,E2 事件发生在地层④之前。根据地层④顶部的碳粒样品,推测在 920 cal yr BP 之前发生过一次古地震事件。最新一次古地震事件(E1)表现在 F2 断层错断了地层③~地层⑤。从地层接触关系来看,E1 事件发生在地层③之前、地层④之后。根据地层④和地层③顶部的碳粒样品,推测在 920~320 cal yr BP 期间发生过一次古地震事件。

(a) 本多村东南探槽西壁剖面野外照片

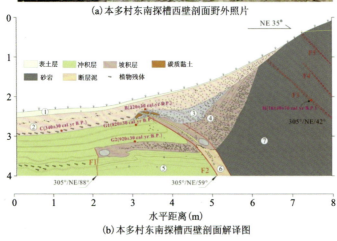

(b) 本多村东南探槽西壁剖面解译图

图 2-35 本多村东南探槽西壁剖面

断裂剖面出露在分水岭东侧约 2km 处的南北向"V"形冲沟西壁,地形为 6～7m 高的老断层坎前缘叠加新的断层坎。新坎高约 1.3m,长约 12m,走向 290°～295°。断层带宽 20～30m[图 2-36(a)、(b)],三叠系灰黄色浅变质砂岩中发育两组断裂,较老的一组(f1,f2)倾角较小,断层面上(344°∠31°)的擦痕向东侧伏,侧伏角约 25°[图 2-36(c)],表明以压剪作用为主,断裂呈左行运动。第二组为新的断层(F),倾角较大,可见厚约 10cm 的黄色夹青灰色断层泥带,单条断层泥带宽约 2mm[图 2-36(e)],断层面(26°～30°∠73°～83°)上的擦痕近水平[图 2-36(d)],表明断裂以左行运动为主,兼有逆冲分量。

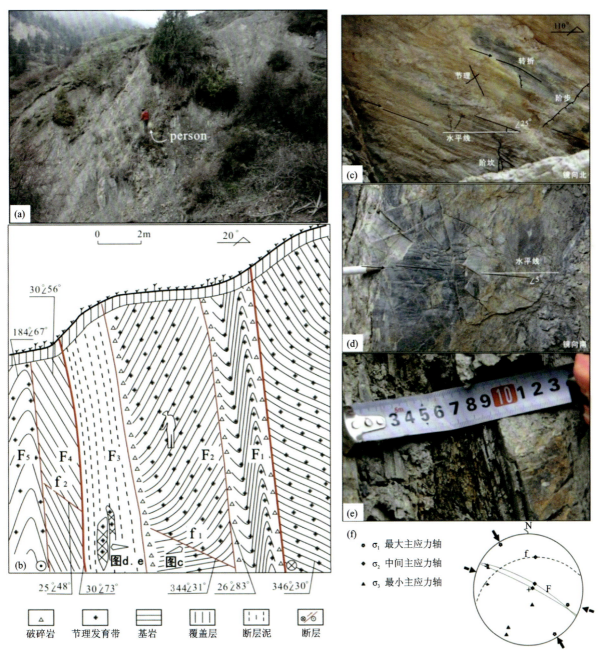

图 2-36 断裂剖面及其应力分析图

(a)断裂照片(镜向 W);(b)断裂剖面图;(c)f1 破裂面上的擦痕(镜向 N);(d)F 断层带内破裂面上的擦痕;(e)薄层断层泥,单层厚约 2mm;(f)下半球赤平投影图,不同的应力场显示两期构造的叠加作用,前期次级断层(f)以挤压为主,后期主要断层(F)水平分量增大。大箭头为主压应力方向,圈弧为断层面,小箭头为上盘滑动方向,三角形、四角形、五角形分别为 σ_3、σ_2、σ_1

2. 东北村段

东北村段位于塔藏断裂的中部，在卫星影像上呈不明显的线性条带状。西起下黄寨村，向东经多哇向东南延伸，穿过雪山垭口，依次经过哉久、东北村，直至喇嘛岗附近，断裂全长约75km，总体走向约320°，倾向北东，倾角变化较大。

该断裂段第四纪沉积物分布较少，仅零星出露，制约了断层活动性的研究。沿断层走向，地貌以垭口、槽谷、水系位错等为主。苟洼槽谷地貌的下部可见断层错断砖红色砂砾石层及其上部的灰黄色细砂层，并被灰黑色腐殖层覆盖，产状315°∠40°（李建军等，2019）。根据地层对比，推测砖红色砂砾石层与区域标志层④相对应，时间为全新世早期（李建军等，2019）。东北村附近，断层通过T2阶地，形成高(3.4 ± 1.0)m的陡坎，垂直滑动速率的下限为(0.3 ± 0.1)mm/a；阶地下部冲积砂砾石中细砂透镜体OSL年龄为(12.48 ± 1.10)ka，上部为灰黑色含有植物根系的古土壤层。塔藏村附近的上寺寨，断裂将冲沟T1阶地及其支流与山脊同步左旋位错25m。3个剖面的沉积特征和年龄基本一致，表明断裂在全新世早期有过活动。

在九寨沟县彭布西（N33°16′52″，E103°52′56″）见塔藏断裂次级断裂错断晚第四纪淡黄色坡积砾石，位错约1.8m（图2-37）。断裂北侧无晚第四纪沉积物，断裂南侧晚第四纪台地发育。九寨沟喇嘛岗塔藏断裂错断山脊形成了坡中谷地和拉分小盆地（图2-38）。九寨沟沙坝村东北1km处发育一正断层，错断了Ⅱ级阶地的卵砾石层和粉砂层，断层产状95°∠47°，错距约2m。以上均表明塔藏断裂晚第四纪—全新世具有较强的活动性。

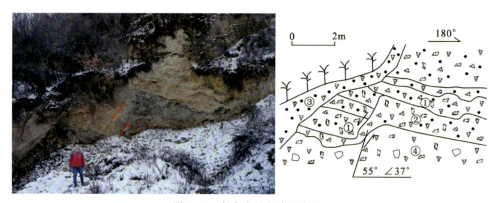

图2-37 九寨沟县彭布西断层
①土黄色碎石土；②青灰色碎石土；③最新坡积碎石土；④灰黑色碎石

(a) 断层错断山脊　　(b) 断层坡中谷地

图2-38 九寨沟喇嘛岗塔藏断裂错断地貌

塔藏附近的上寺寨，断裂形成明显的垭口地貌，并将塔藏沟的一级支流及其T1级阶地与山脊同步左旋位错25m。T1级阶地面上开挖出的断塞塘剖面，地层发生明显的倾斜变形，倾角达60°左右。经热释光测试,T1级阶地面的年龄为(12±1)ka,断塞塘内靠近上部的黑色泥质条带年龄为(7800±600)a,据此估计该断裂段的平均水平滑动速率为1.9~2.3mm/a(何玉林,2013)。

3. 马家磨段

马家磨段位于塔藏断裂的东部,在卫星影像上呈较清晰的灰黑色线性条带。自西向东,始于漳扎镇,在九寨沟沟口与荷叶断裂相交,而后继续向东南方向延伸,沿扎如沟经扎如、若也得等,向东南穿越山口,而后穿越唐寨、苗州、马家磨村、英各村、勿角村、直至沙朵里东南部。断裂走向北西西,倾向南西,倾角40°~65°,全长约45km,以左行走滑为主,兼有逆冲性质。扎如沟内洪积扇被同步左旋位错约10.2m,距扇体顶部约1.6m砂层中的碳样年代为(2450±30)a B.P.,表明该断层在全新世以来有过活动(图2-39)(付国超等,2017)。塔藏断裂东部马家磨段苗寨场点的地层断错剖面中可见发育的黄色粉沙层和棱角状坡积砾石层被错断,砾石在断裂处发生混乱和沿断裂的定向排列,在断裂的坎前处,发现砾石长轴方向的定向排列,砾石上覆盖层②粉砂层中采集的热释光样品测试结果为(9.0±0.8)ka,在层①下部粉砂层中采集的热释光样品年龄为(13.0±1.3)ka;说明断裂在本区最新的活动时代应为全新世;而且向北俯冲的角度达58°(胡朝忠等,2016)。

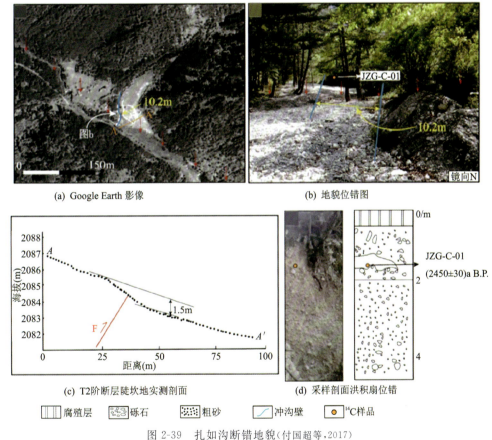

图2-39 扎如沟断错地貌(付国超等,2017)

二、塔藏断裂活动性分析

研究表明,塔藏断裂晚第四纪的活动表现为分段性和多期性。西部以水平剪切运动为主,东部走滑运动分量逐渐减少,垂直分量增加,推测走滑速率向东减小部分转化为横向的逆冲作用。罗叉段全新世以左旋剪切走滑为主兼挤压作用,左旋走滑速率为2.43～2.89mm/a,最新地表断错事件发生在(0.66±0.04)ka B.P.以来。基于罗叉断裂的罗叉村、分水岭和本多村东南探槽剖面揭示的地震事件,并结合碳粒年龄,推测该断裂全新世晚期以来共发生了5次古地震事件。胡朝忠等(2017)推测罗叉段最新活动时间为距今(9.0±0.8)ka。付国超等(2017)认为马家磨段在1000a内发生过强震事件,结合断裂滑动速率和最新一次地震破裂量,得到塔藏断裂罗叉段7级以上地震的复发周期为553～876a。因此,马家磨段应为全新世活动断层。根据断裂走向的弯曲度、活动性、阶区和断层交会等将断裂分为3段和5个次段(表2-2),东西两段古地震离逝时间较近,中间一段相对较远。

表2-2 塔藏断裂几何结构及分段特征

断裂分段		分段标志/与西侧之间/阶区长×宽(km×km)	走向(°)	长度(km)	活动特征	$V_h/V_v/(V_v/V_h)$ (mm/a)	最新地震时间/震级
罗叉段		花湖拉分阶区/(20～30)×(8～10)	约295	约50	Q_4/左行走滑	0～0.9/0～9/1:8～10	1488A.D./M_w7.3
东北村段	北次段	走向弯曲顺时针25°～30°/阶区(5～10)×2.5	约320	约40	Q_{3-4}/左行走滑	0.3/<3/<1:10	
	南次段	西侧与岷江断裂相交	约320	约35	Q_{3-4}/左行走滑	V_v=2～3.2	2017.8/M_w6.5
马家磨段	扎如次段	与荷叶断裂相交/走向弯曲逆时针约10°	约300	约10	Q_4/左行走滑	0.13～0.16/0.9～1.1/1:6.7	
	唐寨次段	挤压阶区/2.5×2	约300	约15	Q_4/左行走滑	0.23～0.28/1～1.2/1:4.2	
	勿角次段	拉张阶区/2.5×2	约300	约20	Q_4/左行走滑	V_h>0.15	

注:V_h为垂直速率,V_v为水平速率。

第四节 其他活动断裂带

一、雪山断裂

雪山断裂分为雪山北断裂和雪山南断裂:雪山北断裂由西向东分别出露于元坝子、新店子、镇元、观音岩延伸至海子沟,长约50km,近东西向展布。由于后期右行平移剪切作用及北西向的大湾平移断层的影响,导致该断裂沿走向发生弯曲。在新店子一带发生偏转,沿走向呈波状弯曲。雪山南断裂西起于大屯、三岔坝,向东经三岔子道班、黄龙沟中盆景池、大湾张家沟,至黄子片南侧与雪山梁子北断裂相交,呈东西向展布,延伸长约35km。雪山断裂西端均与岷江东断裂交会,不继续向西延伸(康波等,2014)。

松潘县川主寺镇东子沟西约500m处公路北侧见雪山断裂露头,为下石炭统略阳组灰岩逆冲于三叠系新都桥组页岩夹砂岩之上(图2-40)断层走向NE85°,倾向北西,倾角70°,压性特征明显。破碎带宽约50m,主要由断层泥、挤压劈理、角砾岩、碎裂岩等组成;破碎带物质胶结较好,南西盘新都桥组页岩夹砂岩地层中发育有次级断层。在断层破碎带中取碎裂岩年代样品,经ESR法测年,结果为(570±50)ka。断层为第四系冰水堆积物所覆盖,未发现地层变形或位错现象,取亚黏土样经ESR法测年,年龄值为(31±3)ka。

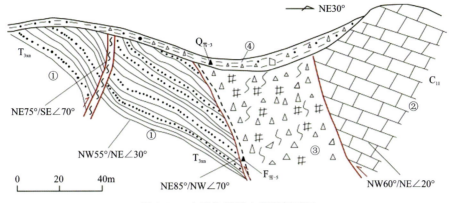

图 2-40　东子沟西雪山断裂剖面图

①三叠系新都桥组页岩夹砾岩；②下石炭统略阳组灰岩；③断层破碎带；④第四系冰水堆积；▲.样品取样位置

见和垭东约 2km 公路东侧见雪山断裂露头，下石炭统略阳组灰岩逆冲于三叠系新都桥组页岩夹砂岩之上（图 2-41）碎带宽约 50m，主要由断层泥、挤压劈理、角砾岩和碎裂岩等组成。破碎带物质胶结较好，地貌上形成一垭口。断层破碎带中取碎裂岩年代样品，经 ESR 法测年，结果为 (387±35)ka。断层为第四系冰水堆积物所覆盖，未发现地层变形或位错现象，取亚黏土样经 ESR 法测年，年龄为 (51±4.5)ka。

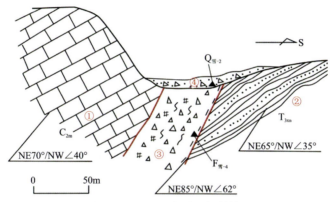

图 2-41　见和垭东雪山断裂剖面

①下石炭统略阳组灰岩；②三叠系新都桥组页岩夹砾岩；③断层破碎带；④第四系冰水堆积；▲.样品取样位置

黄龙乡南东约 1km 处公路东侧见雪山断裂北东向分支断裂（图 2-42），断层断于上志留统白龙江群上段硅质板岩与上志留统白龙江群下段钙质板岩之间。破碎带宽约 50cm，主要由挤压劈理、角砾岩、碎裂岩等组成，破碎带物质略具胶结，压性特征明显；断面呈舒缓波状，可见擦痕，侧伏角为 60°，擦痕阶步显示断层为上盘上冲的逆断层性质，并兼有一定的走滑分量。取破碎带内碎裂岩年代样品，经 ESR 法测年，年龄为 (370±32)ka。

雪山断裂发育有众多分支断层，使得该断裂带地质结构显得十分复杂。根据测龄样品年龄结果，该断裂中更新世晚期以来已不活动。有史料记载以来，该断裂上未发生过破坏性地震，现今小震活动亦微弱。因此，雪山断裂应为早—中更新世活动断裂，晚更新世以来活动迹象不明显。

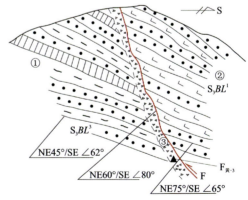

图 2-42　黄龙乡南东约 1km 处公路东侧雪山断裂剖面

①上志留统白龙江群上段硅质板岩；②上志留统白龙江群下段钙质板岩；③破碎带；▲.测龄样品采集位置

二、松坪沟断裂

松坪沟断裂是位于岷山断块内部的东西向的断裂。松坪沟断裂发育在较场弧形构造区域内，展布在墨石寨、松平乡、观音崖一带，大致沿松坪沟断续分布，长近30km，总体表现为倾向北挤压性质。断裂东南端晚更新世河湖相沉积中发育一组北西向和一组近东西向的张性断层及地震楔，断层产生时间距今 20~30ka（唐荣昌，1993）。时间上与叠溪古堰塞湖的形成和发展时间重叠。1933年叠溪7.5级地震导致了大规模的山崩，水体的堵塞，以及溃坝等，同时产生了一条大致与松坪沟断裂走向一致，长约30km，由崩塌、滑坡、剥落、滚石及地裂缝组成的地表破坏带（四川省地震局，1983）。

第五节 小 结

本章在前人研究的基础上，结合遥感解译、野外调查、物探、地质测年等手段对研究区内的活动断裂发育特征与活动性进行了论述，总结如下。

(1) 通过第四纪地质调查（河流阶地、新生代盆地、湖相沉积、古滑坡体等），综合分析了研究区内第四纪以来的新构造运动特点，为活动断裂的判别奠定了基础。

(2) 对研究区内的岷江断裂、茂县-汶川断裂、北川-映秀断裂、灌县-江油断裂、塔藏断裂、雪山断裂、松坪沟断裂7条活动断裂的发育特征与活动性进行了论述和探讨，发现各个断裂活动性有所差异，并多具有明显的分段活动性。

(3) 采用潜在震源区分析方法，依据区域及近场区地震地质和地震活动性资料，对研究区进行了潜在震源区区划，在此基础上讨论了南北地震带地震迁移规律。2008年汶川 M_s8.0级地震后，南北地震带上在十年间已发生4次7级以上的地震，表明南北地震带又进入了一个活跃的时段。南北地震带上的强震活动存在时间和空间上的相关关系，从1500年 M_s7.0级以上强震显示出等时距的由南往北、由北往南和集中式的地震群发活动，还具备有南北往返的迁移特征。

第三章 地质灾害发育特征与易发性评价

川西岷江上游位于青藏高原东部,地形地貌和地质构造条件复杂,尤其是晚新生代以来,伴随着青藏高原的强烈隆升,该区构造活动强烈、河流深切,发育有岷江断裂、雪山断裂等大型区域性活动断裂,历史强震发育,是我国现今构造活动最为强烈的地区。在岷江上游,岷江断裂由多条南北向断裂束组成,该断裂的形成与发展制约着岷江及岷山块体的发育(钱洪等,1995;张岳桥等,2012;李峰等,2018)。1933年叠溪M_s7.5级地震和2008年汶川M_s8.0级地震均诱发了大量崩塌、滑坡灾害,在复杂的构造活动、地震,以及强降雨和人类工程活动等内外动力耦合作用下,岷江上游发育大量崩塌、滑坡和泥石流等地质灾害(晏鄂川等,1998;郭长宝等,2017),并且造成堵江、溃坝等极端地质事件,如扣山滑坡、红花园滑坡等(蒋良文等,2002;柴贺军等,2002),这些大型—特大型古滑坡的发育对地形地貌、第四纪地质及局地气候变化等都具有极大的影响,因而受到国内外地质学家的高度重视(王思敬,2002;黄润秋,2007)。本章在调查研究区内崩塌、滑坡和泥石流等地质灾害发育分布规律和特征的基础上,剖析了区域地质灾害的形成条件和影响因素,采用信息量模型和层次分析法评价了区内滑坡灾害易发性;在区域地质灾害研究的基础上,选取区内典型地质灾害为案例,深入剖析其形成机理,为区内防灾减灾和重大工程规划建设提供了技术支撑。

第一节 主要地质灾害类型

工作区内山高谷深,地形切割破碎强烈,多发育陡峻的"V"形谷,常见近直立的岸坡或陡崖,在内外动力耦合作用下形成的崩塌、滑坡和泥石流等浅表层地质灾害,具有发育范围广、危害大等特征,对区内重大工程和城镇建设安全具有严重的威胁和影响。根据遥感解译、资料收集和现场调查,工作区内发育崩塌、滑坡和泥石流等地质灾害2202处(表3-1,图3-1)。发育崩塌897处,其中特大型崩塌67处,大型崩塌105处、中型崩塌344处、小型崩塌381处,以中小型崩塌为主;滑坡905处,其中特大型滑坡47处、大型滑坡144处、中型滑坡342处、小型滑坡372处,以中小型滑坡为主;发育泥石流400处,其中特大型泥石流18处、大型泥石流29处、中型泥石流174处、小型泥石流179处,以中小型泥石流为主。

表 3-1 工作区地质灾害类型及规模一览表

灾害类型	指标	特大型	大型	中型	小型	合计
滑坡	体积($\times 10^4 m^3$)	>1000	100~1000	10~100	<10	/
	数量(处)	47	144	342	372	905
	所占比例(%)	5.2	15.9	37.8	41.1	100.0

续表 3-1

灾害类型	指标	特大型	大型	中型	小型	合计
泥石流	体积($\times 10^4 m^3$)	>50	$20\sim50$	$2\sim20$	<2	/
	数量(处)	18	29	174	179	400
	所占比例(%)	4.5	7.2	43.5	44.8	100.0
崩塌	体积($\times 10^4 m^3$)	>100	$10\sim100$	$1\sim10$	<1	/
	数量(处)	67	105	344	381	897
	所占比例(%)	7.5	11.6	38.4	42.5	100.0
合计	数量/个	132	278	860	932	2202
	所占比例/%	6.0	12.6	39.1	42.3	100.0

一、崩塌

崩塌灾害主要发育于深切河谷区，以及天然或人工开挖形成的陡峻斜坡中，其与岩体结构密切相关并且在横向坡中崩塌发育较多，如松潘县下纳米村白马岩、茂县叠溪公路边等在雨季经常发生中小规模的崩塌，中断公路[图 3-2(c)]。在地震、降雨及长期卸荷和自重应力场作用下，高陡岩质边坡中极易发生崩塌，如 2008 年汶川地震中在新北川中学发生的岩石崩塌导致 700 人死亡[图 3-2(a)]；2017 年 8 月 6 日，国道 213 线茂县石大关境内发生高位山体崩塌[图 3-2(e)]，导致交通中断，塌方量约 7000m^3，在该点位处曾于 2014 年、2016 年发生多次山体崩塌，并造成公路中断和人员伤亡等灾害。

二、滑坡

青藏高原东缘地质灾害极为发育，并发育大量大型、特大型—巨型滑坡，影响滑坡发育分布的因素主要有地震、降雨、人类工程活动和断裂蠕滑等，以及在多因素耦合作用下发生滑动，研究区内滑坡的发育分布以降雨型滑坡为主，并发育大量的古地震滑坡和历史地震滑坡，其中部分古滑坡已发生复活并引起地质灾害事件，影响车站、隧道进出口和公路安全等问题，如成兰铁路松潘隧道入口的红花屯古滑坡即影响着铁路隧道的安全[图 3-3(b)]。

1. 降雨型滑坡

受地形地貌和气候分带的影响，区内年平均降雨量差异大，其中茂县多年平均降雨量为 480～560mm，松潘地区为 720mm，九寨沟为 552mm，在强降雨、久旱与降雨交替等因素作用下，研究区内滑坡极为发育，广泛分布于黄土、碎石土和岩质斜坡中。在众多滑坡中，部分滑坡具有高位、高速远程的特点，并多分布在龙门山区和岷江流域，如 2017 年 6 月 24 日，在数日降雨作用下，茂县叠溪新磨村发生高速远程滑坡碎屑流[图 3-3(a)]，滑体从高 3400 余米的高度崩落并高速远程冲毁位于 2300m 的新磨村，落差 1100～1150m，运动距离 2500 余米，滑坡方量 1800$\times 10^4 m^3$，掩埋 40 余户农房，造成 90 余人失联，形成特大滑坡灾害。

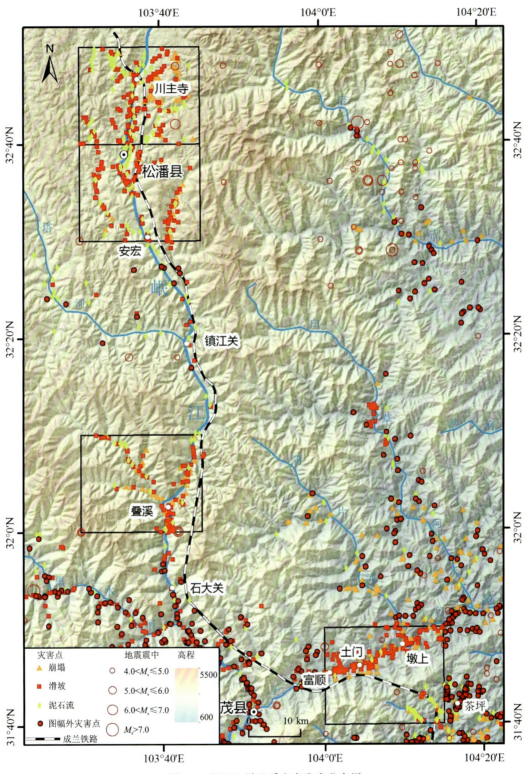

图 3-1 岷江上游地质灾害发育分布图

(a) 汶川地震诱发新北川中学崩塌
(b) 松潘县下纳咪村白马岩崩塌
(c) 茂县叠溪公路边坡崩塌
(d) 北川坝底乡枣儿坪崩塌
(e) G213茂县石大关段2017年山体崩塌

图 3-2 工作区典型崩塌发育特征

(a) 茂县叠溪新磨村高速远程滑坡
(b) 成兰铁路松潘隧道入口红花屯滑坡

图 3-3 工作区典型降雨型滑坡发育特征

2. 地震滑坡

工作区内在强震作用下诱发的地震滑坡极为发育，主要分布有叠溪地震滑坡群和龙门山地震滑坡群2个地震滑坡集中发育区，总体上具有沿高山峡谷和近断裂带密集发育分布的特征。地震滑坡大多具有高位、规模大、滑速快、滑程远、破坏力强等特点(张永双等,2011),对重大工程和城镇安全具有极大的威胁(图3-4)。

(a) 汶川地震诱发北川王家岩滑坡

(b) 东河口滑坡全景(镜向SW)

图3-4 工作区典型地震滑坡发育特征

叠溪地震滑坡群:叠溪地震滑坡群位于南北活动构造带中段,主要由1933年8月25日叠溪M_s7.5级地震诱发,集中分布在岷江河谷及其右岸支流(松坪沟、鱼儿寨沟、水磨沟)两岸,滑坡体主要由湖相沉积物构成,堵江后形成十余座天然堆石坝和堰塞湖,包括叠溪较场坝附近著名的大海子和小海子(王兰生等,2000),它们分别由银屏崖崩塌和较场滑坡群堵江形成;在地震后45d,堰塞湖溃决,造成下游2500余人死亡。

龙门山地震滑坡群:龙门山地区是南北构造带中部地震滑坡发育最为密集的区域,其中2008年汶川M_s8.0级地震诱发了数以万计的地质灾害,导致约2万人死亡,在龙门山中央断裂附近,发育多处大型—特大型高速远程滑坡-碎屑流,滑坡大多具有先崩后滑的特点,后续次生灾害频发。该类滑坡滑床往往不具连续平整的滑面,在高速滑动过程中,包含了气垫效应、铲刮效应、撞击折返及震动液化等动力学过程(殷跃平,2008)。典型滑坡包括大光包滑坡、文家沟滑坡-碎屑流、东河口滑坡-碎屑流、谢家店子滑坡-碎屑流等。同时,该区还发育一些历史地震中形成的古滑坡,如茂县周场坪滑坡[图3-5(a)]和羊毛坪滑坡[图3-5(b)]等。

(a) 茂县周场坪古滑坡发育特征

(b) 茂县羊毛坪古滑坡发育特征

图3-5 工作区典型古滑坡发育特征

三、泥石流

工作区地形地貌和地质构造条件极为复杂,在强震作用下造成岩土体结构破坏强烈、山体稳定性差,同时受季风气候控制,降雨量时空分布不均,即多暴雨天气,加之人类活动影响,该区泥石流灾害频繁发生,是我国泥石流最为活跃、发育密度和规模最大的地区之一(图3-6)。本区泥石流以沟谷型为主,发育少量坡面侵蚀型泥石流。在区域上,泥石流主要分布在高山峡谷区、活动构造带附近,以及历史强震区内。

(a) 松潘县上窑沟泥石流

(b) 马尔康县马尔康镇红苕沟泥石流(2015年)

(c) 汶川地震形成的文家沟泥石流

图 3-6 研究区典型泥石流发育特征

正在规划建设的成兰铁路受泥石流危害极为严重,其经过的安县、茂县和松潘县等地段内位于2008年汶川地震极震区内,在汶川地震之后形成的若干大型、巨型泥石流直接威胁的铁路选址、施工和运营安全,如文家沟泥石流、小岗剑泥石流、红椿沟泥石流等。在泥石流发育区,铁路规划受泥石流的净空控制,线路需要抬高高程,还导致部分车站设置在桥梁上(曹廷,2012),需要定期清理泥石流堆积物,降低泥石流百年淤积高度等,或进行绕避,如槽木沟泥石流(杨甲奇,2015)。

泥石流还对城镇安全具有重要的影响,如位于岷江右岸,紧靠松潘县进安镇顺江村西侧发育的大窑沟泥石流,其形态近似椭圆形,流域面积约为1.71km²,主沟长约2.29km,沟床纵比降约282‰。该沟于1979年、1987年和1988年的雨季曾发生3次较大规模泥石流,其后在2001—2008年期间,在每年雨季均发生泥石流,对沟口进安镇顺江一村和G213国道构成严重威胁。受2008年"5·12"汶川地震影响,沟域内堆积了大量松散固体物质,使得泥石流易发程度显著提高。近年来,当地政府陆续修筑谷坊坝、拦挡坝和排导槽等工程措施有效降低了泥石流危害性。但由于该泥石流沟地形陡峻、沟壑密集，发育众多崩塌、滑坡和不稳定斜坡等灾害，以及泥石流松散固体物源的汇集提供了有利条件，在强降雨条件下泥石流对沟口两侧房屋等仍存在极为严重的危害。

本节从岩土体、斜坡结构、水文地质条件、主要工程地质和地质灾害4个方面对研究区内的工程地质条件进行了论述，总结如下。

(1)区内岩土体类型多样且复杂，主要有黄土、季节性冻土、湖相沉积层、隧道弃渣、软弱岩层、断裂带岩体等，这些岩土体构成了区域内地质灾害、隧道岩爆、软岩大变形等工程地质问题的主要载体。

(2)青藏高原复杂特殊的地质环境决定了其工程地质问题的地域性、复杂性和特殊性，必须重视活动断裂及其工程断错效应、地质灾害效应，以及重大工程地质问题的调查评价，突出表现为：①活动断裂带的工程地质问题不容忽视；②工程建设频繁遇到并诱发地质灾害问题；③隧道工程中高地应力与岩爆、软岩大变形、突水、瓦斯突出、高地温等；④地质灾害对工程建设影响；⑤特殊土问题，如黄土、冻土、河床深厚覆盖层和湖相沉积层等。

工作区4个图幅(比例尺为1∶50 000)内共调查发现崩塌、滑坡和泥石流等地质灾害661处，崩塌169处，其中特大型崩塌16处、大型崩塌40处、中型崩塌60处、小型崩塌53处，以中小型崩塌为主；滑坡366处，其中特大型滑坡22处、大型滑坡84处、中型滑坡112处、小型滑坡148处，以中小型滑坡为主；泥石流126处，其中特大型泥石流2处、大型泥石流9处、中型泥石流45处、小型泥石流70处(表3-2)。

表3-2 工作区4个1∶5万图幅地质灾害类型及规模一览表

灾害类型	指标	特大型	大型	中型	小型	合计
滑坡	体积($\times 10^4 m^3$)	>1000	100~1000	10~100	<10	/
	数量(处)	22	84	112	148	366
	所占比例(%)	6.0	23.0	30.6	40.4	100
泥石流	体积($\times 10^4 m^3$)	>50	20~50	2~20	<2	/
	数量(处)	2	9	45	70	126
	所占比例(%)	1.6	7.1	35.7	55.6	100
崩塌	体积($\times 10^4 m^3$)	>100	10~100	1~10	<1	/
	数量(处)	16	40	60	53	169
	所占比例(%)	9.4	23.7	35.5	31.4	100
合计	数量(个)	40	133	217	271	661
	所占比例(%)	6.1	20.1	32.8	41.0	100

第二节　地质灾害发育特征与分布规律

一、地质灾害总体发育特征与分布规律

工作区位于青藏高原东缘的龙门山断裂带和岷山断裂带内，地形起伏大，河流深切，沟谷纵横，总体上呈构造侵蚀高山—中山地貌。区内构造活动强烈，历史地震频发，是我国"南北地震带"的重要组成部

分。复杂地质条件为地质灾害提供了良好的孕灾背景,长期构造变形作用下的破碎软弱地层为地质灾害发育提供了丰富的物质基础,多种结构面对崩滑灾害的形成具有控制作用,斜坡结构类型控制着地质灾害的成灾模式,构造断裂控制着地质灾害的空间分布,人类工程活动加剧了地质灾害的发育程度,而极端降雨和地震扰动作用加速了地质灾害的发展和演化进程。

调查表明,工作区贡嘎岭-松潘段的河谷总体呈"U"形,松潘-茂县段的河谷总体呈"V"形,茂县-汶川段总体为较窄的"U"形河谷,区内崩塌、滑坡和泥石流灾害沿岷江两岸具有明显的分段性。滑坡沿岷江河谷呈线状分布,类型多样,土质滑坡、岩质滑坡和堆积层滑坡均有发育。河谷两岸的滑坡规模普遍较大,支沟或公路边坡发生的滑坡规模相对较小。在深切窄谷段,容易发生滑坡堵江。滑坡发育密度大,具有成群成带的分布特点,但在空间上分布不均匀,主要集中在断裂带附近。此外,部分古滑坡或滑坡堆积体目前局部已经复活,在强降雨、地震等极端环境下可能发生整体失稳下滑。

崩塌沿岷江分布特点和滑坡基本一致,陡坡的硬质岩分布段(汶川-茂县段)为震裂危岩高发区,而陡峭的软质岩段(茂县-松潘段)为崩塌的高发区,失稳主要集中发生在斜坡中上部、陡缓过渡带附近,地震诱发的崩滑失稳部位的坡度一般在40°以上。茂汶断裂和岷江断裂及大量褶曲构造发育,岩体结构破碎,而崩塌的分布与断裂活动性密切相关。在硬质岩分布区,容易形成高陡斜坡,地震崩塌发育密度和平均规模较大。而对于软硬互层的岩体或者软质岩体发育区,崩塌灾害主要以滑移式破坏为主,且规模相对较小。

根据泥石流的物质组成,主要有黏性泥石流、稀性泥石流和过渡型泥石流。泥石流主要沿断裂构造带分布,断裂带内岩体破碎、风化强烈,为泥石流提供了丰富的固体松散物质。此外,泥石流沿地震活动频繁的地带发育,如叠溪、松潘和汶川等城镇内震裂岩体发育,松散堆积体较多,在有利的汇水条件和激发条件下容易形成泥石流。此外,还有一些由人为因素导致的泥石流,主要为建筑施工、人工弃渣等形成的堆积体在降雨激发作用下形成的坡面流或者沟谷型泥石流。

二、漳腊幅地质灾害发育特征与分布规律

漳腊幅内共调查发现地质灾害202处(图3-7),滑坡105处,占总数的52%,其中大型3处、中型27处、小型75处,以中小型滑坡为主;崩塌39处,占总数的19%,均为小型岩质崩塌;泥石流58处,占总数的29%,其中大型1处、中型3处、小型54处(表3-3)。漳腊幅内地质灾害的规模以小型为主,中型和大型次之,特大型不发育。

(一)地质灾害分布规律

1. 地质灾害空间分布规律

漳腊幅内的地质灾害主要分布于岷江干流及其支流羊洞河、其其格且河、牟尼沟上游沿线。其中,古(老)滑坡主要发育于岷江干流川主寺-松潘县城段,新生滑坡主要沿国道G213、九黄公路和川主寺-九黄机场老路分布。在川主寺-九黄机场老公路沿线的黄土分布区发育有多处冻土滑坡。由于九黄公路改扩建,崩塌主要发育于川主寺-黄龙的九黄公路沿线,以及在建的黄龙-九黄机场的新公路沿线。公路切坡形成的高陡岩质斜坡中卸荷裂隙发育,构造节理密集,大量的碎块石呈"倒三角锥"堆积于坡脚。泥石流主要发育于岷江干流及其支流的两侧支沟,多属山区暴雨型泥石流,从泥石流的物质组成划分,以泥石流和水石流为主;从泥石流的发展阶段划分,多处于发展期和衰退期。

在岷江干流川主寺-松潘县城段两岸发育有多处古地震滑坡,现今仍保存有较清晰完整的滑坡地貌特征。许多滑坡在地质历史上多次失稳滑动,滑坡规模逐渐扩大,滑坡破坏范围呈递进式扩展,滑坡后

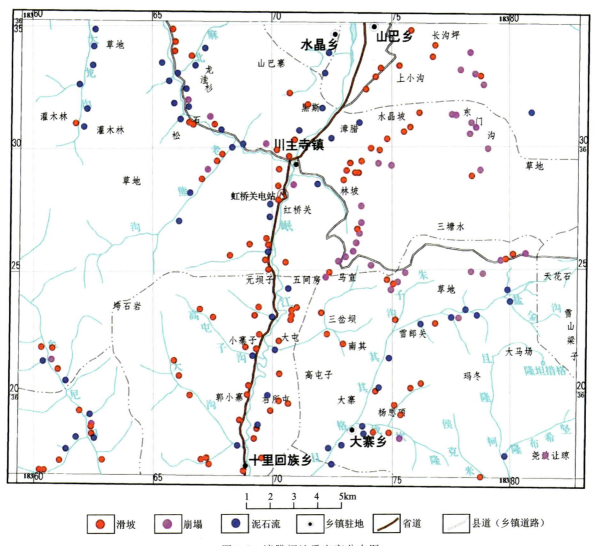

图 3-7 漳腊幅地质灾害分布图

表 3-3 漳腊幅地质灾害类型及规模分类

灾害类型	指标	大型	中型	小型	合计
滑坡	体积($\times 10^4 m^3$)	100~1000	10~100	<10	/
	数量(个)	3	27	75	105
	所占比例(%)	2.9	25.7	71.4	100
崩塌	体积($\times 10^4 m^3$)	10~100	1~10	<1	/
	数量(个)	0	0	39	39
	所占比例(%)	0	0	100	100
泥石流	体积($\times 10^4 m^3$)	20~50	2~20	<2	/
	数量(个)	1	3	54	58
	所占比例(%)	1.7	5.2	93.1	100
合计	数量(个)	4	30	168	202
	所占比例(%)	2.0	14.9	83.2	100

缘范围不断扩大,或在滑坡内部又发生了次级滑动,出现了同一地点滑坡新老叠置的现象。部分老滑坡已经发生局部复活,如元坝子古滑坡前缘受岷江冲刷坡脚形成高陡临空面,前缘左侧已失稳发生局部滑动,并导致滑体中部产生多条横向的地面裂缝,并伴随有地面沉降。

2. 地质灾害时间分布规律

松潘县气候主要受高空西风气流和印度洋西南季风影响,明显具有青藏高原季风气候特征。旱季(11月—次年3月)降雨稀少,雨季(5—10月)西南季风加强,水蒸气增大,降雨明显增多。降雨是诱发滑坡形成的重要因素,工作区内多年平均降雨量723.2mm;时间上分配严重不均,5—10月降雨量占全年降雨量的80%。降雨时空分布的差异,使地质灾害的发生在时间上具有差异性。区内震前地质灾害调查资料分析表明,地质灾害主要发生于雨季(5—10月),每年7月为降雨高峰期,也是地质灾害发生频率最高的时间段。

3. 地质灾害区域性分布规律

根据现场调查和综合分析,漳腊幅工作区内地质灾害的分布具有以下规律:

1)地质灾害的分布与发育程度受地形地貌制约

从地貌形态来看,漳腊幅以冰蚀、冰缘极高山、高山地貌、剥蚀、侵蚀高山地貌及侵蚀、深切河谷地貌为主要地貌单元,地形坡度陡,地势起伏大、相对高差大,地质灾害主要发育于河谷区两侧的斜坡上,特别是坡脚位置为灾害的易发部位。滑坡主要分布于河谷沿线,主要由于区内的河谷多为构造隆升河谷下切而形成,谷底地应力大,岩体破碎,加之该区域出露地层为三叠系西康群,古近系、第四系为磨拉石及松散堆积物,在河谷开阔区域大都是人类居住及构筑物主要分布区,人类工程经济活动强烈,松散堆积体多。崩塌主要分布在基岩出露的陡坡区域,一般地形坡度大,岩体风化强烈。地形地貌类型不同,滑坡、崩塌、泥石流等地质灾害的发育程度也各不相同。从微地貌上来看,滑坡灾害多发育在地形陡坡—缓坡或沟谷的过渡地带,崩塌往往发生在陡坡的基岩出露区域,而滑坡、崩塌、坡面侵蚀发育的沟谷,往往又是泥石流分布居多的区域。泥石流分布往往可跨多个地貌单元,其物源区往往为河谷的中上游支沟与主沟交会处,河谷由窄变宽的位置,小型流域上游有断裂通过区域及人类工程活跃的地方。流通区往往伴随有少量的物源,一般位于沟道的"咽喉"部位,其堆积区位于深谷的谷口与开阔的河谷阶地过渡带。

2)地质灾害的分布受地层岩性和斜坡结构控制

统计分析表明,漳腊幅内的滑坡主要发育于砂、板岩互层岩组和以板岩为主夹砂岩的岩组中,共72处;崩塌多发育于白云岩、灰岩夹砂、板岩组的地层,共39处。前者主要发育于三叠系新都桥组、侏倭组、杂谷脑组和菠茨沟组,在长期内外动力耦合作用下,岩体节理裂隙发育,完整性较差;后者主要发育于二叠系香蜡台组、三道桥组、东大河组和石炭系西沟组、雪宝顶组中,地形高差大,地势陡峻,岩石风化强烈因而崩塌发育。泥石流易发沟道中上游往往为二叠系、三叠系的岩组或分布较丰富的松散堆积体,沟道两侧形成的崩塌、滑坡及坡面侵蚀,为泥石流的发育提供良好的物源基础。

坡体结构组合对坡体的稳定性影响明显,斜坡结构类型与灾害点关系密切,一般来说顺向斜坡稳定性最差,横向斜坡次之,逆向斜坡稳定性相对较好。工作区内滑坡在顺向斜坡中发育密度最高;而崩塌主要发育于逆向坡中,主要由于逆向坡的坡度一般较陡,覆盖层较薄,在地震作用下表部破碎岩体容易脱离母岩发生崩落。

3)地质灾害分布与地质构造的展布具有一致性

地质构造既控制地形地貌,又可控制岩体结构,对地质灾害发育起重要影响,主要体现在区域构造格局、新构造活动及断裂等对地质灾害产生的影响。新构造活动虽不能直接形成滑坡灾害,但可以形成孕育滑坡的地形地貌环境,其伴生的小型断层和构造节理裂隙破坏了坡体的整体性,为水的快速下渗提供了地质条件。同时,大量次级断层的存在为滑坡的发生提供了软弱面,进而诱发滑坡发生。在多期次构造运动的影响下,岩体中的片理和裂隙较为发育,其均一性和完整性均较差,加之后期遭受强烈风化和剥蚀,岩体强度降低,导致了岩石的风化、卸荷、崩塌、坠落等地质作用显著,造成滑坡、泥石流等不良物理地质现象发育较普遍。区内地质灾害多发育于褶曲密集和断裂交汇处等构造复合部位,具有沿构造线方向密集展布的特点,标明构造对地质灾害具有显著的控制作用。

(二)滑坡发育特征

漳腊幅内共发育滑坡 105 处,按形成时代来看,古滑坡 28 处,老滑坡 3 处,其余均属新滑坡,现今多在持续发生变形;按滑体物质组成划分,现有滑坡组成物质多为块石土、碎石土、角砾土、粉质黏土夹角砾、粉土等,其成因多为崩坡积、残坡积或古滑坡堆积,结构较松散。滑坡体厚度一般为 1~10m,多数属浅层滑坡,浅层滑坡(厚度<10m)87 处,占总数的 82.9%,中层滑坡(厚 10~25m)18 处,占总数的 17.1%。按诱发滑坡的主要因素可划分为自然滑坡和人类工程活动诱发滑坡,后者又细分为工程复活滑坡和工程诱发新滑坡。据工作区滑坡以自然滑坡为主,自然滑坡 54 处,占 51.4%,而有人类工程活动诱发的滑坡达 51 处,占 48.6%;自然滑坡以降雨、河流冲刷、地震及浅表层土体的冻融作用诱发;而人类工程滑坡包括公路开挖、城镇建设活动和人类灌溉诱发,滑坡的发生是多种因素共同作用的结果。如元坝子古滑坡是由于地震、降雨及河流冲刷坡脚诱发,九寨沟-黄龙公路沿线发育多处由冻融作用和人类工程活动诱发的滑坡(图 3-8)。

(a) 元坝子古滑坡 (b) 老机场路冻土滑坡

(c) 九黄路沿线滑坡 (d) 成兰铁路松潘隧道出口滑坡

图 3-8 漳腊幅典型滑坡发育特征

区内滑坡的发育特征主要表现在以下几个方面:①滑坡集中发育在河流及其支沟两侧和公路边坡,与地貌特征、地层岩性、植被发育情况、工程活动等密切相关;②区内滑坡规模以中—小型为主,多为人类工程扰动后形成,而大型滑坡的发育受岷江断裂控制,多为岩质古(老)滑坡,整体稳定性较好;③滑坡滑体物质多为碎块石土、碎石土、砾碎石土等,结构较松散,多具有架空现象,滑坡体厚度一般不大;④区内大量滑坡主控因素为地形坡度,呈多级或局部滑动,许多滑坡具崩滑性,滑带不明显;⑤滑床岩性以砂岩、千枚岩、泥岩、板岩为主,斜坡结构类型以斜向坡为主,其次为顺向坡和逆向坡;⑥目前处于蠕滑变形阶段的滑坡,其坡表通常出现树木歪斜或者地表开裂的现象,裂缝是本区滑坡变形的主要特征,包括滑坡体表面的拉张裂缝和鼓胀裂缝,还有表部建筑物裂缝。滑坡体表面多以拉张裂缝为主,一般裂缝弯曲,但大致与滑动方向垂直,裂缝宽数厘米至数十厘米不等,可见深度最大达数米,延伸长度数米至十余米。

(三)崩塌发育特征

漳腊幅内发育崩塌39处,规模均为小型,占灾害点总数的19.3%,面密度8.9处/100km²,主要发育于平松路沿线和东门沟正在修建的新黄龙公路沿线。

区内崩塌有两处为土质崩塌,其余均为岩质崩塌(图3-9),运动形式多为崩落式和滚动式,少量为跳跃式。主要发育于寒武系—三叠系,崩塌发育高程为3065~4200m不等,主要集中在3200~3500m之间,占崩塌总数的64.1%;危岩形成区原始地形坡度一般为50°~80°,地形坡度越陡发生崩塌的可能性越高;危岩带顺坡长15~300m不等,宽度2~20m,一般小于10m,高度12~230m不等;危岩体平面形态大致呈直线形或凸形;现状基本稳定或不稳定,发展趋势多为不稳定。

(a) 平松路见和垭3″崩塌　　(b) 传子沟上游平松路旁崩塌

图3-9　漳腊幅典型崩塌发育特征

从时间来看,区内崩塌多集中于每年6—10月,尤其是8月、9月,并具有与大雨、暴雨同期或略为滞后的特点。降雨、削坡、卸荷是崩塌发生的主要原因,工程建设(如公路、水电施工)爆破震动也是重要的影响因素。

(四)泥石流发育特征

漳腊幅位于东西向秦岭褶皱带与北东向龙门山推覆构造带所夹持的青藏高原东部边缘。受这些构造体系相互影响,地质构造复杂,不同时代、不同构造体系的新老构造形迹彼此交织,致使老构造支离破碎,新构造时断时续,地震和新构造活动较强烈、岩石较破碎,且区内斜坡上和冲沟两侧大量堆积的第四系土体亲水性强,该类岩土体遇水易软化或泥化,抗剪强度急剧下降,在自重影响下发生滑坡,并成为泥石流的物源。区内近几年来经济的快速发展,人类工程活动愈加强烈,加之该区域内水系发育、河流密布,河谷狭窄,高程落差大,两岸地形陡峭,横剖面多呈"V"形,纵剖面呈阶梯状。地形坡度较大为泥石流的形成提供了势能,区内旱季雨季分明的气候,为泥石流的发育提供良好的水动力条件。区内泥石流灾害成因类型以暴雨型泥石流为主,危害方式以泥沙淤埋农田、房屋,淤塞渠道、水库,冲毁公路等设施为主。

泥石流是漳腊幅内分布较广、成灾严重的地质灾害类型，其成灾模式为：活动构造-地震-崩滑坡-强降雨-泥石流-淤积河道、掩埋农田、房屋、冲毁道路。区内相对高差最大的泥石流为大沟村泥石流，可达1480m，其次为老熊沟泥石流，高差1320m。流域面积大部分在10km²以下，流域面积最大的泥石流为大沟泥石流，达27.0km²，最小为东北寨西北方向1km处泥石流，流域面积为0.5km²。纵坡降较高，多为200‰~400‰，其中纵坡比降最大的泥石流为上泥巴村二组泥石流，可达551‰（图3-10）。泥石流多属山区暴雨型泥石流，物质组成以泥石流和水石流为主，多属稀性泥石流；从泥石流发展的阶段划分，多处于发展期和衰退期。从泥石流物源来看，多属滑坡泥石流或坡面侵蚀泥石流。泥石流堆积体大多保存较好，完好率一般为20%~70%。规模小且主干河流冲刷能力强的泥石流堆积物则几乎没有保存，处于主干河流上游或出口部位地形较开阔的泥石流堆积散保存完好。根据泥石流易发程度判定标准，易发程度多属中等或低程度。

(a) 黑斯沟泥石流　　(b) 麻北沟泥石流
(c) 大沟村泥石流　　(d) 213国道旁高屯子泥石流

图3-10　漳腊幅典型泥石流发育特征

三、松潘幅地质灾害发育特征与分布规律

松潘幅内共调查发现地质灾害148处（图3-11），滑坡107处，占总数的72%，其中特大型7处、大型13处、中型39处、小型48处，以中小型滑坡为主；崩塌21处，占总数的14.0%，其中大型9处、中型5处、小型7处；泥石流20处，占总数的14%，其中特大型4处、大型4处、中型7处、小型5处（表3-4）。松潘内地质灾害的滑坡规模以中小型为主，崩塌和泥石流规模以大型为主。

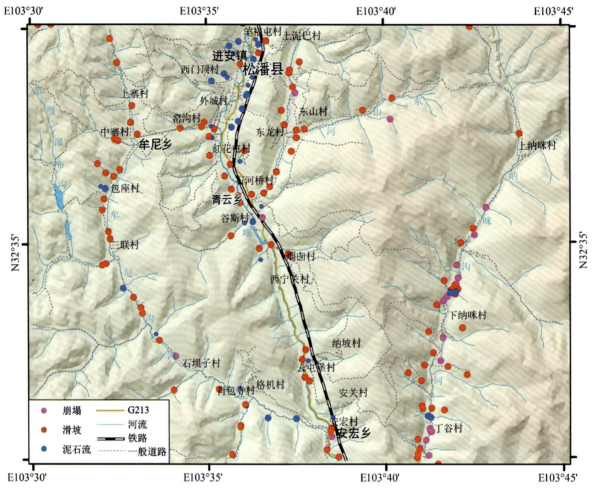

图 3-11 松潘幅地质灾害分布图

表 3-4 松潘幅地质灾害类型及规模一览表

灾害类型	指标	特大型	大型	中型	小型	合计
滑坡	体积（×10⁴m³）	＞1000	100～1000	10～100	＜10	/
	数量（处）	7	13	39	48	107
	所占比例（%）	6.5	12.15	36.45	44.86	100
泥石流	体积（×10⁴m³）	＞50	20～50	2～20	＜2	/
	数量（处）	4	4	7	5	20
	所占比例（%）	20	20	35	25	100
崩塌	体积（×10⁴m³）	＞100	10～100	1～10	＜1	/
	数量（处）	0	9	5	7	21
	所占比例（%）	0	42.86	23.81	33.33	100
合计	数量（个）	11	56	41	40	148
	所占比例（%）	7.4	37.8	27.7	27.0	100

(一)地质灾害分布规律

1. 地质灾害空间分布规律

在松潘幅内,岷江干流、呐咪沟、牟尼沟和上泥沟等几条主水系及其小支沟的河谷两侧均发育有滑坡灾害,且以古(老)滑坡为主,部分滑坡前缘发生复活变形。在牟尼沟和上泥沟内因修建公路切割坡脚,诱发了大量小规模的新生型滑坡。崩塌主要发育于呐咪沟两侧高陡基岩斜坡内,岩体卸荷裂隙发育,构造节理密集,大量的碎块石呈"倒三角锥"堆积于坡脚。泥石流沟主要发育在岷江干流的两侧支沟,且青云乡谷斯村往南至安宏乡安宏村发育多条古泥石流沟,历史上曾多次发生过堵江事件,目前活动性较弱;而青云乡谷斯村往北至进安乡羊裕屯村以正在活动的泥石流为主,沟道两侧崩滑灾害发育,泥石流物源较丰富。

区内的地质灾害除了区域空间上分布不均衡外,还存在明显的群发性。在牟尼沟公路两侧成片发育浅表层滑坡,尤其是牟尼乡三联村至安宏乡石坝子村段为滑坡集中带,斜坡物质组成和坡体结构类似,均受坡脚开挖和降雨作用影响而形成;在岷江两侧发育有多处紧邻的古地震滑坡,现今仍保存有较清晰完整的滑坡地貌特征。在松潘县城附近发育有多条活动性强的泥石流沟,沟道两侧岩体结构破碎,斜坡稳定性差,泥石流物源丰富,强降雨作用下容易诱发群发性泥石流。

区内许多滑坡在地质历史上呈多次失稳滑动,滑坡规模逐渐扩大,滑坡破坏范围为递进式扩展,滑坡后缘范围不断扩大,或滑坡内部又发生次级滑动,出现了同一地点滑坡新老叠置的现象。如松潘县牟尼乡三联村的古滑坡堆积体,滑坡地貌特征清晰,后缘下错明显,发育三个较宽的滑坡平台,滑坡舌前伸致使坡脚河流拐弯。受坡脚河水的侵蚀,滑坡中下部变形特征明显,发育有多处弧形拉裂缝和下错陡坎,斜坡上的树木和电线杆明显歪斜,表明古老滑坡的中下部发生了复活,并处于加速变形阶段。上述现象在工作区内普遍发育,是该区滑坡灾害发育特点之一。

2. 地质灾害时间分布规律

松潘县气候主要受高空西风气流和印度洋西南季风影响,明显具有青藏高原季风气候特征。旱季(11月—次年3月)降雨稀少,雨季(4月—10月)西南季风加强,水蒸气增大,降雨明显增多。

工作区内降雨多集中在每年的5—9月,约占年降雨总量的70%,7月、8月往往出现暴雨,9月出现秋绵雨,而这期间恰是区内滑坡、崩塌和泥石流等地质灾害最主要的发生期。因此,外界天气条件也是该区地质灾害年内分布差异大的一个重要影响因素。

3. 地质灾害区域性分布规律

根据实地调查和综合分析,认为松潘幅内的地质灾害具有以下分布规律:
1)地质灾害的分布与发育程度受地形地貌制约

工作区内主要为高原中山、高山地貌和高原河谷地貌,高陡斜坡的存在为岩土体的变形下滑提供了基础,河谷发育为其发生大位移创造了良好的空间条件。

2)地质灾害的分布受地层岩性和斜坡结构控制

工作区内斜坡上分布一定面积的黄土,但大多数的滑坡灾害并非发生于黄土层内,真正易滑地层主要有两套,即三叠纪新都桥组(T_3x)砂质板岩、碳质板岩和侏倭组(T_3zh)中厚层粉砂岩夹薄层碳质板岩。调查发现,新都桥组砂质板岩、碳质板岩呈薄板状、片状,岩体力学性质软弱,岩体内节理裂隙发育而结构破碎,遭水浸泡泥化现象严重,风化程度较高,力学强度低。侏倭组岩层内因发育有中厚层粉砂岩,整体强度较高,但薄层碳质板岩的存在使其形成"夹心"软硬互层结构,野外可见多处斜坡岩体内该套地层内薄层的碳质板岩遭受构造作用而剪切错动,形成揉曲变形或破裂成岩体碎屑。这些软弱地层控制着滑坡灾害的发生和空间分布。

发育于上述两套岩层的高陡岩质斜坡,同样易发生崩塌灾害。板状、片状的岩体被节理裂隙切割成碎裂状,自重和其他外因影响下,崩落堆积于坡脚。滑坡、崩塌形成的碎屑堆积物为沟谷型泥石流的发生提供了丰富物源,坡表残坡积的风化碎屑岩体也可成为坡面型泥石流的物源。

3)地质灾害分布与地质构造的展布具有一致性

地质构造与滑坡发育分布有一定的关系,主要体现在区域构造特征、新构造活动及断裂等对滑坡产生的影响。新构造活动虽不能直接形成滑坡灾害,但可以形成孕育滑坡的地形地貌环境,同时受其影响伴生的小型断层和构造节理裂隙破坏了坡体的整体性和稳定性,为水的快速下渗提供了前提,同时大量次级断层面的存在也为提供了滑坡发生的软弱面,进而诱发滑坡发生。岷江断裂是一条区域性的活动断裂,呈南北向贯穿工作区,同时发育一些伴生小断层。岷江断裂的活动造成区内岩体呈现出张性破裂、挤压变形等特征,小型断层也破坏了岩体结构的完整性,影响地下水的分布与运移特征,影响斜坡稳定性;同时,岷江断裂地震活动性较强,致使斜坡岩体结构损伤,震裂山体容易在外界因素诱发下发生失稳。

4)地质灾害受河流分布及其形成发育特征控制

在工作区内,岷江干流、牟尼河和呐咪沟河两岸均发育有古滑坡,多集中在河谷较宽地段,河流阶地发育,且以浅层堆积层的中型—大型滑坡为主。部分狭窄河段,两岸发育基岩斜坡且多为斜向结构,滑坡发生可能性较小。而在一些"V"形沟谷内地质灾害相对更发育,如进安乡上窑沟、安宏乡扑扒龙洼沟等,崩滑灾害体较多,构成丰富的泥石流物源动储量。工作区内岷江水系发育,各支沟最终汇入岷江,以岷江河床为最低侵蚀基准面,因而各支沟河谷仍处于发育期,不断下切、侧蚀,影响沟谷两侧斜坡稳定性,而支沟上游侵蚀能力弱,发生的地质灾害相对较少,中下游发生的地质灾害相对更多。

(二)滑坡发育特征

松潘幅内共发育滑坡 107 处,按形成时代来看,多数为古滑坡和老滑坡,一般规模较大,滑坡在地质历史上曾发生过多期滑移,整体稳定性较好,局部复活变形,少数滑坡为新近发生或目前正处于蠕滑变形阶段;按滑体物质组成划分,主要分为土质滑坡、堆积层滑坡、岩质滑坡,发育于黄土地层的滑坡 2 处,发育于湖相沉积层中的滑坡 3 处,发育于变质岩地层中的岩质滑坡 58 处,发育于堆积体中滑坡 44 处。其中,发育于湖相沉积层内的土质滑坡主要分布于扎尕瀑布沟内,滑体物质成分为粉砂和粉细砂,共占 4 处;按滑体厚度划分,其中浅层滑坡 60 处,中层滑坡 23 处,深层滑坡 22 处;按照岩层产状与斜坡坡面方位关系划分,发育于顺向坡的滑坡 16 处,发育于逆向坡的滑坡 19 处,发育于斜向坡的滑坡 67 处。

工作区内滑坡类型多样,其群发性和集中诱发的特点,不仅有规模巨大、成因复杂的单体滑坡,也有成带成片发育的公路滑坡群。区内滑坡的发育特征主要有以下几个方面:①滑坡集中发育在河流及其支沟两侧和公路边坡,与地貌特征、地层岩性、植被发育情况、工程活动等密切相关;②区内滑坡规模以中—小型为主,大型滑坡的发育受岷江断裂控制,多为岩质古(老)滑坡,整体稳定性较好;③岩质滑坡多发育于顺向坡和斜向坡内,滑体物质主要包括古滑坡堆积体、残坡积碎石土和强风化的岩体;④薄层千枚岩、板岩与中厚层粉砂岩互层的侏倭组(T_3zh)地层、薄层碳质板岩和砂质板岩夹砂岩发育的新都桥组(T_3x)地层为区内滑坡发育的易滑地层;⑤在同一岩性分布区,滑坡更易发生于坡度为 20°~45°的斜坡中;⑥在外界因素的诱发作用下,部分古(老)滑坡已经发生了局部复活变形;⑦新生型滑坡多为浅表层公路滑坡,降雨作用下发生溜滑,一般失稳范围面积大、厚度浅、方量小;⑧部分滑坡圈椅状地貌特征明显,后缘为基岩陡壁,而部分滑坡的地貌经过改造后不甚清晰,但在高清遥感影像上可以清晰表现出相对低洼的负地形;⑨目前处于蠕滑变形阶段的滑坡,其坡表通常出现树木歪斜或者地表开裂的现象;⑩多数滑坡下部的变形强度大于中后部,呈现出牵引式变形破坏特征,与滑坡前缘河流侵蚀和坡脚开挖等因素密切相关。

工作区内的滑坡主要包括土质滑坡、堆积层滑坡、岩质滑坡3种类型,其发育特征受区域地质背景控制,尤其与区内地貌特征、岩体结构等关系密切,岩体沿软弱面剪切滑移和碎石土沿着基覆界面滑动成为该区主要的滑坡发生形式。下面分别阐述不同物质组成和斜坡结构的滑坡发育特征。

1. 土质滑坡

工作区内大多数斜坡的表面披覆有一层黄土,厚1~5m不等,最厚处达12m。黄土主要物质成分为粉土和粉质黏土,间含极少量碎石。这些斜坡表面通常呈陡阶状,每级台坎高1~5m,天然状态下自稳能力较强,而降雨作用下常发生局部滑塌。工作区内发育于黄土内部的滑坡数量少体积小,均为浅层溜坍破坏,滑动距离不远,主滑面近似圆弧形,后缘受陡直光滑的节理控制,圈椅状地形明显,典型的有岷江大桥西侧公路浅层黄土滑坡、进安乡西门沟公路滑坡(图3-12)等。

黄土沿着下伏基岩面发生滑坡,主要由于上部黄土强度差,垂直节理裂隙和孔隙发育,渗透性强,而下伏碳质板岩、粉砂质板岩、粉砂岩渗透性相对较差,形成了隔水带,降雨通过孔隙和裂隙通过黄土不断向下渗入,受基岩相对隔水作用而不易排泄,致使接触面处岩土体软化而力学强度降低,上部黄土在自重作用下沿着基岩顶面滑动变形(图3-13)。

图3-12 进安乡西门沟公路滑坡(NW)

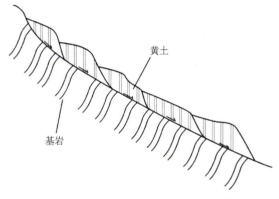

图3-13 松潘幅内典型土质滑坡破坏模式

在扎嘎瀑布沟内调查发现了一类较为特殊的土质滑坡(图3-14),其滑体物质为湖相沉积形成的粉砂和粉细砂。该类滑坡的原始斜坡高度为20~40m,坡度介于25°~40°之间。在天然状态下,斜坡在临近粉砂和粉细砂的天然休止角处平衡。而在降雨作用下,滑体的基质吸力减小,抗剪强度降低,容易发生"剥层式"浅层溜滑,破坏范围呈面状分布,具有"一坡到顶"和"溯源递进扩展"的破坏特征(图3-15)。若不进行防护,该类滑坡将会进一步发生渐进后退式破坏。

图3-14 发育于粉细砂地层中的新生滑坡(E)

图3-15 湖相地层滑坡后边界扩展(SE)

2. 堆积层滑坡

工作区内堆积层滑坡的滑面多位于第四系松散堆积体与下伏基岩的接触面附近(图3-16、图3-17),该类滑坡的变形破坏机理较为复杂,致滑原因主要包括自身重力作用下达到应力极限平衡状态、降雨诱发作用、地震破坏作用、坡脚侵蚀作用、人类工程活动和多因素综合作用等。野外调查发现,斜坡上的第四系堆积体主要为滑坡堆积物(Qh^{del})、崩坡积物(Qh^{col+dl})、残坡积物(Qh^{el+dl})、洪坡积物(Qh^{pl+dl})等,堆积层物质处于欠固结状态,结构松散,力学性质较差,与基岩表面形成物质分异面,斜坡不断进行应力调整以协调二者变形,而当外界触滑能力大于斜坡自身调整能力时,斜坡发生变形失稳。

 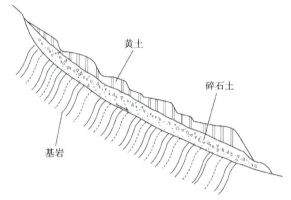

图3-16 黄土-块石土-基岩斜坡结构　　　　图3-17 松散堆积体沿基岩失稳滑动

此外还有一类堆积层滑坡的滑带位于物质分布不均匀、性质呈现各向异性的碎石土内部(图3-18、图3-19),其稳定性主要取决于碎块石土中碎石与土之间的摩擦咬合力。该类滑坡的滑带一般埋藏较浅,多为降雨作用或坡脚开挖造成的浅表层变形破坏或局部解体。在降雨作用下,地表水在滑体中的下渗能力有限,仅能下渗饱和一定深度内的岩土体,碎石土饱水后黏聚力下降明显,剪切强度迅速降低,容易诱发浅层岩土体的失稳破坏。在人工开挖坡脚的影响下,滑坡前缘失去支撑,开挖面附近岩土体发生局部解体破坏。

 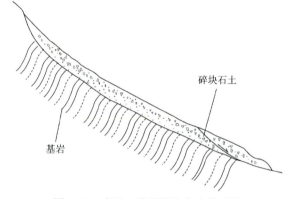

图3-18 碎石土浅层滑坡　　　　图3-19 碎石土浅层滑坡失稳模式图

3. 岩质滑坡

工作区内岩质滑坡较发育,约占松潘幅内滑坡数量的58%,其形成主要受岩体结构和强度特性控制。区内出露岩层主要包括三叠系的粉砂岩夹碳质板岩、砂质板岩等,板岩呈薄板状和片状产出,风化程度高,力学性质差。粉砂岩呈薄—中厚层产出,受构造作用影响,岩体内节理裂隙发育,多呈块裂状—

镶嵌状,岩体结构完整性遭受破坏,剪切强度降低。粉砂岩层间夹有薄层的板岩、千枚岩,形成软硬互层结构(图 3-20),在重力和构造应力作用下,软弱层容易发生塑性变形和挤压破碎(图 3-21),在裂隙水长期作用下甚至发生泥化现象,极大降低了岩体的力学强度。

图 3-20 软硬互层岩体结构

图 3-21 软弱岩层剪切揉皱严重

谷德振(1979)针对岩体强度特性提出了"岩体结构控制论",孙广忠(1988)将其理论发展并应用于岩质斜坡稳定性分析中,岩体结构是岩体力学强度的控制因素之一。由于岩体内存在软弱岩层,且原生节理面和构造节理面极为发育,岩体呈碎裂状,极大影响岩质斜坡稳定性。薄层板状岩体发育的顺向坡中,在长期重力蠕滑作用下,岩体发生挠曲变形,一旦锁固段被剪断则发生整体失稳,该类滑坡失稳模式可归纳为滑移-弯曲-剪断式变形破坏(图 3-22);软硬互层岩体构成的顺向坡,因岩体抵抗变形能力不同,而发生差异性变形,易在软弱层面出现剪应力集中而形成一系列剪裂面,岩体变形发展时后缘拉张裂隙随之不断扩展、贯通,最终形成后部较陡直的完整滑面,发生滑移-拉裂式变形破坏(图 3-23);而逆向坡一般较稳定,但在卸荷节理和构造节理控制下,基岩斜坡可能发生滑移-拉裂-剪断式变形破坏(图 3-24)。

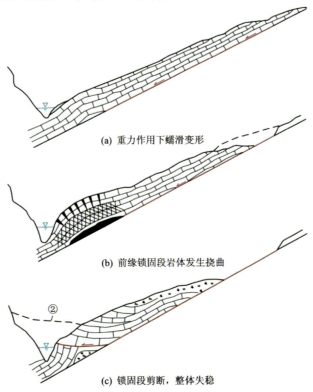

图 3-22 滑移-弯曲-剪断式变形破坏模式(张倬元等,2009)

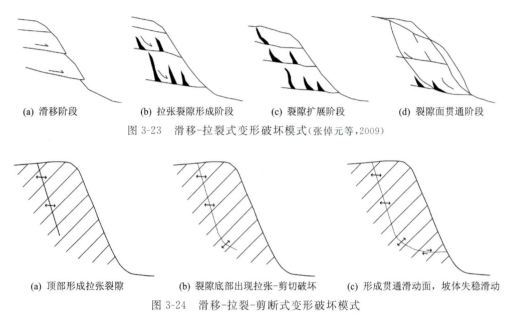

(a) 滑移阶段　　(b) 拉张裂隙形成阶段　　(c) 裂隙扩展阶段　　(d) 裂隙面贯通阶段

图 3-23　滑移-拉裂式变形破坏模式（张倬元等，2009）

(a) 顶部形成拉张裂隙　　(b) 裂隙底部出现拉张-剪切破坏　　(c) 形成贯通滑动面，坡体失稳滑动

图 3-24　滑移-拉裂-剪断式变形破坏模式

除了由岩体结构面控制的岩质滑坡外，工作区内还发育一类碎裂岩或散体岩质滑坡。从岩体工程性质来看，薄层千枚岩和碳质板岩属于软弱岩，其力学强度低，抗风化能力差，风化卸荷作用下，一定厚度的岩体呈碎块—散体碎屑状残留于斜坡表面，主要由摩擦力提供阻滑力，一旦应力平衡被打破，浅层强风化的碎裂岩体或散体随即发生失稳下滑。该类滑坡的发育不受斜坡岩层产状控制，顺向坡和逆向坡内均有发育，如烟囱村进山口公路滑坡。

（三）崩塌发育特征

松潘幅崩塌主要发育于黄土陡坡、人工开挖陡崖以及高陡岩质斜坡地段。工作区内的黄土在天然条件下含水量低，直立性好，内部节理裂隙和孔隙较发育，土体表面到处可见淋滤析出的碳酸盐。在高阶地前缘陡坎和部分基岩斜坡上形成高达数米的黄土陡坎，临空条件良好。黄土崩塌的规模受大型节理裂隙控制，降雨作用和人工切坡的影响下常呈现出"牵引-错落"型破坏模式，如格机寨公路黄土崩塌、石坝子村北公路崩塌（图 3-25、图 3-26）等。

图 3-25　石坝子村北公路崩塌发育特征（SE）

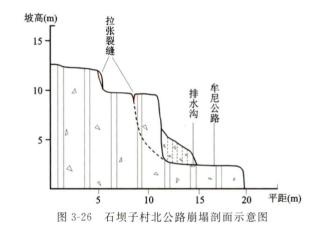

图 3-26　石坝子村北公路崩塌剖面示意图

工作区内的崩塌灾害除发育在黄土斜坡中外，还发育于近直立的高陡岩质斜坡中，其失稳模式主要有倾倒式、滑移式、坠落式和断错式（图 3-27）4 种，破坏模式和崩塌范围主要受岩体结构控制。在岷江干流河谷两岸崩塌相对较少，且以坠落式为主（图 3-28）；而呐咪沟河谷两侧为高陡岩质斜坡，岩层产状

较陡,加之修建公路切削坡脚形成人工陡崖(图 3-29),崩塌密集发育。

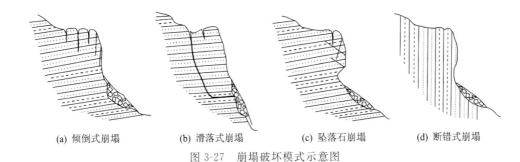

(a) 倾倒式崩塌　　(b) 滑落式崩塌　　(c) 坠落石崩塌　　(d) 断错式崩塌

图 3-27　崩塌破坏模式示意图

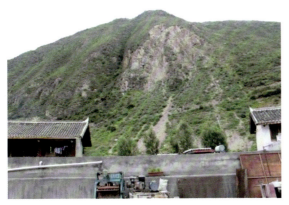

图 3-28　青云乡雄山村崩塌(E)

图 3-29　大寨乡下呐咪村白马如崩塌(SW)

(四)泥石流发育特征

松潘幅内构造发育,岩体结构破碎,形成了大量松散堆积物,为泥石流提供了丰富物源。按泥石流活动性将区内泥石流沟分为衰亡期古泥石流沟和青、壮年期的活跃泥石流沟。调查发现,在岷江干流、牟尼沟和呐咪沟两侧发育大量泥石流堆积扇,呈扇面台地分布于支沟沟口,堆积地貌保留较完整(图 3-30),目前已被改造成农田或建筑用地,古泥石流沟无活动性,对沟口无威胁。从青云乡谷斯村至云屯堡村,岷江两侧支沟多为古泥石流沟,汇水面积较大,沟道较短,但冲出物源体积大。在岷江两侧不同位置的多处阶地中发现了具一定层厚的粉砂和粉细砂等,表明岷江在地质历史上曾多次发生过堵江事件。

在青云乡谷斯村至松潘县城及周边发育多条活跃的泥石流沟,如谷斯沟(图 3-31)、大窑沟、上窑沟、朱家沟等,沟道相对较长,汇水面积较大,沟谷横剖面呈"V"形,纵坡降比较大,且两侧发育多处小型滑坡和崩塌,沟床上分布大量松散固体堆积物较多。目前正在活跃且具有一定规模的泥石流均为沟谷型泥石流,由强降雨激发启动,这些泥石流沟均已纳入当地群测群防监测体系,并已经采用谷坊、拦沙坝、导流槽等进行了治理。值得注意的是,这些泥石流沟中的部分谷坊和拦挡坝前淤积了大量泥石流碎屑物质,其有效储淤空间减小,沟道两侧发生的大规模滑坡一旦转化为泥石流,容易形成链式灾害。

四、叠溪幅地质灾害发育特征与分布规律

叠溪幅内共调查发现地质灾害 185 处(图 3-32)。滑坡 80 处,占总地质灾害数的 43%,其中特大型 13 处、大型 17 处、中型 20 处、小型 30 处;崩塌 73 处,占总数的 39%,其中大型 20 处、中型 30 处、小型 23 处,均为岩质崩塌;泥石流 32 处,占总数的 17%,其中大型 6 处、中型 13 处、小型 13 处(表 3-5)。叠溪幅内地质灾害规模以中小型为主。

图 3-30 安宏乡云屯堡村泥石流堆积体

图 3-31 青云乡谷斯村泥石流

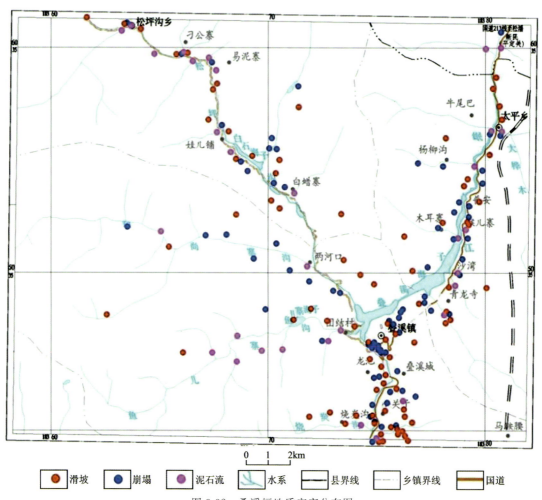
图 3-32 叠溪幅地质灾害分布图

表 3-5 叠溪幅地质灾害类型及规模分类

灾害类型	指标	特大型	大型	中型	小型	合计
滑坡	体积(×10⁴m³)	>1000	100~1000	10~100	<10	/
	数量(个)	13	17	20	30	80
	所占比例(%)	16.25	21.25	25	37.5	100
崩塌	体积(×10⁴m³)	>100	10~100	1~10	<1	/
	数量(个)	0	20	30	23	73
	所占比例(%)	0	27.4	41.1	31.5	100
泥石流	体积(×10⁴m³)	>50	20~50	2~20	<2	/
	数量(个)	0	6	13	13	32
	所占比例(%)	0	18.8	40.6	40.6	100
合计	数量(个)	13	43	63	66	185
	所占比例(%)	7.0	23.3	34	35.7	100

(一)地质灾害分布规律

1. 地质灾害空间分布规律

叠溪幅地质灾害主要分布于岷江、松坪沟干流及其支流沿线。区内的滑坡沿岷江及其支流松坪沟沿岸分布,且老滑坡、古滑坡堆积体发育,沿岸的村落多居住在老滑坡、古滑坡堆积体上,发育分布具有明显的分带性,主要分布于岷江河谷沿岸、松坪沟河谷沿岸一带,特别是1933年叠溪地震在岷江干流叠溪段和松坪沟中下游左岸引发大量大型以上的地震滑坡、崩塌,堵塞河道形成了至今仍存在的叠溪大、小海子、长海、墨海、公棚海子、白腊寨上、下海子等多处堰塞湖。该区域主要分布三叠系菠茨沟组、侏倭组、杂谷脑组变质石英砂岩夹板岩、千枚岩、灰岩地层,软硬相间的地层,松坪沟下游左岸的顺向斜坡结构以及近南北向大量发育的构造裂隙,导致松坪沟中下游左岸沿线,在叠溪地震影响下产生了9处规模在大型以上的顺层岩质滑坡堵塞松坪沟及其支流水磨沟和鱼儿寨沟,形成了多处至今仍然存在的堰塞湖。

崩塌主要分布于岷江干流213国道沿线。在岷江断裂和较场"山"字形弧形构造的影响下,区内岩体破碎,节理裂隙发育,构造节理密集,汶川地震后213国道改扩建,大量工程切坡形成了高陡岩质斜坡,导致213国道沿线崩塌发育。泥石流沟主要发育于岷江干流及其支流两侧支沟,多属山区暴雨型泥石流;物质组成以泥石流和水石流为主;从泥石流发展的阶段划分,多处于发展期和形成期。易发程度以中等为主。

叠溪地震形成的老滑坡,多数现今仍保存有较清晰完整的滑坡地貌特征。经调查访问,部分滑坡在近年来发生局部复活失稳。2017年6月24日凌晨5时40分工作区内发生了茂县叠溪新磨村特大滑坡灾害,造成40余户农房被埋,10人死亡和73人失踪,松坪沟河道堵塞近1km。该滑坡发生前是叠溪地震形成的一处特大型的顺层岩质老滑坡,受汶川地震扰动,雨水和原滑坡后缘左侧的一眼泉水在震后沿滑体中后部的竖向裂缝不断入渗基岩软弱面(板岩),从而降低上覆岩层和滑动面之间的抗剪强度,产生新的顺层滑面,在重力作用下上部岩体拉裂-滑脱发生高位-高速远程滑坡灾害。目前,区内杨柳村滑坡、松坪沟景区游客中心后山滑坡、养殖场后山滑坡、下白腊寨海子滑坡等7处地震老滑坡与发生灾害前的新磨村滑坡相似,有发生局部或整体复活的可能。

2. 地质灾害时间分布规律

叠溪幅属亚热带季风气候,受西伯利亚西风气流、印度洋暖流和太平洋东南季风3个环流的影响,形成高原季风气候。5月、6月西南季风加强,气温暖湿,降雨增多,形成雨季;7月、8月青藏高压稳定,副热带高压西延,降雨减少,形成伏旱;9月、10月雨量增加,形成低温降雨季节。多年平均降雨量为490.7mm,降雨量各月分配不均,集中在每年的5~9月,累计达353.3mm,占全年降雨量的72%。

降雨是诱发滑坡形成的重要因素,根据对区内的震前地质灾害调查资料分析,区内地质灾害主要发生于雨季(5~10月),地质灾害发生频率与降雨量对应分布,年内降雨高峰期6月,地质灾害发生频率最高。

3. 地质灾害区域性分布规律

根据实地调查和综合分析,总结出叠溪幅内的地质灾害具有以下分布规律:

1)地质灾害的分布与发育程度受地形地貌制约

从地貌形态来看,叠溪幅以冰蚀、冰缘极高山、高山地貌、剥蚀、侵蚀高山地貌及侵蚀、深切河谷地貌为主要地貌单元,地形坡度陡,地势起伏大、相对高差大,地质灾害主要发育于河谷区两侧的斜坡上。泥石流分布往往可跨多个地貌单元,其物源区往往为河谷的中上游分支沟与主沟交汇处,河谷由窄变宽的位置,或是小型流域的上游断裂通过区域,人类工程活跃的地方,流通区往往伴随有少量的物源,一般位于沟口的"咽喉"部位,其堆积区位于深谷的谷口与开阔的河谷阶地交界处;滑坡主要分布于河谷沿线,原因是工作区的河谷多为断裂构造隆深河谷下切而形成,加之该区域出露地层主要为三叠系西康群和第四系松散堆积,在河谷开阔区域大都是人类居住及构筑物主要分布区,一般人类工程经济活动强烈,松散堆积体多,且谷底地应力大,岩体破碎;崩塌主要分布在基岩出露的陡坡区域,该区域坡度大、风化强烈。地形地貌类型不同,滑坡、崩塌、泥石流等地质灾害的发育程度也各不相同。

叠溪幅地质灾害点主要集中分布在岷江干流和松坪沟河谷两侧。从微地貌上来看,滑坡灾害多发育在地形陡坡—缓坡或沟谷的过渡地带,崩塌往往发生在陡坡的基岩出露区域,而滑坡、崩塌、面侵蚀发育的沟谷,往往又是泥石流分布居多的区域。

2)地质灾害的分布受地层岩性和斜坡结构控制

叠溪幅易滑地层主要为三叠纪新都桥组(T_3x)、杂谷脑组(T_2z)和侏倭组(T_3zh)变质砂岩、砂质板岩、碳质板岩、千枚岩互层。其中板岩、千枚岩呈薄层状,岩性软弱,岩体内节理裂隙发育而结构破碎,遭水浸泡泥化现象严重,风化程度较高,力学强度低,与变质砂岩形成了软硬相间结构。这些软弱地层控制着滑坡灾害的发生和空间分布。

通过对叠溪幅发育的185处灾害点进行统计,区内地质灾害主要发育于软—半坚硬砂岩岩组,共发育灾害点21处;其次为滑坡堆积块碎石土松散岩组,共发育灾害点83处;崩塌多发育于坚硬块状、层状岩体中、块状岩体中、上硬下软的层状的岩质斜坡,共发育灾害点73处。从区域上可见泥石流中上游的发生区域往往为三叠系岩组,易滑岩组产生的崩塌、滑坡和沟岸面侵蚀,为泥石流的发育提供良好的物源基础,此外区域内的松散土石,强烈的面蚀作用形成大量的泥石流物源。

坡体结构组合对坡体的稳定性影响明显,斜坡结构类型与灾害点关系密切,一般来说顺向斜坡稳定性最差,横向斜坡次之,逆向斜坡稳定性相对较好。工作区内叠溪地震产生堰塞湖的滑坡多发育于顺向斜坡中;而崩塌主要发育于逆向坡中,主要是由于逆向坡坡度一般较陡,覆盖层较薄,在地震作用下,表部破碎岩体脱离母岩崩落。

3)地质灾害分布与地质构造的展布具有一致性

地质构造既控制地形地貌,又可控制岩层的岩体结构及其组合特征,对地质灾害的发育起综合控制影响作用,主要体现在区域构造格局、新构造活动及断裂等对地质灾害产生的影响。区内地层受南北向岷江断裂和东西向较场山字形构造运动影响,褶皱紧密、尖棱、倒转、揉皱、拖拉现象十分普遍,致使岩石破碎、裂隙发育、轻微变质,利于地质灾害的发育。岩石经过了多次构造运动的破坏,岩体中的片理和裂隙较为发育,其均一性和完整性均较差,加之后期遭受强烈风化和剥蚀,岩体强度有所降低,这就导致了岩石的风化、卸荷、崩塌、坠落等地质作用显著,造成滑坡、泥石流等不良物理地质现象较普遍。区内在岷江断裂和较场"山"字形弧形构造相交的叠溪地区地质灾害密集发育,另外沿岷江断裂和较场弧形构造沿线地质灾害发育具有沿构造线方向密集展布的特点,说明构造对地质灾害的控制作用。

(二)滑坡发育特征

滑坡是叠溪幅内最主要的地质灾害类型之一,大型滑坡沿岷江及其支流松坪沟发育,以老滑坡和古滑坡为主,沿岸的村落多居住在老滑坡或古滑坡堆积体上,发育分布具有明显的分带性。该区域主要分布新都桥组、侏倭组、杂谷脑组砂岩与板岩互层、板岩夹千枚岩地层,其间的组合关系不同,控制了滑坡的发育,同时在很大程度上制约其活动方式和规模。根据本次调查成果,叠溪幅内发育滑坡80处,主要分布于茂县叠溪镇、太平乡、松坪沟乡3个乡镇。在调查发现的滑坡中,岩质滑坡发育16处,基本都发育于砂岩板岩互层斜坡中;其余的64处均为土质滑坡,土质滑坡体组成物质多为块石土、碎石土、角砾土、粉质黏土夹角砾、粉土等,其成因多为崩坡积、残坡积或古滑坡堆积,结构较松散。根据滑坡发生时间,本次调查发现的古(老)滑坡27处,部分目前局部复活,其余53处均属新滑坡,现今多在持续发生变形。工作区滑坡以自然滑坡为主,占滑坡总量的85%,少数为人类工程活动诱发形成;自然滑坡以降雨、河流冲刷、地震诱发,而人类工程滑坡包括公路开挖工程及城镇建设活动和人类灌溉诱发。

工作区内滑坡的发育特征主要有以下几个方面:①滑坡集中发育在河流及其支沟两侧和公路边坡,与地貌特征、地层岩性、植被发育情况、工程活动等密切相关;②区内古(老)滑坡规模较大,空间分布受岷江断裂控制明显,现今整体稳定性较好,局部受人类工程活动影响发生复活;③本工作区滑坡下伏基岩斜坡结构类型以顺向坡为主,其次为横向坡,岩质滑坡多发育于顺向坡和斜向坡内,滑体物质主要包括古滑坡堆积体、残坡积碎石土和强风化的岩体;④滑坡多以下伏基岩为滑床,滑坡区下伏基岩主要为新都桥组、侏倭组、杂谷脑组砂岩与板岩互层、板岩夹千枚岩地层;⑤区内历史堵江滑坡较为发育,现今仍保留着滑坡坝、堰塞湖沉积物等滑坡历史堵江的地质证据;⑥受修建公路切坡的影响,公路旁易出现新生型滑坡,多为浅表层为主,降雨作用下发生溜滑,一般失稳范围面积大、厚度浅、方量小;⑦多数滑坡呈现出牵引式变形破坏特征,与滑坡前缘河流侵蚀和坡脚开挖等因素密切相关。

工作区内最具代表性的地质灾害为1933年叠溪地震诱发形成的滑坡。1933年8月25日,叠溪地区发生M_s7.5级地震,极震区地面破坏剧烈,沿岷江河谷及右岸支流(松坪沟、鱼儿寨沟、水磨沟)发生了多处大型—特大型的滑坡、崩塌(图3-33),崩滑体堵塞河谷形成天然堆石坝,积水成十余个堰塞湖,至今仍存8个较大堰塞湖,其中以岷江上的叠溪大、小海子规模最大。下面分别介绍几处典型的地震堵江滑坡的发育特征。

(三)崩塌发育特征

叠溪幅内的崩塌73处,主要沿岷江左岸公路沿线及松坪沟右岸公路沿线分布,其他零星分布于山地与平台的过渡地带。区内的崩塌均为岩质崩塌为主,按形成机理划分为倾倒式、滑移式、鼓胀式、拉裂式、错断式5种类型,工作区崩塌以滑移式(图3-34)、拉裂式和倾倒式(图3-35)为主。崩塌运动形式多为崩落式和滚动式。岩质斜坡的斜坡结构类型分为顺向坡、反向坡、斜向顺坡、斜反向坡5类,各类斜坡中均有发育,但主要集中分布于斜向坡、横向坡中,其中横向坡崩塌60处,斜向坡崩塌59处;另外发育于顺向坡崩塌24处,反向坡28处,平缓层状坡崩塌4处。崩塌发育高程在2000~4000m之间,主要集中在2000~3000m之间;危岩形成区原始地形坡度一般40°~90°,地形坡度在50°~80°范围内,崩塌最为发育;危岩体平面形态大致呈直线形或略向外鼓出;现状基本稳定或不稳定,发展趋势多属不稳定。

(a) 银屏崖滑坡　　(b) 较场台地滑坡群

(c) 公棚海子滑坡　　(d) 长海滑坡堆积体

图 3-33　叠溪地震典型堵江滑坡

图 3-34　沙湾村家常饭店南侧滑移式崩塌(SW)　　图 3-35　叠溪镇松坪沟景区入口倾倒式崩塌(NE)

从时间来看，区内崩塌多集中于每年 5—9 月，尤其是 7 月、8 月，并具有与大雨、暴雨同期或略为滞后的特点。降雨、削坡、卸荷是崩塌发生的主要原因(图 3-36、图 3-37)，工程建设(如公路、水电施工)爆破震动也是重要的影响因素。

图 3-36　修建乡村道路形成的崩塌(N)　　图 3-37　取土施工形成的崩塌(SW)

（四）泥石流发育特征

叠溪幅内沟谷发育，支沟较多，沟床纵坡降较大；构造作用强烈，岩体较破碎，松散堆积物较多，暴雨时容易诱发泥石流。区内泥石流主要分布于岷江、松坪沟及支流两岸。叠溪幅内相对高差最大的泥石流沟为叠溪镇鱼儿寨沟，高差可达2450m，其次为洗澡堂沟高差2300m。区内流域面积最大的泥石流沟为和尚寨沟，流域面积达73.2km²，其次为叠溪镇鱼儿寨沟达57km²。区内纵坡比降最大的为叠溪镇鱼儿寨沟2#泥石流，纵坡降可达988‰，其次为洗澡堂沟纵坡降为637‰。区内泥石流多属山区暴雨型泥石流；物质组成以泥石流和水石流为主（图3-38），多属稀性泥石流；从泥石流发展的阶段划分，多处于发展期、衰退期和形成期；从泥石流物源来看，多属滑坡泥石流或坡面侵蚀泥石流。泥石流堆积体大多保存较好，完好率一般50%～80%（图3-39）。规模小且主干河流冲刷能力强的泥石流堆积物则几乎没有保存，处于主干河流上游或出口部位地形较开阔的泥石流堆积散保存完好。根据泥石流易发程度判定标准，易发程度多属中等或低。

图3-38　和尚寨沟泥石流（NW）

图3-39　新民村南侧泥石流扇（NE）

五、土门幅地质灾害发育特征与分布规律

土门幅内共调查发现地质灾害126处（图3-40），以滑坡为主，其次是崩塌和泥石流。滑坡74处，占总数的58.7%，其中大型14处、中型29处、小型31处；崩塌36处，占总数的28.6%，其中大型以上规模的崩塌不发育，中型19处、小型17处；泥石流16处，占总数的12.7%，特大型和大型各1处、中型10处、小型4处。土门幅内的地质灾害规模以中小型为主（表3-6）。

（一）地质灾害分布规律

1. 地质灾害空间分布规律

土门幅滑坡、崩塌和泥石流地质灾害集中发育于土门河及其支沟两侧、图幅东南角的安县高川河流域和金溪沟流域。区内滑坡主要分布在土门河河谷和安县千佛山镇的金溪沟两侧，以中小型规模为主，沿土门河从富顺乡往下至墩上乡的河谷相对较宽，河谷北岸多发育古滑坡松散堆积体，整体稳定性较好，现今浅表层发生蠕滑变形，局部发生复活解体；从墩上乡往下至新堡村，河谷逐渐变窄，河床切至基岩，河谷两侧滑坡发育数量少；在高川乡金溪沟两侧中小型滑坡发育，整体稳定性较差。崩塌主要发育于沿土门河的高陡公路边坡中，以中小型规模为主，岩层倾角一般大于50°。泥石流集中发育在千佛山镇金溪沟和高川乡高川河两侧的支沟内，这两条沟流域面积大，两侧支沟发育，沟道物源丰富，泥石流活动性较强。

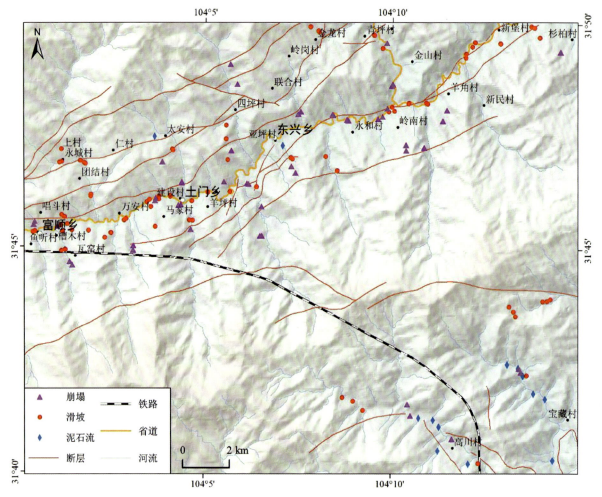

图 3-40 土门幅地质灾害分布图

表 3-6 土门幅地质灾害类型及规模分类

灾害类型	指标	特大型	大型	中型	小型	合计
滑坡	体积（×10⁴m³）	>1000	100～1000	10～100	<10	/
	数量（个）	0	14	29	31	74
	所占比例（%）		18.92	39.19	41.89	100
崩塌	体积（×10⁴m³）	>100	10～100	1～10	<1	/
	数量（个）	0	0	19	17	36
	所占比例（%）			52.78	47.22	100
泥石流	体积（×10⁴m³）	>50	20～50	2～20	<2	/
	数量（个）	1	1	10	4	16
	所占比例（%）	6.25	6.25	62.5	25	100
合计	数量（个）	1	15	58	52	126
	所占比例（%）	0.79	11.90	46.03	41.27	100

2. 地质灾害时间分布规律

茂县多年平均降雨量 484.1mm，年最大降雨量为 560.6mm，年最小降雨量为 335.5mm，月最大降雨量为 168.1mm，日最大降雨量为 104.2mm(1989 年 7 月 24 日)。在时间上，冬春季节降雨量严重偏少，常发生冬干连春旱，而夏秋季降雨偏多，各月分配不均，降雨量集中在下半年(4—10 月)为 444.4mm，占全年降雨量的 91.8%，而冬半年(10 月—次年 3 月)降雨量仅 39.7mm，占全年降雨量的 8.2%，同时随海拔的增加而降雨量增大，在海拔 3000m 左右的区域达到最高的降雨高度带。

3. 地质灾害区域性分布规律

土门幅工作区受地层岩性、复杂的断裂构造、破碎岩体结构，强烈的风化卸荷作用、外部区域性气象水文条件和剧烈的人类工程活动等因素的影响，地质灾害在空间上呈现地域性、分散性、聚集性和链生性。长期构造变形作用下的破碎软弱地层奠定了地质灾害发育的物质基础，多种结构面对崩滑灾害的形成起着控制作用，斜坡结构类型控制着崩滑灾害的成灾模式，构造断裂控制着崩滑灾害的空间分布，人类工程活动加剧了崩塌和滑坡的发育程度，而极端降雨是崩滑地质灾害发生的主要诱因。根据实地调查和综合分析，总结出土门幅工作区内的地质灾害具有以下分布规律：

1）地质灾害的分布受地形地貌制约

工作区属构造侵蚀中山河谷地貌，河谷两侧的斜坡地形高陡，临空条件良好，为滑坡和崩塌地质灾害的发育提供了有利的地形条件。在河谷宽缓地带，两侧斜坡相对平缓，为大型堆积层滑坡的孕育和演化提供有利条件。在河谷狭窄地带，两侧高陡斜坡易发育崩塌地质灾害。

2）地质灾害的分布受地层岩性和斜坡结构控制

工作区内滑坡和崩塌灾害主要发育于志留系茂县群第三组(SM^3)灰—深灰色薄层千枚岩地层中，千枚岩节理裂隙发育，风化程度高，岩体力学性质较差，强度低。区内岩体结构主要包括层状结构、碎裂镶嵌结构和散体结构，以层状结构岩体最为发育。在土门河左北岸主要发育反向坡和反向-斜向坡，南岸主要发育顺向和顺向-斜向坡，在顺向坡中容易发生规模相对较大的岩质滑坡和堆积层滑坡，在反向坡中易发生浅层堆积层滑坡和岩质崩塌。滑坡和崩塌形成的碎屑堆积物，在强降雨作用下容易汇入沟道转化为泥石流。坡表残坡积的风化千枚岩呈碎裂—散体结构，物质松散，为泥石流提供了丰富的坡面物源。

3）地质灾害分布受地质构造影响密切

工作区内土门河左北岸出露宽约 2.5km 的构造破碎带，呈南西-北东向延伸展布，破碎带内岩体发生了严重的碳化、碎裂化和劈理化，力学性质较差，岩土体结构松散，斜坡稳定性差。土门河南岸发育多条展布方向与土门河走向大体一致的断裂，受断裂活动影响，断裂附近岩体节理裂隙极为发育，结构破碎，为地质灾害提供有利的孕灾背景。在工作区东南角的高川河流域和金溪河流域发育大量的泥石流沟，主要是由于 2008 年汶川地震在该区形成了大量的震裂山体和松散堆积体，为泥石流提供了丰富的物源。

4）地质灾害受河流分布及其形成发育特征控制

工作区内墩上乡上游的土门河段发育成熟，河谷宽缓，以侧蚀作用为主，河谷两侧多发育古滑坡堆积体，受坡脚河流侵蚀和降雨作用的影响，部分古滑坡堆积体发生蠕滑变形；墩上乡下游的土门河段处于河流的青年期，以下蚀深切为主，河谷狭窄，高陡斜坡多发育顺层岩质滑坡和崩塌。土门河两侧的支沟，一般主沟较长且支沟较少，河流发育较成熟，溯源侵蚀和下切能力弱，两侧发育的崩滑地质灾害较少，泥石流沟不发育。高川河和金溪沟两侧支沟数量多，沟谷长度短，在强降雨的作用下，泥石流物质短时间内冲出沟口汇入主沟，形成大规模的泥石流灾害。

(二)滑坡发育特征

土门幅内共发育滑坡74处,其中大型滑坡14处,中型滑坡29处,小型滑坡31处,以中小型的滑坡为主。从形成时代看,区内主要发育现代滑坡,古(老)滑坡的数量少但规模一般较大,目前整体稳定性好,滑坡堆积体处于蠕滑阶段或局部复活解体;按滑体物质组成划分,主要分为松散堆积层滑坡和岩质滑坡,其中堆积层滑坡50处,岩质滑坡24处;从滑体厚度来看,滑坡多为浅层和中层滑坡,滑体厚度一般小于30m;按照岩层产状与斜坡坡面方位关系划分,滑坡主要发育于顺向坡,在反向坡和斜向坡内相对较少;按照滑坡变形破坏模式来分,主要为牵引式滑坡。

土门幅滑坡类型多样,受岩性特征和岩体结构控制明显。图幅工作区内滑坡的发育特征主要表现为以下几个方面:①滑坡主要发育于土门河及其支沟两侧、千佛山镇金溪沟内,受龙门山推覆构造影响,区内地层陡倾,岩体结构破碎,斜坡稳定性差;②区内滑坡主要包括堆积层滑坡和岩质滑坡,堆积层滑坡的滑体主要为古(老)滑坡堆积体、残坡积物和崩坡积物等;③区内发育了古高位远程滑坡-碎屑流,滑动距离达3.2km;④滑坡最主要的控滑结构面是残坡积层、崩坡积层与下伏基岩接触面和顺坡向层面或剪切节理面;⑤土门河北岸主要发育反向坡和斜向—反向坡,但构造破碎带使得其斜坡岩体结构松散破碎,岩体风化卸荷形成大量的千枚岩碎块石或碎屑,比土门河南岸更易于发生滑坡;⑥滑坡的滑动面多发育于志留系茂县群第三组的千枚岩地层中软弱层面、第四系松散堆积体与下伏志留系茂县群第三组千枚岩的接触界面;⑦同一岩性区,滑坡主要发生于岩层倾角为25°~50°的斜坡中;⑧受降雨和坡脚河流侵蚀的影响,部分古(老)滑坡发生局部复活变形,出现地表裂缝、马刀树和房屋建筑开裂等变形现象;⑨区内滑坡发育受地震、降雨、河流侵蚀和人类工程活动的多因素综合影响,受坡脚河流侵蚀和降雨影响,古滑坡的堆积体发生蠕滑变形;⑩2008年汶川地震使得区内斜坡岩土体结构进一步劣化,集中强降雨是浅层堆积体失稳的直接诱发因素。

土门幅内滑坡主要包括松散堆积层滑坡和顺层岩质滑坡两种类型,下面分别阐述这两类滑坡的发育特征。

1. 松散堆积层滑坡

堆积层滑坡是区内滑坡主要的发育类型,一类发育于残坡积物+基岩型斜坡(图3-41),另一类发育于古滑坡堆积体+基岩型斜坡(图3-42)。第一类斜坡表层发育数米厚的松散堆积层,主要为基岩风化的残坡积物和剥离或崩落的碎块石和岩屑,结构极其松散,下伏基岩以志留系茂县群第三段(SM^3)绢云母千枚岩。在降雨作用下,堆积体的容重增加,堆积体与基岩界面间的抗剪强度降低,当临界平衡条件被打破,松散堆积体易沿着下伏基岩接触面发生滑动,形成浅层滑坡。此类滑坡一般规模较小,滑体厚度一般在10m以内。

图3-41 北川县禹里乡老鹰岩滑坡

图3-42 北川县墩上乡大唐卫滑坡

第二类斜坡上的滑体是古岩质滑坡经过长期地质历史演化形成的碎块石土或黏土夹碎石,堆积体层厚一般在30m以内,滑坡整体稳定性较好。在降雨、地震、河流侵蚀和人类工程活动等多因素的影响下,局部出现复活变形破坏现象。

2. 顺层岩质滑坡

土门幅岩质滑坡主要发育在由层状岩体构成的顺向坡中(图3-43,图3-44),志留系茂县群第三组(SM^3)的绢云母千枚岩呈薄层状或薄板状,岩体自身性质软弱,长期构造变形作用使得岩体节理裂隙发育,结构破碎,软弱夹层在地下水、重力和风化作用等影响下逐渐泥化,力学性质降低。受顺坡外的层面和节理面的有利切割组合关系控制,一旦滑面完全贯通,将形成顺层岩质滑坡,其规模通常受软弱夹层位置和延向坡外大型节理的发育特征等控制。

图3-43 北川禹里乡新堡村蒋家山2号滑坡

图3-44 北川禹里乡新堡村蒋家山2号滑坡

(三)崩塌发育特征

土门幅崩塌主要分布于沿土门河公路边坡和支沟两侧的高陡岩质斜坡地段,以中小型规模为主,斜坡坡度一般大于50°。区内崩塌的发育与区内岩层产状密切相关,多发育于由志留系茂县群第三组(SM^3)的千枚岩地层构成的反向斜坡中,失稳模式主要为倾倒式、滑移式和坠落式。在反向坡和斜向-反向坡中,由于千枚岩呈薄层状且倾角较陡,重力作用下易发生弯折变形,此时千枚岩岩层相当于薄壳结构,在弯矩最大处逐渐开裂并形成贯通破坏面,从而发生倾倒式变形破坏(图3-45、图3-46)。此外在部分反向斜坡或斜向斜坡中,由于修建公路开挖坡脚,路面以上一定范围内的岩体被挖空,上部岩体失去支撑,当其重力大于岩体结构面强度时,岩块随即发生坠落式破坏。在岩体中发育有顺坡向外的结构面时,岩体被切割成不连续楔形体,而一旦结构面间的联结强度降低,楔形岩块将发生顺节理面发生滑动崩落(图3-47)。

土门河北岸以陡倾坡内的千枚岩地层为主,南岸以陡倾坡外的千枚岩地层为主,因而北岸的崩塌发育密集,以中小型规模为主。沿土门河修建S302省道时,公路两侧形成了高陡边坡或陡崖,临空条件良好,为崩塌发育提供了有利地形条件。受2008年汶川地震影响,区内岩体的结构进一步损伤劣化,形成震裂或松动岩体,加剧了崩塌体的发展与演化。

(四)泥石流发育特征

土门幅泥石流主要发育于土门河南岸支沟、安县高川河和金溪沟两侧支沟内,主要为降雨沟谷型泥石流。在2008年汶川地震之前暴发频率较低。受汶川地震影响,在土门河南岸支沟内发育了浅表层滑坡和中小型崩塌,在斜坡坡脚和沟道内形成了大量松散堆积体,沟内泥石流物源量大幅增加。2009年、

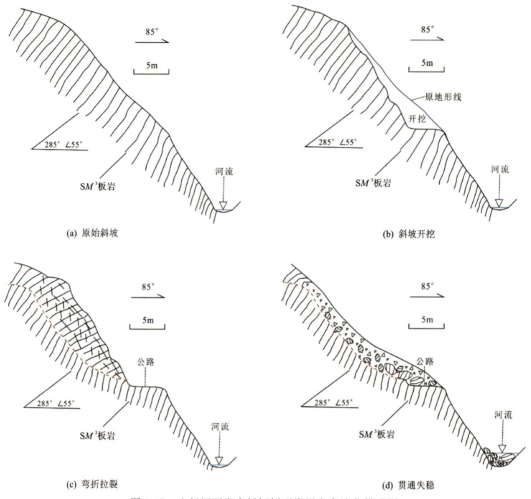

图 3-45 土门河两岸弯折倾倒型崩塌发育演化模式图

图 3-46 弯折倾倒型崩塌

图 3-47 墩上乡礁窝坪崩塌

2010 年、2013 年，位于土门河南岸的槽木沟和青林沟均暴发泥石流，且之后每年雨季均有泥石流发生。随着沟内生态植被恢复，可参与泥石流活动的动态物源储量减少，泥石流发生的规模逐渐变小。

图幅内的高川河、金溪沟流域位于 2008 年汶川地震的极震区，地震过程中沟道两侧形成了大量的崩塌和滑坡堆积体。高川河和金溪沟流域的汇水面积大，支沟数量多且长度短，在强降雨激发作用下，沟谷内的泥石流迅速冲出沟口汇入主沟。这两条沟内的泥石流物源主要为碎块石，土体含量极低，容易发生降雨型沟谷水石流（图 3-48、图 3-49）。

图 3-48 安县高川乡大沟水泥石流

图 3-49 安县千山佛镇金溪沟泥石流

六、汶川地震对岷江上游地质灾害的影响

根据 2008 年汶川地震前后地质灾害调查成果（四川省地质工程勘察院，2010），以岷江上游茂县为例，地震前，全县共有地质灾害点 105 处，地质灾害以滑坡为主，次为泥石流、崩塌等，其中滑坡 84 处，泥石流沟 14 条，崩塌 7 处，各灾种的数量及规模统计如图 3-50 所示。汶川地震诱发了大量的地质灾害，根据震后遥感解译和实地排查，共新增地质灾害隐患点 329 个，其中滑坡 111 处，泥石流沟 37 条，崩塌 71 处，不稳定斜坡 110 处，加上原有地质灾害隐患点 105 个，茂县共有地质灾害 434 个。震后区内地质灾害点数量激增为震前灾害点的 3.1 倍，其中崩塌增加最为明显，为震前的 10.1 倍，滑坡为震前的 2.6 倍，泥石流为震前的 2.6 倍。在震前、震后地质灾害规模上的对比可知，震后增加的滑坡主要以大型以下为主，数量基本上是震前的 2 倍左右，特大型滑坡增加较少；崩塌在大型、中型、小型均有很明显的增加，数量均在震前的 5 倍以上；震后的崩塌、滑坡、不稳定斜坡堆积体还成为泥石流的主要物源，使震后泥石流也明显增加，其中大中小型泥石流均为震前的 2 倍以上。

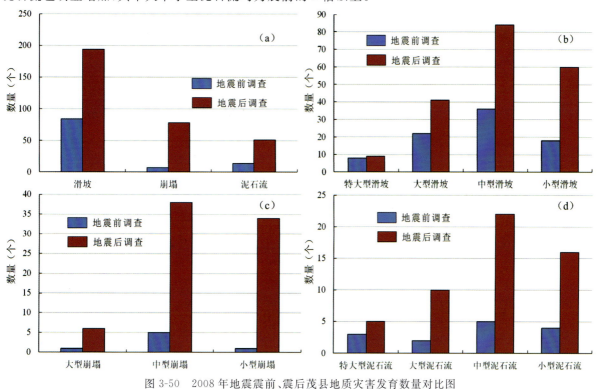
图 3-50 2008 年地震震前、震后茂县地质灾害发育数量对比图

应该提出的是,以上只是震后 2010 年的调查数据结果,众多学者研究认为汶川地震震后地质灾害还将持续很长一段时间。其中震后灾难性滑坡将呈现周期性衰减特征,持续 10~20a 才能恢复到震前水平(黄润秋等,2011,2014;崔鹏等,2008;唐川,2010)。而泥石流震后活跃期可能持续 20~30a(崔鹏等,2008,2010;陈晓清等,2009;黄润秋,2011,2014;杨志华等,2017)(图 3-51)。

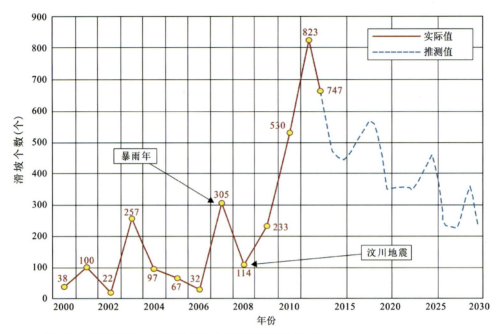

图 3-51　汶川震区 2000 年以来灾难性滑坡发展趋势(黄润秋,2011;Huang et al.,2014)

第三节　地质灾害形成条件与影响因素分析

以收集和实地调查的地质灾害(崩塌、滑坡、泥石流)数据为基础,采用 ArcGIS 空间分析功能,在地质灾害发育特征和分布规律分析的基础上,进一步统计分析工作区内地质灾害与影响因素之间的相关性,为地质灾害易发性评价和工程地质分区评价提供参考,并剖析了地形地貌(地形坡度、坡高、斜坡坡形、坡向和地形起伏度)、地层岩性、地质构造(活动断裂)、气象水文(降雨)和人类工程活动等影响因素对地质灾害的影响。

一、地形地貌对地质灾害的控制

地形地貌是地质灾害发育的空间因素,具有一定高度和坡度的斜坡是地质灾害发生的必要条件。工作区的地质灾害发育区主要位于高原高山河谷地区,构造抬升和河谷深切形成较大的地形高差,斜坡具良好的临空条件,主要控滑地形地貌因素包括:坡度、地形起伏度、坡形、坡向和地表粗糙度。

1. 坡度

坡度跟斜坡的变形破坏有着直接的关系,随着坡度的增大,坡面附近应力卸荷带范围随之扩大,坡脚应力集中随之升高,而且坡度对斜坡表面地表水径流、坡体内地下水的补给与排泄、斜坡上松散物质的堆积厚度、植被覆盖率等起着相当程度的控制作用。

根据工作区内滑坡坡度特征[图3-52(a)]和灾害发育情况,对区内不同坡度区间内的地质灾害分布情况进行统计分析,按照5°区间进行坡度分类,统计计算每个坡度区间内的地质灾害数量和密度(图3-53),结果表明:地质灾害分布与地形坡度的关系曲线为类似于正态分布的轴对称的"单峰"型曲线,地质灾害主要集中发育于坡度20°~35°区间内,在此区间发生的灾害点占整个灾害的60%以上,其他坡度区间灾害点相对较少。地质灾害高密度区主要集中在坡度25°~45°区间内。虽然坡度影响地质灾害启动的动力条件,但是高坡度不利于坡积物、堆积物等地质灾害物源的累积。

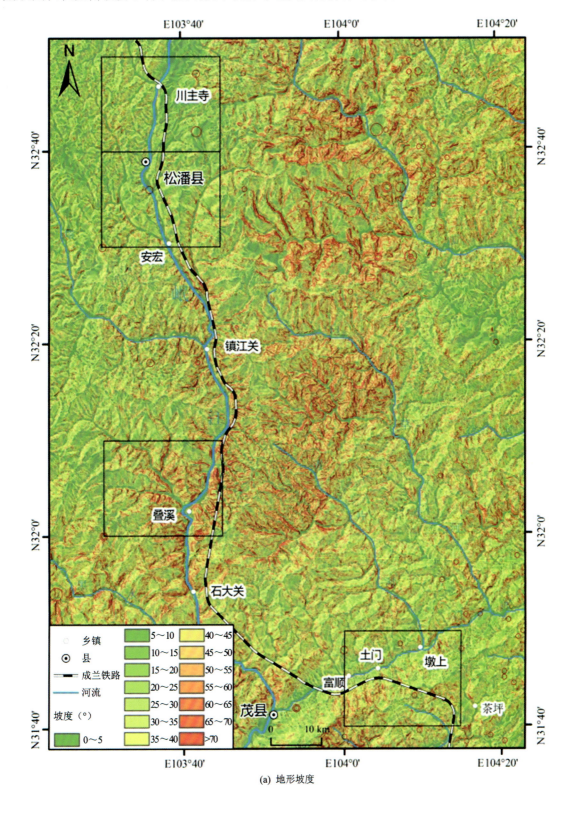

(a) 地形坡度

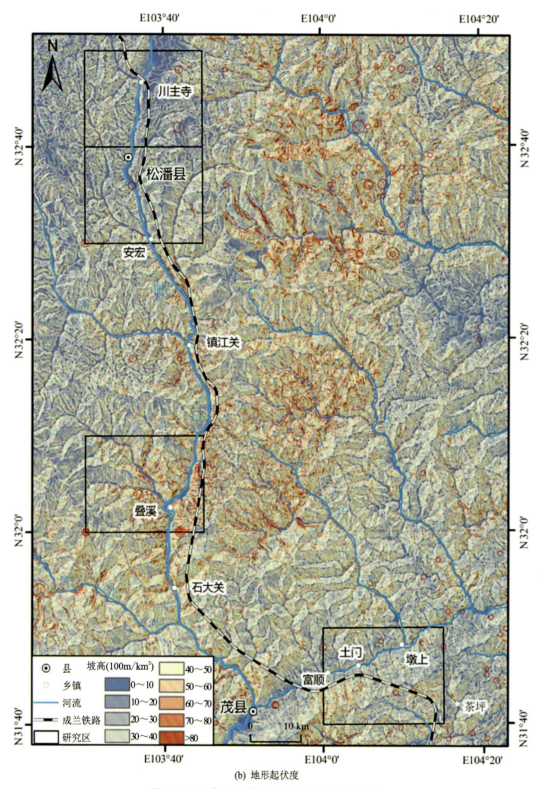

(b) 地形起伏度

图 3-52 工作区地形坡度与地形起伏度分布图

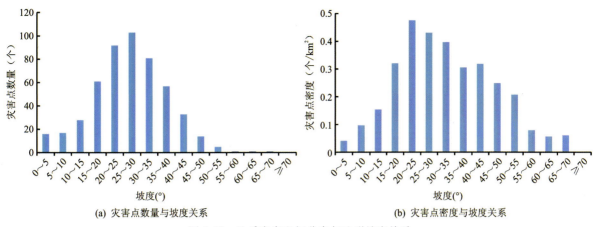

图 3-53　地质灾害空间分布与地形坡度关系

2. 地形起伏度

地形起伏度研究最早起源于 1948 年苏联科学院地理研究所提出的割切深度，现在成为划分地貌类型与地质环境评价的一个重要指标，代表了区域范围内斜坡相对高差（坡高）的意义，坡高的差异主要与地区构造运动和河流侵蚀切割作用相关，工作区地形起伏度与斜坡变形破坏具有一定的相关关系，对区内 DEM 按照 100m×100m 进行邻域空间分析得出工作区地形起伏度的分布结果[图 3-52(b)]，将起伏度分为 9 个区间，并统计各区间段内地质灾害发育情况（图 3-54）。

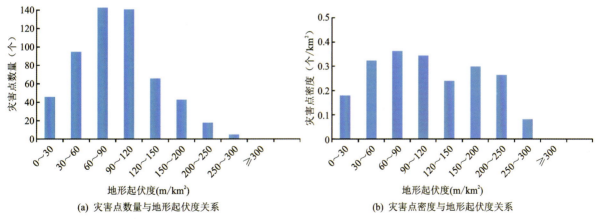

图 3-54　地质灾害空间分布与地形起伏度关系

统计关系曲线形态整体呈现为近似轴对称的"单峰"型，表明地形起伏度对于地质灾害易发程度的非单调性，地形起伏度小于 30m/km² 和大于 250m/km² 发生滑坡数量较少，最为敏感的地形起伏度介于 60～120m/km² 之间，地形起伏较小的平地由于没有适宜的临空面和地形起伏较大的山地因长久的风化侵蚀作用下可能早已滑落，因而地质灾害发育数量和密度均较小。

3. 坡形

坡形直接反映斜坡在内外营力的作用下坡体演变的历史过程，坡形可以影响坡体内的应力状态和地下水分布，进而影响坡体的稳定状态，发生不同类型的地质灾害。工作区内斜坡坡面几何形态可以划分为 5 种基本类型：凸形、凹形、阶梯形、直线形和复合形。利用 DEM 地形数据对区域按照 100m×100m 进行栅格邻域均值分析，得到区域斜坡凹凸形态的统计图层。区域栅格图层中负值对应"凹形坡"，0 值对应"平直坡"，正值对应"凸形坡"；而最小负值区间对应水系沟谷地形，最大正值区间对应脊状山梁地形。

统计分析地质灾害空间分布与坡形之间相关关系的结果表明(图3-55)，直线坡发生灾害数量较少，凹形坡和凸形坡稳定性较差，发生灾害数量较多，占区内灾害的80%以上，优势凹形坡(曲线左侧峰值区)的地质灾害敏感程度高于凸形坡(曲线右侧峰值区)，但凹形坡和凸形坡发生地质灾害的总体数量相差不大，由于自然斜坡中绝对平直坡形，以及沟谷和山脊分布面积较少，相对于凹形坡和凸形坡发生灾害数量较少，反映在统计曲线中，分别对应"弓形"的中心及两端的低值部分。

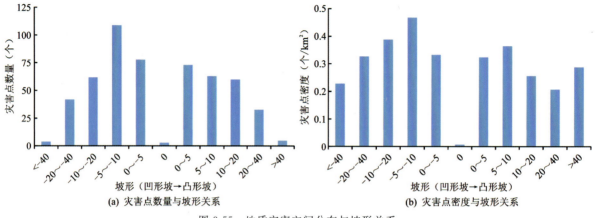

图 3-55　地质灾害空间分布与坡形关系

4. 坡向

坡向定义为坡面法线在水平面上的投影的方向是一个滑坡的间接致灾因子，它能够影响光照时长、风向和降雨分布等外界因素，进而影响植被覆盖和岩土体风化等环境因素。把工作区划分为8个方向上的坡向区间，每个坡向区间跨度为22.5°[图3-56(a)]，即北(N,0°~22.5°和337.5°~360°)、北东(NE,22.5°~67.5°)、东(E,67.5°~112.5°)、东南(ES,112.5°~157.5°)、南(S,157.5°~202.5°)、南西(SW,202.5°~247.5°)、西(W,247.5°~292.5°)和西北(NW,292.5°~337.5°)，获得各坡向区间的滑坡数量，计算单位面积上的滑坡数量得到坡向区间上的滑坡密度[图3-56(b)]。坡向在其他各方向上的地质灾害密度差异性不大，但在西和南西方向上的数量相对较大，北方向的数量和密度都相对较少，造成这一差异主要原因是来自西南的暖湿气流在南北或偏南北走向山脉的西坡和西南坡形成大量降雨，在降雨的影响下较易发生地质灾害[图3-57(a)]。

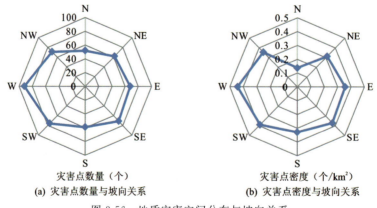

图 3-56　地质灾害空间分布与坡向关系

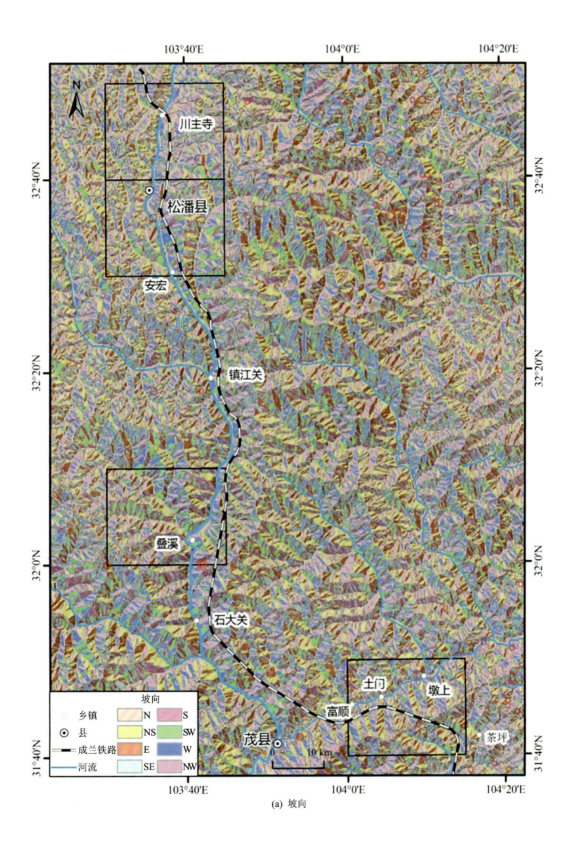

(a) 坡向

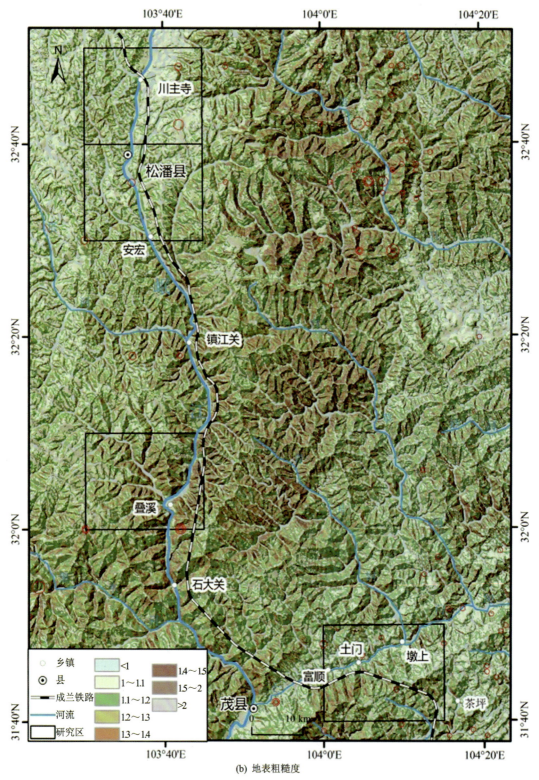

图 3-57 工作区坡向与地表粗糙度

5. 地表粗糙度

地表粗糙度是能够反映地形的起伏变化和侵蚀程度的宏观地形因子,在区域性研究中,地表粗糙度是衡量地表侵蚀程度的重要量化指标。对工作区 DEM 进行地表粗糙度提取[图 3-57(b)],统计分析地表粗糙度与地质灾害的相关性表明(图3-58),地质灾害在粗糙度为1~1.2km/km²区间内约占75%以上,其他粗糙度区间内发育地质灾害较少。灾害点密度与地表粗糙度呈明显正相关性,即随着地表粗糙度的变大,地质灾害发育密度变大。

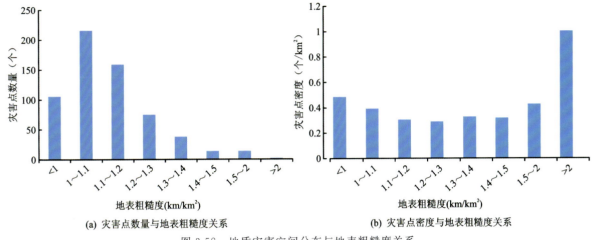

图3-58 地质灾害空间分布与地表粗糙度关系

二、地质构造对地质灾害的影响

地质构造既可控制地形地貌,又可控制岩体结构及其组合特征,对地质灾害的发育起综合控制影响作用。其中,褶皱控制地形地貌,断裂改变岩体结构,破碎带导致岩层破碎、节理发育,风化作用强烈,松散物质储量丰富,为崩塌、滑坡、泥石流的发育提供了大量的物质来源。各类地质构造结构面(如层面、断层面、节理面、片理面和地层的不整合面等)降低岩土体的工程性质,控制滑动面的空间位置和滑坡的周界,控制斜坡地下水的分布和运动规律。斜坡的内部结构,包括不同土层的相互组合情况,岩石中断层、裂隙的特征及其与斜坡方位的相互关系等,与滑坡发生的难易程度有密切的关系。

(二)活动断裂的地质灾害效应

在地质灾害与活动断裂关系的研究方面,对于力学意义的静力学行为和动力学行为,或者从变形意义的蠕滑变形和快速破裂变形破坏,人们关注了容易察觉的动力行为或快速变形破坏。2008年汶川M_s8.0级地震之后,由于地震地表破裂和山体滑坡、碎屑流极其发育,进一步促进了地质灾害与活动断裂之间关系的研究(许冲等,2011)。汶川地震地质灾害的空间分布固然受地形地貌、地层岩性和人类工程活动等因素的影响,然而主要还是受发震断层的控制,绝大多数巨型—大型滑坡紧邻断裂上盘发育,断层上盘0~7km范围为地质灾害强发育区,断层上盘7~11km范围和下盘0~5km范围为地质灾害中等发育区,而且断裂错断方式对滑坡滑动方向具有较大影响(黄润秋等,2008a,2009a;许强等,2008)。张永双等(2009)对汶川地震地质灾害内外动力耦合作用的主要形式进行了初步研究,认为活动断裂控制斜坡形成演化并间接地影响着风化卸荷作用、地震断裂的活动方式控制斜坡岩体的启动运移和致灾特点、岩土体结构控制斜坡的变形破坏形式、地形地貌对地震力有明显的放大效应,地质灾害链的形成是内外动力耦合作用的全面体现。

1. 活动断裂对地形地貌的控制作用

1)断裂活动—差异性隆升—风化剥蚀的演化序列

野外调查和研究表明,活动断裂带大型地质灾害的发育主要受控于活动断裂带特殊的地形地貌、山体结构及断裂强烈活动的动力特征等方面。活动断裂的发育为地质块体的快速差异性隆升奠定了基础,造成河流深切,为地质灾害产生提供了有利条件(彭建兵等,2004)。强烈的新构造活动形成了高山峡谷地貌,相对高差大,势能高,有利于大型滑坡尤其是高速远程滑坡和碎屑流的发生(图3-59)。

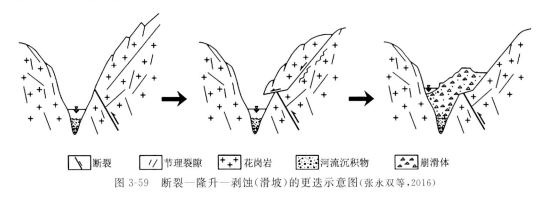

图3-59 断裂—隆升—剥蚀(滑坡)的更迭示意图(张永双等,2016)

2) 活动断裂带滑坡的一般特征

断裂活动控制斜坡结构演化,断裂带内斜坡的岩体结构通常比较复杂,表现为结构面密集发育、类型多样,使活动断裂带及其附近一定范围内斜坡的完整性大大降低,岩体破碎程度高、岩土力学性质差,导致大型滑坡容易发生,且稳定性较差。活动断裂带地质灾害特征主要表现在以下方面。①沿断裂带成群成带分布:在断裂破碎带两侧或附近,活动断裂对地质灾害的形成和分布具有直接的控制作用。在断裂持续活动状态下,滑坡往往出现多次活动。在断裂带交会处或断裂方向发生变化地段,地质灾害密集发育。②一坡到顶和高位特征:断裂带通常是破碎和易风化的部位,在断裂带通过的斜坡,松散层厚度较大,为滑坡的形成创造了有利条件,不管滑坡的滑动方向与断裂走向平行或垂直,断裂带滑坡都会表现出一坡到顶和高位发生的特征。③后缘推挤型式:当断裂带从软弱岩体斜坡中部通过时,在断裂、降雨和地下水的联合作用下,易出现推移式滑坡,即滑坡从断裂处启动,滑体向下依次叠置,而不表现为前端启动的牵引式。

2. 断裂剧烈活动(地震)诱发大型滑坡的主要特征

沿活动断裂发生的强烈地震作用不仅会形成连续分布的地表破裂带,也使不存在滑坡和泥石流隐患的山体成为灾害敏感区,在降雨的影响下就能引发滑坡或泥石流,一些不稳定的山体也有可能受地震作用影响直接形成滑坡。

1) 滑坡形态特征

调查表明,活动断裂所在的斜坡发生地震滑坡后,斜坡上部多出现平台。这是由于逆冲断裂的上盘物质被冲击力抛射后形成的平缓台面,当逆冲断裂上盘伴生同倾向的次级断裂或斜坡表现为层状反向坡时,也可出现2级或多级平台。地震滑坡平台多由下方的基岩和堆积物联合构成,其形成过程一般为:冲击力首先造成断裂带浅部松散物质抛射,然后斜坡上方的松散岩体在重力作用下产生崩塌,崩塌的物质堆积于滑坡壁与平台后缘之间。

2) 断裂活动方式与地震滑坡的力学行为

根据汶川地震诱发大型滑坡调查和分析认为,地震作用常沿地震断裂产生很强的冲击力(张永双等,2011a),冲击力造成断裂带及上盘斜坡破碎岩体产生抛掷(图3-60)。地震滑坡的抛掷量与地震动力、斜坡风化卸荷作用程度及其形成的松散体和节理化岩体有很大的关系。

3) 地震滑坡与碎屑流的链生性及分段性

汶川地震地质灾害调查和分析表明,地震高速远程滑坡具有明显的链生性。滑坡启动后,通常会在运移过程中发生铲刮和撞击作用,由滑坡转变为碎屑流。在平面上大致可分为5个阶段:启动崩滑段、重力加速段、快速气垫飞行-撞击段、铲刮减速碎屑流段和堆积掩埋段(张永双等,2009)。

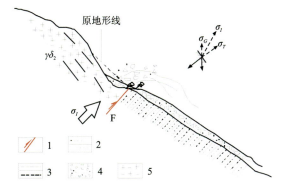

图3-60　汶川地震发震断裂附近冲击作用形成滑坡机制示意图
1.断裂;2.砂岩;3.泥岩;4.滑坡-碎屑流;5.彭灌杂岩

3. 断裂蠕滑作用对斜坡稳定性的影响

众所周知,并非所有的断裂都会诱发地震,并且地震的发生是间断性的。断裂的蠕滑作用对复杂地质条件下斜坡体应力场分布同样具有重要影响,并制约着地质灾害的发育特征。断裂构造的运动方式和活动强度对斜坡体稳定性的影响较大(郭长宝等,2012),是内外动力耦合作用下形成地质灾害的主要表现形式之一(李晓等,2008;张永双等,2009),在断裂构造作用下,坡体结构更易破坏,从而产生规模更大、破坏性更强的滑坡和崩塌等地质灾害。断裂的蠕滑作用对斜坡稳定性的影响,与斜坡应力场的变化规律是相辅相成的。

(二)距断裂距离对地质灾害的影响

工作区内活动断裂发育,地质灾害沿断裂成"带状"分布的特征十分明显。采用到断裂距离区间内的地质灾害数量和密度来详细分析活动断裂对地质灾害发育的控制作用,首先把到断裂距离划分为10个等级:0～0.5km,0.5～1km,1～2km,2～4km,4～6km,6～8km,8～10km,10～15km,15～20km,＞20km[图3-61(a)],然后分别统计与断裂距离区间内的地质灾害点数量和密度(图3-61)。结果表明:距断裂带越近,地质灾害点分布密度越大,随着到断裂距离的增加,地质灾害密度呈现下降趋势,因此到断裂距离和地质灾害密度之间呈现很好的一致性,可以判断到断裂距离是影响地质灾害发育分布的重要因素之一。

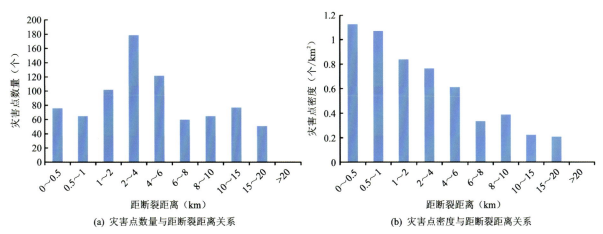

(a) 灾害点数量与距断裂距离关系　　(b) 灾害点密度与距断裂距离关系

图3-61　地质灾害空间分布与断层距离的关系

三、工程地质岩组对地质灾害的影响

岩土体是滑坡、崩塌、泥石流等地质灾害产生的物质基础,地层岩性特征影响着滑坡、崩塌的类型、分布规模及活动方式。地质灾害活动与岩土类型、性质、结构具有特别密切的关系:在致密坚硬、结构完整的岩土发育区,很少有崩塌、滑坡、泥石流活动;相反,在结构破碎或松散软弱岩土发育区,崩塌、滑坡、泥石流活动强烈(图 3-62)。

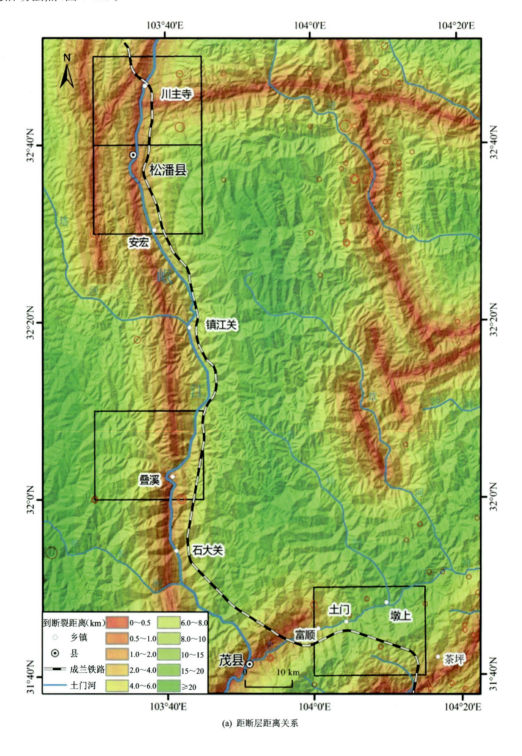

(a) 距断层距离关系

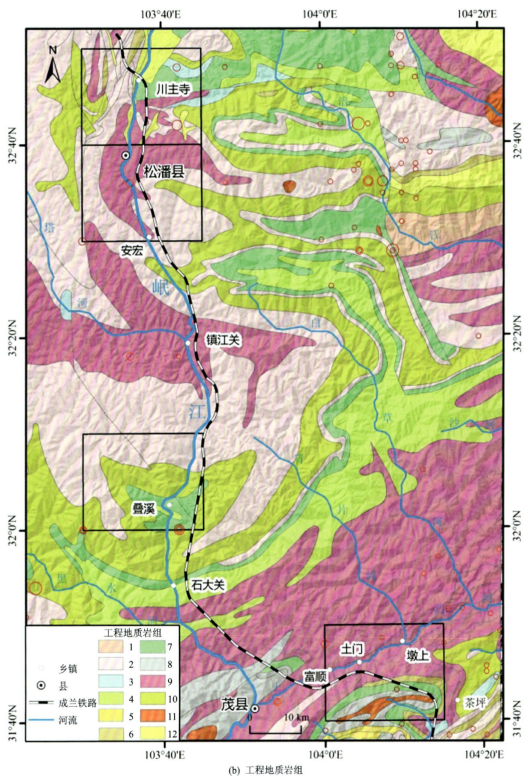

(b) 工程地质岩组

图 3-62 工作区距断层距离与工程地质岩组划分

根据工作区工程地质岩组划分结果[图3-63(a)]，分别统计每个工程地质岩组的地质灾害点数量和密度[图3-63(b)]，结果表明：地质灾害数量和地质灾害密度在工程地质岩组内并不是均匀分布，工程地质岩组9（较坚硬—坚硬薄—中厚层状板岩、千枚岩与变质砂岩互层）内发育的地质灾害数量最多，工程地质岩组1（坚硬的厚层状砂岩岩组）内发育的地质灾害数量最少；然而，工程地质岩组12（软质散体结构岩组）内发育的地质灾害密度最大。

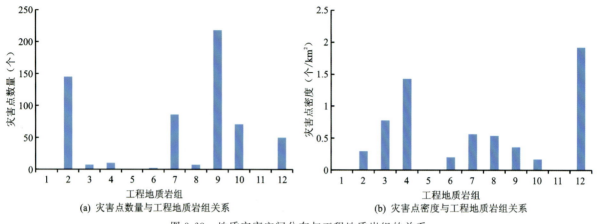

图3-63 地质灾害空间分布与工程地质岩组的关系

四、地震对地质灾害的影响

一般认为，地震引起的破坏是地震惯性力造成的，而惯性力又决定于地面加速度。地面加速度增加一倍，相应的破坏也将成倍的增加。地震动峰值加速度（peak ground acceleration，PGA）是地表地震动惯性力最大值的直接量度指标。从长尺度时间考虑，地震动能够反映历史地震活动对地质灾害的影响，这里采用我国第五代峰值地震动加速度区划图来研究分析区域性地震动峰值加速度对地质灾害空间发育分布的影响。

首先，把地震动峰值加速度划分为5个等级：$0.10g$、$0.15g$、$0.20g$、$0.30g$、$\geq 0.40g$，然后分别统计地震动峰值加速度区间的地质灾害点数量和密度，结果发现：工作区地质灾害点分布于同一地震峰值加速度区间内都为$0.20g$，所以在此不对PGA对该区的地质灾害危险性进行评价分析。

五、降雨对地质灾害的影响

1. 年均降雨量

降雨是地质灾害的主要诱发因素。降雨不仅增加土体自重，增大下滑推力，还转变为地下水，产生渗透力、扬压力，软化、润滑滑动面，对松散土体斜坡的稳定性极为不利。作为长时间尺度的地质环境，年均降雨量的高低对地质灾害的发育也有着一定的控制作用。

采用工作区多年平均降雨量来反映长时间尺度降雨对地质灾害的控制作用，统计计算降雨量区间的地质灾害点数量和密度（图3-65），结果表明：年均降雨量和地质灾害空间分布之间没有呈现显著的相关关系，说明年均降雨量对地质灾害空间发育分布的控制作用较弱。此外，年均降雨量＞1200mm和＜600mm的区间内地质灾害发育密度较大。

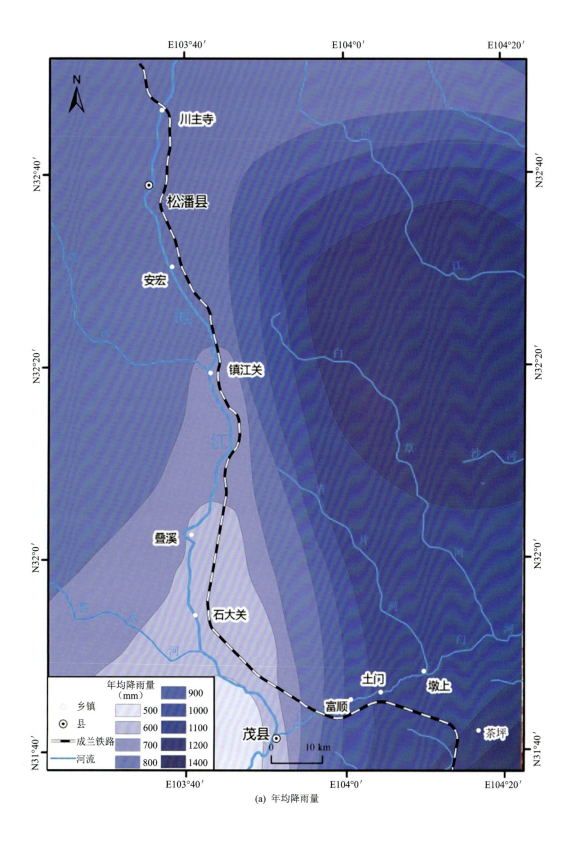

(a) 年均降雨量

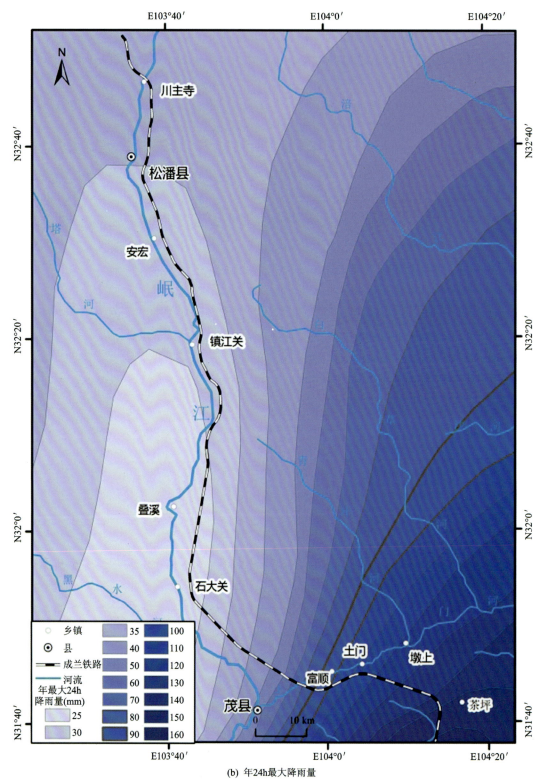

(b) 年24h最大降雨量

图 3-64 工作区年均降雨量与年 24h 最大降雨量

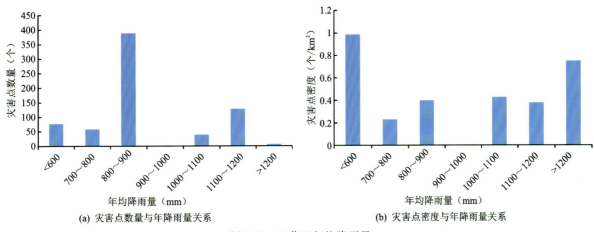

图 3-65 工作区年均降雨量

2. 年 24h 最大降雨量

短时间内的极端降雨量是直接触发地质灾害的重要外动力因素。采用工作区年 24h 最大降雨量 [图 3-66(a)]来反映短时间极端降雨对地质灾害的控制作用,统计计算年 24h 最大降雨量区间的地质灾害点数量和密度[图 3-66(b)],结果表明:年 24h 最大降雨量和地质灾害空间分布之间呈现显著的相关关系,随着年 24h 最大降雨量的增加,地质灾害密度显著增加,说明年 24h 最大降雨量对地质灾害空间发育分布具有很好的控制作用。

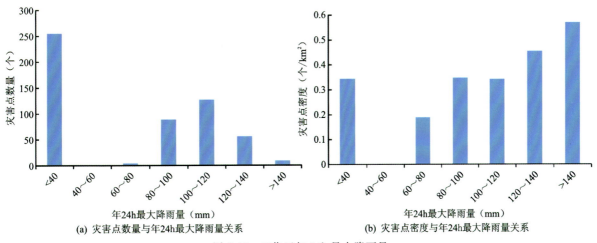

图 3-66 工作区年 24h 最大降雨量

六、河网密度对地质灾害的影响

河流对岸坡的侵蚀能够改变沟谷地应力分布(图 3-67),引起河岸斜坡卸荷拉裂,增加斜坡不稳定性。西南地形急变带内河网密布,河流侵蚀下切加之地壳整体抬升作用塑造了工作区以高山峡谷为主的地貌类型,同时河流侧蚀作用导致坡脚不断被掏蚀,加之河流水位升降致使斜坡水文地质变动等均易对斜坡稳定性造成不利影响。

地质灾害在区域分布上的一个显著特征就是沿河流水系呈"线状"分布,岷江上游地区几乎所有的灾害都沿岷江干流及其支流黑水河、土门河沿岸分布。工作区地质灾害发育与水系的相关性通常借助于与水系的距离或者河网密度等因素进行分析,河网密度是描述地面被水道切割破碎程度的一个术语。根据工作区内河流大小,将其分为 5 个等级,由大到小分别赋值 5、4、3、2、1,然后采用加权方法计算单

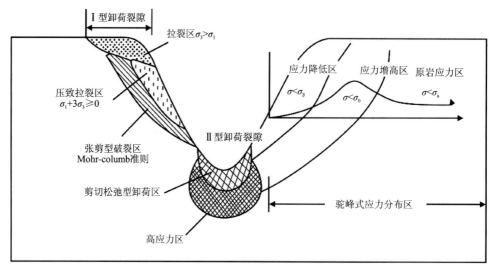

图 3-67　沟谷地应力场分布特征与斜坡变形破坏方式示意图（黄润秋,1999）

位面积内的河流长度,获得河网密度[图 3-68(a)]。

根据工作区河网密度图划分河网密度区间,统计计算河网密度区间的地质灾害点数量和密度(图 3-68),结果表明:①河网密度 0.4～1.4km/km² 区间内发育的地质灾害数量最多;②河网密度＞2.0km/km² 区间内发育的地质灾害密度最大;③总体上,随着河网密度的增加,地质灾害空间分布密度呈现增加趋势,主要原因是河网密度越大,地面径流和土壤冲刷越快,沟蚀发展越快、地面越破碎,破碎的地面必然起伏不平,多斜坡,一方面使地表物质稳定性降低,另一方面易形成地表径流。河网密度和地质灾害空间分布之间呈现一致性,河网密度对地质灾害空间发育分布具有较好的控制作用。

七、人类工程活动对地质灾害的影响

随着工作区人口持续增长和社会经济不断发展,人类工程活动对自然环境造成了越来越多的破坏,对崩塌、滑坡和泥石流等地质灾害的发育形成产生了越来越强烈的影响。这些人为活动主要包括耕植、放牧、建房、采矿、修路、水利工程建设等。人类对自然斜坡的开挖,破坏了地质历史时期形成的原始斜坡的应力平衡状态,造成斜坡变形失稳,同时该区铁路、公路等重大工程建设形成了大量堆渣场(图 3-69),已经成为触发地质灾害的重要因素之一。人为破坏植被和岩土体结构,改变水文动态或水文地质条件,促进了崩塌、滑坡和泥石流活动。

人类工程活动诱发的灾害主要分布于河谷沿线,主要是由于河谷区是人类居住及构筑物主要分布区,人类工程活动强烈,松散堆积物多,且谷底地应力大,岩体破碎。这种分布情况与地貌分区上的地质灾害分布特征相同,也说明了地质灾害的发育分布与不合理人类工程活动的影响作用密切相关。

采用城镇密度和道路密度来反映人类工程活动强度,叠加两种密度图层,获得人类工程活动强度分布图[图 3-71(b)]。把人类工程活动强度从小到大划分 9 个等级,1～9 表示人类工程活动强度从弱到强,1 表示人类工程活动最弱,9 表示人类工程活动最强,分别统计每个人类工程活动强度区间的地质灾害数量和地质灾害密度(图 3-71),结果表明:地质灾害空间分布密度和人类工程活动强度之间具有较好的一致性,随着人类工程活动强度的增加,地质灾害空间分布密度也随之增加。

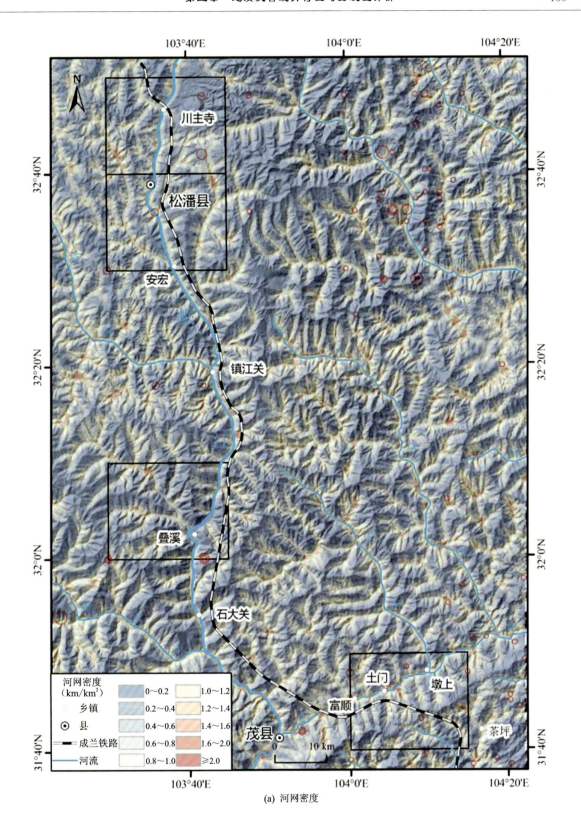

(a) 河网密度

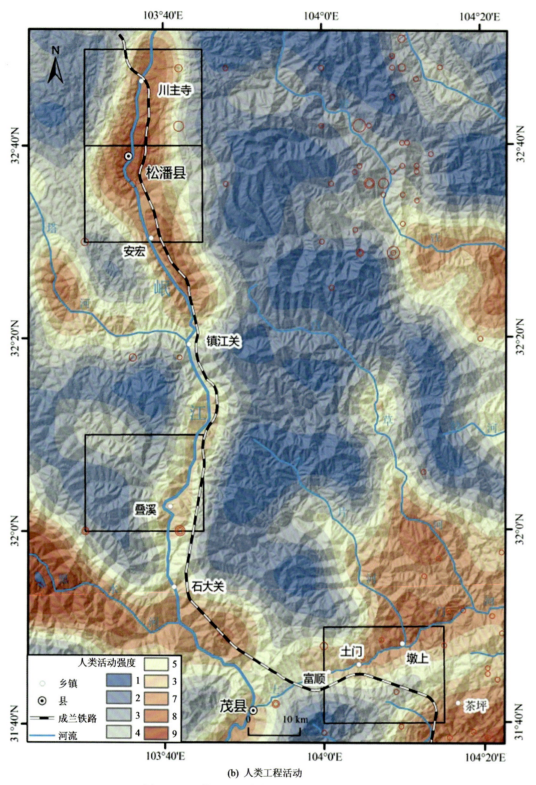

(b) 人类工程活动

图 3-68 工作区河网密度与人类工程活动分布图

(a) 富顺乡董家沟堆渣场　　　　(b) 富顺乡羊计沟堆渣场

(c) 东兴乡竹包沟堆渣场　　　　(d) 高川乡跃龙门隧道3#斜井堆渣场

图 3-69　土门幅大型堆渣场照片

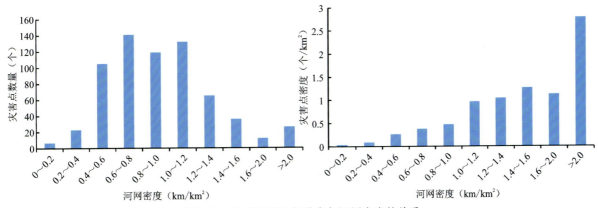

图 3-70　地质灾害空间分布与河网密度的关系

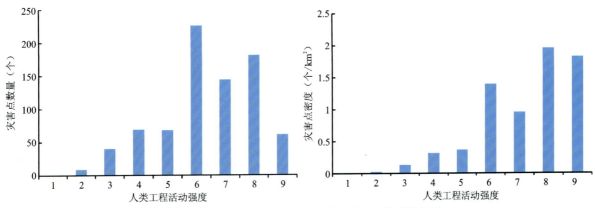

图 3-71　地质灾害空间分布与人类工程活动强度的关系

第四节 地质灾害易发性评价

一、地质灾害易发性评价方法

地质灾害易发性是指在一定的地质构造、地形地貌、气候条件和人类工程活动条件下,地质灾害易发生的可能性。目前,已经形成了多种地质灾害易发性空间预测模型,总体上可分为两大类:定性评价模型和定量(半定量)评价模型,主要包括:统计模型、系统模型、模糊数学模型、信息量模型、专家系统模型、神经网络模型、支持向量机模型和图像识别系统等(Yang et al.,2015b)。本次采用基于GIS的信息量模型和层次分析法,分析地质灾害主要影响因素及相关信息,进行地质灾害易发程度分区评价。

1. 信息量模型

信息量模型已被广泛应用于地质灾害易发性评价研究中,它是一种基于统计分析的预测方法,通过已变形或破坏的地质体的现实情况把反映各种评价地质体稳定性因素的实测值转化为反映地质体稳定性的信息量值,即用评价地质体稳定性的各因素的信息量来表征其对地质体变形破坏的贡献的大小,进而评价地质体稳定性程度(陶舒等,2010;牛全福等,2011;Xu et al.,2012)。

信息预测学对信息的基本描述是用概率表示的,地质灾害信息预测主要是以概率为基础的综合信息模型。地质灾害受多种因素影响,综合信息模型所考虑的是一定地质环境下的最佳地质灾害因素组合,包括基本因素的数量和基本状态。对于某一具体斜坡而言,信息模型所考虑的是一定区域内所获取的与地质灾害相关的所有信息的数量和质量(陶舒等,2010;牛全福等,2011,Xu et al.,2012),用信息量表示为:

$$I_{A_i \to B} = \ln \frac{P(B/A_i)}{P(B)} \quad (i=1,2,3,\cdots,n) \tag{3-1}$$

式中,$I_{A_i \to B}$ 表示标志 A 在 i 状态显示事件 B 发生的信息量;$P(B/A_i)$ 为标志 A 在 i 状态下实现事件 B 的概率;$P(B)$ 为事件 B 发生的概率。

在具体计算过程中,为了计算方便通常将总体概率改用样本频率进行估算,于是式(3-1)可转化为:

$$I_{A_i \to B} = \ln \frac{N_i/N}{S_i/S} = \ln \frac{S \times N_i}{N \times S_i} \quad (i=1,2,3,\cdots,n) \tag{3-2}$$

式中,$I_{A_i \to B}$ 表示在地质灾害预测过程中因子指标 A 在 i 状态显示地质灾害(B)发生的信息量;N_i 为具有因子指标 A_i 出现地质灾害的单元数;N 为工作区内已知地质灾害分布单元的总数;S_i 为因子指标 A_i 的单元数;S 为工作区单元总数。

当 $I_{A_i \to B} > 0$ 时,说明因子指标 A 在状态 i 存在条件下可以提供地质灾害发生的信息,信息量越大,地质灾害可能发生的概率越大;当 $I_{A_i \to B} < 0$ 时,表明因子指标 A 在状态 i 存在条件下不利于地质灾害的发生;当 $I_{A_i \to B} = 0$ 时,表明因子指标 A 在状态 i 存在条件下与工作区总体地质灾害发育分布情况相似,不提供有关地质灾害发生与否的任何信息,即因子指标 A 的状态 i 可以筛选掉,排除其作为地质灾害预测因子。

2. 层次分析法

层次分析法(analytic hierarchy process,简称AHP)是将与决策总是有关的元素分解成目标、准则、方案等层次(图 3-72),在此基础之上进行定性和定量分析的决策方法。该方法是美国运筹学家匹茨堡大学教授萨蒂于 20 世纪 70 年代初在为美国国防部研究"根据各个工业部门对国家福利的贡献大小而进行电力分配"课题时,应用网络系统理论和多目标综合评价方法提出的一种层次权重决策分析方法。

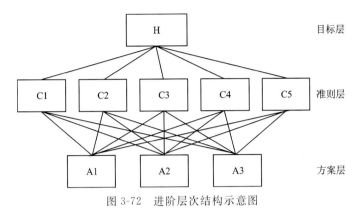

图 3-72 进阶层次结构示意图

二、地质灾害易发性评价指标体系

在信息模型预测过程中,评价指标的选取是否合理直接关系到预测结果是否可靠。地质灾害的类型、规模、时空规律与灾害的诱发因素有着密切的关系。大量实践和理论研究表明,地质灾害的影响因素主要包括:地形地貌、地层岩性(工程地质岩组)、地质构造条件等内因,以及地震、降雨、人类工程经济活动等外因。当然,不同的因素在不同类型灾害的发生、演化过程中所起的作用存在一定的差异,本次基于信息量模型的地质灾害易发性评价流程图(图 3-73)如下。

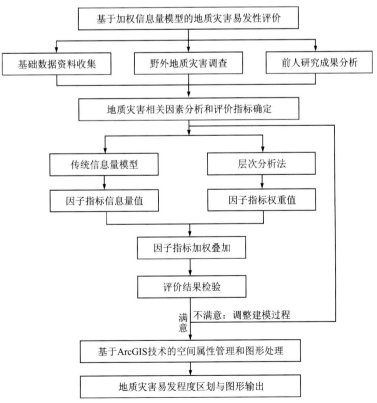

图 3-73 基于信息量模型的地质灾害易发性评价流程图

在地质灾害发育分布特征和地质灾害相关因素分析的基础上，选择对地质灾害发育具有重大影响的环境因素，建立（非震）降雨主导型地质灾害易发性评价的指标体系。对于地形地貌，地形坡度和地形起伏度对地质灾害发育具有更大的影响作用，因此选择地形坡度和地形起伏度来表征地形地貌对地质灾害易发性的影响；对于地层岩性和岩体结构，采用同时考虑两者的工程地质岩组来表征其对地质灾害易发性的影响；活动断层能够引起地形地貌演化，造成断层附近岩体破碎，增加地质灾害强度，因此选择到断层距离来表征构造活动对地质灾害易发性的影响；工作区历史地震频发，导致区域地震动峰值加速度值较高，增加了地质灾害发育强度，选择我国第五代地震动峰值加速度区划来表征历史地震活动对地质灾害易发性的影响，但由于工作区地震动峰值加速度都位于同一范围，故本次不选取地震动峰值加速度作为指标；选择河网密度来表征河流深切、河岸库岸对地质灾害易发性的影响；选择年24h最大降雨量来表征气象水文条件对地质灾害易发性的影响；人类工程活动主要集中于河谷两岸、坡度较缓的地区，这里城镇和道路密度较高，选择人类工程活动强度来表征人类工程活动对地质灾害易发性的影响。综上所述，本书选择地形坡度、坡向、坡形、地形起伏度、地表粗糙度、工程地质岩组、到断裂距离、河网密度、年24h最大降雨量和人类工程活动强度10个因子指标，进行地质灾害易发性评价工作。

三、因子指标信息量和权重值计算

1. 因子指标信息量计算

选择地质灾害（崩塌、滑坡、泥石流）661处，其中，崩塌169处，滑坡366处，泥石流126处。基于ArcGIS地理信息系统平台，对参与地质灾害易发性评价的因子指标图层进行空间分析。对因子指标图层进行等级划分，获得因子指标等级区间的面积和位于该区间内的地质灾害点数量，采用信息量模型见图3-73，计算因子指标等级的信息量见表3-7。

表3-7 地质灾害易发性评价因子信息量表

评价因子		因子等级	信息量值		
			S_i	N_i	I_i
地形地貌条件	地形坡度（°）	0～5	385 931 250	16	−1.823 7
		5～10	175 650 000	17	−0.975 9
		10～15	181 566 875	28	−0.510 1
		15～20	190 035 000	61	0.222 9
		20～25	193 240 625	92	1.117 1
		25～30	238 872 500	103	0.918 1
		30～35	203 799 375	81	0.936 6
		35～40	186 393 125	57	0.874 5
		40～45	103 471 875	33	0.816 5
		45～50	56 106 875	14	0.728 8
		50～55	24 001 875	5	0.209 3
		55～60	12 556 250	1	−0.170 8
		60～65	17 550 625	1	−0.505 7
		65～70	16 406 250	1	−0.438 3
		≥70	125 000	0	−0.216 5

续表 3-7

评价因子		因子等级	信息量值		
			S_i	N_i	I_i
地形地貌条件	地形起伏度（m/km²）	0～30	255 319 375	46	−0.488 1
		30～60	292 729 375	95	0.100 3
		60～90	393 296 875	143	0.213 9
		90～120	408 481 875	141	0.162 0
		120～150	275 175 000	66	−0.202 0
		150～200	143 713 125	43	0.019 0
		200～250	68 157 500	18	−0.105 7
		250～300	60 578 125	5	−1.268 7
		≥300	0	0	0
地质条件	工程地质岩组	坚硬的厚层状砂岩岩组	0	0	0
		较坚硬—坚硬的中—厚层状砂岩夹砾岩、泥岩、板岩岩组	493 006 875	132	−0.151 8
		软硬相间的中—厚层状砂岩、泥岩夹灰岩、泥质灰岩及其互层岩组	9 003 125	7	0.820 6
		软弱—较坚硬薄—中厚层状砂、泥岩及砾、泥岩互层岩组	7 009 375	10	1.428 6
		软弱的薄层状泥、页岩岩组	0	0	0
		坚硬的中—厚层状灰岩及白云岩岩组	9 894 375	2	−0.537 4
		较坚硬的薄—中厚层状灰岩、泥质灰岩岩组	152 000 625	86	0.502 4
		软硬相间的中—厚层状灰岩、白云岩夹砂、泥岩、千枚岩、板岩岩组	13 003 125	7	0.452 9
		较坚硬—坚硬薄—中厚层状板岩、千枚岩与变质砂岩互层岩组	604 991 875	196	0.051 0
		较弱—较坚硬的薄—中厚层状千枚岩、片岩夹灰岩、砂岩、火山岩岩组	420 972 500	71	−0.707 9
		坚硬块状花岗岩、安山岩、闪长岩岩组	4 996 875	0	0
		软质散体结构岩组	26 000 000	50	1.725 9
	坡向	N	381 283 750	52	−0.840 2
		NS	197 212 500	62	−0.005 0
		E	190 617 500	68	0.121 3
		SE	191 904 375	71	0.157 7
		S	179 091 875	59	0.041 7
		SW	195 543 750	76	0.207 0
		W	208 732 500	92	0.332 8
		NW	199 410 000	71	0.119 4

续表 3-7

评价因子		因子等级	信息量值		
			S_i	N_i	I_i
地质条件	坡形	<−40	17 483 125	4	−0.174 4
		−40～−20	128 039 375	42	0.185 8
		−20～−10	159 229 375	62	0.357 3
		−10～−5	232 612 500	109	0.542 4
		−5～0	233 256 875	78	0.205 0
		0	376 859 375	3	−3.532 7
		0～5	224 288 750	73	0.178 0
		5～10	172 166 250	63	0.295 1
		10～20	233 209 375	60	−0.057 0
		20～40	158 615 625	33	−0.269 4
		>40	17 325 000	5	0.057 8
	地表粗糙度	<1	217 691 875	96	0.305 7
		1～1.1	548 225 625	195	0.093 9
		1.1～1.2	519 933 750	143	−0.159 4
		1.2～1.3	259 736 250	74	−0.216 7
		1.3～1.4	115 716 875	37	−0.088 1
		1.4～1.5	43 920 625	14	−0.117 9
		1.5～2	32 628 125	13	0.179 2
		>2	1 992 500	2	1.029 1
	到断裂距离（m）	0～500	67 434 375	58	0.897 7
		500～1000	60 652 500	46	0.847 4
		1000～2000	121 300 625	89	0.604 8
		2000～4000	233 218 750	157	0.513 5
		4000～6000	198 966 250	109	0.289 0
		6000～8000	178 963 125	58	−0.314 6
		8000～10 000	167 053 750	61	−0.165 7
		10 000～15 000	341 201 875	72	−0.710 4
		15 000～20 000	243 400 625	46	−0.784 7
		>20 000	123 273 125	0	0
气象条件	河网密度（m/km²）	0～0.2	198 567 536	7	−2.384 6
		0.2～0.4	265 860 704	21	−1.486 8
		0.4～0.6	400 447 040	103	−0.378 0
		0.6～0.8	374 854 560	140	−0.017 1
		0.8～1.0	252 612 832	119	0.207 8

续表3-7

评价因子		因子等级	信息量值		
			S_i	N_i	I_i
气象条件	河网密度 (m/km²)	1.0～1.2	137 296 128	132	0.921 2
		1.2～1.4	62 325 216	65	1.002 6
		1.4～1.6	28 452 816	36	1.195 8
		1.6～2.0	10 688 624	12	1.076 3
		>2.0	9 333 728	26	1.985 0
	年24h最大雨量 (mm)	<40	1 378 782 900	258	−0.436 7
		40～60	0	0	0
		60～80	10 563 300	19	0.279 8
		80～100	141 025 500	106	0.790 6
		100～120	283 248 900	135	0.448 8
		120～140	57 172 500	67	1.230 2
		>140	15 790 500	15	0.688 7
人类工程活动	人类工程活动强度	1	247 391 875	0	0
		2	340 263 750	6	−2.855 5
		3	303 486 875	31	−1.249 5
		4	219 213 125	58	−0.379 0
		5	186 135 625	55	−0.230 0
		6	162 170 625	183	1.108 8
		7	150 827 500	101	0.730 5
		8	92 508 125	127	1.448 1
		9	33 466 875	43	1.377 2

2. 因子指标权重计算

采用层次分析法计算因子指标的权重：地形坡度权重值 $W_1=0.144$，地形起伏度权重值 $W_2=0.038$，坡向权重值 $W_3=0.056$，坡形权重值 $W_4=0.054$，地表粗糙度权重值 $W_5=0.054$，工程地质岩组权重值 $W_6=0.114$，到断层距离权重值 $W_7=0.124$，水系密度权重值 $W_8=0.141$，年24h最大降雨量 $W_9=0.142$，人类工程活动强度 $W_{10}=0.133$。

四、地质灾害易发性评价结果

根据信息量模型和层次分析法获得的地质灾害因子指标的信息量和权重值，在ArcGIS中进行10个因子加权叠加，得到滑坡易发性指数(landslide susceptibility index，LSI)(式3-3)。LSI值越大，该区域滑坡易发程度越高。

$$\mathrm{LSI} = \sum_{i=1}^{n} W_i I_i \qquad (i=1,2,3,\cdots,n) \tag{3-3}$$

式中，i 为高程、坡度、坡向等影响因子；n 为影响因子总数。

在本次研究中，将 10 个影响因子按照式（3-3）进行叠加得到滑坡易发性评价结果（图 3-74）。基于自然间断法将结果分为 4 类，分别是高易发区、较高易发区、中易发区和低易发区（表 3-8），分别占总面积的 16.70%、29.27%、31.14%、22.89%，高易发区和中易发区发育了约 87% 的滑坡，说明研究结果与已知滑坡的分布情况比较吻合，滑坡易发性划分具有较高的精度，高易发区、较高易发区主要分布在工作区人类工程活动较多的区域，沿着岷江及其支流两岸呈带状分布，中、低易发区主要分布在工作区人类工程活动相对较少的区域。

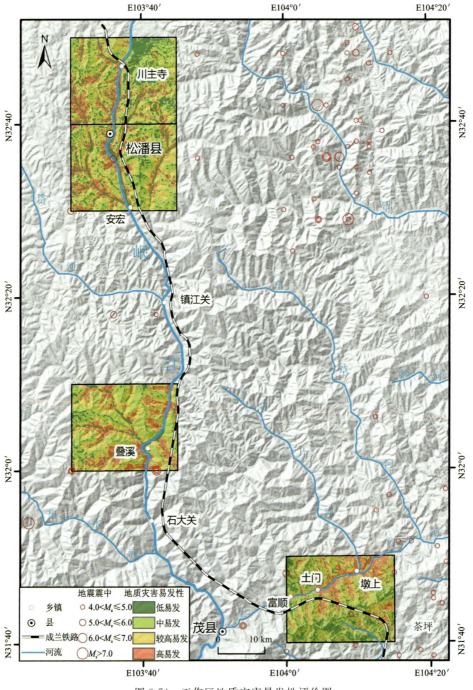

图 3-74 工作区地质灾害易发性评价图

表 3-8　滑坡易发性分区统计表

滑坡易发性等级	各等级内预测栅格数	各等级内预测栅格数占工作区总栅格数百分比	实际滑坡面积栅格数	实际滑坡面积栅格数占工作区总滑坡面积栅格数百分比
高易发区	465 517	16.70	132 165	67.00
较高易发区	815 777	29.27	41 008	20.8
中易发区	867 694	31.14	17 195	8.72
低易发区	637 762	22.89	6893	3.48

第五节　小　结

本章在收集和实地调查工作区内滑坡、崩塌和泥石流地质灾害的基础上，分析了区内地质灾害的时空分布规律和发育特征，剖析了地质灾害的形成条件和影响因素，在此基础上采用信息量模型和层次分析法评价了区内滑坡易发性，并选取区内典型地质灾害为案例，深入剖析其形成机理，得到以下主要结论：

（1）岷江上游地质灾害频发，地质灾害主要类型包括崩塌、滑坡和泥石流，收集和调查发现地质灾害共 2202 处，漳腊幅、松潘幅、叠溪幅和土门幅 4 个 1∶5 万重点图幅内地质灾害 661 处，其中崩塌 169 处、滑坡 366 处、泥石流 126 处，规模以中小型为主。

（2）区内崩塌、滑坡和泥石流灾害沿岷江两岸具有明显的分段性。崩塌沿岷江分布特点和滑坡基本一致，陡坡的硬质岩分布段（汶川-茂县段）为震裂危岩高发区，而陡峭的软质岩段（茂县-松潘段）为崩塌的高发区。滑坡沿岷江河谷呈线状分布，类型多样，具有成群成带的分布特点，但在空间上分布不均匀，主要集中在断裂带附近。泥石流主要沿断裂构造带分布，断裂带内岩层破碎、风化强烈，为泥石流提供了丰富的固体松散物质，此外一些由建筑施工、人工弃渣等形成的堆积体在降雨激发作用下形成的坡面流或者沟谷型泥石流。

（3）区内发育新生型的滑坡，规模一般较小，主要由强降雨和人类工程活动诱发；大型古（老）滑坡较为发育，整体稳定性较好，但受人类活动和强降雨作用而发生局部复活。区内泥石流较为发育，这与区内构造活动强烈、岩土体结构松散形成了大量松散堆积物有关。

（4）汶川地震诱发了大量的地质灾害，震后区内地质灾害点数量激增为震前灾害点的 3.1 倍，其中崩塌增加最为明显，为震前的 10.1 倍，滑坡为震前 2.6 倍，泥石流为震前的 2.6 倍。在地质灾害规模上，震后增加的滑坡主要以大型以下为主，数量基本上是震前的 2 倍左右；崩塌在大型、中型、小型均有很明显的增加，数量均在震前的 5 倍以上；震后泥石流也明显增加，其中大中小型泥石流均为震前的 2 倍以上。

（5）区内的地形地貌、地质构造、地层岩性为区内地质灾害孕育提供了有利条件，地震活动、降雨和人类工程活动是其发生的诱发因素。基于信息量模型和层次分析法，以区内的孕灾因素和促灾因素为评价因子开展区内滑坡易发性评价。分析结果表明，高易发区、较高易发区主要分布在工作区人类工程活动较多的区域，沿着岷江及其支流两岸呈带状分布，中、低易发区主要分布在工作区人类工程活动相对较少的区域。

第四章 岩质斜坡变形破坏模式分析——以茂县-北川公路层状岩质斜坡为例

第一节 概 述

一、层状岩质斜坡典型灾害特征

斜坡泛指地壳表部一切具有侧向临空面的地质体，是地球表面常见的一种地貌形态，一般分为天然斜坡和人工边坡两种（李东林，2007）。我们一般把地质历史时期在地质营力和自然营力作用下形成斜坡称之为天然斜坡，而把由于人类活动的改造而形成的具有较规则几何形态的斜坡体称之为人工边坡（赵肃菖，1998；唐辉明，2008）。天然斜坡和人工边坡在形成和演化的过程中，在各种自然作用和人为因素的协同作用下，坡体内原有的应力状态不断地发生变化，为了适应这种变化，斜坡将不断地调整自身的状态，进而发生不同形式和不同规模的变形和破坏（张倬元等，1994）。

按照斜坡的物质组成，人们往往将斜坡分为岩质斜坡和土质斜坡，与土质斜坡相比，岩质斜坡由于长期接受地质建造和构造运动的改造作用，岩体内部发育有一系列断层、层面、挤压带、节理裂隙等结构面，这些结构面在岩体内部相互穿插形成结构面网将岩石切割成各种形态的结构体，岩质斜坡的稳定性受这些软弱的岩层面控制，使得岩体内部物质的连续性被破坏（谷德振，1983；黄洪波，2003；李祥龙，2013）。自然界中的大部分岩石在成岩过程中往往会形成一组或多组结构面，结构面的存在使岩体力学性质及变形破坏特征呈现出明显的各向异性。层状岩体是一种有一组原生结构面十分发育的地质体（陈志坚，2001），它们在自然演化或人类活动的作用下一侧临空，从而形成各种各样的层状岩质斜坡。根据斜坡的成因类型，陈祖煜（2005）将层状岩质斜坡划分为2种，一种是以沉积岩为代表的与原生建造有关的原生层状结构，另一种是以变质岩为代表的与构造成因有关的板裂层状结构。在全球陆地表层出露的所有岩石中，仅沉积岩的出露面积就占到了陆地总面积的四分之三（朱筱敏，2008），因此层状结构的岩石斜坡在全球广泛存在，是工程建设过程中最为常见的一种斜坡类型，随着人类工程在山区逐步开展，层状岩质斜坡的稳定性问题突出地涌现出来，由层状岩质斜坡发生失稳而导致的崩塌、滑坡和泥石流等地质灾害问题给人类带来了惨痛的教训。

1903年发生在加拿大Alberta省的Frank滑坡（因地下采煤而造成了方量达$3000×10^4 m^3$的灰岩体），几乎摧毁了整个Frank镇，造成83人死亡、23人受伤的重大事故，加拿大太平洋铁路被损坏（王涛，2013）。1941年3月，美国的Brilliant边坡因开挖失稳使得铁轨变位并导致一列火车脱轨，规模约为$8×10^4 m^3$。1959年法国东南部Rayran河上高约66m的马尔赛（Malpasset）双曲拱坝初次蓄水时，因左坝肩片沿麻岩中的绢云母页岩发生滑动，导致坝体破裂而失稳，下游的Frejus镇被部分摧毁，共造成

421人死亡。1963年意大利Vajiont蓄水后导致拱坝上游左岸约 $2\times10^8\mathrm{m}^3$ 的山体迅速下滑填满库区，形成巨大的涌浪漫过坝顶，对下游多个村镇造成毁灭性破坏，共致2000多人丧生（王兰生，2007）。1971年3月，秘鲁发生的Churgar岩崩，导致约 $10\times10^4\mathrm{m}^3$ 的岩崩物质滑入湖中形成高约30m的涌浪，导致沿岸的Churgar矿公司驻地被摧毁，死亡人数为400～600人（黄润秋，1994）。

1961年3月6日发生的塘岩光滑坡是我国首例因水库蓄水触发的大型滑坡，塘岩光滑坡位于柘溪水库近坝库区右岸，为顺层滑坡，斜坡倾角与岩层倾角基本一致，约35°～40°，斜坡主要物质组成为细砂岩夹薄层板岩，局部破碎夹泥层。在水库蓄水初期，坡体表部岩土体沿岩层面滑入水库，体积约 $165\times10^4\mathrm{m}^3$，涌浪漫过坝顶对下游造成严重破坏，造成40人死亡（金德镰，1986；肖诗荣，2009）。1965年11月22日云南省禄劝县金沙江一级支流普福河中下游烂泥沟地区，在长达50d的降雨作用下约 $45\,000\times10^4\mathrm{m}^3$ 斜坡岩土体顺层失稳，这次滑坡事件造成周围5个村庄被掩埋，444人死亡，上千人被迫搬迁，并且滑坡堆积体堵塞河道形成一蓄水体积约 $500\times10^4\mathrm{m}^3$ 的堰塞湖（程先锋，2015）。1980年7月3日，成昆铁路铁西车站附近发生顺层垮塌，约 $220\times10^4\mathrm{m}^3$ 的滑坡堆积体堵塞铁西隧道入口（中铁二院，1982）。1982年7月16日发生在重庆市云阳县的鸡扒子滑坡，斜坡三面临空，斜坡结构以软硬相间的砂泥岩互层为主，连续的强降雨导致大量雨水渗入坡体内部，泥岩遇水软化强度折减，约 $1500\times10^4\mathrm{m}^3$ 的滑坡体顺层面冲入长江，由于搬迁及时，未有人员伤亡，但是整个宝塔镇数千间房屋被摧毁，滑坡堆积体阻塞航道数月，严重影响了长江航运（地矿部，1983）。2003年7月13日湖北省秭归县青干河南岸的千将坪村约 $1500\times10^4\mathrm{m}^3$ 的山体滑入长江支流青干河并阻塞河道，该滑坡是三峡库区蓄水以来的第一个顺层岩质滑坡，滑坡导致14人死亡，10人失踪，无数房屋、厂房被摧毁（Wang，2004；廖秋林，2005；钱明明，2018）。

二、茂县-北川公路层状岩质斜坡失稳概况

在青藏高原快速隆升、河流深切及强烈的风化剥蚀的相互作用下，该地区地质环境极为特殊和复杂，形成了大量的不稳定斜坡，在内、外地质营力长期作用下，斜坡不断发生变形和破坏，导致崩塌、滑坡和泥石流等斜坡地质灾害极为发育。斜坡的发展演化过程与其岩性组成、坡体的坡形、坡度、岩层产状和接触面特征等坡体的结构特征密切相关，因此坡体结构是体现斜坡地质环境的重要因素，从本质上代表斜坡的灾变机制、成因及可用于预测斜坡的稳定性。

茂县-北川公路位于四川省阿坝藏族羌族自治州茂县和绵阳市北川县内，由茂县为起点，线路沿线依次经过凤仪镇、光明乡、富顺乡、土门乡、东兴乡、墩上乡、禹里乡到达北川老县城（曲山镇），全长约89km，属于省道S302的一段。该线路作为一条东西向延伸的交通干线，在起点茂县处与G213相接，向东于土地岭与正在修建的绵（竹）-茂（县）线相接，不仅是阿坝州通往川中绵阳、江油等地区的重要通道，作为川北地区连接九寨沟环线东西两线的交通干道，大大缩短了东西两线的距离。茂县-北川公路沿线山体多以志留系茂县群第三组绢云母千枚岩、碳质千枚岩等软岩为主，受地震影响山体多松散破碎，岩体自身稳定性较差，同时公路两侧因扩建切坡，导致沿线斜坡稳定性整体较差，崩塌、滑坡、泥石流等地质灾害密集发育（图4-1），茂北公路自修建以来一直面临着各种各样的斜坡变形失稳问题。正确划分与鉴别斜坡的结构类型对于斜坡的稳定性预测具有重要意义，因此深入研究斜坡的结构类型，结合斜坡的岩土体类型和斜坡所处的地质环境条件对斜坡的稳定性预测预报理论具有重要的理论价值和应用价值。本章基于斜坡的坡体结构调查对研究区内的层状岩质斜坡的结构进行分类研究，建立了基于层状岩质斜坡坡体结构分类体系，结合研究区内层状岩质斜坡失稳破坏的典型案例，总结了各种类型斜坡的变形破坏模式，为边坡稳定性评价提供依据。

(a) 坡顶坠落下的巨石阻断茂北公路（镜向NE）
（富顺乡东侧出口，拍摄于2018年7月11日）

(b) 崩积物堵塞茂北公路（镜向NE）
（洼底乡，拍摄于2018年7月13日）

(c) 反倾斜坡崩积物堆积在茂北公路路面（镜向W）
（土门加油站东侧，拍摄于2018年7月29日）

(d) 坡表崩积物堆积与茂北公路路面（镜向NE）
（东兴乡黄草坪，拍摄于2018年8月4日）

图 4-1　2018年茂北公路土门段典型层状岩质斜坡灾害事件

第二节　主要斜坡结构特征

斜坡的破坏型式及其变形破坏机理都受到斜坡结构的控制，因此，要预测斜坡破坏及其可能造成的灾害，首先应从能看见、可量测的斜坡结构的调查研究着手。所谓斜坡结构是指斜坡岩土体结构及其与坡形间的组合关系。孙玉科（1983）和彭冬菊（2008）认为，斜坡所处的地质环境，斜坡的岩土体介质以及斜坡的结构特征是决定斜坡变形破坏地质模式的重要条件，从以往的大量调查资料显示，正是这些斜坡岩土体性质及内部结构及其与坡面的组合关系与斜坡的破坏类型及其发生概率有着非常明显的对应关系，并且，这种对应关系还可以通过地质分析和力学计算来进行合理的解释。因此，在野外调查的基础上通过对斜坡结构类型的划分深化对斜坡稳定性的认识，并通过对典型灾害实例的详细调查检验修正以使认识渐趋精确。

一、研究区斜坡结构整体特征

基于野外调查分析，并借鉴前人工作经验，本次研究以斜坡体的物质组成做一级划分，岩土体结构做二级划分，共划分为均质土质斜坡、堆积体斜坡、绢云母千枚岩斜坡、碎裂状岩质斜坡和碳质千枚岩斜坡5类和10个亚类（表4-1）。

表 4-1 研究区斜坡结构类型划分表

物质成分分类	类型	亚类	研究区内斜坡结构类型	典型案例
土质斜坡	均质土质斜坡	黄土型斜坡	坡体主要由风成次生黄土组成，斜坡的变形破坏主要沿黄土内部的软弱带发展	九黄机场黄土滑坡；长沟村黄土型滑坡
		湖相沉积型斜坡	由古堰塞湖相沉积物组成，斜坡主要由粉土和黏土形成的深浅交替的韵律层理组，韵律层厚度在2～5cm之间	叠溪团结村滑坡；水晶坡滑坡
	堆积体斜坡	天然堆积体斜坡	斜坡主体由崩塌、滑坡或泥石流堆积体组成	茂县杨柳村古滑坡；松潘元坝子古滑坡
		人工堆填土斜坡	滑体物质主要由大量隧道堆弃渣组成，结构松散，堆渣块体粒径较大，粒径差别较大，但以5～20cm的碎石块体为主	茂县东兴乡朱包沟堆渣场
岩质斜坡	绢云母千枚岩斜坡	顺向层状岩质斜坡	以插入式斜坡为主，岩层倾角大于或等于坡面倾角，切层式斜坡一般较少，主要是开挖路基削坡而造成斜坡前缘岩层被切断	茂县石扇子村入口斜坡和新磨村滑坡
		横向层状岩质斜坡	研究区内常见的横向层状斜坡变形破坏模式为拉裂-旋转和拉裂-崩落2种	烂柴湾大桥斜坡、杏子坡村斜坡
		斜向层状岩质斜坡	以向临空面的拉裂-旋转破坏为主，斜反坡主要以块状倾倒为主	茂县大唐卫斜坡、茂县墩蒋家山滑坡
		反向层状岩质斜坡	中倾反向层状岩质斜坡主要发生块状-弯曲破坏，陡倾反向层状岩质斜坡主要发生块状-弯曲和顺节理面的滑移破坏	茂县瓦窑沟斜坡、唱斗村斜坡
	碎裂状岩质斜坡	碎裂状岩质斜坡	受到强烈的构造改造作用，斜坡岩体破碎严重，当岩体内部存在硬度较大的灰岩夹层时，岩体的破碎更加明显	茂县水垫村滑坡
	碳质千枚岩斜坡	碳质千枚岩斜坡	主要沿茂北断裂北段呈线状分布，天然状态下呈黑灰色，天然状态下的碳质板岩遇水后，岩体膨胀崩解，强度迅速降低，经水浸泡后会迅速变成深黑色的泥状	茂县永城村斜坡

二、岩质斜坡

岩质斜坡体从生成到破坏的漫长演化过程中，长期接受地质建造、构造运动及浅表生改造的综合作用，坡体内部形成了一系列断层、层面、挤压带、节理、裂隙等结构面，结构面的存在不仅破坏了斜坡体的连续性，其空间组合形成复杂多样的岩体结构控制着斜坡的稳定性。近百年来随着人类工程的不断在向山区开展，斜坡的稳定性问题也变得重要起来，逐渐受到重视。谷德振(1963,1979)、孙玉科(1965)、孙广忠(1988)在大量工程实践的基础上,通过地质力学的方法开创并发展了岩体结构理论,提出了结构面的种类、成因类型和组合关系,并认为结构面是影响岩体稳定的重要因素(孙玉科,2003)。同时,孙玉科(1983)、周德培(2008)等学者在岩体结构理论的基础上提出了"坡体结构"的概念,它不仅讨论了斜坡内结构面的空间关系,还考虑到了坡内主控结构面与斜坡临空面的关系以及斜坡所处的地质环境对斜坡的浅表生改造的影响,人们对于岩质斜坡稳定性的认知从"岩体结构"扩展到了"坡体结构"范畴,考虑的因素增多,研究范围变广,对于斜坡的稳定性分析更有利。

斜坡的坡体结构特征很大程度上决定了斜坡的变形破坏型式及变形破坏的影响范围。因此,在斜坡的稳定性分析过程中,我们应首先充分了解斜坡体的坡体结构特征,综合考虑斜坡工程地质岩组、岩体结构、优势结构面与坡面的组合关系以及后期浅表生改造对坡体结构的影响,准确地把握斜坡体变形机制和失稳类型,在此基础上从而才能运用数学和力学理论概化出用于斜坡稳定性分析的计算模型,进行斜坡稳定性的分析。

综上所述,斜坡的坡体结构很大程度上决定了斜坡的变形破坏模式,通过研究斜坡的坡体结构类型和变形破坏模式建立坡体结构地质力学模型,有助于对斜坡变形破坏力学机制以及发展趋势的分析。因此,建立一套基于坡体结构的斜坡变形破坏模式对于分析斜坡稳定性分析和预测具有重要实际意义。本章节在前人研究的基础上,对研究区内的层状岩质斜坡进行了详细的野外调查,根据研究区内层状岩质斜坡发育的实际情况,综合考虑斜坡的工程地质岩组、岩体结构类型、优势结构面的工程地质特性、斜坡地地形地貌特征、地质构造及斜坡的浅表生改造行迹、人类工程的改造作用等因素,构建符合研究区层状岩质斜坡总体特征的坡体结构类型,并分别分析每种斜坡类型可能发生的变形破坏模式,为斜坡的稳定性分析奠定基础。

第三节 基于坡体结构的层状岩质斜坡发育类型

一、层状岩质斜坡坡体结构分类的目的与原则

斜坡坡体结构的分类研究是斜坡稳定性分析评价流程中的一个重要环节。在斜坡的野外地质调查研究过程中,可通过各分类的基本特征对斜坡所属的结构类型进行快速识别,迅速掌握斜坡的物质组成、优势结构面的空间展布和力学性质等基本工程地质要素,以及可能影响斜坡稳定性的内、外地质因素,初步估计斜坡可能产生的变形破坏方式、范围和规模,并对斜坡的稳定性做出初步评价。因此,要求我们在前期斜坡分类的过程中,各斜坡分类除了简便、实用以外,同时还要考虑到层状岩质斜坡的变形特点和破坏型式。

二、层状岩质斜坡物质组成类型

层状岩质斜坡是岩质斜坡的一种,主要包含2种基本成因类型:一个是以沉积岩为代表的与原生建造有关的原生层状结构,另一个是以构造成因相关的板裂层状结构(陈祖煜,2005)。研究区内出露岩层主要为志留系茂县群第三组(SM^3)的千枚岩、板岩和片岩,以变质岩为主,受构造作用的影响,表现出强烈的揉皱变形和挤压破碎,岩体自身稳定性较差,在强降雨、人类工程活动等外界因素的扰动下,斜坡体极易变形失稳。

通过野外调查发现,研究区内主要发育两种类型的变质岩。

(1)碳质千枚岩:天然状态下呈灰色,遇水后变成黑灰色,岩石具粒状鳞片变晶结构,千枚状构造,主要沿断裂带两侧分布。黑色碳质千枚岩中间夹有石英层,主要呈白色,局部泛黄,厚度5~20cm不等,呈不连续地分布于碳质板岩的层理之间,石英夹层厚度不稳定,强度较低,手捻后呈白色粉末。开挖后,自然状态下岩体迅速风蚀剥落,随着试样含水率的增大,其结构性会逐渐消失,最后变成泥状(图4-2)。

(2)绢云母千枚岩:呈灰绿色,矿物成分以绢云母为主,多呈微粒状或片状;有时含有绿泥石、黑云母、石榴子石或十字石等,主要特征是能被剥成叶片状的薄片,表面呈显著的丝绢光泽,质地较软,遇水易软化,岩质软,岩层表面以及岩层破碎强烈处,千枚岩泥化较严重,承载力低(图4-3)。

(a) 永城村碳质千枚岩剖面(镜向NW)　　　　(b) 太安村碳质千枚岩剖面(镜向NE)

图 4-2　研究区内千枚岩剖面

(a) 绢云母千枚岩(镜向N)　　　　(b) 千枚岩破碎带泥化现象面(镜向SE)

图 4-3　研究区内的绢云母千枚岩

三、层状岩质斜坡坡体结构分类方案

谷德振(1963)将岩质斜坡中的岩体结构划分为了整体块状结构、层状结构、碎裂结构和散体结构4类,层状岩质斜坡作为岩质斜坡的一种,斜坡体内部有一组十分发育的原生结构面,对于层状岩质斜坡而言其原生结构面往往就是其优势结构面。原生结构面的倾角(α)大小、斜坡坡面倾角(β)的大小以及坡面倾向与原生结构面走向间的夹角(θ)大小控制着层状岩质斜坡的稳定性及其变形破坏的型式。因此,对于本次研究区内的层状岩质斜坡的坡体结构分类主要以斜坡岩体的原生结构面为重心,划分依据如下。

1. 按坡面倾向与岩层倾向间夹角划分

层状岩质斜坡的坡面倾向与岩层倾向间夹角(θ)的大小决定了斜坡岩体的临空状态,从而决定了斜坡可能发生的变形破坏型式和规模。一般来说,当θ较小时,岩层倾向与斜坡倾向基本一致,斜坡的变形破坏形式主要为沿层间软弱结构面的剪切-滑移破坏,当斜坡前缘临空面切层时,斜坡容易沿坡体内部顺倾向的软弱面发生向下的顺层剪切-滑移失稳,这种破坏一般发生的规模都比较大,影响较严重;当斜坡前缘坡脚处岩层插入地面时,斜坡岩体沿软弱面向前滑移受到阻挡,多在斜坡中下部形成剪出口发生滑移-弯曲-剪断或者滑移-剪断破坏;但是对于一些岩层倾角较小,岩体内发育大量微节理的斜坡,岩体总体的强度较低,斜坡体可能发生跨结构面的剪切破坏,灾害类型以崩塌为主(陈全明,2011;陈龙飞,2015)。当坡面倾向与岩层倾向斜交时,斜坡的变形破坏往往比较复杂,当斜坡岩层软弱夹层出露时,斜坡可发生类似顺向坡的滑移-弯曲或者顺层滑移-剪切等变形型式;当斜坡体内发育卸荷裂隙或者有一组倾向坡外的节理面时,斜坡岩体多在自身重力的作用下沿斜坡体内裂隙或节理发生向坡外的拉裂-旋转破坏;另外,当岩体内结构面较为发育时,两组倾向坡外的结构面相互组合将岩石切割成楔状的岩石块体,发生岩软弱构造组合面的楔形滑动破坏,但是这种变形破坏规模一般较小,以落石或者局部坍塌的型式为主(孙红月,1999)。当坡面倾向与岩层倾向直交时,若岩体的整体强度较好时,斜坡一般较稳定不易发生破坏,但是当斜坡岩体遭受较为严重的表生改造或者斜坡的坡高较大时,斜坡体内形成内自后缘向前缘延伸的拉裂缝,在岩体自身重力作用或者地震力的作用下,根据斜坡岩体的碎裂程度可能会发生拉裂-旋转和拉裂-溃滑破坏(裴钻,2011)。当坡面倾向与岩层倾向相反时,当斜坡岩体的整体强度较好时,由于斜坡岩体沿层面滑动变形受到限制,斜坡一般较稳定,但是当岩体内结构面发育较好时,斜坡易发生倾倒破坏,又根据结构面的发育程度及结构面的产状的不同,斜坡的倾倒变形破坏又可分为弯曲倾倒、块状倾倒和块状弯曲倾倒3种类型。

综上所述,坡面倾向与岩层倾向间的空间关系对于层状岩质斜坡的稳定性分析具有重要的意义,很多学者通过工程实例的调查确定了各斜坡分类中坡面倾向与岩层倾向间夹角(θ)的范围。刘汉超(1993)对岩层倾角大于10°以上的层状岩质斜坡按照坡面倾向与岩层倾向夹角(θ)大小划分了4种类型,即顺向坡($\theta \leqslant 30°$)、横向坡($60° < \theta \leqslant 120°$)、逆向坡($150° < \theta \leqslant 180°$)、斜向坡($30° < \theta \leqslant 60°$,$120° < \theta \leqslant 150°$)(表4-2)。

表4-2 层状岩质斜坡的结构分类(刘汉超,1993)

岸坡结构类型	岩层倾向与岸坡倾向间的夹角β	岩层倾角α	分类
Ⅰ 平缓层状岸坡	$0° \leqslant \beta \leqslant 180°$	$\alpha < 10°$	Ⅰ1 缓倾内层状岸坡
			Ⅰ2 缓倾外层状岸坡
Ⅱ 横向岸坡	$60° \leqslant \beta \leqslant 120°$	$0° \leqslant \alpha \leqslant 90°$	横向岸坡
Ⅲ 顺向层状岸坡	$0° < \beta \leqslant 30°$	$10° \leqslant \alpha \leqslant 20°$	Ⅲ1 缓倾外顺向层状岸坡
		$20° < \alpha \leqslant 45°$	Ⅲ2 中倾外顺向层状岸坡
		$\alpha > 45°$	Ⅲ3 陡倾外顺向层状岸坡
Ⅳ 逆向层状岸坡	$150° < \beta \leqslant 180°$	$10° \leqslant \alpha \leqslant 20°$	Ⅳ1 缓倾内逆向层状岸坡
		$20° < \alpha \leqslant 45°$	Ⅳ2 中倾内逆向层状岸坡
		$\alpha > 45°$	Ⅳ3 陡倾内逆向层状岸坡
Ⅴ 斜向层状岸坡	$120° < \beta < 150°$	$0° \leqslant \alpha \leqslant 90°$	Ⅴ1 斜向倾内层状岸坡
	$30° < \beta < 60°$		Ⅴ2 斜向倾外层状岸坡

2. 按照岩层倾角与坡面倾角大小及组合关系划分

斜坡的坡角大小决定了整个斜坡体内部的应力分布状况，随着坡角的增大，斜坡表面的张力带范围也随之扩大和增强，坡角应力集中带的最大剪应力值也随之增高(张倬元，1994)。斜坡岩层倾角的大小决定了斜坡变形破坏的控制因素并影响斜坡发生变形破坏的深度(黄润秋，1994)。因此，按照岩层倾角与坡面倾角大小及组合关系对层状岩质斜坡进行划分对于分析斜坡的稳定性具有重要意义。

当斜坡的岩层倾角较小时，斜坡的变形破坏与斜坡坡面倾向与岩层倾向之间的夹角关系不大，由于受构造作用的改造不明显，当斜坡坡面高度较大且坡面较陡时，在重力或表生改造的作用下，斜坡岩体沿着内部发育的相互近垂直的陡倾共轭"X"形节理发生渐进拉裂变形，进而发生滑移-拉裂、塑流-拉裂、倾倒-拉裂、剪切-错断、剪切-滑移和劈裂-溃曲等变形破坏模式(冯振，2014)。刘汉超(1993)、张倬元(1994)等学者根据层状岩质斜坡的岩层倾角大小，分别将岩层倾角(α)小于10°的斜坡划或小于层间软弱面的残余摩擦角(φ_r)的斜坡成为平缓层状斜坡。

对于顺层岩质斜坡而言，岩层倾角以及岩层倾角与坡角的组合关系决定了斜坡的稳定性，鲁海峰(2017)通过FLAC^{3D}的多裂隙模型模拟了不同层状岩质斜坡的结构面参数对于斜坡稳定性的影响，认为顺层岩质斜坡的安全系数随着岩层倾角α的增大呈先减、后增、再减的趋势，而反倾斜坡正好相反。当岩层倾角较小时，斜坡岩体在重力作用下岩层面发生剪切滑动，斜坡后缘以拉裂变形为主、前缘则以推挤剪切变形为主，当斜坡前缘岩层临空时，斜坡岩体顺层滑动，当斜坡岩层倾角大于斜坡坡角时，岩层向前滑动受阻，斜坡坡脚处往往因应力集中而导致失稳破坏，或者斜坡表层岩体在上部岩层的纵向压力作用下向临空面隆起并发生溃曲破坏(金星，2016)。当岩层倾角较大时，斜坡岩层近于陡立，在自重应力场以及表生改造的作用下，向临空面发生逆向倾倒，张勇(2009)通过有限元方法模拟了陡倾顺层斜坡在深切河谷卸荷应力场条件下的斜坡倾倒的力学机制。

对于反倾斜坡来说，岩层倾角在影响斜坡的变形破坏因素中占有主导地位，黄润秋(1994)通过对国内外多个典型反倾斜坡进行统计分析，认为反向坡中，当$\alpha>40°$，β处于50°~70°范围时，斜坡最容易发生破坏，当α在50°~60°之间时，斜坡发生变形破坏的深度最深；陈祖煜(2005)通过大量工程实例统计分析总结出反倾层状岩质斜坡变形破坏的岩层倾角与边坡角的关系，认为反倾岩质斜坡发生倾倒变形的起始倾角和坡角都大于等于20°，75%以上的弯曲倾倒变形集中在$80°<\alpha+\beta<130°$范围内，岩层倾角40°~70°，坡角40°~60°时反倾层状岩质斜坡发生弯曲倾倒变形的概率增大。

刘汉超(1993)将顺向斜坡和反向斜坡按照岩层倾角大小划分为缓倾($10°<\alpha\leqslant20°$)、中倾($20°<\alpha\leqslant45°$)、陡倾($45°<\alpha\leqslant90°$)3种类型(表4-2)，李铁锋(2002)在三峡库区岸坡层状岩质斜坡的结构分类时在此基础上增加了一个变倾角类型；龚涛(2009)将顺层岩质斜坡按照岩层倾角的大小划分为4类：缓倾角($5°<\alpha<15°$)、中等倾角($15°<\alpha<30°$)、陡倾角($30°<\alpha<65°$)和急陡倾角($65°~90°$)；张骞(2015)将层状岩质斜坡划分为：水平层状($\alpha<5°$，且$\alpha<$内摩擦角)、缓倾($5°<\alpha<15°$，$\alpha<\beta$)陡倾($35°<\alpha<65°$，$\alpha\geqslant\beta$)和近直立($85°<\alpha\leqslant90°$)4种类型。

3. 研究区内层状岩质斜坡结构的基本类型

综合前人在层状岩质斜坡分类中的经验，结合研究区68个层状岩质斜坡的野外调查结果，将斜坡的结构类型按4级划分：

1) Ⅰ级划分：物质组成

研究区内组成层状岩质斜坡的岩性主要有绢云母千枚岩和碳质千枚岩两种，二者虽然都属于软岩的范畴，但是其岩性差异很大，对斜坡的变形破坏具有不同的影响。绢云母千枚岩组成的斜坡具有明显的结构性，岩体内部结构面的组合对于斜坡的变形破坏具有控制作用，因此绢云母千枚岩斜坡还可根据斜坡的结构特性继续分类,而由碳质千枚岩组成的斜坡结构性对斜坡变形破坏的影响不明显,因此仅对其进行Ⅰ级划分。综上所述,通过斜坡的物质组成作为Ⅰ级划分条件将研究区内的层状岩质斜坡划分为绢云母千枚岩斜坡和碳质千枚岩斜坡两大类。

2) Ⅱ级划分:层状岩体的完整程度

对于绢云母千枚岩斜坡来说,层状岩体的完整程度不同,斜坡的坡体结构对于斜坡变形破坏的影响程度不同,岩体越破碎,结构面对斜坡变形破坏的控制作用就越弱(寸江峰,2007)。因此,根据斜坡层状岩体的完整程度将绢云母千枚岩斜坡划分为完整层状结构和破碎层状结构(表4-3)。

表4-3 研究区内层状岩质斜坡分类表

Ⅰ物质组成	Ⅱ层状岩体的完整程度	Ⅲ岩层倾向与坡向的关系		Ⅳ岩层倾角	变形破坏模式
绢云母千枚岩斜坡	完整层状结构	顺向层状结构		中倾顺向层状岩质斜坡	顺层面滑移
				陡倾顺向层状岩质斜坡	滑移-剪断 滑移-弯曲-压实-剪断 弯折倾倒
		横向层状结构			拉裂-旋转 拉裂-崩落
		斜向层状结构	斜顺向层状结构		拉裂-旋转
			斜反向层状结构		块状倾倒
		反向层状结构		中倾反向层状岩质斜坡	拉裂-崩落
				陡倾反向层状岩质斜坡	块状-弯曲倾倒 顺节理面滑移
	破碎层状结构				拉裂-切层滑移
碳质千枚岩斜坡					坍塌

3) Ⅲ级划分:岩层倾向与坡向的关系

斜坡体内的优势结构面控制着斜坡的变形破坏,对于层状岩质斜坡而言,岩体的原生结构面往往就是其优势结构面,而坡面倾向与岩层倾向间夹角大小(θ)决定了岩层面的临空状态,进而影响斜坡可能发生的变形破坏。因此根据坡面倾向与岩层倾向间夹角的大小(θ)将完整层状结构斜坡划分为5类:顺向层状结构($\theta<30°$)、横向层状结构($60°<\theta<120°$)、斜顺向层状结构($30°<\theta<60°$)、斜反向层状结构($120°<\theta<150°$)和反向层状结构($150°<\theta<180°$)(表4-3,图4-4)。

4) Ⅳ级划分:岩层倾角

对于顺向层状结构和反向层状结构斜坡来说,斜坡岩层倾角的大小对斜坡的变形破坏的型式和规模具有控制作用。野外调查数据显示,研究区内岩层倾角处于31°~81°范围内,按照刘汉超(1993)的分类标准(表4-2),按照岩层倾角的大小将顺向层状结构和反向层状结构的斜坡划分为陡倾和中倾2类(表4-2,图4-4)。

通过以上分类标准,我们按照物质组成、层状岩体的完整程度、岩层倾向与坡向的关系以及岩层倾角4级分类标准分别对研究区内所调查的68个典型斜坡进行斜坡结构类型的分类,总共划分为9个类别(表4-3),其中按照斜坡的物质组成将斜坡划分为绢云母千枚岩斜坡和碳质千枚岩斜坡2大类,其中

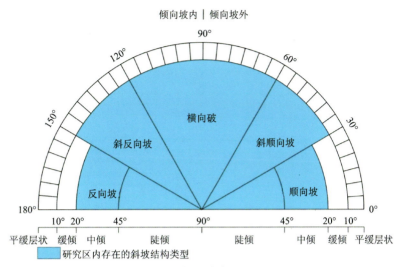

图 4-4 研究区内完整层状岩质斜坡分类(刘汉超,1993;李浩宾,2015 修改)

绢云母千枚岩斜坡 66 个,碳质千枚岩斜坡 2 个;绢云母千枚岩斜坡按照层状岩体的完整程度将其划分为完整层状结构和破碎层状结构 2 类,其中完整层状结构斜坡有 60 个,破碎层状结构斜坡 6 个;完整层状结构按照斜坡倾向与岩层倾向的夹角继续划分为顺向、斜顺向、横向、斜反向和反向层状结构 5 类,每种类别数量分别为 20 个、6 个、10 个、4 个和 20 个;最后,由于斜坡岩层倾角的大小对顺向坡和反向坡的变形破坏的型式和规模具有一定程度的控制作用,且研究区内岩层倾角处于 31°～81°范围内,因此岩层倾角又划分为中倾和陡倾两类,其中中倾顺向层状岩质斜坡和陡倾顺向层状岩质斜坡数量分别为 3 个和 17 个,中倾反向层状岩质斜坡和陡倾反向层状岩质斜坡数量分别为 5 个和 15 个(表 4-3,图 4-5,图 4-6)。

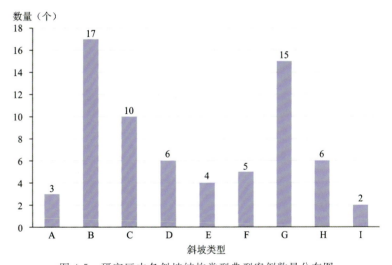

图 4-5 研究区内各斜坡结构类型典型案例数量分布图

A.中倾顺向层状岩质斜坡;B.陡倾顺向层状岩质斜坡;C.横向层状结构;D.斜顺向层状结构;E.斜反向层状结构;F.中倾反向层状岩质斜坡;G.陡倾反向层状岩质斜坡;H.破碎层状结构斜坡;I.碳质千枚岩斜坡

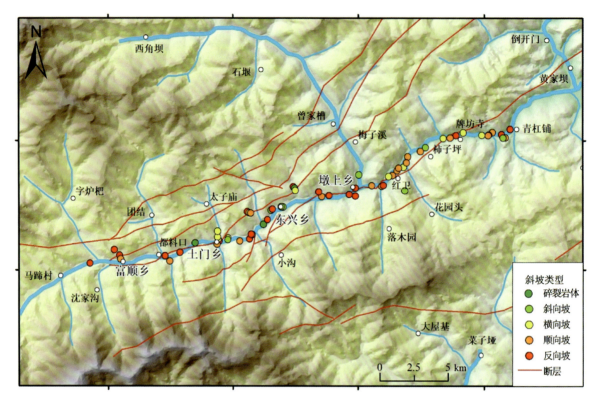

图 4-6 研究区内各斜坡结构类型区域分布图

第四节 典型层状岩质斜坡破坏模式分析

一、顺向层状岩质斜坡破坏特征

顺层岩质斜坡的岩层倾向与坡面倾向夹角处于 0°～30°的范围内，根据岩层倾角的大小可分为中倾顺向层状岩质斜坡（20°<α<45°）和陡倾顺向层状岩质斜坡（α>45°）。野外调查发现，研究区内的顺层层状斜坡以插入式斜坡为主，岩层倾角大于或等于坡面倾角，切层式斜坡一般较少，主要是开挖路基削坡而造成斜坡前缘岩层被切断。

顺层岩质斜坡具有多种的变形破坏模式，例如顺层面的滑移破坏、顺层面的滑移-弯曲破坏、滑移-剪断破坏以及陡倾岩层的倾倒破坏等，其中岩体的原生结构面是顺向层状岩质斜坡变形破坏模式的主要影响因素。

1. 中倾顺向层状岩质斜坡

研究区内的中倾顺层岩质斜坡数量相对较少，并且多为插入式顺层结构，属于稳定型斜坡，但是近年来随着茂北公路的不断拓宽，一些中倾顺向层状岩质斜坡的坡体前缘岩层被切断形成切层式结构，为斜坡向临空面滑移提供了空间，导致抗滑力减小，斜坡的稳定性降低。通过调查发现，研究区内的此类斜坡最常见的破坏型式为顺岩层面的滑动形成顺层滑坡。

这类斜坡变形破坏的模式主要发生在斜坡坡角大于岩层倾角的顺层岩质边坡中，斜坡前缘临空，岩体在自身重力的作用下沿下覆软弱面向临空面滑移,滑体解体后堆积在坡面和坡脚处。研究区内中倾顺向层状岩质斜坡因开挖路基削坡导致斜坡前缘岩层面临空,斜坡岩体沿坡面向临空面方向滑移,进而发生破坏。石扇子村入口斜坡[图 4-7(a)]和杏子坡东 100m 斜坡[图 4-7(b)]是两个典型的发生顺层面的滑移破坏的中倾顺向层状岩质斜坡,其中杏子坡东 100m 斜坡是 2013 年 7 月茂县特大暴雨期间发生顺层滑动。

(a) 石扇子村入口斜坡（镜向SW）　　　　　(b) 杏子坡东100m斜坡（镜向SW）

图 4-7　中倾顺向层状岩质斜坡

2. 陡倾顺向层状岩质斜坡

陡倾顺向层状岩质斜坡是研究区内最为常见的一类斜坡结构类型,这类斜坡的坡面倾角一般等于斜坡的岩层倾角,在后期表生改造以及人类工程活动过程中斜坡坡脚处岩层未切断,斜坡岩体向前滑移的空间受限,一般条件下斜坡的稳定性较好。但是,研究区内层状岩质斜坡主要由强变质的千枚岩、板岩等软岩组成,在长期的构造运动改造和表生改造的作用下,岩体内节理裂隙极为发育,岩体整体强度低且易风化,斜坡稳定性差。结合研究区内陡倾顺向层状岩质斜坡的变形破坏现象,可将其变形破坏模式划分为 3 类:滑移-剪断式变形破坏、滑移-弯曲-压实-剪断式变形破坏、弯折-倾倒式破坏。

1) 滑移-剪断式变形破坏

滑移-剪断式变形破坏是研究区内陡倾顺向层状岩质斜坡最为常见的一种变形破坏模式。研究区内陡倾顺向层状岩质斜坡的原始斜坡一般岩层倾角大于斜坡坡角,斜坡的稳定性较好,后期修建茂北公路对原始斜坡的坡角进行开挖,由于岩层陡倾,因此斜坡开挖过程中多沿层面刷坡,开挖后的岩层倾角等于斜坡坡角,坡脚处岩层直接插入地面,坡体内部的控制性结构面未被暴露于坡面以上,斜坡岩体向前滑移的空间受限,坡脚处的岩体在上部岩体重力作用的挤压下出现应力集中,"X"形的剪切节理裂隙发育,岩体整体强度降低,当上覆压力超过坡脚处岩体的承受极限时,斜坡沿缓倾外的节理面剪出,最终导致斜坡整体失稳。调查发现,研究区内的剪断破坏的前缘剪出口多位于高出路面 1~2m 的位置,残留的剪断面倾向坡外。这类斜坡的失稳是一个渐进性累积的过程,变形破坏特征比较明显,容易被识别,但是这种斜坡变形破坏所涉及的岩体深度较大,斜坡失稳对行人、车辆以及公路的基础设施具有较强的破坏性。

土门加油站西 300m 滑坡是研究区内典型的滑移-剪断式变形破坏的陡倾顺向层状岩质斜坡(图 4-6、图 4-7),斜坡位于茂北公路的一个 S 型弯道处,主要由 SM^3 千枚岩组成,岩层产状 $345°\angle 70°$,岩体主要包含两组节理面,其中节理 J_1 倾向坡内,产状 $165°\angle 20°$,节理 J_2 产状 $278°\angle 76°$。该斜坡的变形首先发生在上部,主要为沿岩层面的顺层剪切和沿节理 J_2 面发生侧向剪切,上部岩体沿层面发生蠕滑变形并对下部岩体产生挤压,最终在斜坡坡脚处沿倾向坡外的临空面剪出,斜坡上仍可见有部分滑坡的失稳块体残留在斜坡表面(图 4-8)。以这种变形破坏模式失稳的斜坡还很多,研究区内可见多处陡倾顺向层状岩质斜坡失稳后坡脚处残留的倾向坡外的剪断面(图 4-9)。

图 4-8　茂县土门加油站西 300m 滑坡

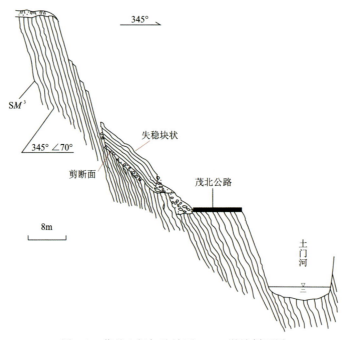

图 4-9　茂县土门加油站西 300m 滑坡剖面图

2）滑移-弯曲-压实-剪断式变形破坏模式

在层状岩质斜坡中，高陡的顺向层状斜坡是极容易产生顺层滑动从而形成滑坡的一类斜坡，除了滑移-剪断式变形破坏模式以外，滑移-弯曲-压实-剪断也是一种常见的变形破坏模式。研究区内，滑移-弯曲-压实-剪断式变形破坏模式主要存在于陡倾顺向层状结构的斜坡中。在陡倾的顺向坡中，当岩层倾角与斜坡坡角相等时，斜坡还可能发生滑移-弯曲-溃曲式的变形破坏。当斜坡内软弱结构面较发育时，高陡的顺向坡在长期的自身重力的作用下沿层间软弱面蠕滑，由于斜坡软弱面在斜坡前缘未临空，在斜坡表层岩体的蠕滑长期累积作用下，坡脚处岩层承受更多的纵向压应力，并在一定的条件下发生弯曲，在上部岩体强大的压力下部分向内弯曲的岩层被压密压实形成关键块体，随着上部压力不断增大，斜坡表层岩体沿关键块体上部或下部剪出。

蒋家山 2# 滑坡是研究区内一处典型的滑移-弯曲-压实-剪断式变形破坏的陡倾顺向层状岩质斜坡，该滑坡于 2008 年汶川地震时发生破坏并毁坏公路。调查时发现，在滑坡右侧边缘距离路面约 6m 和 17m 的位置有两处已经发生滑移弯曲剪断破坏的残留痕迹（图 4-11）。17m 位置处残留有一结构体，上部岩层沿其上部剪断面发生溃曲破坏，该结构体内部岩层向坡内发生强烈弯折，岩体破碎严重且层间出现脱层现象，岩体破碎处岩体风化严重，局部出现泥化现象。距路面高 6m 位置处残留岩层向坡外弯折，其上部岩体在重力作用下沿层间软弱结构面滑移，最终在该剪断面处向坡外滑出，形成滑坡。

(a) 大唐卫滑坡前缘剪断面（镜向NE）　　(b) 石扇子村桥头斜坡坡脚处剪断面（镜向SE）

图 4-10　滑移-剪断式变形破坏的残留剪断面

(a) 坡脚处溃曲破坏痕迹（镜向SE）　　(b) 距路面高6m处溃曲破坏痕迹

图 4-11　蒋家山 2# 斜坡右侧变形破坏痕迹

3）弯折-倾倒式变形破坏模式

在岩层倾角近于直立的陡倾顺向层状岩质斜坡中，斜坡顶部岩体在自重作用下往往发生向临空面的弯折-倾倒变形，这种变形破坏模式总体上可以包括以下 4 个过程。

（1）斜坡岩体卸荷板裂阶段：斜坡在形成的过程中，随着河流的不断下切，斜坡形成临空面，斜坡体内岩层发生强烈的卸荷回弹，发生重力重分布，斜坡边缘形成拉应力集中区，表层岩体受拉应力而发生板裂[图 4-12(a)]。

（2）斜坡岩体初始变形阶段：随着河流的进一步下切，斜坡的临空面的坡高和坡角不断增大，发生板裂的斜坡岩体的深度和程度不断加大，斜坡体内裂缝不断扩展，为雨水进入斜坡内部提供了良好的通道，加快了岩体的风化速度，使得岩体的强度进一步劣化，从而促进了斜坡岩体的纵向拉裂变形。同时，岩体在自身重力作用下产生向临空面的弯矩，由于岩体底部受限，因此岩体发生向临空面的弯折变形[图 4-12(b)]。

（3）斜坡岩体剪切面贯通阶段：随着斜坡变性的不断发展，斜坡岩体弯折变形加剧，在自身重力作用的弯矩下，斜坡产生向临空面的逆向倾倒，在一定条件下，岩体的最大弯折处发生折断，这些折断面进一步发展、贯通就构成了倾向坡外的剪断面[图 4-12(c)]。

（4）斜坡失稳破坏阶段：随着剪断面由后缘不断地向前缘扩展，斜坡体内潜在滑面贯通，在暴雨、地震等内、外营力作用下，沿贯通的剪切面发生高速整体滑动，形成滑坡[图 4-12(d)]。

野外调查发现，研究区内的墩上乡羊角村倾倒变形斜坡（图 4-13、图 4-14）是一处典型的发生弯折-倾倒破坏的陡倾顺向层状岩质斜坡中，斜坡前缘可见坡体顶部岩体弯折倾倒变形，初步判断斜坡可能处于斜坡岩体剪切面贯通阶段，由于坡脚处为茂北公路，斜坡的失稳可能造成严重的后果。

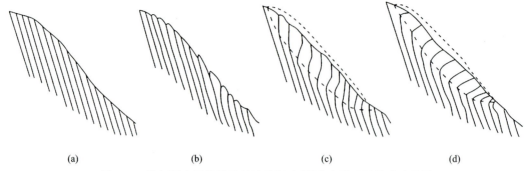

图 4-12 陡倾顺向层状岩质斜坡弯折-倾倒式变形破坏模式过程图

图 4-13 墩上乡羊角村倾倒变形斜坡前缘（镜向 SE）

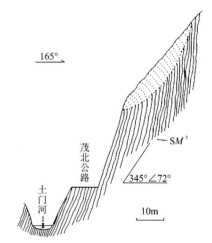

图 4-14 墩上乡羊角村倾倒变形斜坡剖面图

横向层状岩质斜坡的岩层倾向与坡面倾向的夹角处于 60°～120°的范围内，天然状态下斜坡的整体稳定性较好，因此前人对于这种斜坡的变形破坏的研究较少。通过对研究区内的横向层状岩质斜坡调查发现，由于斜坡内岩体遭受强烈的构造改造、表生改造和人为改造，斜坡内部节理、裂隙等软弱结构面发育，因此，节理、裂隙等软弱结构面成为控制斜坡变形破坏的优势结构面，研究区内常见的横向层状斜坡变形破坏模式为拉裂-旋转和拉裂-崩落 2 种。

①拉裂-旋转式变形破坏模式。

研究区内的横向层状岩质斜坡的坡面多呈近直立状态，斜坡在地震过程中，高陡的地形对地震波具有明显的放大作用，斜坡表层岩体尤其是坡肩部位的岩体出现明显的拉应力集中区，首先形成拉裂缝（冯文凯，2009，2010；裴钻，2011）。研究区内烂柴湾大桥斜坡是一处典型的横向层状岩质斜坡，斜坡坡顶处在地震的作用下形成多条平行于坡面走向的拉裂缝，后期在重力弯矩的作用下拉裂缝不断扩展，最终以坡脚剪出口为支点（O'）发生向临空面旋转失稳[图 4-15(a)]。如今拉裂-旋转变形破坏在烂柴湾大桥斜坡前缘临空面处时有发生，斜坡前缘残留有大量拉裂面[图 4-15(b)]，虽然这种形式的破坏规模较小，但是岩体多呈薄片状旋转的型式向路面崩落，具有突发性，因此其破坏性不容小觑。

②拉裂-崩落式变形破坏。

由于横向层状岩质斜坡相对于其他层状岩质斜坡而言，其稳定性相对性较好，因此在开挖路基边坡时，斜坡坡面多被设计为陡立状，坡面处常常发育有以悬臂梁形式突出坡面的岩石块体。研究区内的千枚岩体内部发育大量的正交节理，当有一组节理面陡立或者倾向坡外时，斜坡岩体容易在重力弯矩的作用下沿节理面拉裂，当拉应力超过岩体的抗拉强度时，临空面方向发生弯折，最终岩体向路面崩落。

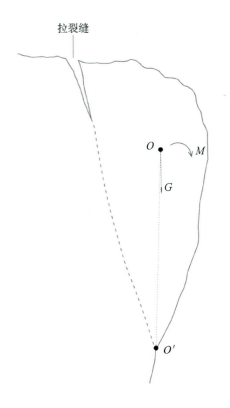

(a) 横向层状斜坡拉裂-旋转变形破坏机制　　(b) 烂柴湾大桥斜坡前缘拉裂-旋转变形破坏现象（镜向SW）

图 4-15　横向层状岩质坡拉裂-旋转变形破坏模式

杏子坡村西南 500m 斜坡是一处因开挖公路路基而形成的横向层状岩质斜坡，其中斜坡坡面产状 270°∠90°，岩层产状 360°∠60°，节理 J_1 产状 54°∠84°，节理 J_2 产状 147°∠33°。野外调查发现，斜坡表层岩体沿陡倾的 J_1 节理面拉裂，如图 4-16(a) 所示，坡体表面已经形成明显的拉裂缝，表层危岩体在后期强降雨或地震的作用下易向路面崩落，对行人和车辆安全造成威胁。另外，通坪园采沙场斜坡也是一处典型的拉裂-崩落式变形破坏的斜坡(图 4-17)。

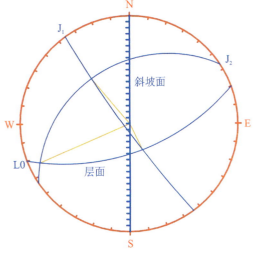

(a) 斜坡表面危岩体（镜向SW）　　(b) 斜坡结构面赤平投影图

图 4-16　杏子坡村西南 500m 斜坡

(a) 坡表岩体被节理面切割成危岩体

(b) 坡表岩体被节理面切割成危岩体

(c) 斜坡结构面的交切关系

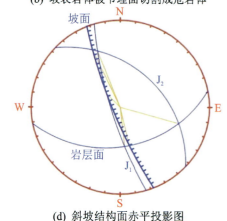
(d) 斜坡结构面赤平投影图

图 4-17 通坪园采沙场斜坡

二、斜向层状岩质斜坡破坏特征

斜向层状斜坡的岩层面倾向与坡面倾向的夹角介于 30°～60° 和 120°～150° 之间,根据岩层面倾向坡外和坡内又可将斜坡划分为斜顺向坡和斜反向坡,当岩层面倾向与坡面倾向的夹角小于 30° 时,斜坡的岩层面对于层状岩质斜坡的变形破坏起主要控制作用;当两者交角大于 30° 时,对层状岩质斜坡变形破坏的分析就必须考虑到岩体内部节理面的作用。野外调查发现,研究区内斜顺向坡以向临空面的拉裂-旋转破坏为主,斜反向坡以块状倾倒为主。

1. 斜顺向层状岩质斜坡

拉裂-旋转变形破坏模式,斜顺向层状岩质斜坡的拉裂旋转破坏的力学机制与横向层状岩质斜坡的力学机制类似。斜坡体内发育两组正交的节理面,其中一组缓倾坡外,另一组陡倾坡内,这种结构面的组合方式决定了被切割岩体在自身重力作用下形成沿底部两个角点之一产生下滑力矩,当下滑力矩大于抗滑力矩时,斜坡岩体向坡外发生拉裂-旋转破坏(图 4-18)。研究区内以这种变形破坏模式发生局部失稳的斜

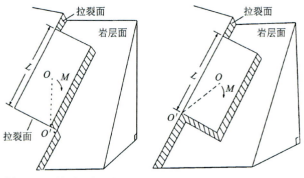

图 4-18 斜顺层岩质斜坡拉裂-旋转变形破坏力学分析

(孙红月,1999)

坡较少，其中以茶园子斜顺向层状斜坡最为典型（图4-19）。

(a) 堆积体（镜向SW）

(b) 拉裂面（镜向SW）

图4-19 茶园子斜顺向层状斜坡拉裂-旋转变形破坏

2. 斜反向层状岩质斜坡

块状倾倒变形破坏模式，研究区内组成斜坡的层状岩体内部发育大量的正交节理，斜坡岩体在节理面、层面等结构面的切割作用下形成一系列长度不等的短岩柱，构成坡脚的岩块受到后方翻倒下来岩柱的推挤作用而被向前推出，导致坡脚滑移，进而导致倾倒破坏向坡顶发展（图4-20）。块状倾倒失稳后坡面残留有阶梯状的横切节理，形成一系列面向后方的逆向台阶（朱林，2016；安晓凡，2018）。

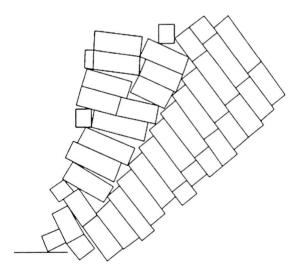

图4-20 块状倾倒破坏模式图 （安晓凡，2018修改）

黄公坪块状倾倒斜坡位于东兴乡西侧黄公坪村，茂北公路北侧。整个斜坡后缘高约83m，前缘因开挖路基形成高约30m的直立坡面。从坡面测的岩层产状346°∠72°，斜坡岩体发育两组正交节理，节理J_1产状178°∠45°，节理J_2产状55°∠70°，斜坡坡面近于直立，坡面倾向120°。斜坡岩体受层面以及两组正交节理的切割形成一系列岩块，岩块直剪相互堆叠处于暂时稳定状态，由于茂北公路加宽开挖坡脚使得坡脚处岩块被破坏，进而导致斜坡表层岩体发生由坡底向坡顶的块状倾倒破坏，如今斜坡表面仍残留有阶梯状的横切节理和三角形凹槽（图4-21）。

(a) 块状倾倒破坏后残留的台阶和三角形凹槽（镜向NW）　　(b) 正交节理切割岩体（镜向NE）

图 4-21　黄公坪块状倾倒斜反向层状岩质斜坡

黄木坪斜坡位于墩上乡至青片乡公路西侧，墩上乡黄木坪村南200m处。斜坡主要由SM^3绢云母千枚岩组成，斜坡坡面近于直立，坡向为100°，岩层产状330°∠60°，发育两组节理，节理J_1产状141°∠38°，节理面倾向与岩层倾向相反并于坡面斜交，节理J_2产状35°∠76°，节理面陡倾向坡内。斜坡岩体被结构面切割成短岩柱，由于修建公路开挖坡脚导致层状堆叠的上部岩体失去支撑向临空面发生倾倒破坏，斜坡表面残留有岷县的反向台阶，坡脚处可见大量千枚岩短岩柱堆积体(图 4-22)。

(a) 块状倾倒破坏后坡面残留的逆向台阶（镜向SW）　　(b) 正交节理切割的段岩柱（镜向SW）

图 4-22　黄木坪块状倾倒斜反向层状岩质斜坡

三、反向层状岩质斜坡破坏特征

反向层状岩质斜坡的斜坡坡面倾向与岩层倾向夹角处于150°～180°之间，按照岩层倾角的大小将研究区内的反向层状岩质斜坡又划分为中倾和陡倾两种斜坡结构。一般来说，反向斜坡由于岩层面倾向坡内，斜坡稳定性较好，但是由于研究区内层状岩体发育大量正交节理，节理面成为控制反向层状岩质斜坡的优势结构面(韩贝传，1999；刘才华，2012)。调查发现，研究区内的中倾反向层状岩质斜坡主要发生块状-弯曲破坏，陡倾反向层状岩质斜坡主要发生块状-弯曲和顺节理面的滑移破坏。

1. 中倾反向层状岩质斜坡

拉裂-崩落式变形破坏模式，中倾反向层状岩质斜坡中拉裂-崩落式变形破坏与横向层状岩质斜坡两者的力学机制基本一致，只不过横向层状岩质斜坡中的岩体沿着纵切节理拉裂，而中倾反向层状岩质斜坡中的岩体沿着横切节理发生拉裂。

神溪堡西侧崩塌位于富顺乡神溪堡村西1km处的茂北公路北侧，该崩塌于2018年7月汛期时在强降雨的作用下发生的，大量的崩塌岩块堆积在路面，造成茂北公路断道。野外调查发现，该斜坡崩塌坡面部分岩体延伸出坡面[图4-23(a)],沿横切节理面发生拉裂变形,节理面在强降雨时期,因雨水沿裂缝进入加速风化导致节理面强度弱化,一定条件下在自身重力弯矩作用下向坡脚坠落。斜坡坡脚处堆积了大量的崩落的岩块,岩块表面残留的拉裂面清晰可见[图4-23(b)]。

(a) 斜坡变面残留的拉裂面（镜向NE）   (b) 坡脚处堆积的岩块（镜向W）

图4-23 神溪堡西侧崩塌

2. 陡倾反向层状岩质斜坡

1) 块状-弯曲倾倒式变形破坏模式

块状-弯曲倾倒是块状倾倒和弯折倾倒两种倾倒变形破坏模式的复合类型,斜坡岩体受横向节理切割形成块状岩柱,在重力弯矩的作用下绕底面向临空面发生似连续的弯曲,岩柱相互堆叠并相互之间沿层面滑移,滑动位移的累积使得岩层不断向临空面发生倾倒变形,变形积累到一定程度后即发生破坏(图4-24)。

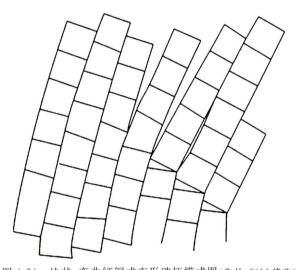

图4-24 块状-弯曲倾倒式变形破坏模式图(朱林,2016修改)

瓦窑沟反向层状岩质斜坡位于富顺乡唱斗村通往瓦窑沟的村道旁,斜坡前缘岩体发生块状-弯曲倾倒式变形(图4-25)。在斜坡侧面测得岩层产状345°∠56°,岩体主要发育两组节理,横切节理J_1产状195°∠40°,与岩层倾向相反,纵切节理J_2产状285°∠70°。斜坡岩体主要被横切节理切割呈短柱状,并沿底部横切节理面向临空面弯曲倾倒。由于该斜坡的坡脚得到了有效的保护,相互堆叠的岩柱处于相对稳定状态,斜坡的稳定性较好。块状-弯曲倾倒是研究区内陡倾反向层状岩质斜坡最常见的变形破坏模式,研究内有较多典型的块状-弯曲倾倒变形破坏的斜坡(图4-25)。

图 4-25 瓦窑沟反向层状岩质斜坡

图 4-26 工作区内典型块状弯曲倾倒斜坡

2) 顺节理面滑移式变形破坏模式

陡倾反向层状岩质斜坡中顺节理面的滑移破坏与顺向层状岩质斜坡顺层面的滑移破坏的机制类似。在坡面较陡的反向层状岩质斜坡中，由于斜坡岩体内部与坡面平行的陡倾节理面发育，斜坡岩体则沿该节理面剪切滑移，当节理面完全贯通后斜坡岩体沿该节理面向临空面滑落。

墩上乡石关村水汶子斜坡前缘因开挖路基形成一个高约65m,宽约82m的斜坡面,坡面产状155°∠45°,坡脚处测得斜坡岩层产状331°∠47°,岩体内部有1组节理极为发育,节理J_1产状160°∠65°,坡面表层可见大量斜坡表层岩体失稳后的残留节理面(滑移面),并且斜坡表层仍存在未贯通的节理面以及相应的危岩体(图4-27),在野外对该斜坡的调查过程中,斜坡表层岩体发生过多次局部的崩落,雨季时最为严重。

(a) 斜坡坡面处的危岩体(镜向NE)　　(b) 斜坡前缘表面(镜向NE)

图4-27　墩上乡石关村水汶子斜坡

东兴乡永和村斜坡位于东兴乡场镇东侧约300m,茂北公路北侧,图4-28中可以看出斜坡表层厚约5m的岩体沿底部的横切节理面向坡脚处滑移,其中该滑体右侧部分已经失稳,节理面处已经出现明显的张裂,后期在降雨的作用下雨水润滑节理面,危岩体向公路一侧沿节理面滑移。

(a) 斜切前缘变形体(镜向NW)　　(b) 岩体底部横切节理面(滑移面)(镜向NW)

图4-28　东兴乡永和村斜坡

四、破碎层状岩质斜坡破坏特征

研究区内的层状岩体受到强烈的构造改造作用,斜坡岩体破碎严重,当岩体内部存在硬度较大的灰岩夹层时,岩体的破碎更加明显(图4-29、图4-30)。破碎的岩体为雨水进入斜坡体提供了良好的通道,加速了岩体的风化,斜坡的完整性和连续性被破坏,岩体的整体强度较弱,斜坡的稳定性较差。由于切层面方向的岩体力学强度较低,结构面对于斜坡变形破坏的控制作用明显减小,研究区内的破碎层状岩质斜坡往往发生向临空面的拉裂-切层滑移剪切变形破坏。

水塄村滑坡是在2018年7月份强降雨期间发生失稳滑动的层状岩质斜坡。野外调查发现,该斜坡主要物质组成为薄层千枚岩夹灰岩,由于遭受强烈的构造改造,岩层可见有明显的褶曲,坚硬的灰岩夹层被分割成断续分布的5～10cm大小的碎块(图4-30)。在坡脚处测得岩层产状341°∠35°,前缘因修建公路切坡,形成一个高约15m的近陡立的边坡。斜坡坡顶处发生拉裂,失稳的顶部岩体主要沿着倾向坡外的切层滑移面向临空面滑动(图4-31)。

(a) 土门乡扒溪村破碎层状岩体（镜向NNE）

(b) 东兴乡羊盘沟破碎层状岩体（镜向NNW）

图4-29 研究区内的破碎层状岩体

(a) 层状岩体呈碎块状（镜向SE）

(b) 层状岩体挠曲折断成碎块（镜向SE）

图4-30 北川县水埝村滑坡破碎的层状结构岩体

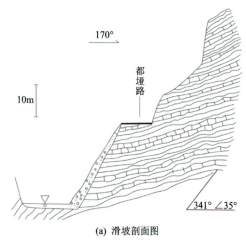

(a) 滑坡剖面图

(b) 滑动面照片（镜向SE）

图4-31 水埝村滑坡

五、碳质千枚岩斜坡破坏特征

研究区内的碳质千枚岩层主要沿茂北断裂北段呈线状分布，天然状态下呈黑灰色，遇水后，岩体膨胀崩解，强度迅速降低，经水浸泡后会迅速变成深黑色的泥状，茂县、北川地区的雨季一般为每年的8—11月，与碳质板岩有关的地质灾害多发生在这个时间段，主要原因为岩层吸水崩解向临空面坍塌。

永城村董家沟碳质千枚岩斜坡是当地村民为修建房屋而开挖的一处高约8m的边坡，坡面近陡立，干燥条件下岩体的力学强度较高,呈灰黑色,坡脚处测得产状为碳质千枚岩产状为 347°∠31°,由坡脚处向下开挖 70cm 测得其天然含水率为 7.2%,密度为 2.29g/cm³,天然状态下呈软塑状态,现场浸水试验表明,随着试样含水率的增大,其结构性会逐渐消失,最后变成泥状。该斜坡在 2017 年强降雨期间曾发生多次坍塌并导致坡体前方的房屋墙体倒塌(图 4-32)。

(a) 斜坡失稳前(镜向NE)　　　　　　(b) 斜坡失稳后(镜向NE)

图 4-32　永城村董家沟碳质千枚岩斜坡坍塌前后对比图

第五节　斜坡岩体工程地质特性分析

一、斜坡的物质组成与微观结构特征

斜坡的物质组成是斜坡发生变形破坏的基础,不同的岩性其物质组成、结构和构造类型具有很大的差异,这种差异直接造成岩体的强度、岩体内结构面性质的不同,从而导致不同岩体组成的斜坡变形破坏的型式和规模相差很大(张晓东,2017)。斜坡漫长的演化历史,长期、反复的地质作用的改造,即在使同一个区域内,斜坡的岩性组成差异很大。研究区内组成层状岩质斜坡的物质类型为碳质千枚岩和绢云母千枚岩,二者由于变质程度的不同导致其性质有明显的差异。为了全面了解研究区内斜坡的物质组成特征,我们对研究区内的 5 个区域绢云母千枚岩和碳质千枚岩做了矿物成分和微观结构分析。

1. X 射线衍射

矿物作为岩石的基本组成单元,每一种矿物都具有各自特定的物质组成和内部结构,在 X 射线的作用下,每一种矿物又具有各自独特的衍射图谱。当多种矿物共同存在时,其衍射图谱互相叠加但互不相干,因此可通过区分每种矿物的 X 射线特征衍射图谱之间的差异来辨别矿物类型,并且当某种矿物的含量较高时,其衍射的峰值强度就相应的越强。为了探究研究区内层状岩质斜坡的物质组成特征,根据这个原理,我们针对研究区内绢云母千枚岩、绢云母千枚岩风化物和碳质千枚岩进行了 X 射线衍射试验。

本次 X 射线衍射试验总共进行了 9 组,分别有 4 组绢云母千枚岩块体、4 组绢云母千枚岩风化物和 1 组碳质千枚岩块(表 4-4)。X 射线衍射的全岩分析试验结果表明,研究区内的绢云母千枚岩、绢云母千枚岩风化物和碳质千枚岩的主要组成矿物均为伊利石、高岭石、蒙脱石、石英、钾长石、斜长石、方解石等。一般情况下,由于石英的抗风化能力较强,随着岩体风化程度增高,岩体中石英含量会显著增加,黏土矿物含量也会出现明显的增高。表 4-4 中测试数据表明,试样中主要以黏土矿物和石英为主,二者的含量之和占所有矿物总含量的63%～92%,黏土矿物以伊利石为主,其相对含量占到了黏土矿物总量的80%。由于参与试验的岩块多取自坡体表面,在川西高原季风性气候的影响下,长石、云母等铝硅酸盐矿物极易在这种条件下发生"风化脱钾"形成伊利石(刘振敏,2002),在9组试样的X射线衍射全岩分析结果中均未检测到云母,说明现阶段研究区内绢云母千枚岩的风化已经进入了下一个阶段。对于研究区内绢云母千枚岩和绢云母千枚岩风化物来说,S1和S2、S3和S4、S7和S8这3对试样分别来自研究区内的3个不同的地区,由表4-5可以发现,同一对试样中,由绢云母千枚岩经风化作用形成绢云母千枚岩风化物后,其伊利石的含量明显降低,而石英或蒙脱石的含量明显增多,这说明研究区内现阶段千枚岩的风化存在伊利石到蒙脱石的转化过程。

由表4-4和表4-5可以看出,研究区内永城村剖面处的碳质千枚岩黏土矿物的总量占所有矿物的61.2%,其中伊利石的相对含量高达80%,绝对含量高达49%,蒙脱石的相对含量为18%,绝对含量11%。由于伊利石遇水后极易分散,蒙脱石吸水后强烈膨胀,碳质千枚岩遇水容易发生泥化,导致岩体的结构性丧失,因此,碳质千枚岩斜坡在降雨天气极易发生坍塌破坏。

表4-4 黏土矿物含量表

试验编号	试样编号	取样地点	样品	黏土矿物相对含量(%)			黏土矿物绝对含量(%)
				伊利石	高岭石	蒙脱石	
S1	SCL18G 2005-1	金山村斜坡	绢云母千枚岩风化物	82	2	16	37.1
S2	SCL18G 2005-2	金山村斜坡	绢云母千枚岩块	80	5	15	47.8
S3	SCL18G 2020-1	烂柴湾大桥斜坡	绢云母千枚岩风化物	84	3	13	58.4
S4	SCL18G 2020-2	烂柴湾大桥斜坡	绢云母千枚岩块	90	2	8	60.0
S5	SCL18G 2016-1	黄木坪斜坡	绢云母千枚岩风化物	88	1	11	48.1
S6	SCL18G 2016-2	黄木坪斜坡	绢云母千枚岩块	83	3	14	37.4
S7	SCL18G 2030-1	黄草坪斜坡	绢云母千枚岩风化物	80	2	18	54.2
S8	SCL18G 2030-2	黄草坪斜坡	绢云母千枚岩块	83	2	15	52.7
S9	SCL18G 2002	永城村剖面	碳质千枚岩	80	2	18	61.2

表 4-5 X射线衍射测得的千枚岩矿物成分含量表

试验编号	试样编号	取样地点	样品	测试结果(%)									
				伊利石	高岭石	蒙脱石	石英	钾长石	斜长石	方解石	白云石	菱铁矿	石盐
S1	SCL18G 2005-1	金山村斜坡	绢云母千枚岩风化物	30.4	0.7	5.9	55.7		3.2	2.4		1.2	0.4
S2	SCL18G 2005-2	金山村斜坡	绢云母千枚岩块	38.2	2.4	7.2	42.2	1.8	2.7	1.9		2.1	1.5
S3	SCL18G 2020-1	烂柴湾大桥斜坡	绢云母千枚岩风化物	49.1	1.8	7.6	27.8	1.6	3.2	2.9	2.3	1.9	1.9
S4	SCL18G 2020-2	烂柴湾大桥斜坡	绢云母千枚岩块	54.0	1.2	4.8	28.3	1.6	3.7	2.1		1.5	1.9
S5	SCL18G 2016-1	黄木坪斜坡	绢云母千枚岩风化物	42.3	0.5	5.3	24.2	0.9	3.1	16.5	3.8	2.0	1.4
S6	SCL18G 2016-2	黄木坪斜坡	绢云母千枚岩块	31.0	1.1	5.2	26.2		3.8	23.9	2.2	3.7	1.4
S7	SCL18G 2030-1	黄草坪斜坡	绢云母千枚岩风化物	43.4	1.1	9.8	28.6	1.0	5.9	6.4		1.7	2.2
S8	SCL18G 2030-2	黄草坪斜坡	绢云母千枚岩块	43.7	1.1	7.9	33.1	0.3	6.7	2.2	1.1	1.9	2.0
S9	SCL18G 2002	永城村剖面	碳质千枚岩	49.0	1.2	11.0	28.0	1.5	5.1	2.2	0.6	1.4	

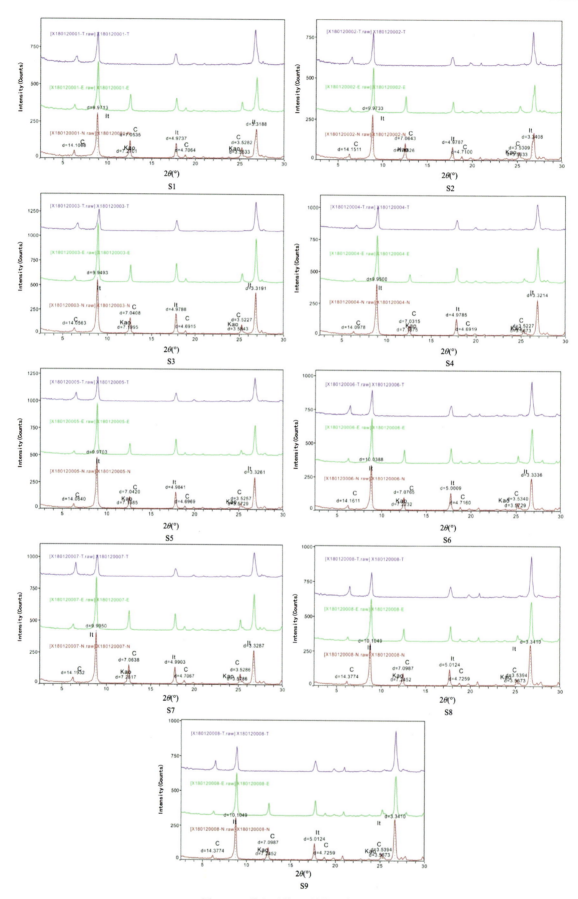

图 4-33 黏土矿物 X 射线衍射图谱

2. 扫描电镜

斜坡岩体在长期、反复的地质作用改造下，坡体内部形成了各种尺度的结构面。结构面的存在破坏了斜坡岩体的连续性，结构面的空间分布对于斜坡的变形破坏型式和规模都具有重要的作用，因此，对于斜坡坡体结构的认识和把握对于斜坡稳定性预测和防治都具有重要意义（周尚文，2017）。在第三章，我们已经对研究区内层状岩质斜坡的宏观结构特性进行了讨论，本小节将通过绢云母千枚岩在扫描电子显微镜（scanning electron microscope，SEM）下的影像讨论绢云母千枚岩体的微观结构特性。

图4-34分别为放大200倍和1000倍条件下的绢云母千枚岩的扫描电镜影像，从两幅照片可以看到，绢云母呈定向排列的细粒鳞片状分布，表面可见散布的石英颗粒。在绢云母表层可见两组正交分布的台阶状断口与我们在野外观察到的千枚岩层状岩质斜坡内部发育的两组正交节理相对应，岩石的微观结构直接影响岩体的结构面的发育型式。在放大1000倍的照片中我们还可以看到粗糙的切晶面拉裂断口。

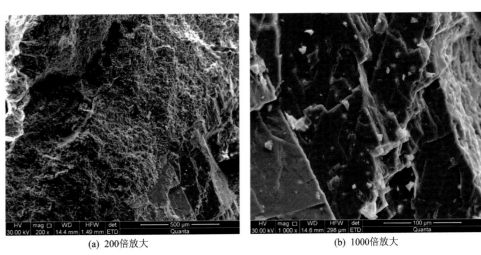

图4-34 绢云母千枚岩扫描电镜影像

图4-35为扫描电镜下绢云母千枚岩微米尺度的结构面影像，图像中可清楚地看到岩体内发育的共轭剪节理，节理面平直，岩体被切割，两侧岩块发生明显的错动。此外，影像中还可见到多组不同产状的节理面和台阶状断口。

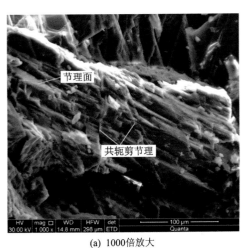 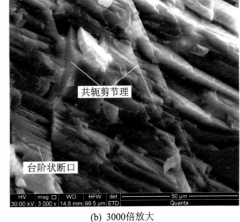

图4-35 绢云母千枚岩扫描电镜下的微观结构面

综上所述,研究区内绢云母千枚岩中的矿物呈定向排列分布,以绢云母为主的矿物片理发育,岩体内可见各种微结构面,整体上其微观结构十分复杂。岩体微观结构中的微观断裂面与宏观断裂面具有很好的对应关系。

二、斜坡结构面的空间分布特征

岩体内部结构面的空间展布特征很大程度上决定了斜坡岩体的稳定性。研究区主要位于龙门山后山断裂茂汶断裂北段地区,该断裂在研究区内主要表现为广泛发育的深层次韧性剪切变强应变带,该带在区内延伸约23km,南北宽约2km,剪切面理走向总体为北东-南西向,总体约走向约55°,倾向以北西为主,倾角较陡,一般在60°左右。研究区内斜坡岩体受断裂活动影响,研究区内岩体错综复杂的结构面网又呈现出一定的规律性,为了探究研究区内节理面空间分布特征,笔者在野外调查过程中,通过收集研究区内典型层状岩质斜坡以及岩层地表出露面处岩体的岩层面和节理面的结构面产状信息,共收集到68条岩层面产状和99条节理面的产状数据,分别通过图解法和聚类分析法分析影响斜坡稳定性的岩体结构面分组和岩体优势结构面的产状。

1. 图解法

Dips是一款基于赤平投影原理的结构面统计分析软件,可根据野外现场实测结构面产状参数生成极点图、极点密度等值线图和结构面走向玫瑰花图等结构面分析图件,可以清晰地反应结构面在空间上的优选程度及发育程度(孙玉科,1980;王妍,2017)。本小节通过Dips软件对研究区内岩层面和节理面进行统计分析,得到岩层面和节理面的玫瑰花图和极点密度等值线图。

图4-36为研究区内层理面的极点密度等值线图,我们可以发现研究区内的层面产状集中分布于 $316°\sim19°\angle 31°\sim88°$ 的范围内。

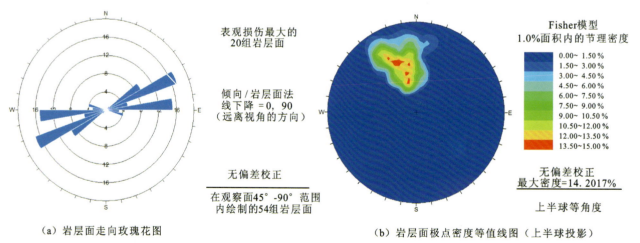

(a) 岩层面走向玫瑰花图　　　　　　　　　　(b) 岩层面极点密度等值线图(上半球投影)

图4-36　岩层面空间分布图

图4-37为研究区内层理面的极点密度等值线图,研究区内的节理面可大体上分为3组,J_1产状范围: $81°\sim179°\angle 55°\sim71°$,$J_2$产状范围: $48°\sim97°\angle 74°\sim90°$,$J_3$产状范围: $269°\sim289°\angle 68°\sim85°$。

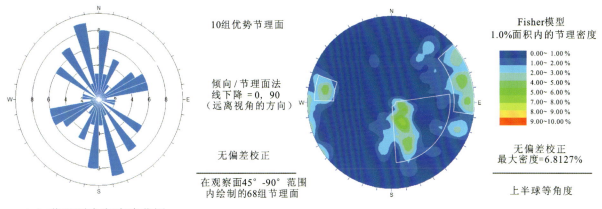

图 4-37 节理面空间分布图(上半球投影)

2. 聚类分析法

由图解法我们可以确定研究区内结构面在空间上呈明显的分组性,层面可分为 1 组,节理面分为 3 组。由于图解法只是进行相对的优势组数划分,无法再进一步对每一类分注重的结构面进行更详细的划分,分类结果的适用范围有限(邓继辉,2011),因此为了得到各分类组中代表性的优势结构面,本小节结合图解法,采用聚类分析法,通过计算结构面之间的球面距离并聚类得到各分组的优势结构面产状。

野外调查过程中统计的结构面产状一般由倾向和倾角来表示,为了便于聚类分析,我们通过结构面过圆心的法线在空间单位上半球面上极点来表示该结构面(图 4-38),并且以空间上两点间的球面距离作为聚类依据对结构面进行聚类分析。

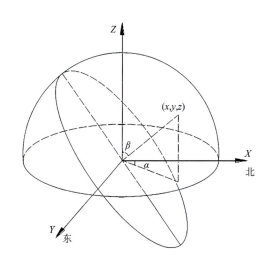

图 4-38 结构面产状空间模型(邓继辉,2011;李俊,2017)

此时,球面上的任意一点坐标可表示为

$$X_i = (x_i, y_i, z_i)$$
$$\begin{cases} x_i = \cos \alpha_i \sin \beta_i \\ y_i = \sin \alpha_i \sin \beta_i \\ z_i = \cos \beta_i \end{cases} \quad (4\text{-}1)$$

式中,α_i 为倾向;β_i 为倾角。

对于球体上任意两点 X_i 和 X_j 两点,其球面上距离 d_{ij} 可表示为:

$$d_{ij} = \arccos\left(\frac{2 - [(x_i - x_j)^2 + (y_i - y_j)^2 + (z_i - z_j)^2]}{2}\right) \quad (4\text{-}2)$$

在传统聚类分析的基础上,为提高聚类中心的精度和降低局部孤立点对聚类的影响,本书对快速聚类分析做出如下改进:首先,依据密度函数求出每个数据点的密度值,密度值越大则数据点周围聚集的数据点越多。然后,依据密度值大小将数据点进行排序,按照一定原则选择 k 个样本点作为初始聚类中心,再依据密度加权法则调整聚类中心,将未能归入任何类的点按照球面距离最近原则归入临近的类中,同时对聚类中心进行更新,直到所有点归入 k 个类中,则聚类中心调整结束(李俊,2017)。

将68组层理面数据和99组节理面数据分别投影到边球面上,利用MatLab软件调用相关内置函数对它们进行聚类分析,得到研究区内有各组结构面的优势结构面产状参数分别为:层面345°∠57°,节理面133°∠49°、65°∠70°、280°∠68°(表4-6)。

表4-6 各分区优势结构面分组

结构面类型	结构面分组	倾向范围	倾角范围	优势产状(聚类分析)
层面	第一组	19°～316°	31°～88°	345°∠57°
节理面	第一组	81°～179°	55°～71°	133°∠49°
	第二组	48°～97°	74°～90°	65°∠70°
	第三组	269°～289°	68°～85°	280°∠68°

三、不同加载方位角下千枚岩体的各向异性分析

通过上文对层状岩质斜坡坡体结构类型分类的讨论,我们认为斜坡结构面的空间分布及力学特性对层状岩质斜坡的变形破坏具有重要的影响(Dong,2012)。为了探究结构面的空间分布对岩体强度的影响,本小节主要针对研究区内具有完整层状结构的绢云母千枚岩设计了不同加载方位角的单轴压缩试验,测试绢云母千枚岩体在不同加载方位角条件下的岩体强度。

1. 试样制备

在野外绢云母千枚岩露头处开采得到天然条件下受节理切割形成的大型岩石块体,为了便于后期制作用于单轴压缩试验的标准试样,要求所采集的岩块厚度应大于20cm。本次试验采用的岩石样品为50mm×100mm的标准试样,为了更加客观地反映结构面的空间分布状态对绢云母千枚岩体强度的影响,分别制备了岩层层面与加载力方向的夹角(θ)为0°、30°、45°、60°和90°的标准试样(图4-39)。

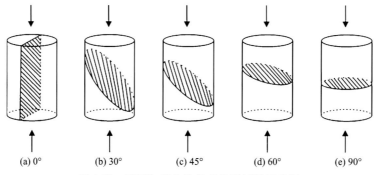

图4-39 不同加载方位角千枚岩试样示意图

传统标准试样的加工通常是在室内取芯机上完成,而这个过程往往需要水的参与,由于绢云母千枚岩浸水后易沿层面开裂,产生脱层现象,在取芯机强烈的振动作用下岩芯在钻取的过程中就已经发生破坏,取芯效率低且原岩的结构性容易受扰动。因此,本次试验采用机械切割和人工打磨相结合的方法制作绢云母千枚岩标准试样(吴永胜,2017),首先使用切割机按照预定的加载方向与岩层层面的夹角将大块岩样切割成长条状的岩块,然后通过手持砂轮机将其逐渐打磨成标准试样(图4-40,图4-41)。

(a) 切割成的长条状岩块　　　　　(b) 打磨后的标准试样

图 4-40　单轴压缩试验标准试样制取

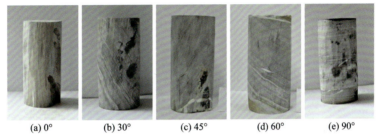

(a) 0°　　　(b) 30°　　　(c) 45°　　　(d) 60°　　　(e) 90°

图 4-41　各加载方位角的绢云母千枚岩标准试样

2. 试验设备与方案

1) 实验设备

本次试验采用成都兴冶岩土检测公司提供的美特斯 MTS-YAW4206 型微机控制电液伺服压力试验机(图 4-42),该试验机最大可提供 2000kN 的轴向荷载,最小的力分辨率为 10N,试验力示值相对误差在 ±1% 以内,量程范围 2%～100%FS,并且该压力机通过伺服系统控制,加载速度可通过软件控制实现无级调节。该试验机性能稳定,操作简便。

 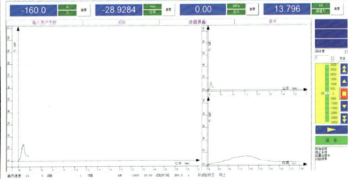

(a) 岩石力学实验机　　　　　　　　(b) 数据采集软件界面

图 4-42　MTS-YAW4206 型微机控制电液伺服压力试验机

2) 试验方案与步骤

本次单轴压缩试验采用应变控制的方式，设定加载速率为 0.1mm/min，直至试样破裂，试验结束。具体的操作步骤如下。

(1) 试验开始前，首先用游标卡尺测量试样的直径和高度，测量直径时分别在试样的上、中、下部各测量一次，最后直径取其平均值，并用天平称重，然后对试样进行详细描述，记录试样的颜色、岩层面倾角、裂隙等基本信息，并对试样沿长轴每 90°方向及上、下底面进行拍照记录。

(2) 单轴压缩试验过程中，岩石试样在破坏的一瞬间会有大量破碎的岩块飞出，很难观测到试样的破坏形态，为了保证试样失稳破坏后的完整性，应提前在试样周围包裹一层柔软的保鲜膜，这样可以使得试样在被剪断后不散开，有利于我们观察对比试样试验前后的状态。

(3) 将试样放置在试验机承压板的中心，首先以 0.001mm/s 的加载速度控制压力机底板上升，使得试样与试验机顶板缓慢接触，当操作屏幕上显示轴向荷载达到 0.2kN 左右时，认为试样与上下底盘之间完全接触。

(4) 通过操作软件设定 0.1mm/min 的加载速度对试样进行加载直至试样破坏，通过计算机实时采集试验过程中的应力、应变等数据并绘制应力-应变曲线。整个试验过程中需要观察并记录试样破坏过程中内部裂隙发展的整个过程。

(5) 试验结束后，降下试验机底盘，取下被剪断后的试样，去除试样外层的保鲜膜，观察、描述试样失稳后的形态，并拍照记录。

3. 试验结果分析

1) 应力-应变曲线分析

根据上述试验方案，我们得到了其加载角分别为 0°、30°、45°、60°和 90°条件下绢云母千枚岩的典型应力-应变的关系曲线。由图 4-43 可知，不同加载角的绢云母千枚岩试样在单轴抗压试验过程中，其应力应变曲线均表现为典型的塑性-弹性-塑性曲线（图 4-44），即整个过程的前期部分，随着内部裂隙的闭合岩体以塑性变形为主，随着裂缝逐渐被压密实，岩体呈暂时的各向同性，变形以线弹性为主，后期随着岩体内部裂缝的增加又趋向于塑性破坏（晏鄂川，2002）。整个过程表现在应力-应变曲线上为当应力较低时其峰前应力-应变曲线上凹，随着应力的增大曲线呈一条上升的直线，当应力接近峰值时又变为下凹的曲线。因此，通过分析绢云母千枚岩试样单轴抗压试验的应力-应变关系曲线，可将其变形破坏的整个过程分为 4 个阶段。

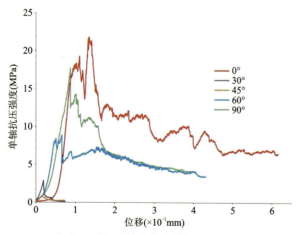

图 4-43 不同加载角下绢云母千枚岩单轴压缩应力-轴向应变曲线

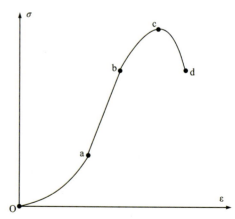

图 4-44 塑性-弹性-塑性全过程应力-应变曲线

(1) 裂隙压密阶段：岩体试样内部的裂隙在轴向应力的作用下被压密压实，随着应变的增加，应力从

0缓慢增加,应力应变曲线呈上凹型,如图4-44的oa段。

(2)线弹性变形阶段:随着试样内部的裂隙被压密压实,试样变现为暂时的各向同性,岩体发生线弹性变形,应力应变曲线呈一条直线,如图4-44的ab段。

(3)非稳定破坏累进阶段:随着应变的增加,对岩体所施加的荷载超过其屈服点后,局部岩体发生塑性形变,岩体内部形成众多微裂隙逐渐连通、扩展形成尺度更大的裂隙,这个过程中随着应变的增加岩体强度增加的速度减缓,呈一条下凹的曲线,直到峰值抗压强度后结束,如图4-44的bc段。

(4)破裂后阶段:岩体的应力应变曲线过峰值点后,岩体内逐渐贯通,试样内部出现宏观破裂面。被破坏后的试样其强度一般不会马上降低为0,而是仍然具有一定的强度,因此在这个过程中岩体的应力-应变曲线会出现明显的波动,如图4-44的cd段。

由图4-43所示的不同加载角下绢云母千枚岩单轴压缩应力-轴向应变曲线可以看出,不同加载角下的裂隙压密阶段所需要的时间差异很大,由于30°和45°试样在轴向力的作用下,试样的岩层面承受更大的剪应力,因此裂隙压密过程不明显,而其他三组试样裂隙压密过程所经历时间大小分别为0°>90°>60°,相对于加载角为90°和60°的试样,由于0°加载角的试样纵向的千枚岩柱直接抵抗轴向应力,这个过程涉及试样内部纵向分布以及横向分布裂纹的压密,因此需要更多的轴向应变来抵消试样的纵向收缩形变(图4-45)。

(a) 废弃试样中的裂缝　　(b) 新鲜断面处的裂缝

图4-45　绢云母千枚岩体内发育的不连续的裂缝

2)强度和变形参数分析

通过单轴压缩试验,我们得到了不同加载角下千枚岩单轴抗压试验的峰值抗压强度和弹性模量(图4-46),分别得出了不同加载角下千枚岩单轴抗压试验的峰值抗压强度和弹性模量随加载角变化的规律。

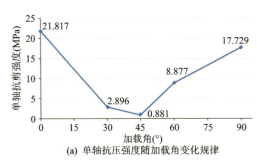
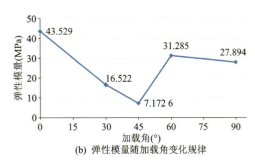

(a) 单轴抗压强度随加载角变化规律　　(b) 弹性模量随加载角变化规律

图4-46　千枚岩体单轴抗压强度和变形参数随加载角变化规律

不同的加载角对应的千枚岩试样的抗压峰值强度明显不同,随着加载角的增大,岩体的抗压强度先降低后增大,整体呈"V"形变化,弹性模量也呈类似的变化趋势,表现出明显的各向异性(图4-46)。加载角为0°时绢云母千枚岩试样的峰值抗压强度和弹性模量均最大,分别为21.817MPa和43.529GPa,

45°时试样的峰值抗压强度和弹性模量均最小,分别为0.881MPa和7.1726GPa(表4-7)。说明岩体内结构面的存在对于岩体强度具有明显的控制作用。

表4-7 不同加载角下绢云母千枚岩单轴压缩试验的强度参数

加载角(°)	峰值抗压压度(MPa)	弹性模量(GPa)
0	21.817	43.529
30	2.896	16.522
45	0.881	7.1726
60	8.877	31.285
90	17.729	27.894

3)抗压强度各向异性度

岩体的各向异性在岩石工程中具有重要意义,为了评价岩石的各向异向发育的程度,Singh(1989)最早提出了通过岩体的强度各向异性来表征岩体的各向异性度的方法,即在单轴和三轴加载条件下,完整岩石的强度随各向异性方向变化的程度。

$$R_c = \frac{\sigma_{cmax}}{\sigma_{cmin}}$$

式中,σ_{cmax}、σ_{cmin}分别为不同加载角下岩体的单轴抗压强度。

根据Singh(1989)给出的岩石抗压强度各向异性度的划分标准(表4-8),本次试验中抗压强最大为21.817MPa,最小为0.881MPa,因此抗压强度数为24.76,研究区内的绢云母千枚岩抗压强度各向异性等级为极高各向异性。

表4-8 岩石抗压强度各向异性度的划分标准(Singh,1989;Ali,2014;张可,2017)

等级	划分标准
各向同性	$1.0 \leqslant R_c < 1.1$
低各向异性	$1.1 \leqslant R_c < 2.0$
中各向异性	$2.0 \leqslant R_c < 4.0$
高各向异性	$4.0 \leqslant R_c < 6.0$
极高各向异性	$R_c \geqslant 6.0$

4)试样的破坏形态分析

由绢云母千枚岩的扫描电镜试验可知,岩体内部存在众多微观结构面(图4-35),岩石试样受轴向力的压缩直至破坏的过程是一个伴随着岩体内部裂缝的扩展、连接直到裂缝贯通发生破坏的过程。图4-47~图4-51分别为单轴压缩强度试验前后加载角为0°、30°、45°、60°和90°的试样形态对比,由于结构面的存在绢云母千枚岩试样的变形破坏表现出明显的各向异性。当加载角为0°时,试样主要发生板裂破坏,试样内部的层面、裂隙等结构面沿岩层面法线方向拉裂;当加载角为30°、45°和60°时,由于试样的综合受力由岩块和结构面共同承担,薄弱的岩层面在变形破坏过程中起到主要控制作用,试样沿层理面发生剪切破坏,断面平整,破坏后的层理面光滑平整;当加载角为90°时,试样主要发生切层破坏。

综上所述,绢云母千枚岩体具有极高的各向异性,单轴压缩试验条件下,试样的内部缺陷或薄弱面控制了试样的破坏的型式。

(a) 试验前　　　　　　　　(b) 试验后（正面）　　　　　　(c) 试验后（上底面）

图 4-47　0°加载角试样单轴抗压试验前后对比图

(a) 试验前　　　　　　　　(b) 试验后（正面）　　　　　　(c) 试验后（剪断面）

图 4-48　30°加载角试样单轴抗压试验前后对比图

(a) 试验前　　　　　　　　(b) 试验后（正面）　　　　　　(c) 试验后（剪断面）

图 4-49　45°加载角试样单轴抗压试验前后对比图

(a) 试验前　　　　　　　　　　　　　　　(b) 试验后

图 4-50　60°加载角试样单轴抗压试验前后对比图

(a) 试验前　　　　　　　(b) 试验后（正面）　　　　　(c) 试验后（剪断面）

图 4-51　90°加载角试样单轴抗压试验前后对比图

第六节　金山村斜坡形成地质力学过程与稳定性评价

一、金山村斜坡发育概况

金山村斜坡位于墩上乡加油站东南侧 500m 处，茂北公路路南，斜坡的主要物质组成为志留系茂县群第三组（SM^3）绢云母千枚岩，在该斜坡处发育有一处潜在崩塌体。斜坡前缘为土门河，土门河水面的高程为 841m。该斜坡为一处陡倾顺层岩质斜坡，斜坡倾向 337°，斜坡倾向与岩层倾向一致，岩层倾角 45°～64°，如图 4-52 所示，斜坡总体上可分为两个部分：A 坡和 B 坡，A 坡已经发生滑动，斜坡表面可见光滑的滑动面，斜坡前缘仍残留有部分堆积体。B 坡仅有部分破坏，B 坡的中后缘部坡面可见两处坡度相对较缓的平台和陡立的后壁，因此可推测，该斜坡岩体在地质历史时期至少发生过 2 次大型的滑动（图 4-53）。

图 4-52　金山村斜坡正射影像图

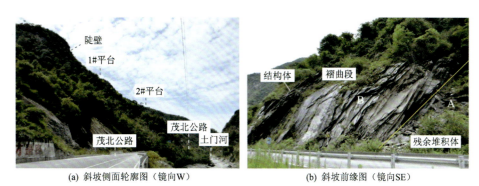

(a) 斜坡侧面轮廓图（镜向W）　　　　　(b) 斜坡前缘图（镜向SE）

图 4-53　金山村斜坡侧面轮廓图

斜坡拔河高约320m，底部测得岩层产状337°∠64°，层厚一般10～15cm，部分20cm，上部坡体产状337°∠45°，斜坡内岩层整体上呈上缓、下陡的弯折状。岩层中有一组节理极为发育，节理产状150°∠35°，节理平直，节理面倾向坡内，在斜坡滑移弯曲变形过程中，坡脚处岩体多沿该节理面发生拉裂（图4-54）。在斜坡拔河高度约19m处开挖宽约13m的路基平台修建茂北公路。

(a) 斜坡坡脚处节理面　　　　　　　(b) 斜坡软弱面

图 4-54　金山村斜坡 B 坡前缘发育特征

野外调查发现，在高出公路路面11m处可见在坡体内发育有一向坡内弯曲的结构体，结构体内部岩层在上部岩体的重力作用下发生强烈地弯曲，破碎严重，在结构体的底部和上部均可见明显的剪切带，宽约10cm。斜坡表层岩体高约60m，发生明显的滑移弯曲变形破坏，目前该结构体在该斜坡体内起到阻止斜坡表层岩体继续变形的作用，该结构体高约4～4.5m，厚度约5～6m(图4-55)。目前，该滑动面在上部压力的作用下已经逐渐趋于贯通，倘若剪切面完全贯通，该结构体对上部岩土体失去阻挡作用，上部岩土体则沿着层面发生滑塌式滑坡，大量的滑塌堆积体涌向公路，由于茂北公路是连接茂县县城和北川老县城的主要路线，来往的车流量较大，该斜坡存在较大的潜在危险性。结构体下部表层岩体弯曲变形严重，岩层逐层向上鼓起，在鼓起变形的同时产生层面拉裂、脱层以及节理面张开等现象(图4-54)，雨水沿裂缝入渗使得部分破碎的千枚岩层发生泥化现象，导致层间结合力降低，致使上部坡体进一步沿软弱结构面蠕滑。

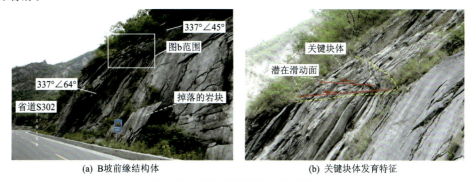

(a) B坡前缘结构体　　　　　　　(b) 关键块体发育特征

图 4-55　B 坡前缘结构体发育特征

二、斜坡的稳定性影响因素分析

金山村斜坡是研究区内典型的陡倾顺向层状岩质斜坡,斜坡在变形破坏过程中,斜坡岩层顺层滑移在靠近坡脚处形成向坡内弯曲结构体,该结构体往往在上覆岩体的巨大压力下压密压实,形成阻挡上覆岩体继续顺层滑移的"关键块体",随着上覆压力的不断增大,关键块体附近应力集中明显,斜坡表层岩体最终沿关键块体的上部或下部形成贯通剪裂面向临空面剪出。我们将这种存在于岩性软弱的千枚岩中的斜坡变形破坏模式称之为滑移-弯曲-压实-剪断型。这种变形破坏模式与张倬元、王兰生等(1994)所提出的滑移-弯曲-溃曲式变形破坏模式有明显的差别,下面以金山村斜坡为例,论述这种变形破坏模式的发生机制。

1. 地形地貌

研究区地形地貌总体为构造剥蚀和河流侵蚀作用形成的深切中山河谷地貌,土门河是研究区内的主要河流,在河流的下切演化过程中,斜坡体遭受强烈的表生改造作用,坡体内部卸荷裂隙发育,斜坡的完整性遭到破坏,岩体总体强度降低(冯君,2005)。

2. 构造运动和地震

研究区主要位于龙门山后山断裂茂汶断裂北段地区,该断裂在研究区内主要表现为广泛发育的深层次韧性剪切变强应变带,该带在区内延伸约23km,南北宽约2km,剪切面理走向总体为北东-南西向,倾向以北西为主,倾角较陡,一般在60°左右;主要表现为密集石英脉分带和强烈劈理密集带,广泛发育有节理、牵引褶皱、无根钩状石英脉与折劈理等现象,同时,研究区处在周围多个大地震的Ⅶ度烈度带上,因此研究区内的部分斜坡体受断裂带以及地震作用的影响,斜坡体内岩体较为破碎,成为斜坡的软弱带。

3. 降雨作用

破碎的坡体结构为雨水在坡体内运移提供了良好的通道,雨水的进入有利于斜坡体内破碎千枚岩体的泥化,金山村斜坡内部可见有明显的泥化夹层,斜坡表层岩体易沿泥化夹层发生滑动。另外,进入坡体内部的雨水不仅增加了斜坡的自身容重,还会导致坡体内部形成强大的静水压力和动水压力,降低了斜坡的抗滑力,增大了下滑力(白云峰,2005)。

4. 人类工程活动

修建茂北公路开挖斜坡坡脚是金山村斜坡发生变形破坏的主要诱发因素。顺岩层面的刷坡导致斜坡坡角小于岩层倾角的原始组合关系转变为斜坡坡角与岩层倾角相等,开挖后的岩层倾角等于斜坡坡角,增加了斜坡表层岩体向垂直层面方向的变形的自由度,斜坡岩体在上部岩体的自重作用下易发生弯曲破坏。

三、斜坡变形破坏的演化过程

综合考虑金山村斜坡的工程地质条件、斜坡结构特征以及我们所观察到的斜坡变形破坏特征,将金山村斜坡滑移-弯曲-压实-剪断型变形破坏模式划分为4个阶段。

1. 斜坡原始阶段

斜坡在形成的过程中，随着河流的不断下切，斜坡形成临空面，斜坡体内岩层发生强烈的卸荷回弹，由于斜坡岩层呈陡倾状发育，层面倾向坡外，因此斜坡表层岩体受拉应力而发生垂直于层面方向的板裂；另外，斜坡所在的位置地质历史时期地震频发，斜坡岩体在地震波的长期、反复作用下，斜坡结构松动，岩体内的节理面、裂隙等软弱结构面相互错动，斜坡内结构面极为发育。金山村斜坡在地质历史时期曾至少发生过2次滑动，滑坡滑动后在原始坡面上形成2个规模较大的平台（图4-56）。坡面平台的存在增大了雨水与斜坡的接触面积，使得更多的雨水进入到坡体内部，加速了斜坡内千枚岩体的泥化，岩体的整体强度不断折减。同时，随着河流的不断下切，坡脚河谷处势必产生极强的应力集中，斜坡底部表层千枚岩体在上部岩体的巨大重力作用下向河谷临空方向沿层面产生剪切蠕变，从而导致千枚岩层中倾向坡外的层理面剪应力增大，由于千枚岩层间结合力小，层理面光滑，致使上部坡体沿软弱结构面或软弱层蠕滑，岩体下部受阻，坡脚表层岩体因"压杆失稳"向临空面方向产生轻微的纵向弯曲变形，坡面隆起。

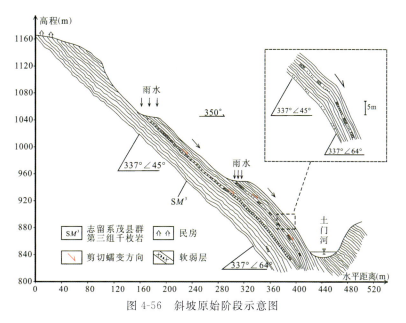

图4-56 斜坡原始阶段示意图

2. 关键块体形成阶段

斜坡弯曲变形进一步加剧，在斜坡倾角变化较大的岩层弯折处，上部岩层向临空面进一步滑移，对转折点处的岩层产生向临空面一侧的推挤作用以及向下的压弯作用，使得转折点处形成了一个弯向坡内的结构体（图4-57），结构体内部在力的作用下强烈破碎，并在其底部和上部形成多条还未贯通的潜在滑动面，斜坡暂时处于稳定状态。

3. 斜坡开挖阶段

由于修建S302开挖公路边坡，在拔河高度约19m的位置处形成了一个宽约13m的路基平台（图4-58）。公路边坡的开挖使得斜坡前缘临空侧的部分岩体沿层理面被挖除，岩层层面变为斜坡坡面，初始阶段相对较缓的临空面由于开挖公路边坡而变得陡倾，并且斜坡前缘阻挡斜坡表层岩体向临空方向弯曲变形的阻力消失，底部岩层在上部岩体的强大的自重应力作用下进一步沿层面发生滑移弯曲变形，坡体内部薄层千枚岩因挤压而破碎，表层岩体在鼓起变形的同时产生层面拉裂、脱层以及节理面张开等现象，地表水沿裂缝入渗到坡体内部，破碎的千枚岩经浸润而泥化，形成泥化夹层。泥化夹层的存

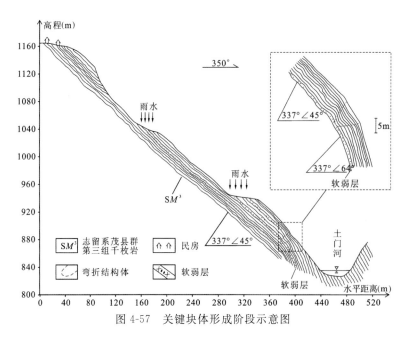

图 4-57 关键块体形成阶段示意图

在破坏了斜坡岩体的整体性,由于泥化夹层的抗剪强度较低,加速了斜坡的滑移弯曲破坏。斜坡表层岩体的倾角在距离路面约 11m 的位置处发生了明显的转折,形成上缓下陡的斜坡结构。

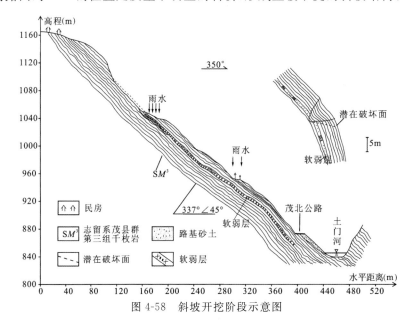

图 4-58 斜坡开挖阶段示意图

4. 斜坡破坏阶段

变形进一步加剧,结构体底部或上部的潜在滑动面贯通,上部岩体向临空面沿潜在滑动面失稳滑出(图 4-59),形成滑坡。滑坡堆积体在路面以及河床堆积,公路被阻断,河水水位上涨。

四、斜坡稳定性数值模拟分析

野外调查发现,金山村斜坡第二台阶以下的前缘表层岩体有明显的向下错动的现象,对茂县-北川

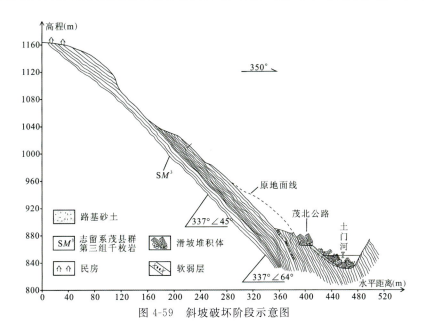

图 4-59 斜坡破坏阶段示意图

公路的行人和车辆造成一定的威胁。通过上述分析可知,强降雨是研究区内层状岩质斜坡失稳最主要的诱发因素,因此为了研究金山村斜坡前缘岩体的稳定性,通过 FLAC^{3D} 有限差分软件计算了天然状况下和极端降雨条件下的斜坡稳定性。

1. 模型建立与岩土体参数选取

1) 斜坡计算模型

根据金山村斜坡的几何形态,金山村斜坡前缘第二台阶以下的前缘表层岩体的最高处拔河高约 110m,宽 100m,计算模型采用六面体单元进行划分,模型共划分单元总数 1514 个,节点总数 3224 个(图 4-60)。模型中 X 方向代表滑坡纵剖面方向,Y 方向代表滑坡横向方向,Z 方向代表重力方向,模型顶面和坡面均采用自由边界约束,四周和底部均采用固定边界约束。

模型总共划分为 4 种材料类型,前缘表层弱风化千枚岩层、前缘关键块体、泥化破碎带和基底千枚岩,根据李磊(2017)、吴永胜(2017)对研究区内成兰铁路茂县隧道和杨家坪隧道千枚岩试样所进行的相关研究,模型各材料参数取值见表 4-9。

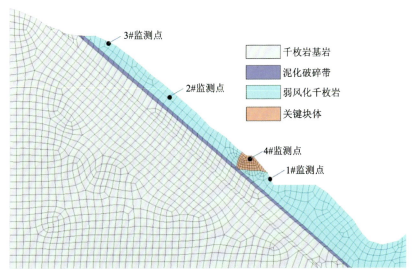

图 4-60 有限差分网格划分模型

表 4-9　岩土体物理力学参数取值表(李磊,2017;吴永胜 2017)

岩石类型	工况	密度 ρ (g/cm³)	体积模量 K (MPa)	剪切模量 G (MPa)	黏聚力 c(kPa)	内摩擦角 ϕ(°)
弱风化千枚岩	天然条件	2.25	780	420	90	21
	饱和状态	2.50	790	410	80	19
关键块体	天然条件	2.70	1000	1000	150	30
	饱和状态	2.70	1100	900	130	26
泥化破碎带	天然条件	1.89	100	100	35	21
	饱和状态	2.00	130	90	25	18
基底千枚岩	天然条件	2.58	753	470	102	32

2)初始地应力场

模型建立后,首先设置计算模型的初始地应力场,给斜坡沿 Z 轴向下的重力,重力加速度取 10m/s^2,将模型的本构设置为弹性模型,并进行弹性计算,生成初始地应力场,得到如图 4-61 所示的 Z 轴方向的初始地应力场,然后在此应力场中,采用 Mohr-Coulomb 模型的强度折减方法,对边坡稳定性进行计算。

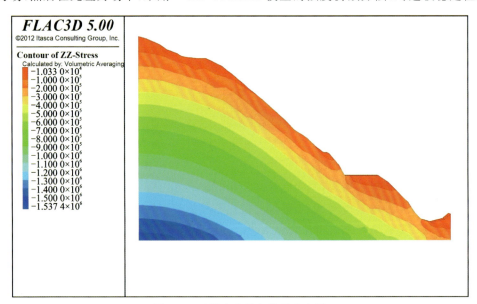

图 4-61　Z 轴方向的初始地应力场

2. 天然工况下斜坡稳定性分析

通过 FLAC³ᴰ 对金山村斜坡前缘表层岩体的稳定性进行了模拟,同时在斜坡表层岩体处的不同部位设置了 4 个监测点以了解斜坡不同部位的位移变化的差异。图 4-62 为斜坡岩体在 X 方向的位移云图,斜坡变形区主要集中于斜坡前缘中上部,最大位移约 0.03mm,变形量较小。图 4-63 为斜坡 4 处监测点的绝对位移曲线,坡脚处 1♯监测点处的绝对位移小于坡体中部 2♯监测点和坡体顶部 3♯监测点的位移,其中以坡顶处 3♯监测点位移量最大,说明天然状态下斜坡表层上部岩体存在沿软弱面向临空面滑移的趋势。关键块体 4♯监测点处的位移最小,天然状态下关键块体位移相对较小(图 4-63)。天然状态下的剪应变增量云图显示斜坡坡脚处(图 4-64),关键块体下部存在明显的应力集中,这与野外所观察到的现象相符合。采用强度折减法计算,斜坡前缘稳定性 FOS=1.13。综上所述,天然工况下斜坡的变形整体较小,但是斜坡坡脚处存在明显的应力集中现象,是斜坡最容易发生变形破坏的部位。

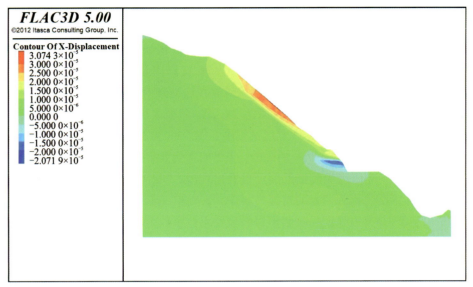

图 4-62　天然工况下 X 方向位移云图

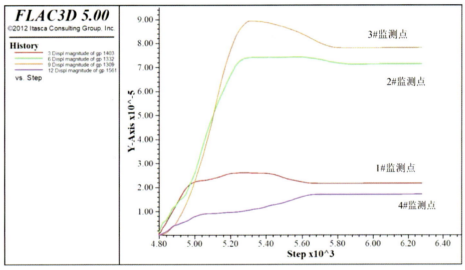

图 4-63　天然工况下监测点位移-时步曲线图

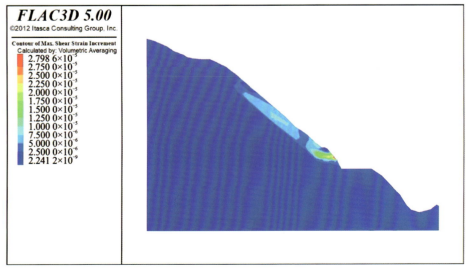

图 4-64　天然工况下剪应变增量云图

3. 极端降雨工况下斜坡稳定性分析

在降雨条件下,随着斜坡泥化破碎带和表层岩体的含水率增加,其抗剪强度逐渐减小,斜坡表层岩体抗滑力减小,斜坡稳定性降低。在野外调查过程中发现,强降雨是研究区内层状岩质斜坡失稳的最主要因素,因此,本小节通过 FLAC^{3D} 中强度折减法求斜坡在极端降雨条件下的稳定性。

图 4-65 为降雨条件下斜坡岩体在 X 方向的位移云图,斜坡表层岩体在斜坡前缘中部和坡脚处的位移相对较大,最大位移可达 0.07mm,总体变形量较小。图 4-66 为斜坡表层监测点位移-时步曲线,斜坡坡脚处位移相对于天然工况下变化不大,主要发生变化的部位处于斜坡中上部,并且相对于天然工况下其位移明显增加。由图 4-67 剪应变增量云图可以看出,降雨工况下,斜坡泥化破碎带处有明显的剪应力集中现象,关键块体下部也出现明显的剪应力集中,与天然工况下的斜坡剪应变增量相比,斜坡体内应力集中现象更加显著,并且由强度折减法求得斜坡稳定性系数 FOS=1.06,斜坡处于濒临失稳状态。

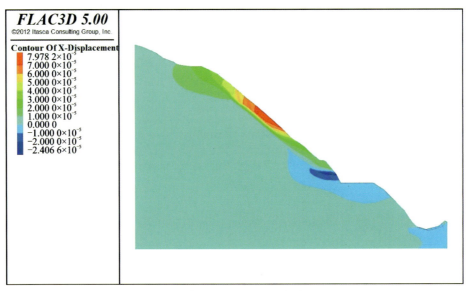

图 4-65 降雨工况下 X 方向位移云图

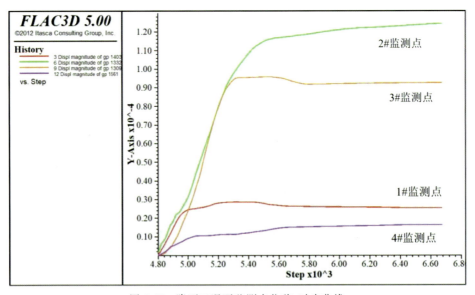

图 4-66 降雨工况下监测点位移-时步曲线

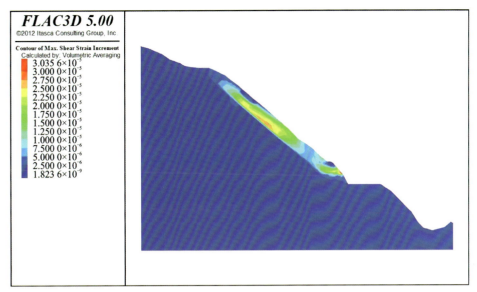

图 4-67　降雨工况下剪应变增量云图

第七节　小　结

（1）研究区内的高山-深切峡谷型地貌，以茂县群第三组千枚岩（SM^3）为主软弱的物质组成，高原性季风气候条件下的集中降雨环境，强震频发及人类工程活动等为研究区内层状岩质斜坡变形破坏提供了良好的条件。

（2）在前人研究的基础上，本书基于研究区内层状岩质斜坡发育特征，主要以斜坡物质组成、层状岩体的完整程度、岩层倾向与坡向的关系及岩层倾角作为 4 级分类标准将研究区内所调查的 68 个典型斜坡进行斜坡结构类型的分类，总共划分为 9 个类别：中倾顺向层状结构、陡倾顺向层状结构、横向层状结构、斜顺向层状结构、缓反向层状结构、中倾反向层状结构、陡倾反向层状结构、破碎层状结构和碳质千枚岩结构斜坡，并且结合研究区内的典型案例对每种斜坡结构类型相应的变形破坏模式进行了总结。

（3）通过 X 射线衍射试验分析了研究区内绢云母千枚岩、绢云母千枚岩风化物及碳质千枚岩的物质组成特征：①三者以石英和黏土矿物为主，其总含量占到所有矿物的 60% 以上，其中黏土矿物又以伊利石为主，相对含量一般大于 80%；②碳质千枚岩中伊利石和蒙脱石的绝对含量分别为 49% 和 11%，伊利石遇水易分解和蒙脱石遇水强烈膨胀的特性决定了碳质千枚岩斜坡的变形破坏以降雨条件下的坍塌为主。

（4）通过扫描电镜试验表明，微观条件下绢云母千枚岩中的绢云母呈片状定向排列，表面可见散布的石英颗粒，绢云母表面可见台阶状断口面和节理面平整的共轭剪节理，并且节理面两侧结构有明显的错动痕迹。

（5）研究区内层状岩质斜坡岩体内岩层面、节理面的结构面空间上呈明显的规律性，岩层面主要以倾向北北西为主，优势结构面为 345°∠57°，节理面可划分为 3 组，分别倾向于北东东、南南东和北西西为主，其优势结构面分别为 133°∠49°、65°∠70°、280°∠68°。

（6）不同加载角条件下的绢云母千枚岩单轴压缩试验强度呈明显的各向异性，主要表现为：①不同加载角下试样的抗压强度和弹性模量随着加载角的增大呈先增大后减小的趋势，整体呈"V"形，根据岩石抗压强度各向异性度的划分标准，研究区内绢云母千枚岩单轴抗压各向异性等级为极高各向异性；

②不同加载角试样的变形破坏形式不同,当 $\theta=0°$ 时,试样沿层面、裂隙主要发生板裂破坏,当 $\theta=0°$、$45°$ 和 $60°$ 时,试样沿层面发生剪切破坏,当 $\theta=90°$ 时,试样发生切层破坏;③不同加载角状态下的绢云母千枚岩的应力-应变曲线均表现为典型的塑性-弹性-塑性曲线的型式,并将整个过程划分为 4 个主要阶段,即① 裂隙压密阶段;② 线弹性变形阶段;③ 非稳定破坏累进阶段,④ 破裂后阶段。

(7)以金山村斜坡为研究对象,详细论述了研究区内特有的滑移-弯曲-压实-剪断型变形破坏模式,通过 FLAC^{3D} 数值模拟软件对金山村斜坡表层千枚岩体进行了天然工况和极端降雨工况条件下斜坡的稳定性分析,数值模拟表明:天然工况下斜坡稳定性系数为 1.13,极端降雨条件下斜坡稳定性系数为 1.06。

第五章　古滑坡发育特征与复活机理

第一节　古滑坡的定义与复活基本特征

"古滑坡"或"老滑坡"这一术语，泛指形成时代久远的滑坡。苏联学者 И.В.波波夫(1946)根据形成时代将滑坡分为古滑坡和现代滑坡，定义古滑坡为在早期侵蚀基准面和浪蚀水准面上形成的滑坡，现代滑坡为在现代侵蚀基准面和浪蚀水准面上形成的滑坡；Cruden(1996)将长期不活动且最后一次活动时间不清楚的滑坡看作古滑坡；叶米里扬诺娃(1980)认为，老滑坡是暂时中止、停止和已经终结的滑坡，其形态特征由于坡面侵蚀作用而消失。国内学者试图将古滑坡和老滑坡加以区分，卢鋈樵(1983)提出以河流侵蚀期作为滑坡时代划分依据，将发生在各级河流阶地侵蚀期和堆积早期的滑坡定义为古滑坡，将发生在河漫滩时期而目前较稳定的滑坡称为老滑坡；徐邦栋(2001)、王恭先(2004)和郑颖人(2007)等认同"古滑坡是发生在全新世以前的滑坡"这一定义，但对老滑坡发生的时间下限持有不同观点；在工程地质实践中，许多学者更多关注滑坡现今的稳定性状态。例如，戚筱俊(2002)认为古滑坡是第四纪以来滑动过的滑坡，现今已处于稳定状态，但有可能复活或再次滑移；李勇飞等(2006)把发生在现阶段以前、目前基本稳定的滑坡体均称为古滑坡。最新颁发的国家标准《滑坡防治工程勘查规范》(GB/T 32864—2016)中将全新世以前发生滑动、现今整体稳定的滑坡定义为古滑坡，而把全新世以来发生滑动、现今整体稳定的滑坡称为老滑坡。上述表明，无论是古滑坡还是老滑坡，只意味着它们相对暂时稳定，在一定自然因素或人为因素作用下，均可能复活。为了聚焦拟解决的关键科学问题和阐述方便，张永双等(2018)建议古滑坡的研究范畴应包括《滑坡防治工程勘查规范》(GB/T 32864—2016)中的古滑坡和老滑坡。

国内外对古滑坡的研究大致分为三个方向，一是关注古滑坡的形成及其与地质演化和气候事件的联系，以第四纪地质学者为主；二是聚焦古滑坡的现今活动性及其工程治理，以工程地质和岩土工程领域的学者为主；三是从滑坡演化历史着眼，关注古滑坡形成、复活及其周期性变化的长时间序列演化过程，并将相关认识应用于指导工程实践。随着古滑坡复活问题日益突出，国际上对其研究的深度和广度呈明显上升趋势，现已成为滑坡工程地质研究的热点。张永双等(2018)将古滑坡复活的诱因归结为四个方面：①工程开挖坡脚和河流侵蚀作用切割古滑带(剪出口临空)，导致古滑坡复活，这是最常见的复活方式。典型案例有舟曲泄流坡滑坡、松潘红花屯滑坡和上窑沟滑坡、丹巴县城建设街滑坡和甲居滑坡等。②异常强降雨、冰川融化和灌溉活动的地表水入渗，造成古滑坡的再滑动，甚至转化为碎屑流。典型案例除了上述滑坡外，还有松潘俄寨滑坡、都江堰红梅村滑坡等。③强震和工程爆破的动力作用，造成古滑坡体结构破坏，触发大变形。典型案例在龙门山及周边等近年发生强震的地区很多。④水库蓄水诱发的古滑坡复活。典型案例有炉霍呷拉宗滑坡、汶川漩口滑坡、金沙江下游绥宁滑坡和作坊洗滑坡等。当然，上述诱发因素不是单独出现的，古滑坡的复活往往是多因素耦合作用的结果。如何对这些问题进行综合分析,如何进行古滑坡复活的早期识别成为当前迫切需要解决的问题。

岷江上游古滑坡极为发育,已有研究表明,岷江上游的大部分古滑坡可能为地震诱发,少量为冰川作用和极端降雨等作用形成(李艳豪,2015)。毛雪(2011)、王兰生等(2012)、沈曼(2014)、Jiang et al.(2014)均从不同角度证实岷江上游地区历史上发生过多次地震,并形成大量历史堵江滑坡,如25~20ka B.P.间形成的茂县马脑顶滑坡、吉鱼村滑和文镇滑坡等,1933年叠溪M_s7.5级地震诱发的较场滑坡、干海子滑坡等(王兰生等,2000;王小群等,2009);杨文光(2008)对比分析叠溪和茂县的三级阶地发育特征和堰塞湖沉积环境,认为岷江上游在10.5万年左右发生过多起滑坡堵江事件。在岷江上有发育的众多古滑坡中,大窑沟古滑坡、红花屯古滑坡、俄寨村古滑坡等古滑坡已发生局部复活,潜在危害较大。

第二节 松潘大窑沟古滑坡发育特征与复活机理

一、滑坡基本形态与结构特征

大窑沟古滑坡(图 5-1)位于松潘县青云乡窑沟村北侧,坡脚地理坐标为N32°37′42.44″,E103°34′51.06″。滑坡平面形态呈长舌状,纵长约120m,前缘横宽约80m,滑体平均厚约1m,体积约$11.5×10^4 m^3$,为一

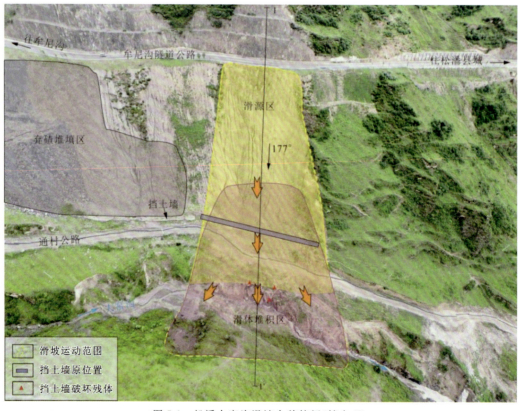

图 5-1 松潘大窑沟滑坡全貌特征(镜向 E)

中型滑坡,主滑方向为177°。滑坡后缘紧靠牟尼沟隧道公路,高程为3000m,窑沟村公路从坡体前缘经过,剪出口位于村级公路路面以下,高程为2925m。滑坡表层为人工堆填土,厚3~5m,主要为修建隧道和公路时形成的工程弃渣,松散未压实;往下为残坡积层,厚5~25m,物质成分为黏土夹碎石,碎块石粒径多为2~10cm,含量约30%,结构松散;基岩为三叠系新都桥组(T_3x)砂质板岩,产状为240°∠76°(图5-2)。滑前地表平均坡度约35°,滑后形成了高达6m的基岩陡壁,中前部地表出现明显凹槽。滑面呈弧形,中后部滑面位于基岩和第四系松散堆积体界面处,往下切穿残积碎石土层,前缘近水平剪出。后部滑体较薄,厚2~5m,中前部滑体较厚,厚5~20m。

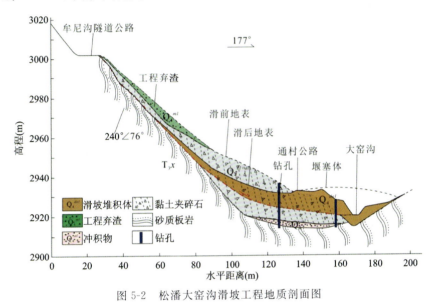

图5-2 松潘大窑沟滑坡工程地质剖面图

二、滑坡运动与堆积特征

滑坡后缘顶点与堆积体前缘的最大高差达80m,水平距离约150m,受前缘地形影响,滑体运动距离有限,水平距离约50m。根据滑体运动和堆积特征,将该滑坡运动范围分为滑源区和堆积区。滑源区即从滑坡后缘至前缘剪出口处,水平距离约100m,最宽处约90m。滑体失稳滑动后,后壁基岩陡坎出露,部分滑体还残存于陡坎下的斜坡表面,并未完全脱离滑床,堆积区范围与滑源区存在重叠。堆积区主要包括堆积体后缘至最前缘处,水平距离约140m。大窑沟滑坡失稳快速滑动,毁坏坡脚挡墙和村级公路,挡墙被滑体推动运动的水平距离约40m(图5-3)。滑体高速冲向大窑沟对岸且具有一定爬坡效应,受沟道和对岸斜坡的阻挡作用,滑体发生碰撞解体和减速停积,在大窑沟中形成堰塞体并造成水位雍高。

三、滑坡形成机理与稳定性分析

大窑沟古滑坡在1976年松平地震后滑坡后缘出现多条拉张裂缝,一般长约2~5m,深0.5~1.2m,最长约6m。2008年汶川地震后,滑坡后缘拉裂缝不断加宽,前缘通村公路下方有泉眼出露,渗冒浑水。在此后多次暴雨中,滑坡后缘拉裂缝不断发展,但滑坡并未能够整体下滑。2010年由于牟尼沟隧道公路的修建,工程弃渣堆载于滑坡后部,弃渣重力增加了滑体下滑力。在连续降雨作用下,滑坡于2012年7月发生整体复活而失稳下滑,为后缘加载推移式滑坡。

图 5-3 松潘大窑沟滑坡发育特征

为研究后部加载和强降雨对滑坡稳定性的影响,采用有限元软件 Geo-studio 对滑坡加载前后稳定性进行了对比分析,对降雨作用下滑坡体地下渗流场的动态响应机制进行了研究,以期揭示大窑沟滑坡的启滑机理。根据松潘地区气象资料,该区日降雨量较小且不连续,雨强多小于 10mm/24h,模拟时设置降雨强度为 20mm/24h,连续降雨 2 天。通过室内试验和工程地质类比法确定本次模拟所需的岩土体物理力学参数见表 5-1。

表 5-1 松潘大窑沟滑坡岩土体计算模型选用参数

材料	天然容重 γ (kN/m³)	饱和容重 γ (kN/m³)	饱和体积含水量 (%)	饱和渗透系数 (m/d)	黏聚力 c (kPa)	内摩擦角 φ (°)
人工弃渣	19.8	22	35	1.5	2	31
黏土夹碎石	19.3	21	25	0.25	20	22
细砂、砾石	21	23	20	1.2	0	25

根据滑坡工程地质剖面,建立概化地质模型(图 5-4),分别为人工弃渣层、残坡积层、冲积物层和下伏基岩。采用 M-P 法计算滑坡后缘堆载前后和堆载后降雨 2 天的稳定性系数(图 5-5)发现,在滑坡后缘未堆载人工弃渣时,其稳定性系数为 1.282,整体稳定性良好;在滑坡后缘堆填了人工弃渣后,其稳定性系数降为 1.108,整体稳定性依然较好;在降雨强度为 20mm/24h 条件下,连续降雨 1 天后稳定性系数降为 1.003,达到失稳临界状态;降雨 2 天后,滑坡稳定性继续下降,达到 0.986,表明此时滑坡已经失稳下滑。

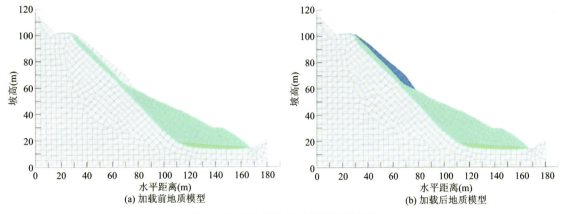

图 5-4 松潘大窑沟滑坡概化地质模型

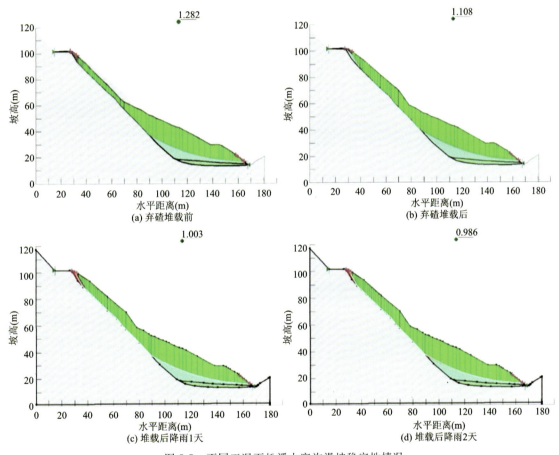

图 5-5 不同工况下松潘大窑沟滑坡稳定性情况

分析降雨过程中滑坡地下渗流场变化情况(图 5-6)发现,由于滑体物质结构松散,渗透性良好,在连续 2 天降雨过程中,滑体内湿润锋不断下移,土体由非饱和状态变成饱和状态,基质吸力减小。滑坡下部的基岩面近水平,上覆冲积物为良好的饱水介质,下伏基岩渗透性相对较差,形成相对隔水层,降雨入渗后汇集于基岩面以上,地下潜水位不断升高,浸润软化下部滑体,同时对其形成浮托力。对前缘同一断面上不同高程点的孔隙水压力进行实时监测(图 5-7、图 5-8),监测点 1 和监测点 2 均位于残积层中,而监测点 3 和监测点 4 分别位于冲积层与残积层界面处和冲积层与下伏基岩界面处。

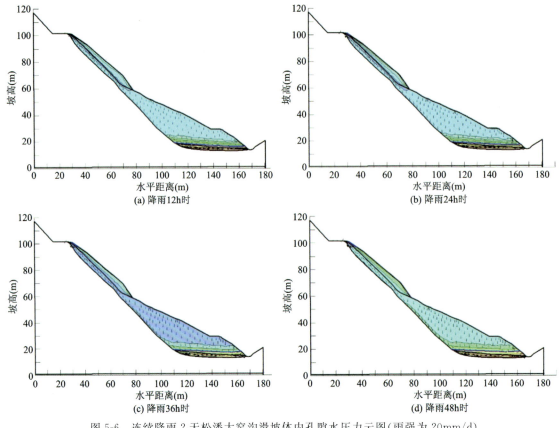

图 5-6 连续降雨 2 天松潘大窑沟滑坡体内孔隙水压力云图（雨强为 20mm/d）

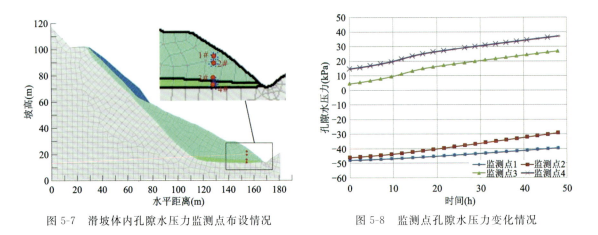

图 5-7 滑坡体内孔隙水压力监测点布设情况　　图 5-8 监测点孔隙水压力变化情况

随着降雨进行，不同监测点的孔隙水压力不断增加，监测点 4 的孔隙水压力由 15kPa 增加至 37kPa，监测点 3 的孔隙水压力由 4kPa 增加至 18kPa，监测点 1 和监测点 2 的负孔隙水压力一直增加，表明滑体的基质吸力在逐渐减小。降雨不断入渗过程中，增加了滑体重度，滑面饱水后抗剪强度降低，滑坡下部孔隙水压力大幅增加，促进了坡脚首先失稳启滑。以上分析表明，后部人工弃渣的堆载降低了滑坡稳定性，而强降雨导致坡体下部岩土体内孔隙水压力大幅增加是该滑坡复活启滑的主要诱因。

第三节　松潘红花屯古滑坡发育特征与稳定性评价

一、滑坡基本发育特征

红花屯滑坡位于松潘县青云乡红花屯村（图5-9），地理坐标为N32°37′1.05″，E103°35′48.77″，规划建设中的成兰铁路松潘隧道入口位于滑坡的坡脚部位，国道G213从滑坡前缘通过。古滑坡后缘呈"圈椅状"地貌，平面形态为长舌形（图5-10），后缘顶端高程3115m，坡脚高程2848m，最大高差267m，滑坡纵向长约510m，横向宽约175m，厚15～35m，体积约160×10⁴m³，为砂质板岩、碳质板岩内发生的顺层岩质滑坡。目前滑坡已经发生局部复活变形，复活滑坡范围呈长舌形，主滑方向230°，后缘高程3060m，坡脚高程2848m，整体坡度约29°，纵向长约410m，平均宽约150m，平均厚20m，体积约120×10⁴m³，为一大型碎石土滑坡。

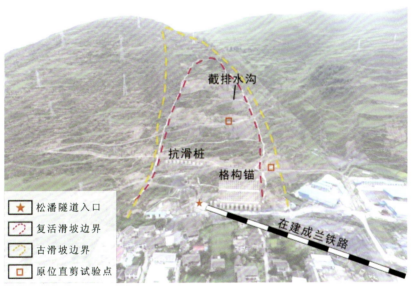

图5-9　松潘红花屯滑坡全貌（NE）

红花屯滑坡现今变形主要表现为前缘靠近隧道入口处的浅表层局部破坏，中部向侧边扩张的拉张裂缝和局部溜滑。在高程2964m第二道截水沟处，可见3条较明显的平行张拉裂缝，走向约210°，裂缝长3～6m，缝宽约5cm，深5～10cm，主要由于岩土体结构松散，降雨入渗导致表层土体失稳，截水沟下部失去支撑而发生变形开裂，雨水集中渗漏，致使局部发生岩土体变形破坏。从滑坡变形破坏特征来看，滑坡处于潜在不稳定状态，变形速率较慢，变形破坏范围较小。在前缘坡脚开挖、集中降雨等影响下，滑坡存在进一步变形破坏的可能，目前中铁二十五局针对该滑坡已进行了抗滑桩、截排水沟和格构锚等多手段联合治理工程。

二、滑坡结构特征与物质组成

滑坡主要由表层黄土、碎石土以及下伏碳质板岩和砂质板岩构成。黄土呈阶梯状分布于碎石土之

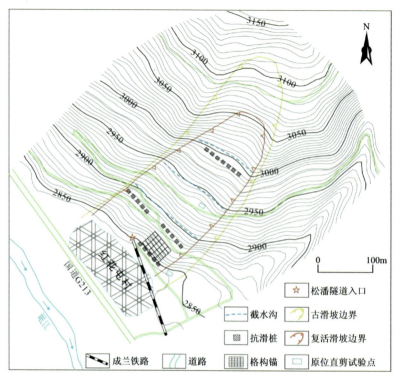

图 5-10　松潘红花屯滑坡工程地质平面图

上,厚 5~15m 不等,主要物质成分为粉土和粉质黏土,土颗粒均匀,内部发育有垂直节理和黄土落水洞(图 5-11)。碎石土主要由砂质板岩、碳质板岩碎块石和粉质黏土组成,碎石含量 30%~60%,块径 5~10cm,最大块径可达 30~40cm,结构较松散。下伏基岩为晚三叠统新都桥组(T_3x)薄层碳质板岩和砂质板岩,岩层产状 280°∠40°(图 5-12),岩体结构破碎,呈层状-碎裂状。滑坡发育多级滑带,最深一级滑带位于碎石土与基岩的接触界面,黄土层内也发育多条浅层剪切带。

图 5-11　松潘红花屯古滑坡变形破坏特征

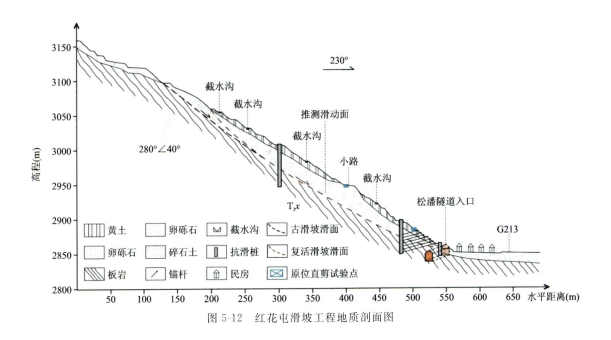

图 5-12 红花屯滑坡工程地质剖面图

三、滑体剪切强度特性分析

红花屯滑坡的滑体主要为碎石土，其结构非均质且不连续，碎石含量、级配特征和含水率等影响碎石土的剪切强度特性。常规的剪切试验受限于试样尺寸无法保留试样原始级配，获取到的碎石土剪切强度参数准确性和适用性较差，本次采用中国地质科学院地质力学研究所研发设计的应变控制式大型原位直剪仪(图5-13)在滑坡左边界(试验点CL16ZJ0201)和滑坡中部(试验点CL16ZJ0202)开展大型原位直剪试验，试样尺寸大小为316mm×316mm×320mm(长×宽×高)(图5-14)，有效弱化了试样的尺寸效应，能够满足试验要求。

首先在选择的试验点开挖一个大小为3m×1.5m×1.8m(长×宽×高)的试坑，以满足试坑内放置试验仪器；然后在试坑内平整出四个四面临空的土样，土样标准为32 cm×32 cm×40 cm(长×宽×高)，试样中碎石含量高，在修整土样时应用削土刀慢慢平整，以防土样塌落后散开；制作地锚反力架；在试坑内试样附近开挖直径0.15m、深约0.7m的圆孔，并用钢筋混凝土与地锚相连；依次安装大型直剪仪的加载系统、测试系统和反力系统；对岩土体试样分别施加不同的法向荷载(100kPa、150kPa、200kPa)，并通过液压泵施加水平剪切力(剪切速率0.8mm/min)，使试样在拟定的剪切面上发生剪切破坏，通过采集系统记录试验过程中的剪应力、位移等相关数据，绘制破坏剪应力与法向荷载的关系曲线，从而求得黏聚力和内摩擦角等抗剪强度参数(图5-15)。

分析两组碎石土剪应力-位移关系曲线(图5-16)可知，在剪切位移小于1mm时，剪应力迅速增加，剪切特征曲线斜率大，之后剪应力缓慢增加，剪应力增加速率逐渐减小。两组试验的剪切特征曲线均无明显峰值强度，呈弱应变硬化特征，可能与碎石土密实程度较低和土体剪缩有关。两组实验的剪切特征曲线跳动较大，剪应力出现了明显的突增现象，这是由于剪切过程碎石颗粒未被剪断而是沿着剪切面发生了翻滚或移动(图5-17)。

图 5-13　大型原位直剪仪　　　　　图 5-14　大型原位直剪试验制样

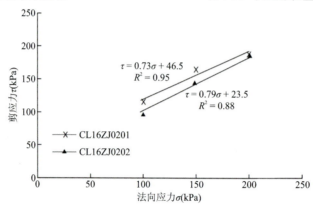

图 5-15　红花屯滑坡碎石土抗剪强度曲线

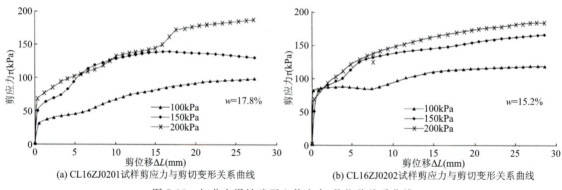

(a) CL16ZJ0201试样剪应力与剪切变形关系曲线　　(b) CL16ZJ0202试样剪应力与剪切变形关系曲线

图 5-16　红花屯滑坡碎石土剪应力-剪位移关系曲线

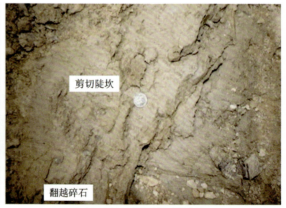

(1) CL16ZJ0201试样剪切面特征　　　　(2) CL16ZJ0202试样剪切面特征

图 5-17　红花屯滑坡原位直剪试验剪切面

四、滑坡稳定性数值分析

在野外调查基础上,建立滑坡地质模型,并结合室内物理力学测试和大型原位直剪试验结果选取岩土体参数,基于有限差分软件FlAC³ᴰ模拟分析了不同工况下的滑坡变形破坏特征。考虑到边界效应等问题,建立高428m、长700m、宽10m的数值模型(图5-18),并采用六面体单元进行划分,天然工况模型共划分单元总数765个,节点总数1658个;开挖工况模型共划分单元总数789个,节点总数1708个;工程治理工况模型共划分单元总数919个,节点总数1968个。模型中X方向代表滑坡纵剖面方向,Y方向代表滑坡横向方向,Z方向代表重力方向,模型顶面和坡面均采用自由边界约束,四周和底部均采用固定边界约束。本次模拟中采用莫尔-库仑岩土体本构模型,物理力学参数见表5-2。

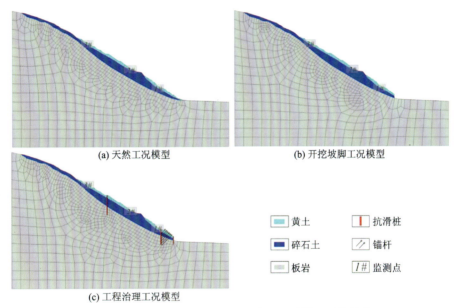

图 5-18　不同工况下红花屯滑坡有限差分模型网格划分

表 5-2　红花屯滑坡岩土体物理力学参数取值表

岩性	密度 (g/cm³)	体积模量 (MPa)	剪切模量 (MPa)	黏聚力 c/(kPa)	内摩擦角 ϕ/(°)	泊松比 μ
板岩	2.25	6200	3500	120	48	0.2
碎石土(天然)	1.86	100	60	50	36	0.26
碎石土(饱水)	1.89	80	43	38	26	0.23
黄土(天然)	1.52	90	52	90	28	0.28
黄土(饱水)	1.75	70	41	60	22	0.22

1. 天然工况下滑坡稳定性

对天然工况下红花屯滑坡稳定性进行模拟,设置了3个监测点以了解滑坡不同部位的位移比值。由图5-19可知,滑坡变形主要集中于滑坡坡脚,但最大位移仅为0.031m,变形量较小。图5-20显示位于滑坡坡脚的 1♯监测点变形大于滑坡中后部的 2♯、3♯监测点。剪应变增量云图(图 5-21)表明,剪应变较大值仅集中在坡脚位置。采用强度折减法计算得到滑坡稳定系数 FOS 为 1.53,表明天然工况下红花屯滑坡整体稳定性良好。

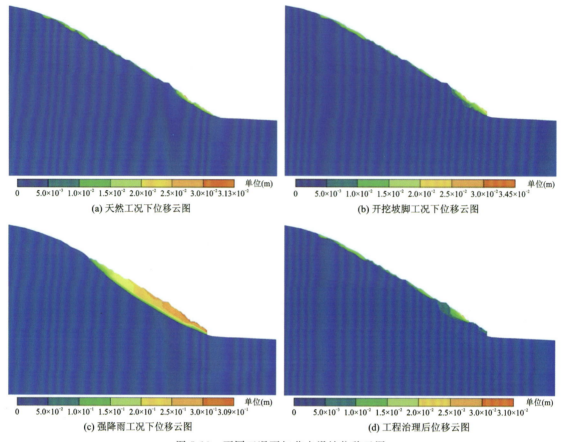

图 5-19 不同工况下红花屯滑坡位移云图

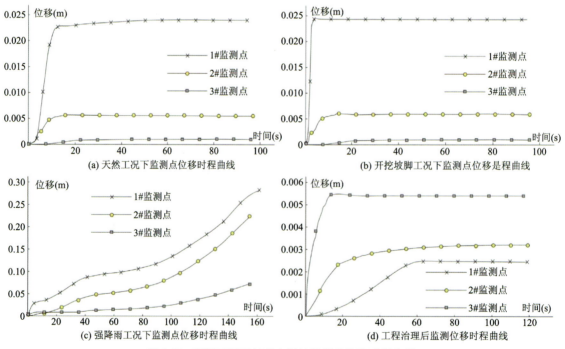

图 5-20 不同工况下红花屯滑坡监测点位移时程曲线

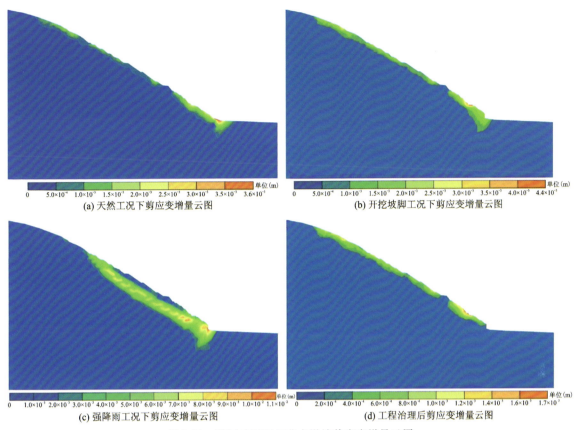

图 5-21 不同工况下红花屯滑坡剪应变增量云图

2. 开挖坡脚工况下滑坡稳定性

修建成兰铁路时开挖滑坡坡脚形成了高约 10m 的临空面,滑坡岩土体应力状态发生响应调整。采用 FLAC^{3D} 对开挖坡脚工况下红花屯滑坡稳定性情况模拟分析表明,滑坡体位移最大值同样出现在坡脚部位,最大位移为 0.035m,比天然工况下的位移要相对集中。监测点位移时程曲线与天然工况下的位移时程曲线基本一致,剪应变增量云图,也与天然工况基本相同。采用强度折减法计算得到滑坡稳定系数 FOS 为 1.47,说明修建成兰铁路开挖坡脚对红花屯滑坡的稳定性影响不大,滑坡整体稳定性良好。

3. 强降雨工况下滑坡稳定性

研究表明,黄土的黏聚力和内摩擦角等抗剪强度参数随含水率增加而降低,降雨作用对黄土斜坡的稳定性影响很大。降雨对碎石土力学强度的弱化效应明显,是碎石土滑坡的主要触发因素。模拟强降雨工况下红花屯滑坡的应力应变场发现,滑坡具有沿基岩滑床向下分级牵引变形滑动的特征,位移主要集中在坡脚部位,最大达到了 0.3m,为天然工况下的 10 倍,说明滑坡体的剪切破坏从坡脚处向上逐渐发展。1#、2#、3# 监测点位移曲线均有明显的上升趋势,且位移自坡脚至坡肩依次减小。前缘坡脚及剪出口处剪应变增量值最大,自坡脚处向上应变增量值逐渐减小,滑体内部形成一条相对集中的剪切带。

4. 工程治理后滑坡稳定性

为避免红花屯古滑坡进一步发生大规模复活,该滑坡已进行了工程治理。为探究治理工程的有效性,对施加了工程结构后滑坡稳定性进行了模拟分析。由位移云图可知(图 5-21),滑坡治理之后,在降雨工况下其变形得到明显减缓,只在坡脚靠上部位出现变形,且变形不大,位移量仅为 0.031m,与天然工况下的位移量相当,而滑坡坡脚基本没有变形;1♯、2♯、3♯监测点的最大位移也小于天然工况和开挖工况;前三种工况下的坡脚应力集中现象也已消失,仅在坡脚靠上部位还存在应力集中和浅表层岩土体发生塑性应变的现象。采用强度折减法计算得到滑坡稳定系数 FOS 为 1.65,表明格构锚和抗滑桩对加固滑坡起到了良好作用。

第四节 松潘俄寨村古滑坡发育特征与稳定性评价

一、滑坡发育特征

俄寨村滑坡位于松潘县十里乡俄寨村,地理坐标为 N32°40′15.6″,E103°36′19.4″(图 5-22)。俄寨村滑坡平面呈不规则半椭圆型(图 5-23),长 841m,后缘宽 270m,前缘宽 720m,主滑动方向 261°。滑坡后缘高程 3198m,其上为缓坡,两侧以山脊、沟谷为界,前缘为岷江河道、一级阶地,海拔高程 2846m,滑坡高差 352m。滑坡区面积 39.4×10⁴m²,其中滑源区海拔 3000～3198m,面积 3.7×10⁴m²,滑坡堆积体面积 35.7×10⁴m²,厚度一般 15～25m,最厚处 33m,总体积 739×10⁴m³,属大型岩质滑坡。滑坡区地形坡度一般 15°～25°,平均约 24°。滑坡后缘及两侧较陡,平均坡度约 35°;中部较缓,平均约 20°;前缘略陡,平均约 25°。滑坡纵向上呈陡—缓—陡变化,主纵断面上滑源区坡度 35.4°,中部 18.7°,前缘 22.3°。滑坡平均休止角 22.3°。

图 5-22 松潘俄寨村滑坡无人机影像图

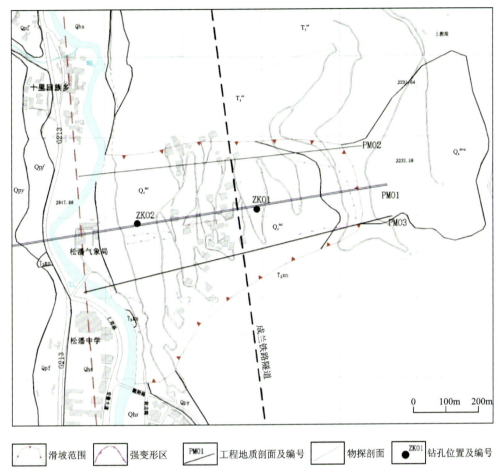

图 5-23 松潘俄寨村滑坡工程地质平面图

从平面形态看，滑坡后部呈圈椅状，后缘及两侧滑动痕迹明显。纵向上，前、后缘陡，中部平缓；横向上，两侧高、陡，中部低、缓，堆积形态明显。滑坡前缘剪出口中部略有凸出，松潘气象局背后滑坡堆积体覆盖在岷江一级阶地上（图5-23、图5-24）。岷江河道在滑坡前缘部位向河对岸（右岸）弯曲，因松潘气象局所在地为一级阶地砂卵石堆积，所以河道弯曲并非滑坡压迫河道所致。

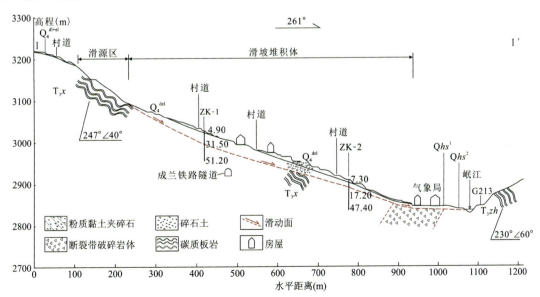

图 5-24 松潘俄寨村滑坡工程地质剖面图

二、滑坡结构特征与物质组成

根据高密度电法地球物理探测2.5维反演结果(图5-25),剖面上表层呈现高低阻相间的不稳定电性层,电阻率低的地段阻值为20～90 Ω·m,高阻值段为220～2150 Ω·m。高低阻相间的不稳定电性层厚度约为0～45m,推断该层为滑坡堆积体。低阻值区域对应土体较多的地段,高阻值区域对应碎块石较多的地段。在剖面958点号附近,地形陡峭,电性突变,大号段表层为一薄层高阻,小号段均显示低阻,推断该点附近为滑坡后缘位置。在剖面1800～1900点号段,表层不均匀电性层逐渐变薄收敛,推断为滑坡的剪出口位置所在。依据滑坡浅表层内的电性变化,推断1510点号附近为一次级滑坡后缘位置。以剖面的1250点号为界,小号段基岩以低阻显示为主,阻值一般为22～180 Ω·m;大号段基岩则相对较高,阻值一般为150～350 Ω·m。推断小号段基岩以碳质板岩夹砂质板岩为主;大号段基岩以砂质板岩夹碳质板岩为主,1250点号附近位为断层F通过的位置,断层倾向依据反演结果推断为西南,倾角较陡。

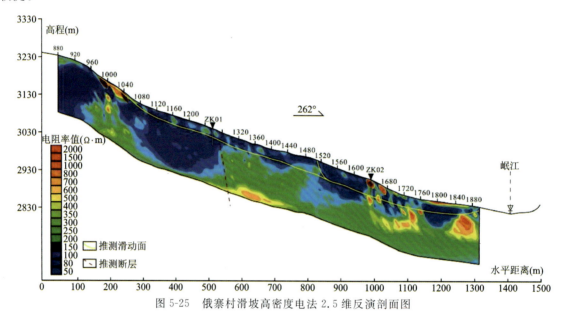

图5-25 俄寨村滑坡高密度电法2.5维反演剖面图

根据原位钻探(图5-26、图5-27)和现场调查结果,俄寨村滑坡堆积体主要为角砾土、块碎石土,分选性较差,稍密-中密,粉质黏土充填,局部夹含角砾粉质黏土,厚度一般为15～25m。角砾土一般呈灰黄或浅灰色,粒径为10～30mm,碎石含量占20%～30%,角砾含量占30%～50%,偶含块石,粉质黏土充填其间。该土层均匀性差,结构松散,主要分布于滑坡体中前部,厚度一般小于14m。块碎石土呈黄灰、浅灰或深灰色,碎块石粒径一般50～300mm,含量高达70%以上,成分主要为碳质板岩,该土层结构疏松,孔隙度大,是滑坡体主要组成部分,厚度10～25m,在滑坡中部坡表还分布有零星的黄土和黄土状土。俄寨村滑坡滑床为三叠系上统新都桥组(T_3xn)板岩、砂岩,强风化带厚度10～20m。滑床岩体较破碎,呈碎块石状。

综合物探测试、钻探结果及野外现场地质调查,俄寨村滑坡滑动带很薄,且在不同岩土层位中滑动。滑动面埋深0～45m,基岩强风化层厚一般为3～12m,弱风化基岩面埋深5.6～61m。滑坡上段在基岩中滑动,滑动面与砂板岩层面基本一致,倾角30°～40°,属顺层滑动;中段也在基岩中滑动,滑动面倾角变缓,15°～18°,属切层滑动;下段在基覆面上滑动,倾角略陡,18°～20°。据此推测俄寨村滑坡滑动前地形特征(图5-28),滑坡原始地形仍呈上陡、中缓、下陡的坡面形态,上部35°～40°,中部18°～20°,下部20°～25°。前缘岷江河谷冲刷,两侧冲沟切割,形成临空面。

(a) 粉质黏土、角砾土、碎石土　　　　　　　　(b) 滑床板岩、砂岩

图 5-26　松潘俄寨村滑坡钻孔岩芯照片

地层名称	层底深度(m)	层底高程(m)	岩性花纹	反演结果
粉质黏土	5.1	3 017.80		
角砾土	9.3	3 013.60		
碎石土	14.3	3 008.60		
角砾土	17.0	3 005.90		
碎石土	20.7	3 002.20		
角砾土	28.4	2 994.50		
碎石土	31.9	2 991.00		
板岩	51.2	2 971.70		

图 5-27　松潘俄寨村滑坡 1♯ 钻孔柱状图

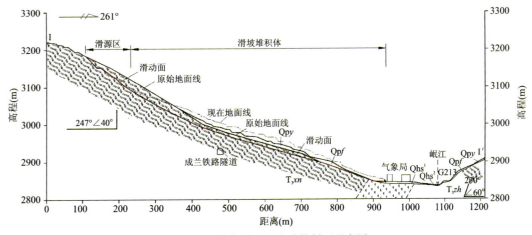

图 5-28　俄寨村滑坡滑动前剖面示意图

三、滑坡形成机理分析

根据复原的斜坡原始地形剖面,高陡的斜坡地形是滑坡形成的有利条件。斜坡上部为砂板岩顺向岩质斜坡,岩层倾角与地形坡度基本一致,砂板岩中夹碳质页岩软弱夹层,容易形成滑动面。砂板岩风化破碎严重,风化带厚度大。斜坡中部缓坡区地表为中更新统元山子组风成黄土堆积,垂直节理发育。斜坡前部零星分布岷江Ⅱ~Ⅲ级阶地圆砾、卵石土。长期淋滤作用,在基覆面上黏性土聚集,容易形成滑动面。适宜的岩土组合是滑坡形成的物质基础。

工作区地处地壳强烈抬升区,紧邻岷江断裂,且地震活动频繁。构造对地貌形态、斜坡结构以及滑坡的形成具有控制性作用。频繁的地震活动加剧了斜坡岩体的破碎和裂隙的形成、贯通。俄寨村滑坡滑动距离不大,解体不强,属降雨诱发型滑坡。进入全新世以来,工作区寒冷、干燥的气候结束,雪线上升,降雨量增多。工作区年均降雨量728.4mm,20min最大降雨量为21.4mm,1h最大降雨量25.3mm,24h最大降雨量45.5mm。滑坡后山高海拔区降雨、融雪量大。雨雪水渗入地下、裂缝中,增加孔隙水压力,软化岩土抗剪强度,增大岩土体容重。滑坡在雨水作用下,首先从后缘基岩软弱夹层中贯通形成滑动面,向下滑动;然后推动中部缓坡区域向前滑移,由基岩切层转为沿基覆面滑动。滑坡堆积体主要在中前部,前缘覆盖在岷江一级阶地后部。根据滑坡地形、岩土特征,坡面植被状况,人类生产活动痕迹,以及前缘堆积体覆盖在一级阶地之上的特点,推断俄寨村滑坡属全新世以来形成的老滑坡。综上所述,俄寨村滑坡属降雨诱发型推移式老滑坡。

四、滑坡变形与复活机制分析

1. 滑坡变形与危害

俄寨村滑坡为基岩老滑坡,原为荒坡、耕地,整体稳定性较好。2008年"5·12"汶川地震后,俄寨村民整体迁入中部缓坡部位居住,现已成建房30多栋,居住150余人,修建水泥路约4km,人类工程活动和生活用水的排放,造成滑坡局部发生复活变形,村道和排水沟出现开裂、沉陷等破坏现象(图5-29)。在老滑坡堆积体上发育三处次级滑坡,局部陡坎部位不稳定,滑源区陡坡有局部滑塌。H1位于老滑坡前缘左侧临河部位,海拔高程2836~2870m,平面呈扁弧形,长55m,宽137m,面积6500m²,局部基岩出露,松散体厚度0~3m,体积约$1.0×10^4 m^3$,稳定性差,威胁村道、河道。H2位于滑坡中部,海拔高程2919~2935m,平面呈半椭圆形,长34m,宽25m,面积700m²,滑体厚度1~2m,体积约1000m³,稳定性差,威胁村道。H3位于H2下部,海拔高程2870~2917m,长条形,长106m,宽24m,面积2500m²,滑体厚度0~2m,体积约2000m³,稳定性差,威胁村道。

2. 滑坡复活机制分析

俄寨村滑坡目前整体稳定,局部不稳定。滑坡体中部现为俄寨村集中安置点,且前缘为岷江主河道、松潘县气象局,且成兰铁路从下部穿过,如果复活将造成巨大危害。

对俄寨村滑坡复活可能产生不利影响的因素主要有:①暴雨和融雪,工作区降雨集中,历史20min、1h最大降雨量分布达21.4mm、25.3mm,加之后山高海拔地区积雪融化渗入,容易使滑坡堆积体饱水增重,滑带土抗剪强度降低、地下水位抬升、水力坡度增大;②地震影响,工作区及周边地震活动较频繁,震级大,地震动峰值加速度0.20g,地震动特征谱周期0.40s,强震可能直接引起滑动,或致裂缝拉伸、贯通；③坡脚冲刷,俄寨村滑坡前缘左、右两侧受岷江河水冲刷、涨落影响,H1次级滑坡即受此影响;④削坡建房、坡面加载、生产生活用水入渗对滑坡稳定性不利。不稳定区主要位于前缘陡坡(坎)、后缘(滑源区)以及中部陡坎部位。

图 5-29 松潘俄寨村滑坡复活变形特征

五、滑坡稳定性分析

俄寨村滑坡目前整体较稳定,局部发生滑塌、溜滑,存在局部失稳进一步牵引导致整体失稳的危险性,一旦发生整体复活,将严重威胁滑坡体中部俄寨村居民区和坡脚的松潘县气象局和成兰铁路,甚至堵塞岷江。俄寨滑坡运动后能量得到一定释放,但区内集中降雨、居民生活用水的排放、岷江坡脚冲刷和周边地区的地震活动等对滑坡的复活起到促进作用。

根据滑面形态,采用以极限平衡理论为依据的折线形滑面条分法和传递系数法来计算滑坡稳定性,分为整体稳定性和局部的浅表层滑动,分别以主滑方向的三条纵剖面进行计算。选定的计算工况为:工况1:自重;工况2:自重+暴雨;工况3:自重+地震。

根据取样室内试验统计滑体土的物理力学指标,得出滑体土的天然重度平均值为20.30kN/m³,饱和重度为21.20kN/m³,滑带土抗剪强度参数取值见表5-3。

根据前述斜坡变形破坏模式分析,俄寨古滑坡体整体处于较稳定状态,其变形破坏模式主要为滑坡中下部的浅表层滑动,分别对滑坡的整体和局部做稳定性分析。

表 5-3 松潘俄寨村滑坡滑带土抗剪参数综合取值表

状态	室内试验值		参数反演值		综合取值	
	c(kPa)	φ(°)	c(kPa)	Φ(°)	c(kPa)	φ(°)
天然状态	10.61	21.15	9.5	19.54	10.4	20.50
饱和状态	8.99	19.96	7.5	17.6	8.1	19.10

计算结果(表5-4)表明,滑坡整体在天然工况下的稳定系数为1.3~1.35,处于稳定状态;在暴雨饱和工况下的稳定系数为1.03~1.09,处于欠稳定状态;在天然＋地震工况下稳定系数为1.04~1.24,处于欠稳定状态。这一计算结果与野外调查和宏观判断的结论基本一致,该古滑坡处于基本稳定状态。

表 5-4 松潘俄寨村滑坡整体稳定性计算成果表

计算剖面	工况条件	稳定性系数	稳定状态
1—1'	天然状态	1.3	基本稳定
	暴雨饱和状态	1.03	欠稳定
	天然＋地震	1.11	基本稳定
2—2'	天然状态	1.32	基本稳定
	暴雨饱和状态	1.04	欠稳定
	天然＋地震	1.15	基本稳定
3—3'	天然状态	1.35	基本稳定
	暴雨饱和状态	1.09	基本稳定
	天然＋地震	1.24	基本稳定

由表5-5可知,滑坡局部浅表层滑动在天然工况下的稳定系数为1.03~1.2,处于稳定状态;在暴雨饱和工况下的稳定系数为0.96~1,处于不稳定—欠稳定状态;在天然＋地震工况下稳定系数为1~1.06,处于欠稳定状态。这一计算结果与野外调查和宏观判断的结论基本一致。在暴雨作用或地震作用下,坡体将处于不稳定—欠稳定状态,可能失稳下滑。

表 5-5 松潘俄寨村滑坡强变形区稳定性计算成果表

计算剖面	工况条件	稳定性系数	稳定状态
1—1'	天然状态	1.3	基本稳定
	暴雨饱和状态	0.96	欠稳定
	天然＋地震	1.04	欠稳定
2—2'	天然状态	1.03	欠稳定
	暴雨饱和状态	1.01	欠稳定
	天然＋地震	1.02	欠稳定
3—3'	天然状态	1.2	基本稳定
	暴雨饱和状态	0.96	欠稳定
	天然＋地震	1.06	欠稳定

从俄寨村滑坡在天然状态下应力、应变及位移图(图5-30),可以看出在滑坡体中后部变形及位移较大。在地震作用下,滑坡体前缘位移及剪切应变较大。综上分析,俄寨村滑坡整体稳定,暴雨和地震可能使局部失稳。

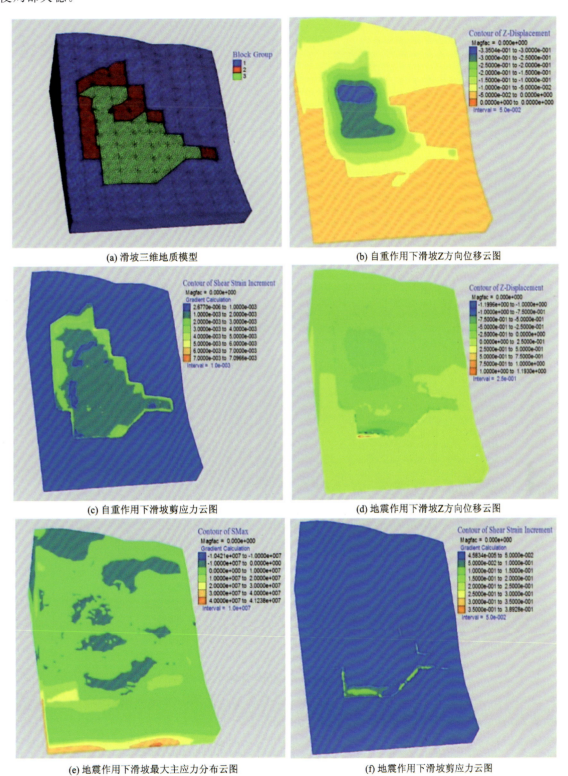

(a) 滑坡三维地质模型　　(b) 自重作用下滑坡Z方向位移云图

(c) 自重作用下滑坡剪应力云图　　(d) 地震作用下滑坡Z方向位移云图

(e) 地震作用下滑坡最大主应力分布云图　　(f) 地震作用下滑坡剪应力云图

图5-30　松潘县俄寨村滑坡不同工况下数值模拟结果

第五节 松潘元坝子古滑坡发育特征与稳定性评价

一、滑坡发育特征

元坝子滑坡位于松潘十里乡元坝子村(图 5-31),岷江干流左岸。滑坡后缘高程为 3238m,坡脚高程为 2888m,相对高差达 350m。滑坡周界清晰,右侧以山脊为界,左侧以冲沟为界,后缘为陡壁,滑坡堆积体位于陡壁下,前缘抵江。滑坡平面形态不规则(图 5-32),后宽前窄,纵长约 780m,后部最宽处约 480m,前缘宽约 250m,滑坡区面积约 $26.2 \times 10^4 m^2$,其中堆积区面积为 $18.9 \times 10^4 m^2$,滑体平均厚 15.5m,体积为 $293 \times 10^4 m^3$,属大型岩质滑坡。滑坡平均地形坡度约 23°,滑源区较陡,一般 35°～50°,堆积区平缓,一般 20°～25°,主滑方向为 260°。正在建设中的成兰铁路从滑坡前缘约 150m 处顺河穿过,该滑坡堆积体的稳定性对岷江河道、成兰铁路以及当地居民的安全至关重要。

图 5-31 松潘元坝子滑坡无人机影像图

二、元坝子滑坡空间结构特征

元坝子滑坡构造上位于雪宝顶东西向构造带西北角,郎求向斜近轴部,北距东西走向的雪山断裂约 700m,西则紧邻近南北走向的岷江断裂。滑坡区岩层主要为三叠系上统新都桥组(T_3x)深灰—灰黑色含碳质板岩、粉砂质板岩和钙质板岩(图 5-33)。滑坡区地下水主要为基岩裂隙水和松散岩类孔隙水。基岩裂隙水赋存于三叠系上统新都桥组板岩的裂隙中,富水性较好,主要受降雨、融雪补给,向岷江河谷方向径流,在谷底、地形转折部位补给松散堆积体,或以下降泉方式排泄,松散岩类孔隙水零星分布,滑坡堆积体富水较差。

第五章 古滑坡发育特征与复活机理 · 215 ·

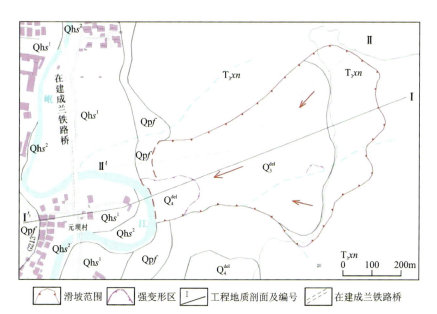

图 5-32 松潘元坝子滑坡工程地质平面图

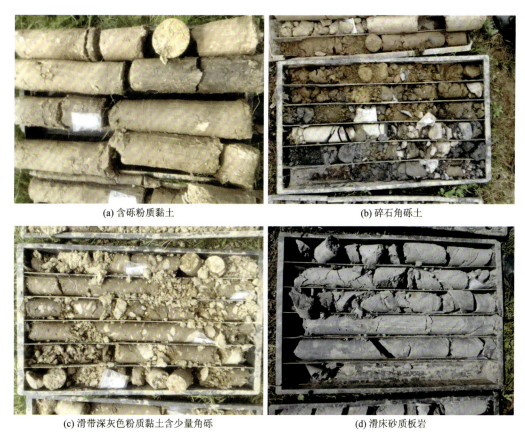

(a) 含砾粉质黏土　　(b) 碎石角砾土

(c) 滑带深灰色粉质黏土含少量角砾　　(d) 滑床砂质板岩

图 5-33 松潘元坝子滑坡钻孔岩芯照片

三、元坝子滑坡形成机理分析

通过地形恢复发现,滑坡原始地面线呈阶梯型,上部滑源区接近分水岭,地形坡度较缓;中部地形坡度较陡,约35°~45°;下部滑体堆积于Ⅱ、Ⅲ级阶地上,地形坡度相对较缓。滑坡区紧邻岷江断裂和雪宝顶断裂两大区域性断裂,地震活动频繁,三叠系上统新都桥组碳质板岩和砂质板岩破碎严重,风化破碎带发育深度达数十米,为滑坡发生提供了物质基础。基岩地层产状40°∠20°,属逆向斜坡,在降雨条件下很难形成滑坡。

从滑动面形态分析,从上至下呈陡-缓陡-缓的变化,第一个缓平台具地震抛射滑面特征(图5-34,图5-35)。据钻孔揭露情况,中、前部滑坡体堆积覆盖于Ⅱ、Ⅲ级阶地堆积的圆砾、卵石土上,而不是被向前推挤,仍呈现出地震滑覆的特征。从滑源区和堆积区位置关系推测,滑坡运动距离为150~350m,最远达400m以上,平均休止角21°。滑坡堆积体物质细碎、结构较致密,表现出充分解体及后期固结的特点。钻孔揭露中前部滑动带土中含有树木残体,^{14}C测年结果显示为11 250±40a,表明滑坡发生于全新世以前。

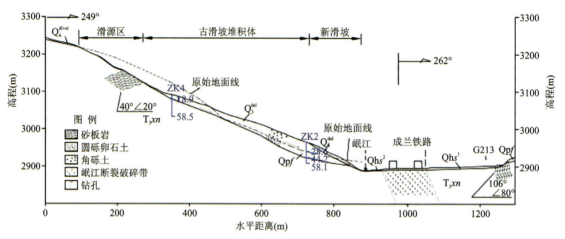

图5-34 松潘元坝子滑坡Ⅰ—Ⅰ'工程地质剖面图

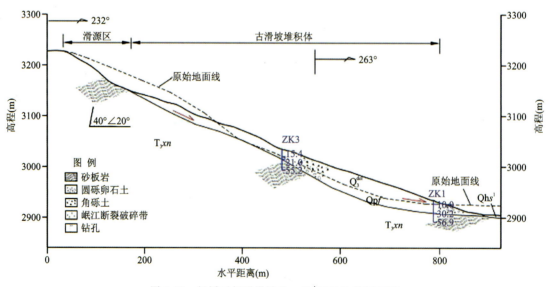

图5-35 松潘元坝子滑坡Ⅱ—Ⅱ'工程地质剖面图

为进一步证实该滑坡的成因机制,采用有限差分软件 FLAC³ᴰ 对原始斜坡在暴雨和地震工况下的稳定性变化情况进行了模拟。结果表明,在暴雨状态下,坡体总位移由坡体内的 2.0mm 增加至坡表最大 1.7cm,水平位移从坡体内的 2.0mm 增加至坡表最大 1.3cm,坡体中上部的垂向位移从坡体内的 2.0mm 增加至坡表最大 1.2cm(图 5-36)。坡体中部存在应力集中现象,剪应变主要集中在坡体中上部,但剪应变值一般较小,未形成完整贯通的塑性面。

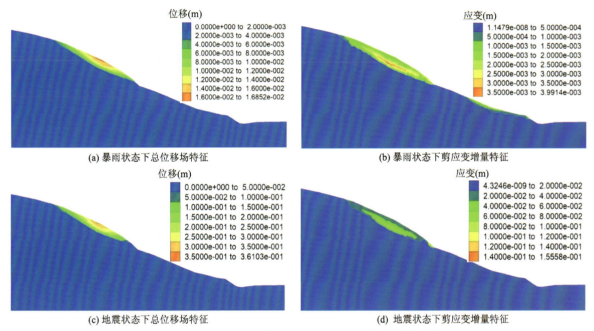

图 5-36 松潘元坝子滑坡不同工况条件下数值模拟结果

在地震工况下,坡体发生变形破坏,总位移从坡体内部的 5.0cm 增加至坡表最大 36.1cm,水平位移从坡体内的 2.0cm 增加至坡表最大 8.6cm,坡体中上部的垂向位移从坡体内的 5.0cm 增加至坡表最大 35.5cm。坡体中部出现较明显的剪应变集中带,剪应变增量集中在坡体中上部,且形成了完整的塑性应变带,斜坡稳定性变差。因此,在地震作用下,该滑坡可能发生滑动破坏,推断元坝子滑坡是由地震诱发的古滑坡。

元坝子滑坡发展演化过程可以概括为4个阶段(图 5-37):①原始斜坡阶段,晚更新世河床形成,斜坡岩体应力场调整,重力作用下发生蠕滑,后缘产生裂缝;②地震作用下,滑坡发生失稳滑动,超覆堆积于河流阶地上;③地壳不断隆升,河流下切,形成了现代河床;④在河流坡脚侵蚀作用下,前缘局部发生复活变形。

四、元坝子滑坡复活变形特征

元坝子古滑坡现今整体稳定性良好,局部出现了复活变形(图 5-38)。在滑坡前缘左侧的一处新滑坡发育于Ⅱ级阶地圆砾和卵石土中,后缘圈椅状错台明显,前缘临江,左侧以沟谷为界,右侧以陡崖为界。滑坡平面形态呈半圆形,长约 150m,前缘最宽 145m,面积 $1.73 \times 10^4 m^2$,堆积体厚 3~8m,体积 $8.7 \times 10^4 m^3$。

堆积体中部的冲沟边缘还发育一处浅表层滑坡,平面形态呈弧形,长约 30m,宽约 60m,体积约 2300m³,下滑后壁高 0.8~1m;堆积体中上部新近发育一条裂缝,顺坡向延伸,长约 15m,宽 5~20cm,最大可见深度约 50cm。

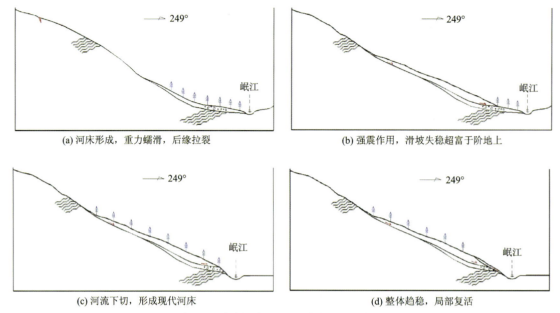

图 5-37　松潘元坝子滑坡演化过程示意图

五、滑坡复活机制与稳定性分析

元坝子滑坡在天然状态下整体稳定性较好，前缘江水不断冲刷是滑坡前缘局部复活变形的主要原因，而强降雨作用下，地表水入渗增加了岩土体含水量，诱发浅表层变形。该滑坡的复活现状和稳定性趋势研究，对当地防灾减灾工作具有重要意义。基于现场调查和原位钻探测试，建立滑坡地质模型，采用传递系数法计算了不同工况下古滑坡堆积体的稳定性。根据试验测试、反演计算并结合地区经验确定岩土体的物理力学参数。其中，滑体土天然重度 20kN/m³，饱和重度 21.5kN/m³，滑带土内摩擦角 20°，内聚力 30kPa，水平地震力参数 0.16。计算结果表明，古滑坡堆积体在天然、地震工况下稳定性好，在极端暴雨工况下基本稳定-欠稳定，在暴雨和地震同时作用下滑坡不稳定。复活部分的稳定性较差，在暴雨工况下处于欠稳定-基本稳定状态（表 5-6）。

(a) 滑坡前缘局部复活失稳

(b) 滑坡中部裂缝发育

图 5-38　松潘元坝子滑坡局部特征

表 5-6　滑坡稳定性计算结果表

工况	剖面			
	天然	地震	暴雨	暴雨＋地震
Ⅰ-Ⅰ′	1.32	1.17	1.10	0.98
Ⅱ-Ⅱ′	1.33	1.18	1.02	0.91

根据元坝子滑坡复活特征及稳定性分析，建议采取前缘桩板墙＋后缘截水沟的方法进行治理。同时，要做好植被防护工作，滑坡区上部斜坡改耕作为植树造林，增加坡面水土涵养能力，减小坡面冲刷，减缓降雨下渗速率。制定防灾预案，尤其暴雨或长期降雨应增加监测次数，注意是否有新裂缝产生和前缘涌水等现象。

第六节　1933 年叠溪地震诱发地质灾害特征

一、叠溪地震概况

1933 年 8 月 25 日 15 时 50 分 30 秒，四川省茂县叠溪发生 7.5 级地震，震中位于 N32°，E103.7°。有感范围北至西安，东到达县，西抵阿坝，南达邵通。地震造成山崩城陷，岷江断流，积水成湖（当地人称"海子"），人员伤亡惨重，据不完全统计，地震造成 6865 人死亡。

1. 地震地质

叠溪区域构造和地震所造成的地面破坏，揭示了发震构造和应力场特征（图 5-39），东起叠溪，西至刷经寺有一条区域性的深部隐伏构造断裂带，这条 EW 向的隐伏构造与 NW 向的松坪沟断层似乎交汇于叠溪，这种特殊的构造部位是应力积累和发震的有利部位。叠溪、较场和松坪沟"X"形地裂缝和蚕陵山地震断层表明，本区现代主压应力场方向为近 EW。在近 EW 向的构造应力场作用下，NW 向的松坪沟断层中应力逐渐积累，当其超过断层带抗剪强度时，便产生反扭错动而发震。从地震崩塌、滑坡和地裂缝的发育程度看，由于 SE 向 NW 有明显减弱的趋势，因此，断裂破裂部位应在较场附近，蚕陵山地震断层应是松坪沟断层的张性折尾。

2. 地震烈度

根据震区房屋建筑的破坏情况、地面破坏的强烈程度、人的感觉等，四川省地震局编制出叠溪地震烈度线图（图 5-40）。这次地震的等烈度线长轴呈 NW 向展布。极震区长轴方向为 N60°W，与发震断层的走向基本一致，以不规则椭圆形。宏观震中位于叠溪，震源深为 15km。

3. 地震危害

此次地震是岷江上游历史上破坏最严重的一次地震。根据《四川叠溪地震调查记》等资料记载，这

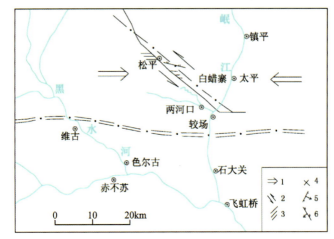

图 5-39 叠溪地震构造应力示意图

1.主压应力；2.剪切力偶；3.地震雁行张裂缝；4.X形地裂缝；5.蚕陵山断层；6.压扭性断层

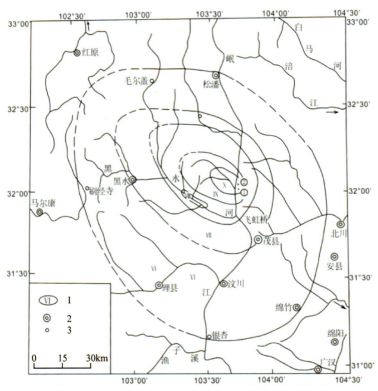

图 5-40 1933 年 8 月 25 日叠溪 7.5 级地震等烈度线图

次地震的震害情况是："（地震）势如汹涌，松平群山倒塌、岷江上游河流阻塞，松茂大道已无通路，人员伤亡，财产损失为数极巨，全屯均受波及，房屋、墙垣、道路、桥梁破坏甚多，叠溪镇全部陷落，实空前未有之奇祸。"

极震区烈度为 X 度，面积约 290km²，极震区最突出的震害是地面破坏剧烈，以山崩滑坡为主，沿岷江河谷及右岸支流（松坪沟、鱼儿寨沟、水磨沟）都出现了大规模的山崩和滑坡。崩滑体堵塞河谷形成天然堆石坝，积水成十余个海子，至今仍存 8 个。其中岷江上的叠溪大、小海子规模最大。该次地震造成 6865 人死亡、1925 人受伤、房屋倒塌 5180 间。

二、地震诱发堵江灾害特征

叠溪地震导致沿岷江河谷及右岸支流(松坪沟、鱼儿寨沟、水磨沟)都出现了大规模的山崩和滑坡,在岷江及支流中形成十余个高大的天然堆石坝(表5-7)。随后坝体上游积水,形成十余个海子,总库容达 $2×10^8 m^3$ 以上(表5-8)。从区域上来看,大致可分为叠溪-较场台地地震滑坡区,观音岩-银屏岩地震崩塌区,松坪沟、鱼儿寨沟地震滑坡区。崩滑体堵塞河谷形成天然堆石坝,积水形成的十余个海子,至今仍存 8 个。

观音岩和银屏岩崩塌形成的天然堆石坝坝长 700m,坝底宽 1500m,积水形成大海子坝。现在的大海子坝最大水深 98m,平均水深 81m,水面平均宽 290m,最宽 590m,库区长 3500m,蓄水 $7500×10^4 m^3$。小海子坝高 100m,库区长 2350m,水面平均宽 290m,最宽 440m,平均水深 42m,最深 80m,蓄水 $5000×10^4 m^3$。叠溪海子坝高 160m,积水估计约 $8000×10^4 m^3$,此坝存在 45 天后即溃决,因而酿成下游的洪水灾难。

表 5-7 叠溪地震天然堆石坝特征表

天然堆石坝名称	轴向(°)	坝高(m)	坝长(m)	坝顶宽(m)	坝底宽(m)	落差(m)	上游坡度比 水上	上游坡度比 水下	下游坡度比 水上	下游坡度比 水下
大海子坝	40	130	700	750	1500	66	1:3	1:9.1	1:7	1:3
小海子坝	325	100	3000	200	2000	65	1:17	1:17	1:25	1:25
叠溪海子坝	70	160	500	100		160				
公棚海子坝	290	120	250	400		120			1:3	
上水磨沟海子坝	25	50	70	45		50			1:8	
下水磨沟海子坝	45	20	100	400		20			1:3	
上白腊寨海子坝	330	60	330	50		60			1:8	
下白腊寨海子坝	300	20	400	300		20			1:15	
鱼儿寨海子坝	90	135	250	350		135			1:3	

1. 叠溪-较场台地地震滑坡区

叠溪-较场台地地震滑坡北起蚕陵山地震断层,南至原叠溪城南的洗澡塘,东到后缘基岩山体,西临岷江,海拔 2200~2300m,地貌上北高南低,为一圈谷地貌。后缘基岩山体陡峭,出露地层为 C、P_1、T_1b、T_2z 和第四系。滑坡前缘陡峭,高出江面 100~200m。整个滑坡长约 800m,宽约 200m,面积约 3.3km²,平均厚度 150m,总体积约 $1.5×10^8 m^3$。

表 5-8 叠溪地震堰塞湖特征调查统计表

序号	堰塞湖名称	所在地	堰塞湖坐标 东经 °		北纬 °		平均长(m)	平均宽(m)	深(m)	水面面积($\times 10^3$ m^2)	积水量($\times 10^4$ m^3)	所堵河流
1	大海子	叠溪镇	103	43	32	4	3600	360	81	1800	7000	岷江
2	小海子	叠溪镇	103	41	32	3	2350	290	42	1350	5000	岷江
3	叠溪海子	叠溪镇	103	40	32		2000	300	160		8000	岷江
4	公棚海子	叠溪镇	103	37	32					270	1000	松坪沟
5	鱼儿寨海子	叠溪镇	103	38	32					134	100	鱼儿寨沟
6	上水磨沟海子	叠溪镇	103	38	32					73	80	水磨沟
7	下水磨沟海子	叠溪镇	103	37	32					187	20	水磨沟
8	上白腊寨海子	叠溪镇	103	38	32					67	70	松坪沟
9	下白腊寨海子	叠溪镇	103	38	32					85	95	松坪沟
10	两河口海子	叠溪镇	103	39	32							松坪沟
11	朽谷	叠溪镇	103	29	32					28		松坪沟
12	无名海子	叠溪镇	103	27	32					7		松坪沟

叠溪-较场台地滑前呈半圆形,南北长约 2.5km,东西最宽约 1km,南部稍高,略成缓坡,叠溪城在其南端,北端平台中心有较场坝村,大震前为山地中的一个大平坝。地震时台地发生整体滑动,解体为 3 个块体,即 Ⅰ、Ⅱ、Ⅲ 滑坡(图 5-41)。

Ⅰ 滑坡又称较场滑块,位于整个台地北部。其范围北起蚕陵山断层,南至较场村南的陡坎,东临后缘山体,西以岷江为界,面积约占整个台地的 1/2。台地下部出露棱角状岩块,最大直径 70m 的堆积小丘推断,古崩塌体曾有过堵江,并有堰塞沉积物残留。在台地南侧边缘和点将台一带出现巨大岩块,直径可达 3~4m,随着台地滑动,岩层反倾坡内,其产状为 NW352°/NEE∠26°。台地上部和表面,为古滑坡堵江形成的堰塞湖湖相沉积物,一般厚 12~17m,最大厚度约 30m,纹理清晰,近水平产出。点将台南侧可见拉裂现象,层理发生倾斜,倾角 2°。滑坡后缘为一拉裂沟槽,宽 56m,深 35m。沟壁上可见残留的湖相沉积物。根据残留物顶缘和现台地顶面的高差,可以判定震后台地垂直滑动了约 34m。较场台地上出现一系列 SN 向和 EW 向的隆起和凹陷,蚕陵山断层上盘可见到与凹陷相对应的拉裂缝。点将台拉陷带南宽被窄,最宽处 80m,而点将台处只有几十厘米,说明 Ⅰ 滑块在滑动过程中有过顺扭。滑坡滑动方向为 280°,最大水平滑距 136m,垂直落距 34m,坡体滑移并与对岸山体相撞后堵塞岷江,形成高约 100m 的天然堆石坝,当地人称为"大桥埝",又叫"小海子坝",如图 5-42 所示。

Ⅱ 滑块位于滑坡中部,南以原叠溪城北陡坎为界,占总面积的 1/3,为一松散堆积层台地,由砂、砾、块石等组成,厚约 80~100m。地貌上低于现较场台地。原叠溪古城依山傍岭于一稍高的台地上,有东、南、北三道城门。地震时台地滑动下陷,城西部分(原临陡壁)向河谷崩垮,城北下陷并向西推移被后缘

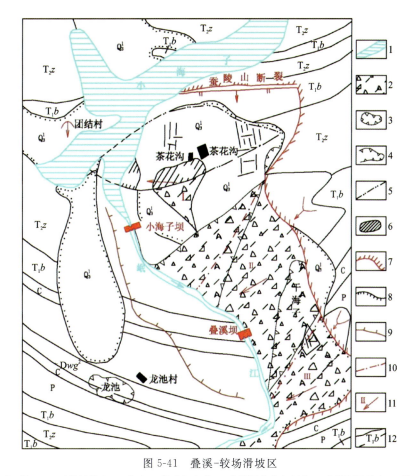

图 5-41 叠溪-较场滑坡区

1.河、湖；2.地震崩塌堆积；3.洼地；4.拉陷坑和沟；5.古崩塌体堆积界线；6.古崩塌体堆积；7.滑坡及其边界；8.基岩界线；9.陡崖；10.滑坡分块界线；11.滑坡编号与滑动方向；12.地层界线

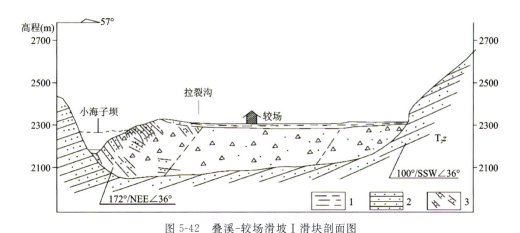

图 5-42 叠溪-较场滑坡Ⅰ滑块剖面图

1.湖相沉积物；2.砂岩；3.似层状砂岩

山崩体掩埋，西南陷落成一高约 100m 的陡壁，东门经顺扭转动后现已呈南向，尚有遗迹可见。昔日有房屋 278 间、居民 500 余人的古城叠溪，已被深埋乱石之中而毁灭。

地震时，Ⅱ滑坡陷落并向河谷俯冲，随之以较高速度爬高到对岸龙池山坡之上，堵塞岷江形成 160 余米高的天然堆石坝，如图 5-43 所示。

Ⅲ滑坡后缘为一拉裂凹陷，走向 N30°W，在叠溪城附近转为近 SN 向，在干海子处凹陷深 50m，宽 150m，向南变浅、变宽，表明该滑块发生了顺扭。在干海子岩层光面处可以见到擦痕，其产状为 330°/

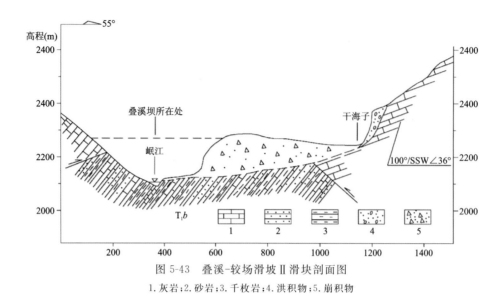

图 5-43 叠溪-较场滑坡 Ⅱ 滑块剖面图

1. 灰岩；2. 砂岩；3. 千枚岩；4. 洪积物；5. 崩积物

SW∠29°。后缘有许多崩塌堤,位于较场、叠溪间的大尖山半山的七珠寨,在地震时与山体同时垮塌并埋于山脚的陷坑中。

Ⅲ 滑块北高南低,由松散堆积层和上覆的崩塌碎石组成。块体运动方向 240°,前缘冲向河谷,堆积在河床上,后缘有扭动,但水平运动不远。地震时 Ⅱ 块体滑动,叠溪古城大部深陷,只有东南角未陷的城隍庙、观音庙的稳颓梁断柱、石狮、石碑及火药房的火药碾等是古城残留的遗迹。叠溪城墙原高 3m,周长 1300m,呈斜方形,经地震后仅留下变形、裂口的东城门洞及数十米城垣。

2. 观音岩-银屏岩地震崩塌区

在较场上游 2km 处,岷江左岸观音岩与右岸银屏岩隔江对峙,峰谷高差 1700 余米。1933 年叠溪地震时,两山均发生大规模崩塌,尤以银屏岩最为严重。震后,银屏岩形成 1000 余米刀削般的绝壁。观音岩的坡度也在 50°以上。两岸的崩滑堆积体形成 130m 高的天然堆石坝,堵塞岷江,形成叠溪大海子(图 5-44)。

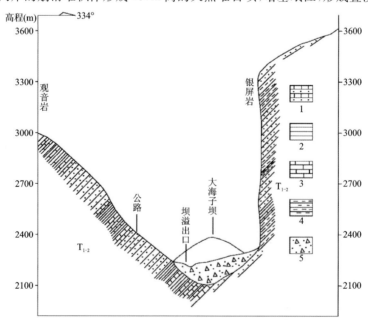

图 5-44 观音岩-银屏岩崩塌区堵江剖面图(柴贺军,1995)

1. 砂岩；2. 板岩；3. 灰岩；4. 千枚岩；5. 崩积物

3. 松坪沟、鱼儿寨沟滑坡区

地震时松坪沟、鱼儿寨沟、水磨沟发生大量规模较大的崩塌、滑坡,崩滑体堵塞沟谷,形成多个堰塞湖。松坪沟内至今仍保存有长海、墨海、公棚海子、上白腊寨海子和下白腊寨海子。另外,鱼儿寨沟内的鱼儿寨海子,也仍保存较完整。

公棚海子崩滑体位于松坪沟左岸,后缘高程3300m,前缘抵达对岸。此崩滑体发育在变质石英砂岩和片麻岩中,主滑方向265°。碎裂的变质石英砂岩、片麻岩块石粒径一般0.5~2m,水平滑动距离310m。崩滑堆积体在左岸呈扇形,宽600m,厚130m,在右岸爬高70m,总体积约$3000×10^4$ m^3。崩滑体堵塞松坪沟后,形成沟内最大的海子,即公棚海子(图5-45)。

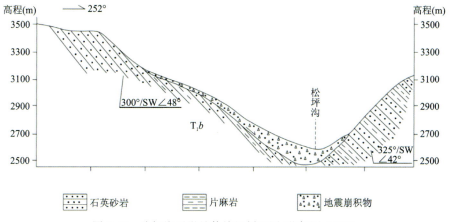

图5-45 公棚海子滑坡体堵江剖面图(柴贺军,1995)

下白腊寨海子滑坡发育在公棚海子下游的变质石英砂岩、千枚岩、板岩地层中,滑体水平运动距离约1000m,堵塞松坪沟(图5-46)。堆积体宽500m,长800m,左岸厚75m,右岸厚5m,块体粒径一般为0.5~6m,堵塞松坪沟后积水成白腊寨海子。后来湖水在右岸坡角处冲开12m宽的缺口,使海子中的水体变窄、变浅。

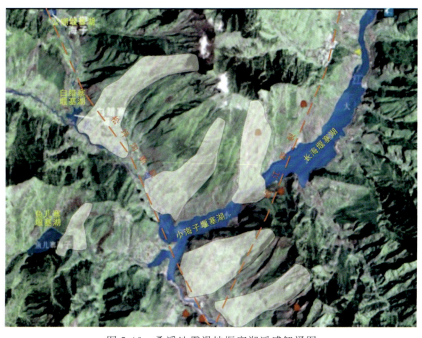

图5-46 叠溪地震滑坡堰塞湖遥感解译图

三、叠溪地震诱发典型滑坡

1. 杨柳村地震滑坡

1) 滑坡发育特征

杨柳村滑坡位于太平乡杨柳村,岷江右岸,杨柳沟左岸,距离叠溪镇约15km(图5-47),由1933年叠溪地震触发形成的老滑坡。滑坡平面形态呈舌形(图5-48),滑坡所在的斜坡总体地势呈"缓-陡-缓"的趋势。滑坡前缘高程2470～2500m,后缘高程3250～3270m,相对高差约800m,滑坡主滑方向161°,坡度一般27°～30°。滑坡区斜坡坡体总体上为凸形坡,主要由三叠系上统侏倭组(T_3zh)变质砂岩夹碳质千枚岩、板岩及其全—强风化物构成;滑坡右侧为凹陷的裸露岩壁,右侧为凸形坡。滑坡纵向长1540m,横向宽970m,滑坡面积$104.5×10^4m^2$,滑体厚度10～60m,滑坡总体积$3657.5×10^4m^3$,属特大型岩质滑坡。

图5-47 叠溪杨柳村滑坡全貌(NE)

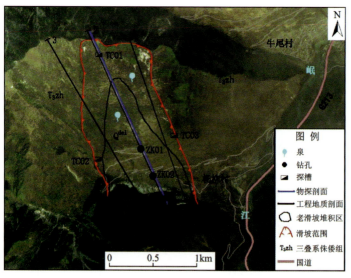

图5-48 叠溪镇杨柳村滑坡平面图

2)滑坡结构特征与物质组成

通过现场调查及钻探工作,目前杨柳村滑坡堆积体物质以浅灰色块碎石土为主。碎块石含量约60%～80%,粒径集中在40cm左右,松散、稍湿、棱角状,碎块石间隙由粉质黏土充填,块碎石母岩成分主要为砂岩;滑坡中部堆积厚度一般在10～15m,前缘堆积厚度稍较大为20～30m(图5-49)。

(a) 滑体浅灰色块碎石块　　　　　　　　　　(b) 基覆界面及强风化基岩

图5-49　茂县杨柳村滑坡钻孔岩芯照片

高密度电法2.5维反演结果(图5-50)显示在剖面上表层为相对低阻值且连续分布的电性层,电阻率ρ值为70～268 Ω·m,推断为碎石土及滑坡堆积物。基岩电阻率相对高,电阻率ρ值为680～1720 Ω·m,推断为砂质板岩的反映,物探推测滑动面埋深11.2～69m,且推测存在两个子滑体,分别位于1490～1625和1630～1850点段。反演结果显示在剖面上的2110点附近电性突变,电阻率相对低值显示,推断2110点为断层通过的位置,依据反演结果推断断层倾向大号侧,倾角陡。结合钻孔综合判断,钻探揭露的基岩面较深(69m、38.4m、大于63m),校正了物探推断基岩面的深度,原物探推断基岩面的整体趋势反映客观,钻探过程中未发现杨柳村滑坡明显的滑带,但各钻孔在岩土界面处,基岩强风化层较破碎,基岩界面处土质含水量较大,同时,结合现场调查发现滑坡后缘可见大块裸露的基岩后壁,层面光滑平整,下部堆积大量块碎石土,可推测该基岩层面为杨柳村滑坡的滑面。岩层产状为157°∠45°,斜坡方向与岩层倾向一致,为一顺层滑坡(图5-51)。

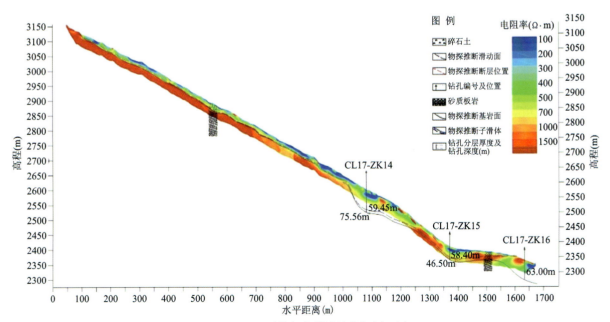

图5-50　叠溪镇杨柳村滑坡物探剖面图

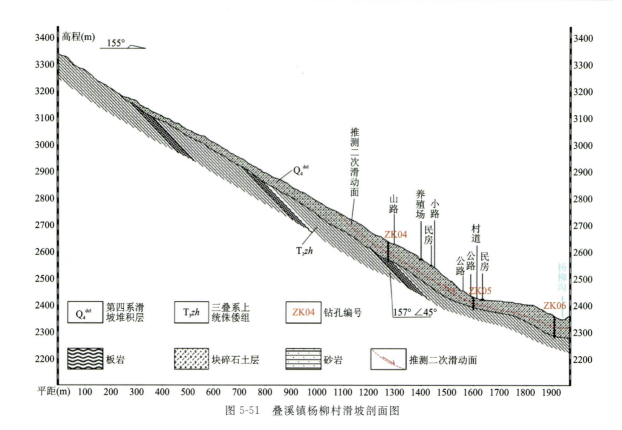

图 5-51 叠溪镇杨柳村滑坡剖面图

3）滑坡形成机理分析

据调查，杨柳村滑坡为一老滑坡堆积体，该滑坡是由 1933 年叠溪地震引发的滑坡，地震发生时，山体从高程 3270m 处整体向下滑移，下滑过程中不断铲刮下部岩土体使体积不断增大，最终滑坡体停积于杨柳沟沟道内，堵塞杨柳沟。本次勘查工作中布设的多个探槽工程未发现明显的滑面，通过现场调查发现滑坡后缘可见大块裸露的基岩层面，层面光滑平整，并且基岩下部堆积大量块碎石土，可推测该基岩层面为滑坡的滑面。岩层产状为 157°∠45°，斜坡方向与岩层倾向一致，为一顺层滑坡。

4）滑坡稳定性分析

根据现场调查，目前杨柳村滑坡堆积体整体处于较稳定状态，但由于堆积体斜坡坡度较大，平均约 30°，而且在钻孔中发现基覆界面处碎块石土体含水量较大，分析滑坡堆积体在后期强降雨或强震的作用下可能会发生整体变形或局部复活。

在稳定性分析的基础上，根据滑面的形态，采用以极限平衡理论为依据的折线形滑面条分法和传递系数法来对滑坡的稳定性进行计算。根据滑坡的地质背景及形成机制，计算中主要考虑降雨和地震等因素，因此本次选定的稳定性和剩余下滑力计算采用以下 3 种工况类型。工况 1：天然；工况 2：天然＋暴雨；工况 3：天然＋地震。根据前述斜坡变形破坏模式分析，滑坡体整体处于较稳定状态，其变形破坏模式主要为滑坡中下部强变形体表层老滑坡堆积的碎块石土沿层间软弱面滑动，在滑坡前缘陡坎处剪出，此处对整体破坏进行条分法计算。

根据滑体土室内试验及现场大重度试验测试成果，综合确定滑坡稳定性和滑坡推力计算中所采用的重度值为：滑体的天然重度 $\gamma=19.20~\text{kN/m}^3$，滑体的饱和重度 $\gamma_w=19.80~\text{kN/m}^3$。根据室内实验数据杨柳滑坡不同状态下的抗剪强度参数为：天然抗剪强度标准值：$c=22.8\text{kPa}$，$\varphi=31.2°$；饱和抗剪强度标准值：$c=20.5\text{kPa}$，$\varphi=28.6°$。

由稳定性计算结果（表 5-9）和《滑坡防治工程勘查规范》（表 5-10）可知，滑坡整体在天然工况下的稳定系数为 1.172，处于稳定状态；在天然＋暴雨工况下的稳定系数为 0.995，处于不稳定状态状态；在天然+地震工况下稳定系数为 0.846,处于不稳定状态。这一计算结果与野外调查和宏观判断的结论基本一致。

表 5-9 叠溪镇滑坡整体稳定性计算结果汇总表

计算剖面	工况条件	稳定性系数
1—1′	天然状态	1.172
	天然+暴雨	0.995
	天然+地震	0.846

表 5-10 叠溪镇滑坡稳定状态分级表

稳定系数 F_s	$F_s<1.00$	$1.0 \leqslant F_s<1.05$	$1.05 \leqslant F_s<1.15$	$F_s \geqslant 1.15$
稳定状态	不稳定	欠稳定	基本稳定	稳定

2. 叠溪古镇地震滑坡

1)滑坡基本发育特征

茂县叠溪古镇滑坡位于岷江高山峡谷区,岷江左岸斜坡中上部,属 1933 年叠溪地震引发的特大型岩质老滑坡,滑坡堆积体掩埋了原叠溪镇古镇。滑坡所处构造部位位于较场山字形弧形构造近弧顶东侧,干海子冲断层穿过滑坡体,主要出露地层有二叠系和石炭系灰岩、白云岩夹千枚岩、板岩,以及泥盆系千枚岩、石英砂岩、板岩、灰岩互层。叠溪古镇滑坡平面形态不规则(图 5-52),圈椅状地形明显,滑坡长约 2300m,宽约 1900m,滑坡面积 262.2×10⁴m²,滑坡主滑方向为 220°,滑体厚度 15～35m,滑坡总体积 7866×10⁴m³。

图 5-52 茂县叠溪古镇滑坡全貌

滑坡前缘至岷江,边界呈弧形,滑坡整体下滑。滑坡左右侧边界以山脊为界。滑坡体中前部坡度相对平缓,目前种植果树及花椒等经济林木,老国道 G213 切坡而建,公路侧陡坎为碎石土,较松散,居民房屋多建于滑坡中前缘公路两侧,工程活动较强,对地形地貌改造大;后缘坡度相对前缘较陡,多为乔木和灌木。

2）滑坡结构特征与物质组成

据勘探资料及野外调查，叠溪古镇滑坡的堆积体物质以块碎石土为主，粉质黏土及角砾充填。碎石、角砾约占50%~70%，碎石粒径一般3~6cm，少量大于10cm，局部大于20cm，其母岩成分主要为白云岩、灰岩。滑床为三叠系菠茨沟组灰岩及二叠系白云岩，表部岩石风化强烈，岩体破碎，裂隙发育，白云岩硬度较大，灰岩风化程度较白云岩严重（图5-53，图5-54）。

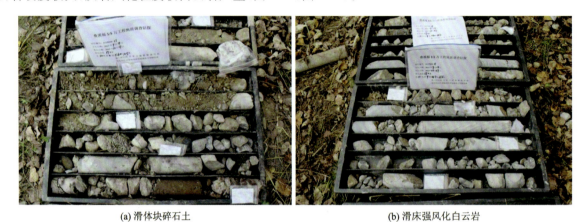

(a) 滑体块碎石土　　　　　　　　　　　　(b) 滑床强风化白云岩

图5-53　茂县叠溪古镇滑坡钻孔岩芯照片

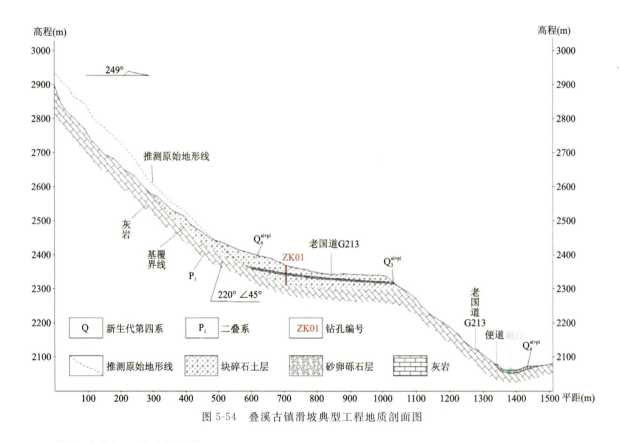

图5-54　叠溪古镇滑坡典型工程地质剖面图

3）滑坡形成机理及发展趋势

叠溪古镇滑坡为一老滑坡堆积体，1933年叠溪古镇发生M_s7.5级大地震，引发叠溪古镇滑坡，导致整个城镇被毁。2008年5月，汶川地震发生后，叠溪古镇滑坡堆积体后缘产生多条拉张裂缝，裂缝长约5~30m，裂缝走向约35°，目前裂缝已自然闭合。本次工作中未发现裂缝等坡体变形现象。

据现场调查，叠溪古镇滑坡的坡体后缘可见明显滑壁，滑壁为裸露基岩，坡度在40°以上，中部下挫幅度5～8m,岩体风化现象,常有岩块和滑坡壁上方斜坡的碎块石土崩落,尤其在夏季雨水期,极易发生崩滑,在下方形成一定规模的崩塌堆积体。

叠溪古镇滑坡是一个老滑坡,为一牵引式基岩滑坡,目前该滑坡堆积体局部在雨季处于蠕动变形状态,经调查认为按其形成过程可分为两个部分:叠溪古镇滑坡滑动前为基岩斜坡,岩性为二叠系和石炭系灰岩、白云岩夹千枚岩、板岩,基岩产状倾向坡外,为顺向坡。滑坡发生以后,直接堆积于原始斜坡坡脚地带,由于堆积体为松散的残坡积碎块石土,目前稳定性较好,在后期强震或者暴雨的作用下,可能发生整体变形或局部失稳破坏。由于坡体后缘陡壁、陡坡发生崩塌,在堆积体中后部形成了崩坡积的堆积,厚度较薄,这些崩坡积物在暴雨或地震作用下,也可能沿力学性质相对较差的层间界面滑动。叠溪古镇滑坡发生后,堆积体地貌经历了较大的改造,附近滑坡体上进行农田改造,栽种李子、花椒等经济林木,修建大量房屋,改变了原始地形地貌,老国道G213也从滑坡堆积体上穿过,大量的人类工程活动,不利于滑坡堆积体的稳定(图5-55)。

(a) 老国道213切坡而建　　(b) 滑坡堆积体上的经济林木和农房

图5-55　叠溪滑坡堆积体人类工程活动照片

4) 滑坡稳定性分析

根据现场调查,目前叠溪古滑坡堆积体范围内未发现明显的变形特征,2008年汶川地震后引发的坡体裂缝也已经自然闭合,因此,从定性上判断,目前滑坡堆积体整体处于稳定状态,但后缘陡壁处由于风化强烈、岩体破碎,时常发生崩落,同时崩落的块体堆积于堆积体上方,在暴雨或地震情况下可能发生失稳,同时,堆积体局部地段由于切坡修路、建房等,可能导致局部的滑塌失稳。

在定性分析的基础上,根据滑面的形态采用以极限平衡理论为依据的折线形滑面条分法和传递系数法来对滑坡的稳定性进行计算。根据滑坡的地质背景及形成机制,计算中主要考虑降雨和地震等因素,因此本次选定的稳定性和剩余下滑力计算采用以下3种工况类型。工况1:天然;工况2:天然+暴雨;工况3:天然+地震。根据前述斜坡变形破坏模式分析,滑坡体整体处于较稳定状态,其变形破坏模式主要为滑坡中下部强变形体表层古滑坡堆积的碎块石土沿层间软弱面滑动,在滑坡前缘陡坎处剪出。

根据滑体土室内试验及现场大重度试验测试成果,综合确定滑坡稳定性和滑坡推力计算中所采用的重度值为:滑体的天然重度$\gamma=18.6$ kN/m^3,滑体的饱和重度$\gamma_w=19.3$ kN/m^3。根据室内实验数据叠溪古镇滑坡不同状态下的抗剪强度参数为:天然抗剪强度标准值:$c=20.5$kPa,$\varphi=26.9°$;饱和抗剪强度标准值:$c=17.7$kPa,$\varphi=24.2°$。

由稳定性计算结果(表5-11)和《滑坡防治工程勘查规范》(表5-12)可知,滑坡整体在天然工况下的稳定系数为1.870,处于稳定状态;在天然+暴雨工况下的稳定系数为1.619,处于稳定状态;在天然+地震工况下稳定系数为1.055,处于基本稳定状态。这一计算结果与野外调查和宏观判断的结论基本一致。

表 5-11　叠溪古滑坡滑坡整体稳定性计算成果汇总表

计算剖面	工况条件	稳定性系数
1-1'	天然状态	1.870
	天然+暴雨	1.619
	天然+地震	1.055

表 5-12　叠溪古滑坡滑坡稳定状态分级表

稳定系数 F_s	$F_s<1.00$	$1.0\leqslant F_s<1.05$	$1.05\leqslant F_s<1.15$	$F_s\geqslant 1.15$
稳定状态	不稳定	欠稳定	基本稳定	稳定

第七节　小　结

(1)岷江上游因其特殊的自然、地质环境条件,古滑坡极为发育,已有研究表明,岷江上游的大部分古滑坡可能为地震诱发,这些古滑坡多具地震滑坡的特征,当前整体稳定性较好,但部分因后期地震、降雨、坡脚冲刷、人类工程活动等因素影响而导致局部复活。

(2)松潘大窑沟古滑坡受汶川地震、强降雨和牟尼沟隧道公路的修建影响,发生整体复活而失稳下滑;红花屯古滑坡受成兰铁路松潘隧道修建,开挖坡脚,以及集中降雨影响,古滑坡前缘靠近隧道入口处的浅表层局部破坏,中部向侧边扩张产生拉张裂缝和局部溜滑;俄寨村古滑坡受坡体上人类工程活动、集中降雨及岷江冲刷坡脚影响,造成古滑坡体上局部复活变形,发育三处次级滑坡,村道和排水沟出现开裂、沉陷破坏,古滑坡堆积体前缘陡坎局部滑塌;元坝子古滑坡主要受地震、降雨和岷江冲刷坡脚影响,滑坡中后缘产生拉张裂缝,古滑坡堆积体前缘临江陡坎局部复活变形,产生次级滑动。分析认为,以上古滑坡堆积体在暴雨和地震同时作用下可能局部或整体失稳,潜在危害较大。

(3)1933年8月25日,四川省茂县叠溪发生7.5级地震,最突出的震害是地表破坏剧烈,沿岷江河谷及右岸支流都出现了大规模的崩塌和滑坡。崩滑体堵塞河谷形成堰塞体,积水成十余个海子,至今仍存8个。该次地震造成6865人死亡、1925人受伤、房屋倒塌5180间。震后第45天,因持续降雨和4.5级余震触发,松平沟内公棚、白腊寨等海子部分溃决洪水涌入岷江干流上的3个海子,致使叠溪海子堰塞体突然溃决,溃决洪峰在大店以上高达66.7m,两小时后到达茂县县城,浪高26.7m,到乐山大佛时仍然是水洗大佛脚面。沿江村镇、房屋、人畜无一幸免,造成的危害严重,对岷江沿岸的生态环境影响巨大。

(4)建议加强对包括松潘大窑沟古滑坡、红花屯古滑坡、俄寨村古滑坡、元坝子古滑坡在内的岷江上游大型古滑坡开展早期识别和稳定性动态监测,避免产生古滑坡复活堵江事件,确保区内人民生命财产安全。

第六章　高位远程滑坡发育特征与形成机理

高位远程滑坡具有剪出口位置高、落差大、滑动距离长、体积大、运动速度快、动能强和强烈碎屑化-流体化等特点，常形成复杂链式灾害，危害严重，如 2000 年发生的易贡滑坡、2017 年发生的新磨村滑坡等。在青藏高原东缘的岷江上游发育大量高位远程滑坡，最为典型的是 2008 年汶川地震诱发了大光包滑坡、文家沟滑坡、青川东河口滑坡等，部分滑坡造成了堵江-溃坝灾害链。除汶川地震形成的高位远程滑坡，研究区内在地质历史上也发生过一些古高位远程滑坡，如松潘尕米寺古高位远程滑坡、扣山古高位远程滑坡等。分析区内古高位远程滑坡灾害发育特征和形成机理，可以对研究区重大工程规划和防灾减灾提供科学参考。

第一节　茂县叠溪镇新磨村高位远程滑坡

2017 年 6 月 24 日上午 5 时 39 分，四川省茂县叠溪镇新磨村发生特大滑坡灾害，造成 40 多户农房被掩埋，10 人死亡，73 人失踪。滑体在滑动过程中铲刮、侵蚀、裹挟老滑坡堆积体物质，冲毁了坡脚民房和公路，堵塞松坪沟主沟，形成高约 15m、顺沟长约 2km 的坝体。滑坡形成的气浪吹倒大量树木，形成了高位滑坡—堵江—堰塞湖灾害链。

新磨村高位远程滑坡地处叠溪地区。该区属于高原大陆性气候，垂直气候显著，干湿季节分明，雨季为 5—10 月，其降雨量占全年总量的 80%～90%，茂县多年平均降雨量约为 793mm（曾庆利等，2018）。松坪沟断裂从新磨村滑坡区穿过，该断裂位于南北断裂带的中部，该区是地震复发区和地震高烈度区，历史上大地震频发，如 1933 年 M_s7.0 级叠溪地震、1976 年 M_s7.6 级平武地震、2008 年 M_s8.0 级汶川地震等（许强等，2017）。

一、滑坡发育特征

新磨村滑坡位于侵蚀剥蚀极高山地貌区，微地貌为陡坡，坡向 195°，滑坡体所处地层为三叠系杂谷脑组（T_2z）浅灰色薄—中厚层状石英砂岩，产状 210°∠53°，为顺向坡，岩体内发育有 3 组节理：26°∠71°、40°∠35°、290°∠65°。滑坡体长约 1300m，宽约 1100m，推测堆积厚度 10～30m，初步估算铲刮后规模约 $630×10^4 m^3$，为一特大型岩质顺向滑坡。

新磨村滑坡发生后，通过现场调查并结合无人机影像、遥感影像解译（图 6-1）。该滑坡的滑源区最高点高程 3460m，河床高程 2300m，滑坡高差 1160m，水平滑动距离约 2200m，是典型的高速远程滑坡-碎屑流。目前滑坡堆积体前缘高程 2280m，后缘高程 2800m。堆积区近似梯形，前缘最大宽度为 1200m，后缘宽约 500m，长约 1100m，面积约 $9.35×10^5 m^2$。

图 6-1 茂县新磨村滑坡遥感影像

滑坡后壁可见1处滑动面,滑坡堆积体上部和中部可见2处铲刮面(图6-2):滑动面位于滑坡滑源区后壁,为岩层层面,可见纵横交错的节理;第一处铲刮面位于碎屑流区上部,呈凹槽状,底部堆积碎石,整体凹凸不平;第二处铲刮面位于滑坡堆积体中下部,原为高约10m的台坎,铲刮后出露高度约30m,表面光滑(图6-2)。

图 6-2 茂县新磨村滑坡沿程铲刮特征

二、滑坡-碎屑流分区特征

根据现场调查将整个滑坡区域分为滑动源区、碎屑流区、变形区、老滑坡体铲刮与堆积区、气浪影响带(图6-3、图6-4)。

(1)滑动源区:位于滑坡区上部,发育多组不连续结构面,割裂岩体,在高程3150～3450m区间形成明显的压裂鼓胀区,特别是存在两组反倾节理带,形成了典型的"锁固段"失稳机理(殷跃平等,2017)。最高处高程3460m,剪出口高程约3110m,整体近似四边形,长370m,宽440m,面积$1.63\times10^5 m^2$,位于坡度约50°的陡坡上。估算基岩滑体方量约为$150\times10^4 m^3$(曾庆利等,2018)。

(2)碎屑流区:碎屑流区主要分布在高程3100～2650m之间,宽300～550m,长约1200m。滑前坡度20°～30°,滑后坡度5°～15°。滑源区松散岩体垮塌,重力势能转变为巨大的动能,冲撞铲刮该区原有的崩坡积物,裹挟破碎的岩块碎屑向下运动,铲刮与碎屑化作用同时进行,滑坡体演变为碎屑流。沟底形成了长约850m,顶宽约370m,底宽约110m的梯形沟槽(曾庆利等,2018)。

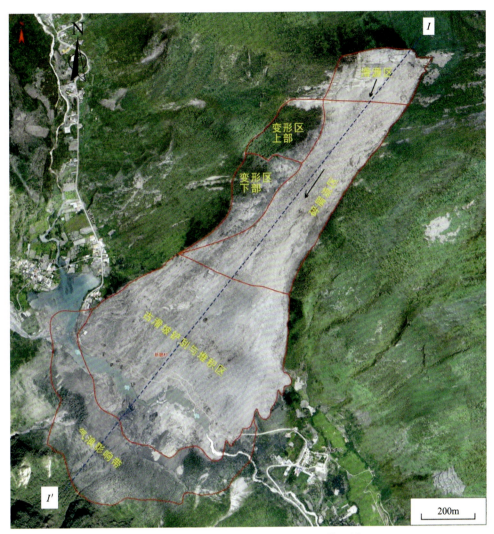

图 6-3 茂县新磨村滑坡-碎屑流平面分区图

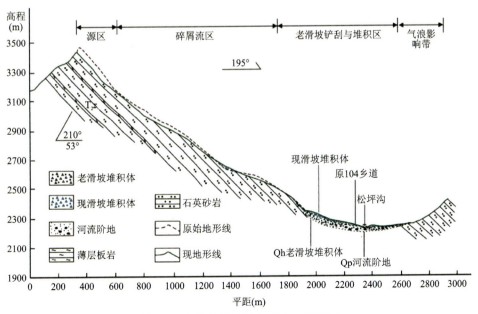

图 6-4 茂县新磨村滑坡-碎屑流剖面图

(3)变形区:位于碎屑流区西侧,分为上部和下部。根据遥感影像,上部呈梯形,变形明显,后壁、侧壁存在下错位移大于1m的裂缝。下部近似三角形,顺坡向逐渐尖灭。成因是主滑体拖拽该区岩体下滑,过程中遇到下部山体的阻碍停止滑动,形成后缘存在拉裂缝的变形体(许强等,2017)。

(4)老滑坡体铲刮与堆积区:高速下滑的滑坡-碎屑流对该区表层物质进行连续铲刮,越过并堵塞松坪沟,形成堰塞湖。该区岩土颗粒具有明显的分选性,直径较大的巨石主要停留在新磨村附近,粒径相对较小的颗粒碎屑继续向前运动至松坪沟对岸(许强等,2017)。开挖后可见目前堆积体与河流二级阶地接触面。河流阶地东侧高出水面7.4m,中部高出水面4~6m,西侧高出水面12m以上,呈凹槽状,为铲刮的集中作用所致。

(5)气浪影响带:位于松坪沟右岸,表层堆积滑坡体前部溅射物质,沿前缘形成了气浪边缘,堆积厚度约4m,部分砂砾、粉尘溅射高度达60m,导致树木倒伏。该区堆积物体积约$1.0×10^4 m^3$。

三、滑坡-碎屑流形成机制分析

研究区位于四川盆地与青藏高原过渡的地形陡变带,河流深切作用强,V形河谷发育,构造作用强烈,发育岷江断裂、松坪沟断裂等。其陡立的坡体为滑坡提供了较好的临空条件;高复发且高烈度的地震,导致区域岩体震裂松散破碎,岩体不断积累损伤,坡道崩坡积物堆积,为滑坡提供了丰富的物源;多年集中的降雨,渗入岩体裂缝,弱化岩体强度,增加了孔隙水压力,再加上长期的重力作用等,为滑坡的启动提供了充分条件。最后,高位的特性使滑坡产生撞击粉碎效应和动力侵蚀效应,不仅将高速滑动转化为碎屑流或泥石流,而且进一步增大了滑坡体积的规模,造成了重大地质灾害的发生(殷跃平等,2017)。

根据现场调查将新磨村滑坡滑动过程大致分为后缘震裂-启滑、基岩铲刮-碎屑流、堆积体铲刮-重新堆积3个阶段。

(1)后缘震裂-启滑阶段:受1933年叠溪、1976年平武、2008年汶川等多次强震影响,滑坡区岩体形成多组裂隙、节理,岩土体松散破碎,其裂隙顶部具备完整入渗通道。同时,滑坡发生前正处于茂县降雨丰沛期,4—6月累计降雨量达200mm,最大日降雨量达27mm,明显大于该地区同期降雨量(许强等,2017)。雨水沿顶部裂隙入渗至薄层板岩,使它软化并成为滑动面,与此同时,位于陡立斜坡上的滑坡体高位临空,且下滑力在后缘裂缝静水压力作用,雨水入渗增重的情况下大幅增加,抗滑力在水的软化作用、超静孔隙水压力作用下急剧降低,最终导致滑源区岩体启动。

(2)基岩铲刮-碎屑流阶段:滑源区破碎岩体失稳下滑,以巨大的动能冲撞、推挤、铲刮沿途表层崩坡积堆积体、风化岩体以及部分较完整基岩,同时,结构破碎的滑体持续崩解,铲刮体和崩解体混合在一起高速运动演变为碎屑流。

(3)堆积体铲刮-重新堆积阶段:高速碎屑流持续向下运动,对下部老滑坡堆积体表层物质进行铲刮、裹挟,并混合成为新的碎屑流继续运动,当运动至开阔平坦的区域时,速度逐渐降低,最后重新堆积。

第二节 松潘尕米寺古高位远程滑坡

尕米寺古滑坡位于四川省松潘县水晶乡安倍村至尕米寺之间的斜坡地带,在区域上,尕米寺滑坡地处青藏高原与四川盆地过渡地带的川西高原,为深切割侵蚀构造高山区,地形起伏度大,地质构造复杂,岷江从尕米寺古滑坡东部堆积区前侧通过,尕米寺古滑坡在平面上呈"长舌"形(图6-5,图6-6)。

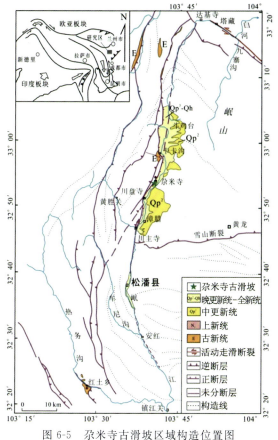

图 6-5　尕米寺古滑坡区域构造位置图　　　　图 6-6　尕米寺古滑坡遥感影像图

一、尕米寺滑坡地质构造背景

根据已有资料,结合遥感解译和野外调查表明,岷江断裂从尕米寺滑坡中部通过(图 6-6,图 6-7)。岷江断裂是一条大型区域性活动断裂,构成了岷山断块的西边界,走向近南北,北起贡嘎岭以北,南至茂县以北,全长约 170km。断裂在该段大致以川主寺、较场为界,分为北、中、南 3 段(周荣军等,2000),尕米寺古滑坡位于岷江断裂的北段,总体产状为 NE 15°～20°∠60°～70°,受区域北西西向主压应力场的控制,岷江断裂自第四纪以来表现为明显的推覆逆掩运动(李峰等,2018),并具有一定的左旋走滑分量,岷山断块则处于强烈的隆起抬升状态(唐文清等,2004)。为查明岷江断裂在滑坡区内的具体位置,我们沿平行于尕米寺滑坡的滑动方向布设了高密度电法物探剖面(图 6-8)。物探剖面显示,尕米寺古滑坡中部发育有多条次级断裂(图 6-9),其中主断面位于滑坡体堆积区与滑动区交叉部位,以剖面的 1225 点号为界,小号段基岩以高阻显示为主;大号段基岩则相对低,电阻率在此发生突变,等值线不连续,推断1225 点号附近为断层通过的位置,依据反演结果推断断面倾向北西,倾角约 70°～75°,断裂宽约 120～150m。根据物探资料,高低阻相间的不稳定电性层厚度为 2.5～43m,推断该层为滑坡堆积层,低阻值区域对应土质较多地段;地表坡体表层高阻值对应碎块石、巨块石较多地段。

高密度电法反演结果显示在剖面上点号 1335～1675 段存在明显的低阻异常,低阻异常与周围介质电性差异较大,低阻值一般为 210～570Ω·m,周围介质电阻率为 800～1900Ω·m,低阻异常形态与古河道形态极为相似,推断该段为岷江古河道位置,部分为发育有古岩溶的灰岩岩体。受古滑坡体形成过程的影响,岷江古河道深埋于滑坡体下,目前河道则从滑体前缘与山坡交界处通过[图 6-9(a)]。

(a) 尕米寺滑坡全貌（镜向SW）

(b) 尕米寺滑坡后缘特征（镜向NW）

(c) 尕米寺滑坡前缘及堆积区特征（镜向E）

图 6-7　尕米寺古滑坡发育特征

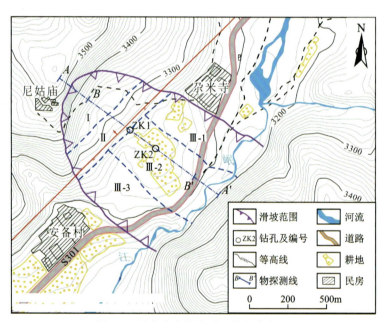

图 6-8　尕米寺古滑坡平面特征分布图

注：等高线基于 Google Earth 公开 DEM 插值生成，地物通过 Google Earth 影像解译清绘。

滑坡区出露的地层主要为中上石炭统的西沟组（$C_{2-3}xg$）浅灰色、紫红色的中—厚层状灰岩、第四系河流冲积层和残坡积层，在山体顶部局部出露中下三叠统黑斯组（$T_{1-2}hs$）含泥粉砂质板岩和变质石英砂岩。

二、尕米寺古滑坡的发育特征

野外地质调查表明,尕米寺古滑坡后壁顶点高程(H_{max})约3520m,堆积体前缘高程(H_{min})约3210m,两者高差(H)达310m,滑体重心位置约在3450m高程位置,重心与滑坡堆积体底层位置的垂直位移(ΔH)约为240m,国道G213从滑坡堆积体前缘经过(图6-6、图6-7),滑坡后缘崩塌区主要位于西沟组灰岩中。滑坡主滑方向为130°,滑坡后缘顶点至运动最远点的水平距离(L)为1420m,即$\Delta H/L=0.17$。根据国际上采用等值摩擦系数($\Delta H/L$)作为滑坡是否具有远程和高速远程滑坡-碎屑流的标准,即当滑坡$\Delta H/L<0.6$时判断其为远程滑坡(Hsu,1975),高速远程滑坡-碎屑流的$\Delta H/L$一般小于0.33(张明等,2010;Guo et al.,2016),由此可见尕米寺古滑坡具有高速远程滑坡-碎屑流的地貌形态特征。

根据现场地调查和工程地质测绘,尕米寺古滑坡在纵剖面方向上可分为后缘启动区(Ⅰ)、中部运动区(Ⅱ)和前缘堆积区(Ⅲ)等3个区域(图6-8、图6-9),下面对滑坡不同分区的发育特征进行论述。

1. 滑坡启动区特征

尕米寺滑坡启动区(Ⅰ)位于滑坡的北西侧,目前滑坡后壁圈椅状地貌特征明显[图6-7(a)、图6-8],在平面上呈圆弧形,轴向长约720m,横向宽约580~860m,高程分布在3310~3510m之间。滑坡后缘形成70°以上的陡壁,陡壁下为坡度25°~40°的斜坡地带,滑坡后缘陡壁上主要出露西沟组($C_{2-3}xg$)灰岩,岩层产状为355°∠32°,节理极为发育,密度可达50~70条/m。现场调查发现,滑坡后壁的灰岩中发育岩溶,溶孔和溶隙极为发育,风化卸荷严重,从而造成岩体结构破碎(图6-10)。在陡壁下的斜坡地带形成了厚0.5~1.0m的崩坡积物,呈无胶结或弱胶结状态,粒径在2~5cm之间,在崩坡积体周边零星分布几处块径达2~5m的崩落巨石。

根据物探测试结果,在滑坡表层呈现高低阻相间的不稳定电性层[图6-9(b)],电阻率低的地段其电阻值为230~420Ω·m;高阻值段为1000~7500Ω·m。在剖面975号点附近,地形陡峭,第四系碎石土厚度往小号段快速变薄,推断为975点号附近位置为滑坡的后缘位置。

在滑坡启动区北西部的斜坡顶部为一相对平缓宽阔的平台,高程约3455m,目前建设有尼姑庙,在该处主要出露有变质石英砂岩和含泥粉砂质板岩,其中变质石英砂岩产状为335°∠30°,层厚3~15cm,结构较致密,发育两组优势节理,岩体结构破碎。含泥粉砂质板岩层厚1~3cm,板岩岩体较硬,但在泥化夹层作用下,该套岩体的强度较低。总体来说,滑坡源区岩体结构破碎,工程地质力学性质较差。

从滑坡启动区两侧地形推测古滑坡地貌,在滑坡启动时曾造成斜坡连同两侧的古山脊一起滑落[图6-9(a)],因此推测发生滑动的岩体最高点应在3570~3575m之间,滑动岩体的分布面积约$45.3\times10^4m^2$,根据滑坡两侧边坡脊发育特征,对滑坡前的地形地貌进行复原,推断发生崩塌解体的灰岩岩体平均厚度为50~70m,由此计算发生崩解的岩体体积为$22.65\times10^6\sim31.7\times10^6m^3$。

2. 滑坡中部运动区特征

对于尕米寺古滑坡,在其形成后受风化作用、坡面剥蚀和水流冲刷等因素的影响,以及滑坡体后部堆积区的加积作用,尕米寺古滑坡中部运动区(Ⅱ)的滑动特征目前保留不明显。根据滑坡运动过程的推断,在平面上,尕米寺古滑坡的运动区与部分形成区、堆积区相重叠[图6-9(a)],根据滑坡运动区分布高程的差异和叠置关系可以划分为运动一区(Ⅱ-1)和运动二区(Ⅱ-2),在该区域内堆积有角砾岩,钙质胶结,砾石的岩性主要为灰岩。

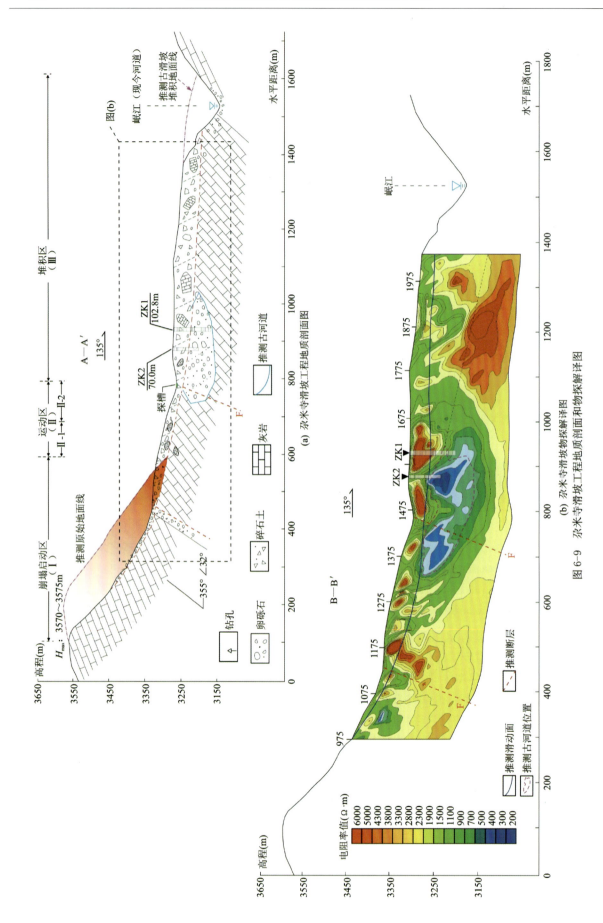

图 6-9 尕米寺滑坡工程地质剖面和物探解译图

(a) 尕米寺滑坡后缘地貌及岩溶特征（镜向W）　　　　（b) 尕米寺滑坡后缘灰岩溶洞特征（镜向W）

(c) 尕米寺滑坡后缘地貌及岩体发育特征（镜向N）　　（d) 尕米寺后缘尼姑庙一带灰岩节理及岩溶现象

图 6-10　滑坡后缘地貌及岩性发育特征

滑坡运动一区（Ⅱ-1）的分布高程为 3310～3250m，该段与滑坡形成区相重叠，在靠近山脚侧地势平缓，沿滑动方向形成坡度在 5°～10°之间的缓坡平台。运动一区（Ⅱ-1）又可以分为 3 个明显的堆积平台，为后期滑源区斜坡表面的崩坡积物质搬运堆积后又遭地表水流切割而成。运动二区（Ⅱ-2）主要与滑坡堆积区相交，该区内地势低洼起伏较大，两侧分布有由粒径为 2～10cm 的灰岩角砾钙质胶结而成的岩体，联结强度不大，表面风化呈褐红色，遥感解译和物探结果表明岷江断裂次级断裂从该处通过，并形成一条北东向的断裂沟槽（图 6-11）。在滑坡运动区的地表上发现了几处未完全破碎解体的灰岩，体积在 100～300m³ 之间，为后期形成的崩滑岩体。

(a) 尕米寺滑坡中部断裂发育特征（镜向NNE）　　　（b) 尕米寺滑坡中部断裂发育特征（镜向SSE）

图 6-11　尕米寺滑坡中部运动区发育特征

工程地质测绘表明，运动二区（Ⅱ-2）分布面积为 $6\times10^4 m^2$，其堆积体厚一般为 5～8m，因此，运动二区内滑坡堆积体体积为 $0.30\times10^6 \sim 0.48\times10^6 m^3$。

3. 滑坡堆积区特征

对整个尕米寺古滑坡而言，其堆积区（Ⅲ）与部分运动区相交，并且在高速远程运动过程中，堆积区前缘直抵南东侧的山坡上，并且部分滑体在高速运动能的作用下，冲向对岸山坡。从目前保留堆积区特征,可见滑坡堆积区两侧边最宽约1038m,长约1100m,面积约为$70×10^4 m^2$。堆积区前部因国道G213修建切坡而形成露头,在该剖面上可观测到粒径2～10cm的灰岩角砾中有钙质胶结,角砾分选好,含量约占80%,表层的沉积钙层强度高,而角砾间联结强度较低,局部已经发生崩解破坏。在滑坡右侧边界前缘可见厚2～3m的黄土覆盖于碎石土之上,碎石土未见底,受滑坡前缘挤压主河道,岷江在此拐弯并形成狭窄河谷。

根据现场调查(图6-13)和遥感解译结果,滑坡的堆积区从北向南可以分为3个次级部分,即堆积区一区(Ⅲ-1)、堆积区二区(Ⅲ-2)和堆积区三区(Ⅲ-3),其中堆积区二区(Ⅲ-2)是尕米寺滑坡的主要堆积区,堆积区一区(Ⅲ-1)和堆积区三区(Ⅲ-3)由于受后期侵蚀严重,目前保留的堆积体体积远少于原堆积区的体积。

为确定滑坡堆积体的厚度,在物探测试的基础上进行了部分钻孔的地质验证,在堆积区二区(Ⅲ-2)中后部部署了ZK1和ZK2两个工程地质钻孔(图6-8、图6-9)。根据钻孔揭露地层情况(图6-12),ZK1孔口高程3 237.17m,滑坡堆积体厚57.6m,阶地物质顶部高程为3 179.57m;ZK2孔口高程3 228.0m,滑坡堆积体厚34.2m,阶地物质顶面高程为3 193.8m。通过对比分析知,堆积体覆盖于河流阶地之上,证明上覆堆积层为滑坡形成,同时反映滑体在堆积区具有前部较薄、中后部较厚的分布特点,与滑体长距离运动过程中对近处的地表铲刮量更大有关。按堆积区二区(Ⅲ-2)的平均厚度为40～50m计算,该部分面积为$28.4×10^4 m^2$,体积约为$11.36×10^6$～$14.2×10^6 m^3$。

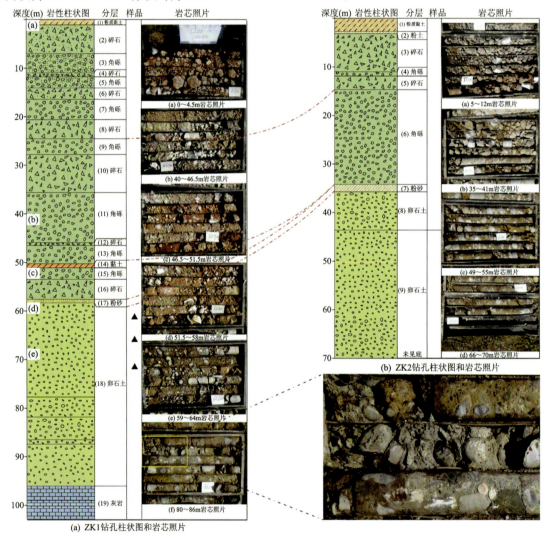

图6-12 尕米寺滑坡钻孔柱状图(左侧为ZK1,孔口高程3 237.17m;右侧为ZK2,孔口高程3 228.0m)

(a) 尕米寺滑坡中部凹地发育特征（镜向NW）

(b) 尕米寺滑坡堆积区中部残留碎石堆积体

(c) 滑坡堆积区未解体的大块石及堆积特征

(d) 滑坡前缘现今岷江河道特征

图 6-13　尕米寺滑坡堆积区发育特征

堆积区一区（Ⅲ-1）位于堆积区的北部，该部分呈现北低南高的斜坡状，面积为 $20.9×10^4 m^2$，根据物探、钻探资料以及该区的地面高程，推测该部分滑体厚度平均为 25～30m，方量为 $5.22×10^6 ～6.20×10^6 m^3$；堆积区三区（Ⅲ-3）位于堆积区的南部，该部分呈现北高南低的斜坡状，面积为 $20.5×10^4 m^2$，推测该部分滑体厚度平均为 28～32m，则方量为 $5.7×10^6 ～6.6×10^6 m^3$。

从以上分析，可见滑坡堆积区目前保存的滑坡方量约为 $22.58×10^6 ～27.48×10^6 m^3$。该堆积区的方量与崩塌区计算得到崩解岩体方量（$22.65×10^6 ～31.7×10^6 m^3$）基本持平或略低于崩解的岩体的方量，这可能与该滑坡形成后，原造成岷江堰塞部分的滑体被侵蚀冲走，按照高速远程滑坡在形成运动过程中会与原斜坡岩土体形成铲刮和侵蚀效应（Hungr，2011），高速远程滑坡的堆积方量往往能超过崩塌区方量的1倍以上，而本书研究的尕米寺古滑坡的方量由于受侵蚀和堆积区前缘山体的阻挡作用，其铲刮和侵蚀的方量略小于同类型的滑坡，因此该滑坡的方量在 $30×10^6 m^3$ 左右比较合适。

三、尕米寺古滑坡形成机理分析

1. 冰缘区的岩溶导致岩体力学性质弱化为滑坡形成提供了岩性基础

中更新世中期至全新世，岷山地区经历了大沽、芦山、大理、第四纪末期等4次山岳型冰川，这些冰川活动具有明显逐次退缩的规律，但它们进一步将岷山 3700m 以上的碳酸盐岩改造形成现在的冰川冰缘岩溶地貌（周绪纶，2013）。岷山地区冰缘岩溶受地壳升降、冰期与间冰期气温变化等多因素的制约，冰缘区岩溶作用极为明显。冰缘的外地质营力主要是强烈的冻融作用，岩体中的地表水和地下水在冰缘区巨大的昼夜、月、年温度反复变化下产生剧烈的冻结膨胀、溶解收缩，使岩体中的细微裂隙、层面裂隙、构造裂隙、断裂破碎带甚至洞穴壁破裂，在高寒气候条件下，由于物理风化和冰蚀作用强度远高于溶蚀作用，在陡壁上形成岩屋式洞穴等岩溶个体形态，这种物理风化作用使灰岩岩体碎裂，并达到相当深度,结果引起局部块状剥落、崩塌。

岷山地区的冰缘岩溶是处于岷山雪线下部冰缘环境的碳酸盐岩之溶蚀与冻融相互渗合、叠加的岩溶地质类型,具有碳酸盐岩溶场和冰缘岩屑与冰期、间冰期堆积物岩溶场的二元结构。在尕米寺滑坡后缘出露的石炭系西沟组($C_{2-3}xg$)灰岩,在滑坡体后缘可以见到明显的灰岩溶蚀现象,并且发育有较强的垂直节理裂隙和横向裂隙,部分地段可以见到裸露的灰岩溶洞[图6-10(a)、(b)],在滑坡堆积体中也发育有溶蚀钙化现象(图6-14)。在岩溶水溶蚀作用下,岩体节理裂隙发育、结构面发育并且其力学强度弱化明显。野外调查表明,这些溶蚀现象从本质上影响了岩体的力学强度,为坡体失稳提供了岩性基础,从而导致在地震、断裂活动或雪崩等外力作用下引起坡体失稳,从而形成大规模整体性滑动。

2. 岷江断裂尕米寺段活动性及其与古滑坡形成关系分析

岷江断裂带是在岷江逆冲推覆构造带前缘基础上发展起来的一条全新世活动断裂,具有分段活动和羽列分布组合的特点,尕米寺一带位于岷江断裂的北段,岷江断裂在贡嘎岭-尕米寺段走向为NE10°～15°,沿贡嘎岭盆地西界展布,长约20km,控制了贡嘎岭盆地的沉积;尕米寺-川盘段走向为NE30°～40°,为一新构造隆起区,长约7km,阻断了贡嘎岭盆地与漳腊盆地的联通;川盘-川主寺段走向NE10°～15°,沿漳腊盆地西界展布,控制了漳腊盆地的沉积,长约10km。岷山断块区的现今主压应力优势方向为北西西,P轴近于水平,T轴近于直立(成尔林,1981),周荣军等(2000)认为在山巴乡附近,岷江断裂的次级断裂错断了岷江Ⅳ级阶地砂砾石层[热释光年龄为$(134.8±10.2)$ka B. P.],显示明显的压性特征,并认为岷江断裂晚第四纪以来的平均垂直滑动速率为0.37～0.53mm/a,左旋位移量与垂直位错量大致相同。

根据历史资料记载,从公元638年松潘M_s5.7级地震以来,沿岷江断裂北段共发生7次中强震,其中最大的一次为1960年松潘漳腊M_s6.75级地震,在断裂东侧产生了一条长400～500m的北东向张性地震裂缝带,表明该断裂为全新世活动断裂,且中段活动性最强。在尕米寺滑坡的北侧,还发育一个高位滑坡H2(图6-6),其堵塞了岷江支流,ZK3钻探资料表明,在该支流中沉积了近百米厚的湖湘地层(张岳桥等,2010)。在祁命一带,岷江断裂从岷江Ⅱ级河流阶地面上通过,形成2～3条近于平行高度不等的断层陡坎,Ⅱ级阶地面上部的热释光年龄为$(27±2.1)$ka B. P. (周荣军等,2000),由此可见岷江断裂具有强震活动背景,也即岷江断裂北段活动诱发强震是尕米寺古滑坡形成的主要因素之一。

3. 气候变化引起雪崩和高速滑坡

在岷山地区在经历4次山岳型冰川的过程中,区内也经历了鄱阳-大沽、大沽-芦山、芦山-大理、大理第四纪末期4次间冰期,在间冰期岷山地区气温上升,雪线上升,冰川后退,冰水作用增强,冰缘区向高海拔迁移,目前岷山地区的碳酸盐岩冰缘区是第四纪末期冰川退缩后形成的地质空间。王运生等(2007)通过对中国西部与末次冰川有联系的江河的深厚覆盖层现象进行研究,认为河床覆盖层厚一般为40～70m,最厚可达500余米,年龄测定资料揭示,谷底堆积物年龄一般都在20～25ka,也就是说,现在西部一些河床的基覆界面在距今25ka前就已形成,这一年龄刚好相当于末次冰段结束,这样表明,尕米寺古滑坡覆盖的岷江古河道应是距今25ka之前形成的。而朱俊霖等(2014)通过漳腊盆地阶地沉积物的孢粉分析、碳氧同位素分析,认为该区在阶地形成过程中,在35～20ka左右表现为寒冷。因此,由气候变化引起冰川活动,进而引起尕米寺古滑坡雪崩和高速滑坡的可能性也比较大。

此外,从滑坡堆积区中的滑坡堆积体可见,其主要成分为灰岩砾岩,棱角明显,无磨圆或局部次磨圆状(图6-15),该滑坡堆积体从滑坡后缘运动距离最长约1.5km,搬运距离近,从而没有较大磨圆现象,与地质历史上形成的冰碛物或冰水堆积物有极大差异。

图 6-14　滑坡体中部的钙化结构特征图

图 6-15　滑坡中部灰岩堆积体特征图

第三节　汶川扣山古高位远程滑坡

扣山滑坡位于四川省汶川县雁门乡扣山村,距汶川县城 6.5km,茂县县城 26km,国道 G213 从滑坡堆积体中部通过。滑坡后缘紧靠龙门山,受青藏高原向东挤出作用,晚第四纪以来地壳隆升强烈,地形高陡,河流深切,"V"形河谷发育,最高点高程达到 4500～5000m,最低处的岷江河谷高程 1360m。

滑坡区构造位置上位于龙门山后山断裂茂汶断裂中段,地质构造复杂,新构造活动强烈,全新世以来右旋滑动速率为 0.8～1.0mm/a,逆冲滑动速率为 0.5～0.7mm/a,右旋速率大于逆冲速率(马保起,2005)。区域内地震活动频繁,从 1597 年有历史地震记载以来,茂汶断裂曾发生过 4 级以上地震 3 次,最大一次是 1657 年茂汶 M_s6.5 级地震;近年来,周边断裂发生的地震主要有:1933 年 8 月 25 日叠溪 M_s7.5 级地震,1976 年 8 月 16 日松潘 M_s7.2 级地震,2008 年汶川 M_s8.0 级地震等。

据茂县气象局 1981—2000 年资料,茂县多年年均降雨量为 480mm 左右,年最小降雨量仅为 335mm,年最大降雨量可达 560mm。降雨量在时空上具有明显的不均匀性,春冬季降雨量较少,而夏秋季节则降雨量偏多;一年内降雨量月际分配不均,降雨量多集中 4～10 月,占全年降雨量的 91.8%,而 10 月—次年 3 月降雨量仅占全年降雨量的 8.2%;同时,从河谷至山脊随着高程的增大降雨量逐渐增大。

一、扣山滑坡发育特征

滑坡平面形态呈长舌状,后缘圈椅状地貌明显,滑坡后缘山脊高程 3300m,前缘堆积体顶部高程 1605m,堆积体底部高程 1425m,推测为原河床高程,前后缘高差达 1875m,滑坡长约 4460m,平均宽 1450m,体积约 1.5 亿～1.8 亿 m³(图 6-16)。滑坡体从左岸呈扇形冲向右岸,最大爬高约 280m,形成一座长约 1500m,最大宽度约 1600m,最高处达 275m 的天然堆石坝,完全堵塞岷江,形成堰塞湖。堰塞湖水深 250 余米,回水上游 20km,估计库水体积超过 20 亿 m³(图 6-17)。滑坡堆石坝主要由灰岩、千枚岩碎块石组成,坝体结构紧密,右岸坝顶发现有河床相卵、砾石,推测堰塞湖水曾漫坝,冲刷坝体致溃决。

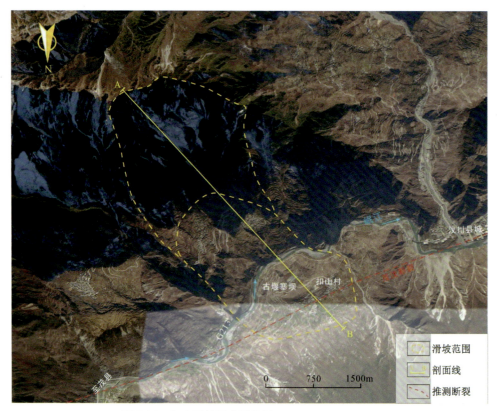

图 6-16　扣山滑坡遥感影像图(底图据 Google Earth)

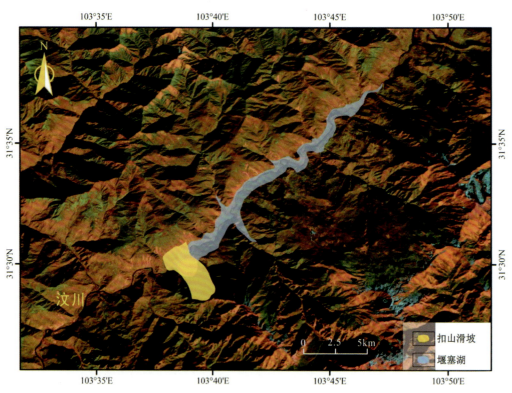

图 6-17　扣山滑坡堰塞湖预测还原图

1. 滑源区特征

滑源区后缘整体上呈圈椅状地貌,目前山脊处高程3200m,推测原地形最高点应高于目前山脊高程,大约在3300m,滑坡剪出口高程1450m,前后缘最大高差达1850m,后缘山脊至剪出口水平距离约3250m,整体坡度30°～45°,局部较陡,坡度可达50°～60°(图6-18),滑源区纵向长约3800m,平均横宽1200m,厚度150～300m,体积$1.2×10^8$～$1.5×10^8 m^3$。其中按照滑源区坡度又可划分为3个亚区:①震动拉裂区,陡壁高达1000m,水平距离约750m,坡度达50°～60°;②软弱层碎裂顺滑区,高差约600m,水平距离约1050m,坡度30°～45°;③前缘锁固段剪出区,高差约250m,水平距离约1200m,坡度10°～15°(图6-19)。

图6-18 扣山滑坡后缘陡立(镜向S)

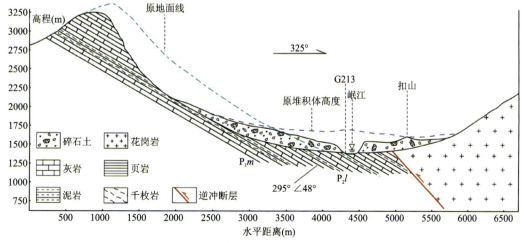

图6-19 扣山滑坡工程地质剖面图

滑坡区地层岩性为二叠系茅口组和龙潭组。茅口组上部以中层灰岩及泥质灰岩为主，中部以浅灰色厚层块状灰岩为主，下部以厚层碳质白云岩为主，岩层倾向290°~295°，倾角45°~48°，基岩中发育多组节理裂隙，优势节理裂隙产状为：265°∠27°，32°∠74°，斜坡结构整体上以顺向坡为主。龙潭组上部主要为黑色碳质页岩夹劣质无烟煤，下部以灰色铝土岩为主，夹杂深灰色透镜状铝土矿和黑色碳质页岩（图6-20）。

图6-20 扣山滑坡软弱夹层

2. 堆积区特征

堆积体顶部高程1605m，堆积体底部基岩高程1425m，堆积最大厚度达270m，由于目前的堆积体为溃坝后参与堆积体，推测原堆积体厚度应大于目前的厚度，最大厚度可能超过300m。堆积区平面形态呈近椭圆形，纵向最长达3500m，横向最宽超过2000m，平均宽约1450m，堆积体总体积达1.5亿~1.8亿m^3，其中滑坡发生时铲刮残坡积物和河床沉积物约3000万m^3，冲入对岸的堆积体方量达0.7亿~0.9亿m^3。

滑坡堆积体岩性主要为灰岩碎石土和千枚岩碎石土，分布杂乱无章，无分选性，磨圆度差，在细粒中夹杂数米大的巨石，碎块石直径一般10~30cm，最大直径可达15m（图6-21、图6-22）。滑坡堆积体自上而下胶结程度差异较大，在扣山村附近的顶部表层堆积体碎块石几乎没有胶结，靠近堆积体下部钙质胶结程度较好，一方面是因为越靠近下部堆积体自重压力越大，胶结程度固然越好，另一方面位于表层的堆积体可能受后期人类开挖、耕地等影响较为松散。

从滑坡坝对岸残留的堆积体上可见堆积体粒径具有一定的反粒序堆积现象，中上部堆积体粒径明显大于其下部堆积体，上部堆积体中夹杂大量块径达10m的巨石，而下部巨石块径多为2~3m。

在扣山滑坡对岸堆积体下部，岷江右岸，发现粗砂与粉细砂互层的河流相沉积物，厚4~5m，砂层下部为强风化千枚岩夹灰岩，产状已分辨不清，上部为灰岩块石，块径3~8m不等，应为扣山滑坡溃坝之后，岷江切割滑坡堆积体发生二次崩塌形成。推测扣山滑坡发生后堵塞岷江，上游处于静水环境，接受细粒物质沉积；溃坝之后，在河流侧向侵蚀作用下，滑坡堆积体发生解体崩塌，再次堵塞岷江，相对静水环境再次形成河流相的粗砂细砂层。根据砂层厚度推断扣山滑坡堆积体二次堵江时间在100a左右。

图 6-21 滑坡对岸堆积体中的巨石（镜向 E）

(a) 滑坡体顶部堆积特征（镜向SW）　　　　　(b) 滑坡体中下部堆积特征（镜向W）

(c) 滑坡对岸残留堆积体（镜向SW）　　　　　(d) 滑坡体具反粒序堆积特征（镜向W）

图 6-22 扣山滑坡堆积体特征

二、扣山滑坡形成时代分析

在滑坡上游5km的文镇发现残留的堰塞湖沉积物，沉积物堆积于二级河流阶地之上，湖相层底部高程1440m，顶部高程1456m，残留的湖相层厚达16m，该处岷江现代河床高程1395m，该处湖相层高程和扣山滑坡前缘堆积体高程对应，并略低于堆积体高程，推测应为扣山滑坡堵江形成（图6-23，图6-24）。在湖相层高程1444m处取湖相沉积的污泥进行^{14}C测年，年龄为23 240±80a B.P.（表6-1），前人研究认为岷江上游茂县段二级河流阶地的年龄大致在27.8~24.7ka B.P.（杨文光，2007；朱俊霖，2014），湖相沉积年龄略晚于二级阶地形成年龄，与现场调查推测结果一致，说明测年结果可靠性较高，故推测扣山滑坡应形成于24ka B.P.左右。

图 6-23 扣山滑坡堰塞湖沉积照片(镜向 NW)

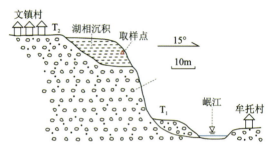

图 6-24 扣山滑坡堰塞湖沉积剖面示意图

表 6-1 湖相污泥样品 ^{14}C 测年结果

实验室编号	野外编号	试样描述	测试方法	材料参数	测试年龄	^{13}C/^{12}C	经树轮校正年龄
Beta-479213	SKS-07	湖相沉积物	AMS-标准加速普	有机质	23 240±80a B.P.	−17.4 o/oo	23 240±80a B.P.

注:^{14}C 年龄测试由美国 Beta 实验室完成。

三、扣山滑坡诱发因素分析

(1)古气候剧变。堰塞湖相沉积测年显示形成于 24ka B.P. 年前,大体相当于末次冰期(大理冰期)阶段(唐领余等,1998),此时冰川作用强烈,可能是促使大规模山坡失稳的原因,但现场调查来看,残留堆积坝碎块石棱角分明,且具有反粒序堆积的特点,没有表现出冰碛物的特点,所以不大可能是由气候剧变冰川作用形成,应为滑坡堆积物。

(2)降雨诱发。降雨成因的堵江滑坡迅速溃坝率高达 82%,是地震成因的近乎两倍(Kuo et al.,2011)。这是因为降雨诱发的滑坡坝体中缺少组构的胶结而容易溃坝(Chen et al.,2009),在漫长的地质历史时期由降雨型堵江滑坡堰塞湖能够长时间保留的可能性非常小(李海龙等,2015)。扣山滑坡形成约 16m 厚的堰塞湖沉积,保留时间在 300~500a(王运生等,2002),且从滑后地貌可以看出,滑坡后缘顶部位于山脊处,不存在有利的汇水条件,由降雨直接诱发如此大规模的滑坡(1.5 亿 m³)的可能性较小。另一方面,25ka B.P. 全球进入末次冰期——武木冰期,相当于中国的大理冰期,主冰期介于 25~15ka 间,大量研究认为,青藏高原东部末次冰期盛期时,气候寒冷干燥,年平均气温比现代低 5°~6°左右(崔之久,1980;施雅风等,1990,1995;姚檀栋等,1997)。这一时期降雨稀少,河流下切作用小于河床沉积作用,降雨诱发滑坡堵江事件可能性较小。

(3)构造活动(地震)诱发。滑源区呈不规则"凹腔",滑坡后壁陡立、裂面粗糙呈锯齿状,表明力学上显张剪的特征,与重力式崩滑体后壁主要为光滑、呈弧形的特点明显不同,而与典型强震诱发滑坡的滑面特征相似。茂汶断裂从扣山滑坡前缘部分通过,前人研究表明,茂汶断裂属于晚更新世—全新世以来的活动断裂(唐荣昌等,1991;赵小麟等,1994;邓起东等,1994;马保起等,1995;王旭光,2016)。

唐方头等(2008)在茂县城附近发现茂汶断裂错断了岷江 T3 阶地的砂层、砾石层,但并没有错断 T2 阶地底部的砾石层。ESR(TL)测年数据[(28.69±2.44)ka 和(19.03±1.62)ka]表明,茂汶断裂在距今 28~19ka 期间至少发生过一次强烈拉张错动事件。在茂县石鼓乡附近,茂汶断裂右旋错动岷江 T2 阶地前缘陡坎 15~20m,T2 阶地顶面 ESR 法测年为(26.36±1.73)ka。Wang Ping 等(2011)对叠溪沙湾村附近的湖相沉积软变形特征进行了详细的调查与研究,最后识别出了 7 个构造变形层,分别代表 7 次古地震事件,湖相沉积光释光和 ^{14}C 测年结果表明,除了最新一次地震事件外,其他 6 次地震事件主要发生在距今 20~26ka 期间。

综上可以推测,茂汶断裂茂县段在距今 28~19ka 期间可能发生过多次强震事件,扣山滑坡形成时间为 24ka B.P. 左右,说明扣山滑坡的形成很可能与晚更新世晚期茂汶断裂活动产生的强震事件有关。

四、扣山滑坡强震诱发机制分析

将扣山滑坡形成过程分为坡体后缘震动拉裂、软弱层(千枚岩)顺层滑动、前部"锁固段"剪断、溃滑震动堆积四个阶段,其概念模型如图 6-25 所示。

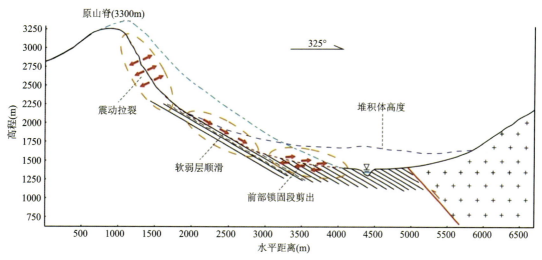

图 6-25 扣山滑坡失稳机制概念模型

(1)坡体后缘震动拉裂。扣山滑坡后缘陡壁高达 1000m,坡度达 50°~60°,壁面粗糙呈锯齿状,表明力学上显张剪的特征。晚第四纪以来剧烈的构造隆升和河流下切作用,尤其是 40~30ka B.P. 期间青藏高原暖湿气候事件对川西河谷地质环境的影响,岷江河谷侵蚀和卸载能力增强,至约 25ka B.P. 在岷江上游呈现出高差超过 1800m 的深切河谷地貌。后缘单薄山脊高程 3300m,这样的地形有利于强震地形放大效应的发挥,而且滑坡邻近茂汶断裂,地震持时长。强震期间,扣山滑坡经历了强烈的地震响应,导致山脊拉裂,形成了如今高陡的后缘陡壁。

(2)软弱层(千枚岩)顺层滑动。滑源区上部为灰岩,下部夹有千枚岩,类似于软弱夹层。在强震作用下,致使该区的千枚岩碎裂化,使抗剪强度急剧降低乃至丧失,在持续的地震作用下,后缘拉裂,该部位滑体沿软弱岩层面顺层滑动。

(3)前部"锁固段"剪断。后缘震动拉裂后,滑坡前部受到强烈的震动作用和滑体重力在水平方向的分作用力,致使前部锁固段岩体在拉-剪应力条件下剪断,突然滑动。

（4）溃滑震动堆积。滑体在地震加速度和高势能作用下，以高速越过岷江河道，冲向对岸，撞击山体，产生急促的"刹车效应"，部分滑体受到阻挡折返。堆积过程中，滑体碎块石在震动作用下类似于"振筛效应"，使滑体从上到下出现一定的"反粒序堆积"现象。对岸山体的阻挡刹车效应和震动堆积作用共同使堆积体夯实变密，也为滑坡堰塞湖能长期不溃坝提供了良好的基础。

五、扣山滑坡强震启滑机理模拟分析

1. 模型建立和岩土体参数选取

为研究扣山滑坡的启滑机理，在野外调查基础之上，根据工程地质剖面图，基于扣山滑坡的实际空间几何形态，考虑边界效应等问题，建立有限差分数值模型如图 6-26 所示：高 3500m，长 7000m，宽 50m。计算模型采用六面体单元和节点进行划分，模型共划分单元总数 7650 个，节点总数 16 580 个。模型中 X 方向代表滑坡纵剖面方向，Y 方向代表滑坡横向方向，Z 方向代表重力方向。模型顶面和坡面均采用无约束，

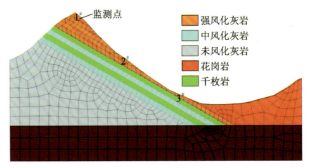

图 6-26 有限差分网格划分模型

四周和底部均采用法向约束。在初始条件中，不考虑构造应力，仅考虑自重产生的初始应力场。地震动力荷载作用下，数值模型底部采用粘滞边界，四周为自由场边界，力学阻尼选用瑞利阻尼。结合岩石力学试验和工程类比，获取岩土体参数见表 6-2 所示，本次计算过程中前期生成自重应力场阶段采用弹性模型，输入地震波模拟阶段采用莫尔-库仑准则，基于有限差分软件 FlAC^{3D} 平台，模拟了地震作用下扣山滑坡的启滑阶段的变形破坏模式，以揭示其启滑机理。

表 6-2 岩土体物理力学参数取值表

岩性	密度 (g/cm^3)	体积模量 (MPa)	剪切模量 (MPa)	黏聚力 c(kPa)	内摩擦角 ϕ(°)	泊松比 μ
强风化灰岩	2.5	1000	380	450	26	0.23
中风化灰岩	2.6	4000	1900	1200	33	0.20
未风化灰岩	2.7	6200	2450	1700	45	0.18
千枚岩	2.5	2300	950	650	28	0.22
花岗岩	2.8	9500	3860	2300	47	0.17

2. 地震波选取

由于扣山滑坡距离 2008 年汶川 8.0 级地震震中——映秀镇仅 45km，通过地质分析认为，扣山滑坡的形成与茂汶断裂的强震事件具有很强的相关性，其发震条件与汶川地震相似，故选取汶川地震波作为输入的地震波，加速度最大值为 0.45g。由于模拟网格尺寸受限于地震波的最大频率，网格的尺寸必须小于输入地震波最高频率对应波长的 1/10～1/8，因此模拟前首先对原始的地震波进行滤波处理。另外，由于地震波加速度在记录时可能受到噪音的影响，导致加速度时程基线出现漂移，影响模拟效果，需要对加速度时程曲线进行基线校正处理。处理后的汶川地震波加速度如图 6-27 所示。

图 6-27　处理后地震波加速度曲线

3. 模拟结果分析

为了分析关键部位的变形破坏规律，分别在滑坡坡顶、坡中和坡体下部设置了 1#、2#、3# 监测点。应注意的是，由于扣山滑坡模拟模型的纵长达 7000m，高达 3500m，远远超过了平时滑坡模拟的模型尺寸大小，因此模拟结果位移值不能真实反映实际的位移值，仅能揭示变形位移的相对大小，但不影响分析此类滑坡的变形破坏模式。

图 6-28 和图 6-29 反映了扣山滑坡在输入地震波之后的震动响应和变形破坏特征。滑坡变形从坡顶到坡脚依次减小，从坡顶的最大位移 275m 左右减小至坡脚的 25m 左右。从位移等值线图和剪应变增量云图上都可以看出滑坡在地震作用下存在的潜在滑移面，根据坡度可以将滑移面分为 3 段：陡立后缘面（坡度 50°～60°）、中部顺层滑移面（坡度 30°～40°）、坡脚锁固段剪断面（坡度 5°～10°），数值模拟结果的变形破坏模式与现场调查得出的结论一致。监测点位移时间曲线表明（图 6-30），坡顶（监测点 1#）、坡中（监测点 2#）、坡脚（监测点 3#）部位的位移都随着地震持时的增加而不断增大，同一地震持时，监测点位移从坡顶至坡脚依次减小。

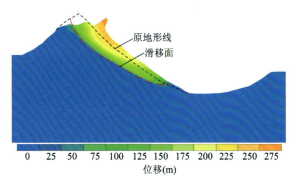

图 6-28　扣山滑坡地震作用下位移云图

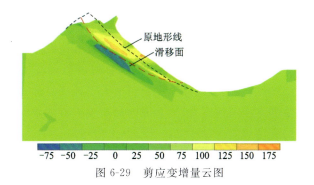

图 6-29　剪应变增量云图

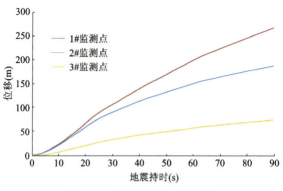

图 6-30 监测点位移时间曲线

图 6-31 显示了监测点 1#、2#、3# 的水平方向地震加速度变化特征,监测点 1# 的加速度在 0.05～0.43g 范围,0～15s 阶段加速度较小,基本保持在 0.05g 左右,15～40s 阶段加速度逐渐升高至 0.3g,40～90s 阶段加速度处于 0.1～0.4g 之间的波动,最大加速度可达 0.43g。监测点 2# 的水平向加速度变化规律与监测点 1# 相似,从初动的加速度值 0.03g 左右逐渐升高到 0.15g 左右,之后处于波动状态,但整体上看加速度值均要小于监测点 1#。监测点 3# 的水平向加速度值自始至终均在 0.01～0.03g 之间波动,没有出现监测点 1#、监测点 2# 的加速度值逐渐升高的阶段。

图 6-32 显示了监测点 1#、2#、3# 的竖直方向地震加速度变化特征,监测点 1# 的加速度在 0.03～0.75g 范围,0～15s 阶段加速度较小,基本保持在 0.03g 左右,15～30s 阶段加速度逐渐升高至 0.4g,30～90s 阶段加速度处于 0.2～0.7g 之间的波动,最大加速度可达 0.75g。监测点 2#、监测点 3# 的竖直向加速度变化规律均与监测点 1# 相似,监测点 1# 从初动的加速度值 0.03g 左右逐渐升高到 0.18g 左右,之后处于波动状态,最大加速度值达到 0.5g 左右;监测点 3# 从初动的加速度值 0.03g 左右逐渐升高到 0.1g 左右,之后处于波动状态,最大加速度值达到 0.2g 左右;但整体上看监测点 2#、监测点 3# 的加速度值均要小于监测点 1#。

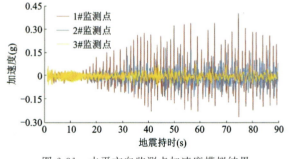

图 6-31 水平方向监测点加速度模拟结果

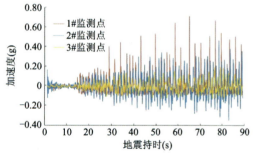

图 6-32 竖直方向监测点加速度模拟结果

以上表明,各部位监测点对地震波在水平方向和竖直方向的震动响应有所不同:①监测点在水平向和竖直向加速度均存在滞后效应,在地震波输入 15s 之后加速度值才开始逐渐增大。②越靠近坡顶加速度值越大,坡顶最大水平加速度达到 0.43g,竖直加速度达到 0.75g;而坡脚最大水平加速度只有 0.03g,最大竖直加速度只有 0.2g,说明地震加速度对坡顶、坡肩这种孤立突出部位影响较大,对坡脚平坦部位影响相对较小。③整体上水平方向的加速度值均没有超过地震波加速度值,说明在水平方向地震波放大效应不明显;而竖直方向坡顶部位的加速度值明显大于地震波加速度值,说明竖直方向的地震放大效应比较明显。④相同监测点相同地震时,竖直方向加速度一般的要大于水平方向加速度,说明地震作用在竖直方向有更明显的震动效应。

第四节 小 结

河谷深切形成的高陡临空面和岩体卸荷变形为大型高位滑坡的孕育创造了良好条件,"V"形高山峡谷地貌对地震波的放大效应会进一步造成岩体结构损伤劣化。在地震高复发区和高烈度区分布的大量震松岩土体,当受到外力打破极限平衡状态时便会引发滑坡。降雨也是诱发高位远程滑坡的一个关键因素,斜坡出现裂缝之后,降雨容易集中入渗,在超孔隙水压力、岩土体软化和长期重力作用下,极易引发大型高位滑坡。此外,区域地质构造、地下水分布和人类活动等也是影响滑坡形成演化的重要因素。

高位远程滑坡具有强烈的致灾性,高位启动的特性使其具有撞击粉碎效应和动力侵蚀效应,在滑动过程中不仅体积规模增大,而且会转化为高速远程滑坡-碎屑流或泥石流,甚至堵塞河流形成堰塞湖,具有滑坡碎屑流-堵江-堰塞湖-溃坝或滑坡碎屑流-泥石流等地质灾害链特征。因高位滑坡通常具有超视距隐蔽性,区别于常见的滑坡,常规的排查手段难以识别,因此需要采用高精度遥感、InSAR、地表位移监测技术和无人机等方法,通过空-天-地一体化监测及时获取高位远程滑坡变形数据,预测滑坡的变形趋势和成灾模式等,进一步做好识别监测和预警防灾工作,避免或减轻高位滑坡灾害对人民生命财产、重要交通线路和大型水利水电设施等造成损失。

第七章　重大泥石流灾害发育特征与致灾机理

研究区地形地貌和地质构造条件极为复杂,在强震作用下造成岩土体结构破坏强烈、山体稳定性差,同时受季风气候控制,降雨量时空分布不均,即多暴雨天气且发生频繁,加之人类活动影响,该区泥石流灾害频繁发生,是我国泥石流最为活跃、发育密度和规模最大的地区之一。南北活动构造带内泥石流以沟谷型为主,发育少量坡面侵蚀型泥石流。在区域上,泥石流主要分布在高山峡谷区、活动构造带附近,以及历史强震区内。如 2010 年 8 月 7 日,在强降雨作用下,位于白龙江断裂带内的舟曲县罗家峪和三眼峪地区同时暴发泥石流,由北向南冲向县城,冲毁谷坊坝、房屋、公路、阻断白龙江形成堰塞湖,其中三眼峪泥石流沟长约 6km,流域面积达 26km²,泥石流发源地与沟口高差达 2500m,沟谷坡降平均为 30%,最大达 60% 以上,具有短径流、高洪峰等特点。

正在规划建设的成兰铁路受泥石流危害极为严重,其经过的安县、茂县和松潘县等地段内位于 2008 年汶川地震极震区内,在汶川地震之后形成的若干大型、巨型泥石流直接威胁的铁路选址、施工和运营安全,如文家沟泥石流、小岗剑泥石流、红椿沟泥石流等。在泥石流发育区,铁路规划受泥石流的净空控制,线路需要抬高高程,还导致部分车站设置在桥梁上(曹廷,2012),需要定期清理泥石流堆积物,降低泥石流百年淤积高度等,或进行绕避,如槽木沟泥石流(杨甲奇,2015)。

泥石流还对城镇安全具有重要的影响,如位于岷江右岸,紧靠松潘县进安镇顺江村西侧发育的大窑沟泥石流,其形态近似椭圆形,流域面积约 1.71km²,主沟长约 2.29km,沟床纵比降约 282‰。该沟于 1979 年、1987 年和 1988 年的雨季曾发生 3 次较大规模泥石流,其后在 2001—2008 年期间,在每年雨季均发生泥石流,对沟口进安镇顺江一村和 G213 国道构成严重威胁。受 2008 年"5·12"汶川地震影响,沟域内堆积了大量松散固体物质,使得泥石流易发程度显著提高。近年来,当地政府陆续修筑谷坊坝、拦挡坝和排导槽等工程措施,有效降低了泥石流危害性。但由于该泥石流沟地形陡峻、沟壑密集,发育众多崩塌、滑坡和不稳定斜坡等灾害,为泥石流松散固体物源的汇集提供了有利条件,在强降雨条件下泥石流对沟口两侧房屋等仍存在极为严重的危害。

第一节　松潘上窑沟泥石流

一、泥石流沟基本概况

上窑沟泥石流位于松潘县进安镇顺江村(图 7-1),岷江右岸,流域范围 N32°38′40.77″—32°39′36.24″,E103°34′34.89″—103°35′47.16″。在构造上,该区位于岷江断裂上盘,沟口距离断裂约 860m,在地质构造上属于抬升区。流域内出露地层主要为第四系冲洪积物(Qh^{al+pl})、残坡积物(Qh^{dl+el})、泥石流堆积物(Qh^{sef})和三叠系朱倭组(T_3zh)、新都桥组(T_3x)和罗空松多组(T_3l)地层。流域面积约 1.71km²,最高海拔3530m,最低海拔2883m,相对高差647m,主沟长度约2300m,平均纵坡降约285‰。沟道两侧斜坡坡度一般为25°～40°,崩塌、滑坡地质灾害发育,尤其是2008年汶川地震后,沟域形成了大量的松散堆积体,为泥石流提供了丰富的物源。

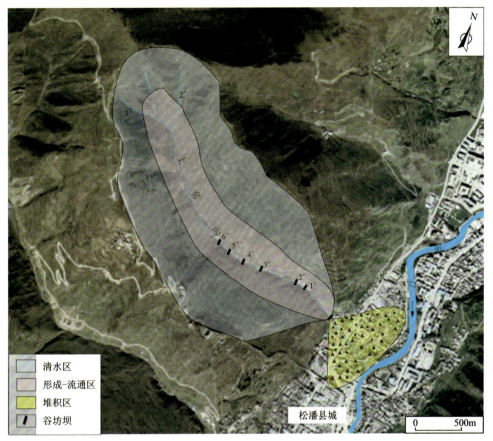

图7-1 松潘县上窑沟泥石流遥感影像

上窑沟为一条老泥石流沟,在1979年、1987年、1988年的暴雨季节曾发生3次较大规模泥石流,其中1979年、1987年发生的泥石流只造成对沟道两侧的街道和房屋冲刷和淤积。而1988年的暴雨季节,上窑沟暴发了一次较大规模泥石流,堆积体前缘冲入岷江,迫使河道弯曲,堆积扇面积约0.13km²,厚度约5～8m,体积约84.5km³,属于大型泥石流,冲毁了顺江一村一带的3户民房和近100m的道路,泥石流淤积厚度0.5m左右,其直接经济损失达200万元,对当地人民群众造成了一定的经济财产损失,未造成人员伤亡。

近年来,当地政府采用谷坊群、拦挡坝和排导槽等工程措施对该泥石流沟进行了综合治理,2015年又在沟道下游新建了一道高约15m的拦挡坝。治理工程修建后,上窑沟未发生泥石流灾害,目前沟口泥石流堆积扇上为进安乡顺江村一、二组的居民聚集区。但谷坊群中最下游的2道拦挡坝已经淤满,其他谷坊坝和拦挡坝前也淤积了大量松散堆积体,若沟道内发生大规模崩滑灾害,很可能形成灾害链,威胁沟口城镇和交通安全。

二、泥石流形成条件

1. 地形条件

上窑沟流域主要为构造侵蚀中高山区,地势西高东低,沟谷切割较强烈,多呈"V"形。上窑沟平面形态呈椭圆形,主沟长 2.3km,总体由北西向南东延伸,于松潘县顺江一村北部汇入岷江,平均纵坡降 285‰。在主沟上游两侧各发育有一条支沟,1♯支沟长 562m,2♯支沟长 691m。沟域内山体上灌木、草甸较发育,植被总体覆盖度达 50% 以上。两侧山坡坡角一般 25°～45°,局部可达 60°～85°。沟道受冲刷程度较弱,冲刷深度一般 0.2～0.55m。单沟形态呈漏斗状或条带状,沟道宽窄变化小,沟谷宽 2～28m 不等,上游和中游一般宽 2～10m,下游至沟口处逐渐变宽到 28m。因此,区内的地形条件有利于泥石流的形成。

2. 物源条件

上窑沟泥石流松散固体物源较丰富,且物源分布相对较为集中,主要分布于主沟 2880～3015m 段两岸及各支沟中下游(图 7-2)。据勘查统计计算的结果,沟域内崩塌堆积固体物源总量为 $2.08\times10^4 m^3$,可能参与泥石流活动的动储量为 $0.91\times10^4 m^3$;滑坡堆积固体物源总量 $36.39\times10^4 m^3$,可能参与泥石流活动的动储量为 $11.01\times10^4 m^3$;沟道堆积固体物源总量为 $9.08\times10^4 m^3$,可能参与泥石流活动的动储量为 $1.82\times10^4 m^3$;坡面侵蚀固体物源总量为 $42.19\times10^4 m^3$,可能参与泥石流活动的动储量为 $8.44\times10^4 m^3$。共计有松散固体物源量 $90.03\times10^4 m^3$,可能参与泥石流活动的动储量为 $22.17\times10^4 m^3$。因此,区内具备泥石流暴发所必需的充足的固体物源。

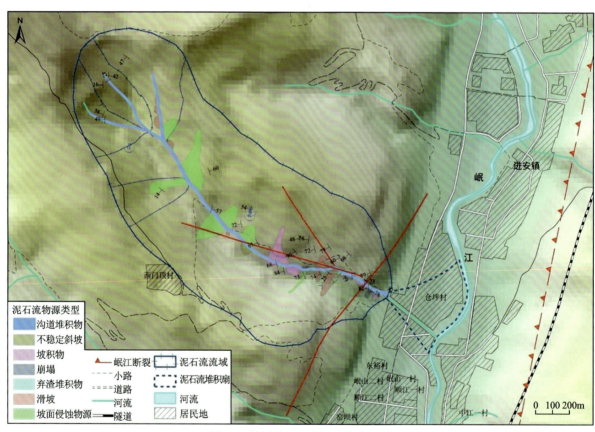

图 7-2 松潘县上窑沟泥石流平面图

1)崩滑堆积物源

崩滑堆积物源为点状分布的集中性物源(图 7-3),上窑沟沟域内共发育不同规模的崩滑堆积物源点 14 处,其中崩塌 9 处,滑坡 5 处,按规模划分共有崩塌均为小型,滑坡也为小型。这些崩塌和滑坡为泥石流提供物源量 $38.76\times10^4 m^3$,其中可参与泥石流活动的动储量为 $11.91\times10^4 m^3$,为上窑沟泥石流的主要物源。

(a) 滑坡滑入沟道　　　　(b) 滑坡局部复活

(c) 上游沟道两侧松散堆积体　　　　(d) 下游崩塌堆积体

图 7-3　松潘县上窑沟物源条件

2) 沟道堆积物源

沟道堆积物源参与泥石流活动的方式主要为沟床揭底,其可参与泥石流的物源量主要为沟底冲刷淘蚀和两侧岸坡可能失稳进而参与泥石流活动的物源两部分组成。可参与泥石流活动的动储量主要取决于沟道冲刷深度和可能冲刷的宽度,而冲刷深度又由沟道形态特征、宽度、纵坡降、水力条件、堆积物颗粒级配及结构特征等决定。沟道堆积物源主要为原沟道的堆积物及崩滑体前缘转化的堆积物,流域内崩滑物源、沟道物源及坡面侵蚀物源在暴雨作用下形成新发生泥石流,经不同距离的搬运转移而成为新生的沟道堆积物源,在上窑沟的上游、中游及下游沟道均有分布。沟道堆积物源总量 $9.08\times10^4\,\mathrm{m}^3$,其中可参与泥石流活动的物源量为 $1.82\times10^4\,\mathrm{m}^3$,为上窑沟泥石流的又一重要物源类型。

3) 坡面侵蚀物源

上窑沟坡面侵蚀物源区主要发育于斜坡基岩及表层残坡积土内松散的碎石土和含碎石粉质黏土。坡面侵蚀物源区参与泥石流活动的方式主要为水土流失,主要包括面蚀和沟蚀两类,侵蚀强烈的可能形成坡面泥石流或坡面冲沟泥石流,其可能参与泥石流活动的物源量即主要受侵蚀强度控制,而侵蚀强度主要受降雨量、斜坡结构、斜坡表层岩土体结构特征、斜坡坡度、植被特征、地震破坏情况等因素控制,总体上这些坡面侵蚀物源区坡度均较大,地震对坡体表层破坏较为强烈,有的沟段植被破坏也较为严重,其一般侵蚀深度约 1.5m。

2008 年汶川地震前,上窑沟内植被发育,生态环境较好,水土流失轻微,但地震后坡体结构松散,局部地段成片的坍滑现象严重,植被遭到一定程度的破坏,这些地段水土流失在植被恢复前这段时间内可能加剧,将为泥石流的形成提供一定的松散物源。调查得到坡面物源总量 $42.19\times10^4\,\mathrm{m}^3$,其中可参与泥石流活动的物源量为 $8.44\times10^4\,\mathrm{m}^3$。

3. 水源条件

泥石流的水源主要来自大气降雨,短历时集中降雨或持续强降雨产生大量坡面径流和沟道径流,其高速冲刷和搬运能力为泥石流的暴发提供了必需的能量。区内多年平均降雨量为 729.7mm，降雨分布不均，一年中降雨量最多的是 6 月，最高达 202.9mm，5～7 月和 9 月降雨都维持在 100mm 以上，8 月份出现相对低点。全年降雨集中在 5～9 月，占全年总降雨量的 72.4%，同时，山地降雨多于河谷地带，沟域上游多于下游，且多以暴雨形式出现。由《四川省中小流域暴雨洪水计算手册》所附暴雨量等值线图知，上窑沟地区的 1/6h、1h、6h、24h 多年最大暴雨量平均值依次为 7.5mm、11.8mm、23.8mm、35mm，在 $P=2\%$ 的条件下，1/6h、1h、6h、24h 雨量可分别达到 19.65mm、23.84mm、44.27mm、60.9mm，为泥石流形成提供了充足水源。

此外，沟域山高坡陡，汇流面积大，坡面产流量大，沟源汇流较快，降雨很容易在沟道中形成具有较高能量、足以产生泥石流的洪流。地表径流所产生的强大动力将谷坡和沟道中的各类松散物源运移使其与水流充分混合形成泥石流，并驱动泥石流向山外奔涌形成灾害。

三、泥石流分区特征

根据泥石流的形成、运动与沉积特征，将上窑沟沟域划分为清水汇流区、形成-流通区、堆积区 3 个冲淤区段。清水汇流区分布于沟道两侧 150m 以外到分水岭的区域，面积约 0.21km²；泥石流形成区与流通区不易区分，分布在 1#、2# 两支沟与主沟交会处至主沟沟口段的沟道及其两侧各 150m 左右一带，面积约 1.4km²；泥石流堆积区起于进安乡顺江一村上窑沟已有 1 号拦挡坝处，向东止于岷江右岸，西与形成-流通区交接，老堆积扇目前已被改造为街道、居住区。

1. 清水区冲淤特征

上窑沟上游及各支沟上游清水区普遍坡度较大，多在 35°左右，沟谷纵坡较陡，大多在 45°左右；该区并未表现出显著的冲刷迹象，主要位于沟谷上游地区，虽纵比降较大，但汇水面积较小，尚不形成强烈冲刷所需的水动力条件；该段普遍松散层较薄，且上游沟源地带普遍植被较发育，沟床抗冲刷能力较强，基本上没有淤积。

2. 形成-流通区冲淤特征

该区植被较少，沟道总体较狭窄，宽度一般 3～18m，至沟口处宽约 28m，相对高差 426m，平均纵坡降 238‰；长度 1.79km，约占总长度的 79.6%，沟道内碎石、块石广布，跌水和卡口现象较少；沟床摆动性较小，次生沟槽不发育；沟底凹凸不平且较多地段沟底可见基岩；季节性洪流的下切能力减弱，现主要表现为对沟道凹岸的冲刷和淘蚀作用；在沟道的左岸受洪流或泥石流的冲刷、淘蚀，可见连续的欠稳定的土质陡坡和陡崖。在上窑沟泥石流的形成-流通区以冲刷为主，仅在已建 1 号和 2 号拦挡坝库区范围内局部淤积。

3. 堆积区冲淤特征

该泥石流堆积扇不完整，目前已被改造为街道和居住区。1995 年、2005 年，当地政府在老堆积区中部修建一条长 370m，宽 4.1m，深 1.6～2.8m 的浆砌条石排导槽通向岷江，已不存在新近泥石流堆积区。大部分泥石流固体物质在已建 1 号和 2 号拦挡坝拦挡后，形成水石流或高挟砂洪水主要对沟道底部和侧墙进行冲蚀。总体来说，该区的冲淤特征以淤积为主。

四、泥石流形成机理分析

上窑沟沟谷切割较强烈,最大切深约 200m,为泥石流的形成提供了较大能量,促使挟砂水流能进一步迅速转化为水石流;单沟形态呈漏斗状,沟道宽窄变化大,宽度 3~20m,为泥石流的形成创造了较大的集雨、汇流条件。

该沟地质构造复杂,断裂发育,断裂带岩体破碎,经多次构造运动节理裂隙发育,强风化壳厚,在重力和动水压力作用下常形成滑坡、崩塌,为泥石流形成提供了固体物源,特别是 2008 年汶川特大地震引发大量崩塌、滑坡堆积沟床,为泥石流暴发储存了丰富物源。上窑沟泥石流物源区的主沟沟内存贮有丰富的固体物质,补给较集中,数量大,稳定性较差,沟谷时陡时深时狭的地形特点有利于泥石流的形成和活动。

该沟常年有水,该地区降雨量充沛,大气降雨为泥石流冲沟补给地表水源,为泥石流形成提供了充足水源,特别是地域性大到暴雨为泥石流暴发提供了丰富水源,在狭窄陡深的沟谷中产生强大的动能,为泥石流的产生提供了动力。综上所述,地震和降雨是上窑沟泥石流最主要的诱发因素。

五、泥石流发展趋势及防治建议

近 20 年来,上窑沟未发生大规模的泥石流,属于低频泥石流,沟道下游修建的谷坊群和排导槽对泥石流灾害防范起到了重要作用。值得注意的是,目前部分谷坊坝前已经淤满,有效储泥能力降低,且沟道两侧部分古滑坡发生了局部复活,一旦遇到极端降雨天气,发生大规模的崩滑灾害,滑体方量可能超过谷坊坝的储淤空间而向下游运动,演化成滑坡-碎屑流地质灾害链,威胁沟口城镇和交通安全,其灾害风险性仍不容忽视。建议加强对古滑坡复活危险性评价,对部分不稳定斜坡进行加固,及时清理坝前堆积体,并加强降雨和泥位的监测工作。

第二节 松潘大窑沟泥石流

一、泥石流沟基本概况

大窑沟泥石流主沟位于松潘县城以南、牟尼沟隧道公路下方(图 7-4),地理坐标位于 N32°37′14.56″—N32°38′24.34″,E103°33′27.53″—E103°35′17.44″之间,是发育于岷江右岸的一条小型支沟。大窑沟流域面积约为 3.74km²,流域内相对高差较大,最高点海拔为 3524m,最低点海拔为 2856m,相对高差为 668m,主沟长度约 3300m,纵坡降比约 202‰。沟道两岸坡度主要在 20°~35°范围内,局部达到 50°以上。该区地处川西北高原东北部,属强烈抬升区,为强烈侵蚀的中山峡谷地貌。区内出露地层主要为泥石流堆积层(Qh^{sef})、残坡积层(Qh^{el+dl})、冲洪积层(Qh^{al+pl})、滑坡堆积层(Qh^{del})和中生界上三叠统新都桥组(T_3x)深灰色粉砂质板岩等。岩层倾角普遍较大,一般都在 45°左右,岩体节理裂隙发育且风化严重。

据记载和访问,在牟尼沟隧道公路修建前,大窑沟内泥石流松散物源很少,自 1976 年松平地震发生

图 7-4 松潘县大窑沟泥石流分区图

泥石流后,再没有暴发过泥石流灾害。牟尼沟隧道公路修建时,工程弃渣被堆积于大窑沟左侧岸坡后部和表面,泥石流物源量明显增多。2012年汛期期间,大窑沟滑坡失稳下滑进入主沟,松散物质淤积于沟道内,在堰塞体上游形成一长约30m、宽2~5m、平均深约5m的堰塞湖。当地有关部门迅速开挖堰塞体,有效避免了溃坝放大效应可能带来的环境地质灾害问题。目前大窑沟流域内还存在较为丰富的物源,一旦暴发泥石流,将直接威胁沟口窑沟村的安全。

二、泥石流形成条件

1. 地形条件

大窑沟流域地势由西向东倾斜,沟谷上游三面环山,流域面积大,为地表水汇流形成良好的地形条件。大窑沟主沟相对高差较大,使得位于沟床上的松散碎屑物质拥有很大的势能,同时为暴雨径流快速向汇集和松散物质起动将势能转化为动能提供了有利的条件。沟道总体上缓下陡,上游宽缓呈"U"形,沟床坡度10°~15°;中游沟道严重侵蚀下切,沟道狭窄呈"V"形,宽2~5m,坡度15°~30°,局部发育跌水陡坎,沟道两侧斜坡较陡,坡度为30°~50°;下游堆积区坡度平缓,约8°~12°。沟道两侧斜坡坡度多为20°~35°,局部达50°以上,为沟道两侧的松散堆积体运动形成良好的临空条件。

2. 物源条件

大窑沟流域内的泥石流物源类型主要包括崩滑堆积物源、弃渣堆积物源、沟道物源和坡面侵蚀物源4类(图7-5)。实地调查统计发现,松散固体物源静储量为$15.63\times10^4\,m^3$,可能参与泥石流活动松散固体物质动储量为$2.33\times10^4\,m^3$。

1)崩滑堆积物

大窑沟内的主要崩滑堆积物源主要为大窑沟滑坡堆积体和局部小型崩塌。2012年汛期,大窑沟左侧发生一处滑坡,方量约$11.5\times10^4\,m^3$。受沟道和对岸斜坡的阻挡作用,部分滑体淤积于沟道内形成堰

(a) 滑坡堆积体 (b) 弃渣堆积体
(c) 沟底松散堆积体 (d) 表层溜滑

图 7-5 松潘县大窑沟泥石流物源发育特征

塞坝,并在上游形成一长约 30m、宽 2~5m、平均深约 5m 的堰塞湖,后经当地政府紧急疏浚开挖解除了下游沟口居民遭受泥石流灾害的危险。目前,这些崩滑堆积体仍然堆积于沟道两侧,为泥石流提供了物源。另外,大窑沟滑坡滑后残留于坡表的部分滑体,以及沟道两侧的小型崩塌体,在强降雨作用下,均会冲入沟道中成为泥石流物源。

2) 弃渣堆积物

1#弃渣堆积体位于大窑沟滑坡上侧,平面形态不规则,后缘高程为 3010m,前缘高程为 2950m,斜长约 110m,宽度约 70~85m,面积约 7700m²,厚度 2~5m,总体积 $2.31\times10^4 m^3$。弃渣堆积体主要为修建牟尼沟隧道公路时堆填于斜坡后部和坡表的工程弃渣,由黏土和块石组成,粒径一般 2~5cm,最大 10cm,结构较松散。目前堆积体后缘未出现明显的拉张裂缝,仅坡表局部发生了溜滑,在强降雨作用下可能由地表径流携带部分物质进入主沟道。

2#弃渣堆积体紧邻 1#弃渣堆积体,堆积体后缘高程为 3010m,前缘临近老村公路,高程 2950m。堆积体平面上呈长条形,纵长约 100m,宽约 160m,面积约 6800m²,厚度 2~4m,体积约 $4\times10^4 m^3$。弃渣堆积体中部宽 10~25m 的平台上可见多处长短不一的拉张裂缝,纵横交错,一般长 2~5m,最长 12m,探槽揭露裂缝深度 0.6~1.5m。该堆积体可能沿已有破裂面形成小型坍塌,少量可能被地表径流携带进入沟道形成泥石流物源。

3#弃渣堆积体位于牟尼沟隧道下游约 20m 处,后缘高程 3060m,前缘高程 3033m,前缘临近主沟。堆积体平面形态不规则,长 30~40m,宽 140m,面积约 4900m²,厚约 3m,体积约为 $1.47\times10^4 m^3$。该弃渣堆积体主要由黏土组成,已经在修筑公路后期进行过平整和放坡,前缘还设置有护脚挡墙,目前处于基本稳定状态。其可能参与泥石流的固体物质较少,主要为在暴雨状况下堆积体表层的松散物质可能沿坡面下滑进入主沟形成泥石流的物源。

3）沟道堆积物

泥石流固体物质仅在大窑沟中游沟谷宽阔处停积，历经长时间固结压密，呈半胶结状态，主要以小粒径的碎屑和黏土为主，最大粒径约20cm。主沟内的泥石流固体物质主要分布于大窑沟滑坡堆积体至主沟沟口段，以块砾石及黏土、粉质黏土为主，粒径约3～8cm，平均厚度2～5m，固体物质总量约为$2\times10^4 m^3$。沟道堆积物参与泥石流活动的方式主要为揭底冲刷，由于该段沟床纵坡较缓，通常情况下不会启动，难于参与泥石流活动。但如果遭遇大暴雨，沟床水动力条件将大大提高，可能将沟床刨蚀，裹挟沟床堆积物形成泥石流。

此外，沟道内还零星分布有固体堆积物，主要为沟口上游至主沟与公路交会处的弃渣堆积物，由黏土及碎块石组成，一般粒径2～5cm，最大约20cm。在主沟两侧均有堆积，结构松散，堆积规模不大。

4）坡面侵蚀物

大窑沟中游左侧岸坡结构松散，局部地段坍滑现象严重，植被遭到一定程度的破坏。在植被恢复之前，这些地段的水土流失现象可能加剧，将为泥石流的形成提供一定的松散物源。大窑沟下游的坡面侵蚀物源主要发育于三叠系新都桥组砂岩及表层残坡积土内，主要以碎石和黏土为主，结构松散—半胶结，厚2～5m，在强降雨作用下将以坡面侵蚀和局部滑塌等形式参与泥石流活动中。

三、泥石流分区特征

根据泥石流形成条件和运动机制，将沟大窑沟流域划分为清水汇流区、形成-流通区和堆积区。清水汇流区主要位于高程3066m以上，该区植被发育，岩土体无明显变形破坏迹象，物源分布较少；形成区和流通区难以严格区分，在高程2848～3066m段，沟道两侧分布大量物源，沟床堆积物丰富，为沟域内泥石流松散固体物源的主要分布区域，划为泥石流形成-流通区；而在高程2833～2848m段的沟道相对宽缓，为泥石流的堆积区。

1. 清水汇流区冲淤特征

大窑沟上游清水区坡度较大，纵坡降为229‰，局部地段纵坡降为300‰，该区域植被覆盖率高，松散堆积层较薄，主要为基岩斜坡，抗冲刷能力强，加之该区段汇水面积较小，流水冲刷能力不是很强，表现出以冲为主的冲淤特征，但强度较弱。

2. 形成-流通区冲淤特征

本区上段沟谷岸坡较陡峻，沟谷形态呈"V"形，沟道狭窄，沟床平均纵坡降为125‰，地形高差较大，水动力条件好，大量松散物质堆放沟道中，其抗冲刷能力弱，表现为以冲为主的特点，在大窑沟滑坡堆积平缓处有淤积现象。本区下段分布于窑沟中下游，沟道形态逐渐由"V"形向宽缓地形转变，该段沟谷平均坡降为113‰，大部分泥石流物质淤积于此段，泥石流主要表现为淤积特征。

3. 堆积区冲淤特征

大窑沟下游沟底高程在2480～2600m之间为泥石流堆积区，长约0.8km，沟道地形逐渐宽缓，沟谷平均坡降为100‰，坡降平缓，地形开阔，有利于泥石流物质的停积。2011年在该区域修建有排导槽，排导槽内泥石流堆积物较少。

四、泥石流形成机理分析

大窑沟属于暴雨沟谷型泥石流,沟谷纵坡大,为水源和泥沙的汇聚提供了有利的地形条件,沟道中下游段两岸崩滑堆积体和人工弃渣堆积体,及大量的沟道堆积物为泥石流的发生提供了丰富的松散固体物源,而暴雨则是泥石流形成的主要诱发因素。泥石流规模主要与沟域内松散固体物源总量、动态变化情况及降雨强度相关,当沟域内松散固体物源较多且遇到强降雨时,往往就会发生较大规模的泥石流灾害。1976 年松平地震泥石流后,沟域内大部分可参与泥石流的固体物源被泥石流带走。修建牟尼沟隧道公路后,松散弃渣堆积体增加,沟道两侧崩塌、滑坡等不良地质现象增多,可参与泥石流活动的松散固体物源量大大增加,泥石流发生周期缩短,在强降雨作用下可能发生泥石流的活动规模和破坏能力增大。

五、泥石流发展趋势及防治建议

该泥石流目前正处于发展期,泥石流沟上游两岸因斜坡岩土体中含水量丰富,部分斜坡出现了浅层蠕滑变形,中下游有因修路切坡形成的大量工程弃渣堆积于公路外侧斜坡上,不利于斜坡稳定,在强降雨条件下,该沟暴发泥石流的可能性较大。大窑沟泥石流目前威胁对象主要是坡脚通村公路、输电、通信线路和下游堆积扇上的居民建筑物等。根据大窑沟泥石流形成条件和发育特征,宜采取以拦挡为主,辅以疏排、防护堤等工程进行综合治理。鉴于泥石流沟目前发育特征,在泥石流沟下游的纵坡相对较小处建成了 2 座谷坊坝,削峰减流,降低其水动力条件,拦挡部分泥石流活动物质,以拦截部分石块和泥砂,遏制沟床进一步下切,减缓上游沟段纵坡降,削减泥石流活动规模。另外,工程治理、专业监测需要与群测群防相结合。

第三节 茂县富顺槽木沟泥石流

一、泥石流沟基本概况

槽木沟位于四川省茂县富顺乡槽木村(图 7-6),土门河右岸,省道 S302 从沟口对岸穿过,在建成兰铁路杨家坪隧道 3#横洞位于槽木沟中游,沟口地理坐标为 N31°45′21.49″,E104°01′33.27″。槽木沟地形整体上南高北低,支沟发育,沟道较为狭窄,宽度在 20~100m 之间,流域面积 16km²,主沟纵长 6.9km,流域最高点海拔 3764m,沟口海拔 1178m,相对高差 2586m,沟床平均纵坡降为 363‰。流域地形总体上属深切割中高山地形,岸坡陡峻。区域上位于龙门山后山断裂与龙门山中央断裂之间,北距后山断裂的茂汶断裂 12km,南距龙门山中央断裂的北川-映秀断裂 19km,构造复杂。受构造作用影响,岩层产状陡倾,岩体破碎,局部出现倒转。沟域内出露地层主要为寒武系下统油房组、邱家河组,奥陶系宝塔组,志留系茂县群第二组、第三组,岩性以千枚岩、板岩、灰岩和少量砂岩为主。

槽木沟在历史上曾发生过泥石流,之后长期处于平稳期,汶川地震之前为一季节性流水冲沟,汶川地震诱发的大量崩塌、滑坡堆积于沟道内,于 2011 年 7 月 3 日和 2013 年 7 月 10 日暴发 2 次泥石流。

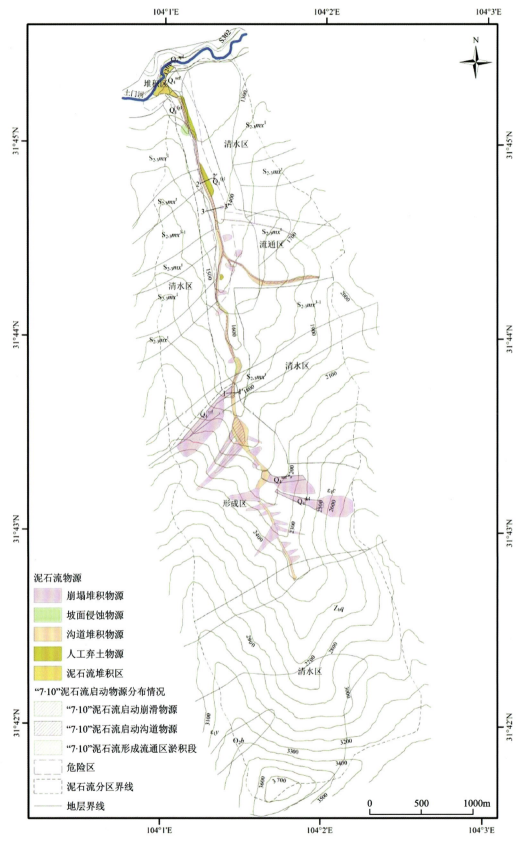

图 7-6 茂县富顺乡槽木沟泥石流沟平面图

"7·3"泥石流淹没10余栋房屋,"7·10"泥石流一次冲出固体物质总量约$11.54\times10^4\mathrm{m}^3$,堵断土门河并摧毁了沟口10余栋房屋,淹埋了中铁五局施工场地,冲毁了富顺乡通往槽木村的便道1km,造成3人死亡、1人重伤,直接经济损失约1000万元。

二、泥石流形成条件

1. 地形条件

槽木沟处于深切割构造侵蚀中高山地貌区,山高谷深,沟域形态近似带状,沟域面积$16\mathrm{km}^2$,清水汇流区面积达$3.5\mathrm{km}^2$。沟域地势南高北低,主沟沟长7.2km,最高点位于最南端的断头岩,海拔3764m,沟口海拔1178m,相对高差2586m,沟床平均纵坡降为363‰。流域内的地形较陡,谷坡坡度一般在50°以上,有利于地表降雨的径流和汇集。综上所述,槽木沟流域具有较好的降雨汇流条件。

主沟中上游沟谷断面形态均呈"V"形,下游沟道断面形态呈"U"形,且沟道整体较为顺直,由此可知槽木沟泥石流为典型的沟谷型泥石流。沟域内两侧斜坡陡峭,植被覆盖率一般,约为40%~50%,多为灌木,坡度多大于60°。主沟上游段纵坡较大,槽木沟域发育的5条短小次级支沟沟床纵坡降均较陡,为泥石流水源的汇流集中提供了地貌条件。

2. 物源条件

2008年"5·12"汶川地震后,槽木沟内出现了大量崩塌和滑坡,形成了较多的松动岩土体,为泥石流形成提供了丰富物源。据勘查统计(表7-1)结果,槽木沟共有松散固体物源量$425.98\times10^4\mathrm{m}^3$,可能参与泥石流活动的动储量为$157.66\times10^4\mathrm{m}^3$。其中崩滑堆积固体物源总量为$225.81\times10^4\mathrm{m}^3$,可能参与泥石流活动的动储量为$79.91\times10^4\mathrm{m}^3$;沟道堆积固体物源总量为$199.09\times10^4\mathrm{m}^3$,可能参与泥石流活动的动储量为$77.40\times10^4\mathrm{m}^3$;坡面侵蚀固体物源总量为$1.08\times10^4\mathrm{m}^3$,可能参与泥石流活动的动储量为$0.36\times10^4\mathrm{m}^3$。

表7-1 "7·10"泥石流后槽木沟泥石流物源统计表

物源类型	物源总量($\times10^4\mathrm{m}^3$)	物源动储量($\times10^4\mathrm{m}^3$)	各物源总量所占百分比(%)	动储量所占百分比(%)
崩滑堆积物源	225.81	79.91	53.01	50.68
坡面侵蚀物源	1.08	0.36	0.25	0.23
沟道堆积物源	199.09	77.40	46.74	49.09
合计	425.98	157.66		

1) 崩滑堆积物源

根据崩塌类物源点与沟道位置关系可分为两种类型,一类是堆积体完全在沟道中,另一类是部分在沟道中。第一类物源主要分布在主沟中游的局部沟段,多呈条带状,一般由崩残坡积的碎石土组成,坡角一般为45°~60°,临近沟床或沟床宽度较窄,多处于基本稳定—欠稳定状态。在洪水或泥石流的冲刷、淘蚀作用下,岸坡出现坍塌或滑塌,失稳的物质进入洪流,参与泥石流活动。由于大多数岸坡临近沟床,且在汛期均能遭受洪水或泥石流的侵蚀,所以失稳的岸坡物质几乎全部将被洪水或泥石流所裹挟带走,参与到泥石流活动之中。据调查,此类崩塌堆积物源可参与泥石流活动的量在其物源总量中所占比例一般达40%~80%不等。第二类物源主要分布在主沟及支沟的中上段沟道,在暴雨、洪水冲刷或泥石流裹挟作用下,堆积体以被侧蚀、揭底冲刷的方式参与泥石流活动;堆积于沟道内的物质被侧蚀、揭底后,堆积体上部将继续滑塌、后扩,直至沟床达到相对稳定的宽度、崩塌体处于稳定休止角为止。各物源点参与泥石流活动的量因水动力条件、沟道拓展宽度,以及堆积体坡度、坡高、稳定性、堆积物颗粒特征和结构差异而不同。

2)坡面侵蚀物源

坡面侵蚀物源分布在槽木沟沟口左岸,调查发现该坡面位于沟口左岸老泥石流堆积扇上,坡脚处扇体受"7·10"泥石流侵蚀冲刷作用不强烈,目前整个斜坡处于基本稳定状态,在暴雨状态下,雨水以坡面汇流形式冲刷表层块碎石土体,形成小规模坡面流。斜坡物质组成以中更新统泥石流堆积碎块石土为主,碎块石呈次棱状,分选性差,碎石粒径6~20cm,约占40%,块石粒径20~100cm,约占50%,块石最大粒径500cm,余为角砾及粉质黏土,结构松散。

3)沟道堆积物源

受"7·10"泥石流影响,槽木沟沟道中下游及支沟内沟道堆积物较丰富,一般由新老泥石流堆积体组成。在洪水或泥石流的冲刷、淘蚀作用下,沟道堆积物揭底冲刷参与泥石流活动,最大下切深度按现场调查的最大侵蚀深度计算。物源总量由沟道堆积物的平均厚度乘以沟道平均长度和宽度予以确定,而动储量由其最大下切深度乘以沟道平均长度和宽度的范围予以确定,据调查分析,此类物源的动储量一般占其静储量的25%~35%。

3. 水源条件

槽木沟所在区域属于亚热带湿润气候,多年平均降雨量为484.1mm,最大年降雨量为560.6mm,最小年降雨量为335.5mm,降雨年际变化较大,年内分配不均,5~9月为雨季,降雨量占年降雨量的75.4%。"7·10"泥石流暴发前,富顺乡普降大到暴雨,据气象部门提供的资料,富顺乡地区2013年7月8日降雨量为29.7mm,9日降雨量为124mm,10日的降雨量为99.8mm,9日8时至10日8时,降雨量198.8mm。显然,引发"7·10"泥石流的降雨条件具有雨量大、降雨历时长、雨强较大的特点。据《四川省暴雨参数统计图集》(2010年)所附暴雨量等值线图,茂县地区的1/6h、1h、6h、24h多年最大暴雨量平均值分别为12mm、25mm、45mm、70mm,变差系数分别为0.48、0.50、0.56和0.58,按水文手册计算在$P=2\%$设计频率下雨强特征值,槽木沟地区的1/6h、1h、6h、24h雨强可分别达到28.2mm、60.5mm、117.9mm、188.3mm。张永双等(2016)认为震后龙门山地区茂县-北川一带触发泥石流的72h雨量以100~160mm为主。由此可知,无论采用哪种方法判断泥石流爆发的降雨量阈值,7月8日至10日的降雨量,已足够达到槽木沟"7·10"泥石流发生的降雨条件。

三、泥石流分区特征

根据泥石流形成条件和运动机制及泥石流松散固体物源的分布,可将沟域大致划分为4个部分:清水区、形成区、流通区和堆积区。清水区分布于主沟上游,地形陡峻,海拔相对较高,长约2.2km,面积3.2km²,沟谷纵坡大,平均纵坡降为590‰(图7-7),多跌水发育,沟道及两侧植被发育好,松散堆积层覆盖薄,主要为基岩斜坡,地震中不良地质现象较少,分布零星,大多不会参与泥石流活动。形成区分布于沟域中上游,高程介于1780~2320m,该段沟道长度约1.8km,平均纵坡降约为300‰(图7-8),面积约2.5km²。该区沟谷岸坡陡峻,构造复杂,褶皱断层发育,松散堆积体厚度较大,多不良地质现象发育,特别是"5·12"地震后新产生大量崩塌和滑坡等不良地质现象,植被破坏较严重,大量松散的崩滑物质堆积于沟道两岸,为泥石流的形成提供了大量沟道堆积物源。流通区分布于沟域中下游段,高程介于1220~1780m之间,沟道长度约2.4km,沟床平均比降233‰,面积5.2km²,是泥石流物源的主要运移区。流通区上段沟谷较为狭窄,呈"V"谷地形,分布高程1480～1780m,沟道长度1.1km,平均沟床比降273‰(图7-9),该区两侧山体坡度较陡,一般50°～80°不等,主要为基岩斜坡,利于泥石流快速通过。流通区下段沟谷总体较为开阔,呈"U"谷地形,分布高程为1220～1480m,沟道长度2.1km,平均沟床比降124‰(图7-10),沟床起伏小,过水断面大多较完整平顺,沟道宽度15～60m,沟岸两侧山坡坡度为40°～60°,局部平缓沟段存在淤积情况。堆积区位于槽木沟泥石流沟口与土门河之间段,"7·10"泥石流堆积面积为0.02km²,该区地形开阔平缓,利于泥石流冲出物淤积。

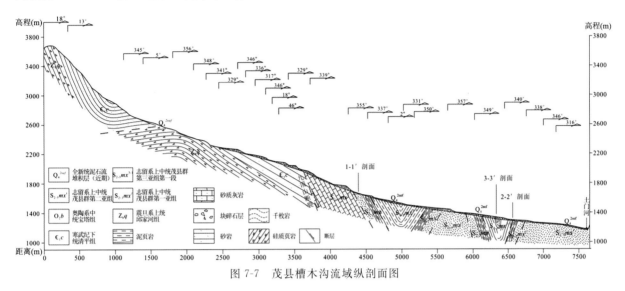

图7-7 茂县槽木沟流域纵剖面图

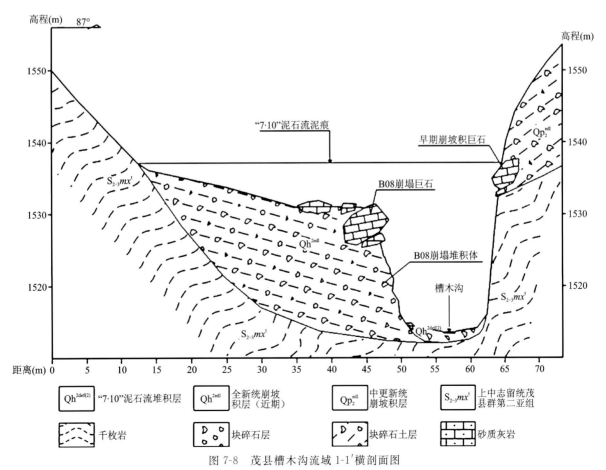

图7-8 茂县槽木沟流域1-1′横剖面图

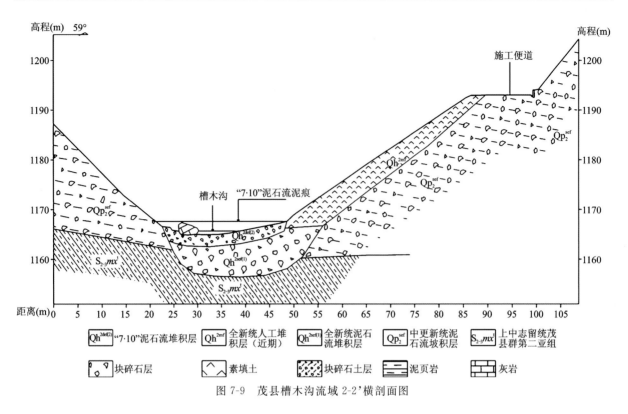

图 7-9 茂县槽木沟流域 2-2' 横剖面图

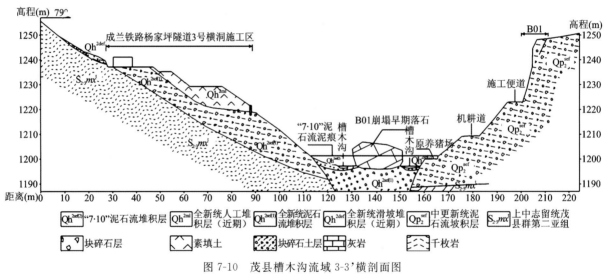

图 7-10 茂县槽木沟流域 3-3' 横剖面图

1. 清水区冲淤特征

槽木沟泥石流沟上游清水区普遍坡度较大，沟谷纵坡较陡，区域性地壳运动表现为强烈抬升为主，清水区的冲淤特征应表现为以冲为主的特征。但现场调查表明，这些地段并未表现出显著的冲刷迹象，主要原因是普遍松散层较薄，乔木等植被覆盖区与基岩裸露区交替出现，且上游沟源地带普遍植被非常发育，沟床抗冲刷能力较强，该区沟床大多表现为冲淤平衡的特点。

2. 形成区冲淤特征

形成区的冲淤特征视不同沟段地形差异和泥石流流量而表现出不同的特点。该段沟谷以"V"形为主,沟床相对较窄,一般为20~30m,局部地段沟道宽度仅10m左右,平均纵坡降354‰。"7·10"泥石流启动的物源为形成区下游部分物源,中上游物源并未启动,沟道及两侧岸坡未见泥石流冲刷现象,无明显冲淤特征,沟道堆积物为块碎石土,块石粒径一般为0.4~0.8m,含量40%~70%,偶有粒径大于1m的块石,磨圆度以棱角状一次棱角状为主,无分选。下游沟道下切较为强烈,具备较强的水动力条件,泥石流下蚀作用通常大于堆积作用,其冲淤特征表现为以冲为主的特点。在较小的洪水或泥石流条件下,局部地段也可能出现小规模的淤积。

3. 流通区冲淤特征

流通区分布于主沟中下游段,该段沟道平均纵坡降仅170‰左右。上段沟谷较为狭窄,呈"V"形,沟床比降大,两侧山体坡度较陡,利于泥石流快速通过。据现场调查情况,"7·10"泥石流在此段揭底冲刷作用强烈,沟床底部基岩出露,擦痕明显,侵蚀高度约有3~4m。下段沟谷总体较为开阔,呈"U"形,这种条件决定该沟段总体以冲为主,局部开阔、平缓沟段以淤为主,但在大规模暴雨洪水、泥石流作用下,其冲刷揭底作用将加剧。

4. 流通区冲淤特征

沟口外的堆积区地形开阔且纵坡平缓,该地段为泥石流冲出沟道后的主要堆积区(图7-11),冲淤特征表现为以淤积为主。槽木沟沟口为早期的洪积扇,而泥石流堆积物在2013年7月10日暴雨时段出现,至今还不存在多次泥石流堆积物叠置的情况。但从"7·10"泥石流的成因机制及槽木沟现有泥石流物源的分布情况分析,"7·10"泥石流属于堵溃型泥石流,本次泥石流活动仅将沟域内少部分动储量带出了沟谷,沟谷内仍然有大量的崩滑物源及沟道堆积物源。只要有足够的持续降雨,槽木沟再次暴发泥石流的可能性极大,其规模也很有可能超过"7·10"泥石流的规模。新的泥石流堆积扇体将覆盖至目前的扇体上。

(a) 形成区沟道未启动物源　　(b) 沟道内地震崩塌堆积体

(c) 揭底冲刷现象　　(d) 主沟下游泥石流堆积特征

图 7-11　茂县槽木沟泥石流不同区段发育特征

四、"7·10"泥石流形成机理分析

槽木沟流域面积16km²,流域面积较大,上游清水区平均纵坡降在590‰左右,沟源纵坡降更大,适宜清水汇流。2013年"7·10"泥石流暴发前期24h雨量高达198.8mm,使得松散堆积体含水量接近饱和,9日至10日的持续暴雨使得清水区山洪暴发,沟道受到了强烈的洪水冲刷侵蚀,山洪的挟沙量迅速增加,沟道内的小颗粒固体物质被掀动,形成高浓度携沙洪水并持续冲击沟道堆积物较高处,最终形成溃决泥石流。泥石流流量瞬时增大,大块石也随之启动,固体物质体积增加,短时间内沟道堆积物被揭底冲刷,形成大规模的溃决型泥石流。由此可推断,"7·10"槽木沟泥石流的形成机理为:清水汇流—高浓度携沙洪水—堵塞体溃决—揭底冲刷—黏性泥石流。

五、泥石流发展趋势及防治建议

在2008年汶川地震之前,岷江上游的众多古泥石流沟处于平稳期,为季节性流水冲沟,汶川地震诱发的大量崩塌、滑坡堆积于沟道内,使其成为一条潜在泥石流沟,震后的2009年、2011年、2013年强降雨在岷江上游的汶川县、茂县诱发了大量的泥石流,如红椿沟泥石流、羊岭沟泥石流、七盘沟泥石流等。槽木沟沟口扇形堆积发育,扇缘及扇高变化不明显,而沟床堆积物变幅为15~20m。土门河偏移较为显著,河型受到堆积扇发展的控制。根据《泥石流灾害防治工程勘查规范》(DT/T 0220—2006),判断槽木沟泥石流正处于发展期。

由槽木沟泥石流的历时情况分析,"7·10"泥石流堆积体冲入土门河并造成了堵江。槽木沟口段土门河宽度为25m,流速约为6~8m/s,槽木沟段河床比降较小。土门河沟口段汛期的输砂能力为1.38万m³/h,小于10a一遇泥石流的固体物质冲出量3.53×10⁴m³,若没有拦挡工程,必将壅堵土门河,所以很有必要对槽木沟泥石流进行防护治理。槽木沟泥石流流域内固体物源丰富,将所有物源全部拦截于沟道内难度极大,因此,防治目标和思路为将20a一遇一次固体物质冲出量2倍左右的大颗粒固体物质拦截在沟道内,在不使土门河壅堵淹没沟口安置区的情况下将细颗粒物源排出,可采用拦沙坝或梳齿坝+沟道整理+防护堤等工程措施来进行综合防治。

第四节 松潘黑斯沟泥石流

一、泥石流沟基本概况

黑斯沟泥石流位于松潘县川主寺镇,岷江左岸,沟口坐标:E103°38′04.3″,N32°48′06.8″,流域内最高点位于山巴寨,高程4120m,最低点位于沟口金河坝村,高程3020m,相对高差1100m(图7-12),主沟长4.07km,平均纵坡降270‰,流域面积4.52km²。历史上黑斯沟曾于1964年和1992年两次暴发泥石流,1964年7月22日午夜12时许,黑斯沟流域普降暴雨引发大规模稀性泥石流,历时约90分钟,冲毁部分耕地。1992年泥石流规模相对较小,其性质属高夹沙洪水,未造成较大损失。目前黑斯沟内仍然大量的泥石流物源,威胁着沟口川主寺场镇和金河坝村共294户1176人的生命财产安全,并可能影响沟口S301公路和桥梁的安全。

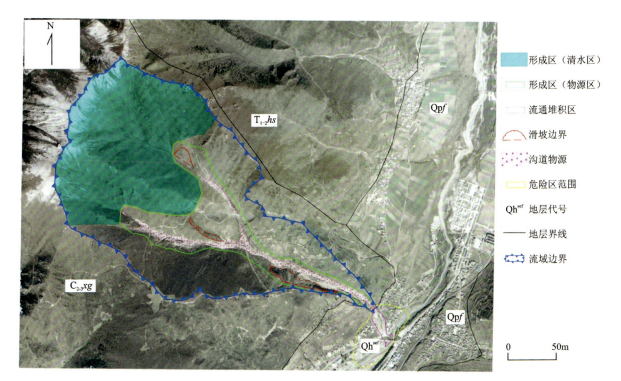

图 7-12 松潘黑斯沟泥石流全貌影像图

二、泥石流形成条件

1. 地形条件

黑斯沟所在地在地貌上属中等切割高山地貌,沟域内山高坡陡,平均坡度在 35°以上,沟谷纵坡较大,特别是主沟上游段及支沟纵坡在 300‰以上,有利于降雨的汇集,根据不同地段坡度、植被情况、斜坡结构特征等的差异,降雨的径流系数一般在 0.2～0.3 之间,为泥石流水源的汇流集中提供了基础。

主沟上游沟谷多呈深切的"V"形谷,相对高差 100～400m,沟岸坡度 50°～70°,沟道狭窄下切中等,斜坡多呈直线或折线型,坡体植被以灌木杂草覆盖为主,沟道堆积物较少;沟道中下游沟谷从"V"形谷逐渐过渡到"U"形谷,宽 20～60m,沟底宽度 20～30m,两侧斜坡坡度在 20°～40°之间,受人类开采金矿的影响,沟道堆积物激增,物质组成主要为块碎石夹粉质亚砂土,最厚处可达 8m。

泥石流沟上游左侧发育一条支沟,面积约 1.8km²,高程 3240～4100m,沟长 2.28km,纵坡降达 377‰。整体地势西北高陡、南东低缓,沟道两侧斜坡坡度约 45°～60°。整条支沟沟源以及沟口纵坡降较中部大,沟岸两侧物源大部分为滑坡、崩坡积碎块石。

2. 物源条件

由于沟域内地形陡峻,为崩塌、滑坡等不良地质现象的发育提供了有利条件,2008 年汶川"5·12"地震后,沟域内新增多处崩滑体,为泥石流增加了大量崩滑物源。同时,受金矿开采影响,沟道内人工堆积的松散物源也十分丰富。物源主要分布于黑斯沟中游支沟交汇处至沟道下游两岸,物源类型主要以崩滑堆积物源和沟道堆积物源为主。初步计算,黑斯沟沟域内固体物源总量为 $971.77 \times 10^4 m^3$,可能参与泥石流活动的动储量为 $114.15 \times 10^4 m^3$。

1) 崩滑堆积物源

工作区内受 2008 年汶川地震影响,崩滑物源较为发育,崩滑堆积物源为点状分布的集中性物源,黑斯沟沟域内共发育不同规模的崩滑堆积物源点 10 处(图 7-13),崩滑物源总量 $201.39\times10^4\mathrm{m}^3$,其中可参与泥石流活动的动储量为 $43.68\times10^4\mathrm{m}^3$,为黑斯沟泥石流的主要物源类型。

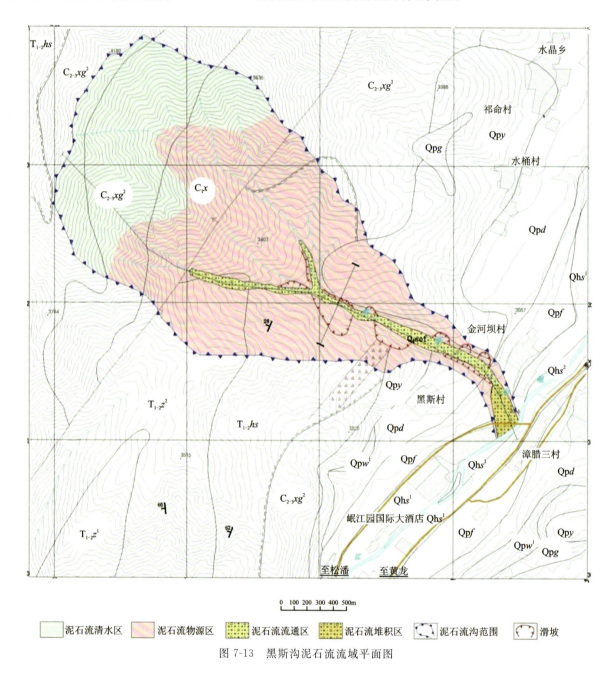

图 7-13 黑斯沟泥石流流域平面图

2) 沟道堆积物源

沟道堆积物源主要为原沟道的堆积物,尤其是黑斯沟主沟道堆积物源异常丰富(图 7-14,表 7-2),主要为近百年来开采金矿产生的弃渣堆积于沟道内,成为黑斯沟泥石流主要物源类型之一。目前,沟道堆积物源总量 $744.81\times10^4\mathrm{m}^3$,其中可参与泥石流活动的物源量为 $65.2\times10^4\mathrm{m}^3$,为黑斯沟泥石流的又一重要物源类型(图 7-15)。

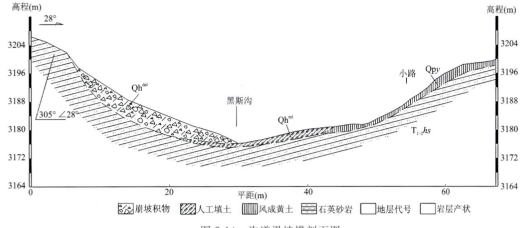

图 7-14 沟道滑坡横剖面图

表 7-2 沟道堆积物源总量统计表

沟道物源编号	面积(m²)	平均厚度(m)	方量(×10⁴m³)	合计(×10⁴m³)
GD001	39 440	5	19.72	
GD002	163 800	6.5	106.47	
GD003	63 750	4.5	28.69	
GD004	135 700	5	67.85	744.81
GD005	1 350 000	3.5	472.50	
GD006	23 400	7	16.38	
GD007	8800	6.5	5.72	
GD008	54 970	5	27.48	

图 7-15 黑斯沟泥石流物源特征

沟道堆积物源结构松散，粒径大致5～20cm，自沟道上游至沟口均有分布，黑斯沟上段（支沟沟口以上段），近期冲刷痕迹不显著，显示沟床基本稳定，其可能参与泥石流活动的可能性较小；支沟交汇处至沟口段沟道内松散堆积物源丰富。

3）坡面侵蚀物源

根据现场调查，沟域内坡面侵蚀物源主要为黑斯沟中下游两侧岸斜坡上覆盖的松潘黄土，土体结构松散，竖向节理发育，受流水冲刷局部坍滑现象严重，堆积于坡脚沟道中。坡面侵蚀物源总量$25.57 \times 10^4 m^3$，其中可参与泥石流活动的物源量为$5.27 \times 10^4 m^3$。

3. 水源条件

黑斯沟泥石流的水源主要来自大气降雨，沟域属高山寒温带气候区，区内多年平均降雨量634.8mm，降雨年际变化较大，年内分配不均，5—9月为雨季，其中，5—9月平均降雨量均达到了90mm以上，9月平均降雨量为最高值达115.4mm，5—9月降雨量占年平均降雨量的75.3%。多集中降雨，成为引发黑斯沟泥石流灾害的重要因素。沟域内山高坡陡，汇流面积大，产生的坡面流量大，降雨很容易在沟道中形成具有较高能量、足以产生泥石流的地表径流，地表径流侵蚀导致斜坡上的崩滑体表面和坡积物向下输移，进入沟道后转为泥石流物源。此外，流域上游暴雨产生的山洪强烈冲刷沟道中崩滑堆积体及沟道堆积松散固体物质，使沟槽内的松散堆积物被掀动或遭受揭底而形成大规模泥石流。

三、泥石流分区特征

根据泥石流形成条件和运动机制及泥石流松散固体物源的分布，可将沟域大致划分为3个部分：清水区、物源区和流通-堆积区（图7-12）。黑斯沟上游海拔3800m以上，植被发育，未出现大的变形破坏迹象，主要为基岩区，物源分布较少，划为泥石流清水区；3800m海拔以下至黑斯沟沟口两岸斜坡由于崩滑现象发育，为沟域内泥石流松散固体物源的主要分布区域，划为泥石流物源区；主沟及支沟沟道3400m海拔以下至沟口为泥石流流通区；沟口以下至岷江主河道为泥石流堆积区。

1. 清水区冲淤特征

黑斯沟上游及各支沟上游清水区普遍坡度较大，多在35°～40°之间，沟谷纵坡较陡，纵坡降在350‰以上，且区域性地壳运动以强烈抬升为主，清水区的冲淤特征应表现为以冲为主的特征。现场调查表明，这些地段并未表现出显著的冲刷迹象，主要原因有两个方面，一是这些沟段主要位于沟谷上游地区，虽纵比降较大，但汇水面积较小，因此，尚不形成强烈冲刷所需的水动力条件，二是这些沟段普遍松散层较薄，有的为基岩裸露，且上游沟源地带普遍森林植被非常发育，沟床抗冲刷能力较强。综合认为，该区沟床大多表现为冲淤平衡的特点。

2. 物源区冲淤特征

物源区的冲淤特征因不同沟段的差异、降雨量及其分布的不同、沟道内洪水或泥石流流量的差异而呈现一定的差异。总体上看，主沟上段冲淤特征表现为以冲为主的特点，主沟下段以淤为主，左侧支沟以冲为主。

黑斯沟上段由于沟谷纵比较相对较大，沟床相对狭窄且该沟段区域性抬升剧烈，沟道下切较为强烈，局部地段可见基岩沟床。在具备较强的水动力条件时，泥石流下蚀作用通常大于堆积作用，其冲淤特征表现为以冲为主的特点。但在较小的洪水或泥石流条件下，局部地段也可能出现小规模的淤积，2008年汶川地震后，汛期暴雨引发了一次泥石流，由于主沟洪水较小，水动力条件较差，支沟泥石流堆积物汇入黑斯沟上段后很快即停积下来,形成了泥石流的淤积段。在黑斯沟下段,由于沟谷纵比降较缓,一般 80～100‰,且沟床宽度较大,一般 50～80m,局部可达 120m 左右,这种特征决定其泥石流冲刷能力相对较弱,冲刷深度较小,在小规模暴雨洪水或泥石流条件下,其淤积的速度大于侵蚀的速度,其冲淤特征表现为以淤为主的特点,在发生大规模暴雨洪水或泥石流的条件下,则可能转化为冲刷侵蚀,但其冲刷深度相对较小。

左侧支沟物源区主要分布于支沟中下段,其纵坡降较大,普遍在 300‰ 以上,且沟道往往较为狭窄,这种条件决定其冲刷下蚀作用往往较为强烈。支沟泥石流下段往往侵蚀形成"U"形的深槽,其冲刷作用往往愈加深剧,因此,支沟泥石流物源区表现出以冲为主的特点,但支沟局部地段沟道纵坡相对较缓,或由窄突然变宽等沟段及支沟出山沟地段也往往表现出以淤为主的冲淤特征。

3. 流通-堆积区冲淤特征

黑斯沟流通-堆积区与下段沟道条件总体相似,且该段沟道平均纵坡降仅 100‰ 左右,而沟道宽度更大,这种条件决定该沟段冲淤特征以淤为主,在大规模暴雨洪水或稀性泥石流作用下,其冲刷作用将加剧,如 1964 年泥石流即对沟床产生了一定的冲刷侵蚀,其最大侵蚀深度达 1m 左右,平均侵蚀深度 0.5m 左右。

四、泥石流形成机理分析

黑斯沟属暴雨沟谷型泥石流,首先黑斯沟支沟泥石流在暴雨作用下汇集于主沟道,汇流过程中将坡面松散泥沙及坡面的各类松散堆积物源携带进入沟道,并顺沟而下,通过沟道揭底冲刷卷动沟道内的松散堆积物源,并将两侧沟岸松散固体物质带走向下游运动,从而暴发泥石流灾害。

在暴雨作用下,支沟的汇流大部分进入主沟,而支沟泥石流的固体物质则部分停积于沟口平缓开阔地段,部分汇入主沟,因而支沟泥石流往往在汇入主沟后被大大稀释,其重度降低,而流量则从上游向下游逐步增大,冲刷能力增强,并将主沟两岸及沟底的松散固体物质带向下游,因此,主沟主要为稀性泥石流或高夹沙洪水。

汶川地震后,黑斯沟沟域内崩塌、滑坡等不良地质现象增多,且现在沟内仍然有开采金矿的堆积的大量弃渣,为泥石流的发生提供了丰富的松散固体物源。一旦遭到较大暴雨的作用,势必引发大规模的泥石流灾害,距上两次大的泥石流暴发以后主沟的物源尚未启动,至今主沟尚未形成大规模泥石流灾害,但其在暴雨作用下发生泥石流灾害的危险性较大。

五、泥石流危险性分析

泥石流危险性的本质是发生泥石流的可能性及其可能的危险范围,往往是相对特定的频率而言,泥石流危险性评价通过危险性分区体现。国际通用的方法是借鉴瑞士早期绘制雪崩危险图的方法,即用不同的颜色表示灾害的危险程度不同,但迄今为止对危险区等级划分并无统一的标准。泥石流的发生受地质条件、地形地貌条件、降雨、地震等众多因素的影响,成因极其复杂,必须要把定性分析和定量计算结合起来,才能更有效地对泥石流危险性进行评价。

1. 泥石流危险度计算

为了合理评价黑斯沟泥石流的危险度,结合该泥石流沟的基本特征,首先结合汶川地震灾区区域泥石流发育特征,对黑斯沟泥石流危险度进行评价。泥石流危险度计算,将所有泥石流危险区(物源区、流通区及堆积区)作为一个整体,在评价因子中加入泥石流判别指标。

根据泥石流特征及判别标准,本次选取地质构造、地层岩性、地貌类型、降雨量、沟道纵坡降、物源量(可参与泥石流活动的物源)等指标来反映高位泥石流的危险性。表达式如下:

$$H_t = \sum_{i=1}^{n} k_i x_i \tag{7-1}$$

式中:H——泥石流危险度指数;

k——泥石流危险因子权重;

x——泥石流危险因子指数(采用分级赋值进行无量纲化)。

根据高位泥石流的特征及判定标准,结合统计分析选定泥石流危险度判定的主导因子为主沟道纵坡降 L_1(‰) 和物源量 L_2(m³),次要因子为地貌类型 S_1、地质构造 S_2、地层岩性 S_3、年均降雨量 S_4(mm)。

各因子取值单位不同,范围变幅大,这里采用分级赋值的方法,对各因子量进行无量纲化(表7-3)。

表7-3 泥石流危险性因子分级赋值表

影响因子	赋值			
	4	3	2	1
L_1:主沟道纵坡降(‰)	>430	270~430	150~270	<150
L_2:物源体积(×10⁴m³)	>150	60~150	15~60	<15
S_1:地貌类型	高山区	中低山区	丘陵区	平原区
S_2:地质构造	强抬升区,6级以上地震区,断层破碎带	抬升区,4~6级地震区,有中小支断层或无断层	相对稳定区,4级以下地震区有小断层	沉降区,构造影响小或无影响
S_3:地层岩性	软岩、松散土类	软硬相间	风化强烈和节理发育的硬岩	硬岩
S_4:年均降雨量(mm)	>1200	1000~1200	800~1000	<800

从与泥石流密度关联度最小的因子(S_1)开始,给定其起始权数为1,以此单位为公差,依次呈等差级数向关联度增大的方向递增因子的权数。为突出主导因子质的区别,主导因子的权数以关联度最大的次要因子(S_4)权数为基数,以2为公比呈等比级数递增。从而得出泥石流危险性评价的因子权重数及权重系数(表7-4)。

表7-4 高位泥石流致灾因子的权数与权重

危险因子	S_1	S_3	S_2	S_4	L_1	L_2
权数	1	2	3	4	8	8
致灾因子	地貌类型	地层岩性	地质构造	年均降雨量	主沟纵坡降	物源量
权重	0.0385	0.0769	0.1154	0.1538	0.3077	0.3077

确定了泥石流危险因子的指数和权重后,按式(7-1)得出区内泥石流危险度计算公式:

$$H = 0.0385S_1 + 0.0769S_2 + 0.1154S_3 + 0.1538S_4 + 0.3077L_1 + 0.3077L_2 \tag{7-2}$$

得出黑斯沟泥石流危险度为1.93。

通过笔者前期对汶川地震灾区地质灾害的研究,参照汶川地震灾区泥石流危险程度分级标准(表7-5),可知黑斯沟泥石流危险性中等。

表 7-5 泥石流危险程度分级标准

危险程度	危险性高	危险性较高	危险性中等	危险性较低	危险性低
危险度指数 H	$H \geqslant 2.6$	$2.2 \leqslant H < 2.6$	$1.8 \leqslant H < 2.2$	$1.4 \leqslant H < 1.8$	$H < 1.4$

2. 泥石流危险性分区评价

根据泥石流形成条件和运动机制及泥石流松散固体物源的分布物源分布、泥石流暴发频率等,结合《泥石流灾害防治工程勘查规范》(DZ/T 0220—2006)中的泥石流危险区范围划定方法对黑斯沟泥石流进行危险性划分,分别得到极危险区、危险区、影响区等 3 个级别(图 7-16)。

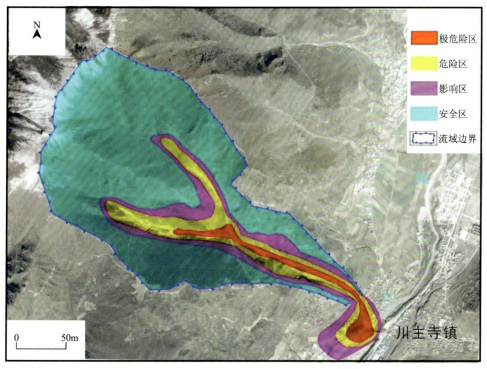

图 7-16 黑斯沟泥石流危险性分区图

分析结果表明,黑斯沟泥石流极危险区包括沟道两侧物源分布区、主沟沟道以及发生泥石流后的堆积区;危险区包括河沟两岸斜坡以上大致 100m 范围内可能发生崩滑的范围以及未来发生泥石流后可能到达的最高区域;影响区包括高于危险区和危险区相邻的地区,该区有可能间接受到泥石流危害。

六、防治建议

黑斯沟沟道特征为总体上上游纵坡较大,下游逐渐变缓,局部地段有陡缓相间的变化特点,沟道宽度总体上上游狭窄,而下游逐渐变宽,但局部有宽窄相间的特点,特别是在左岸较大支沟汇入黑斯沟后,其汇合口下游往往发育一段相对狭窄的沟谷,为治理工程设置拦挡坝提供了有利条件,表现为在这些部位建拦挡坝的长度相对较小,且这些沟段沟道纵坡较缓,上游往往为开阔的宽谷地带,修建拦挡工程其库容较大,对泥石流峰值流量的调节作用效果显著。

黑斯沟下游流通堆积区沟道从老堆积扇区右侧通过,沟道一般深 5~10m,宽度 50~80m,沟道分叉较多,局部有弯道发育,沟道堵塞程度中等,沟口段与主河呈迎向相交,总体排导条件较差,曾于1964年泥石流发生时因弯道超高漫出沟道,危及堆积扇区现川主寺场镇地区,但沟道走向总体上较为顺直,且约束在通往黄草坪公路右侧,在清理沟道的前提下修建排导工程的条件总体上也较好。据此,建议防治方案为:①分别在黑斯沟上游支沟沟口处、沟道中游布置2道拦挡坝,起到稳拦物源和削峰减流的作用,减少到达黑斯沟下段的固体物质量,降低泥石流容重,并调节下游泥石流洪峰流量,减轻下游排导槽的压力;②在黑斯沟流通堆积区段修建排导槽,规整沟槽断面,减小弯道曲率,将拦挡坝下游的泥石流物质顺畅地导入岷江,保护流通堆积区川主寺场镇规划区的安全。

第五节 小 结

岷江上游地形地貌复杂、活动构造发育,在内外动力耦合作用下,该区泥石流灾害发育,通过调查研究,主要得到以下认识。

(1)岷江上游泥石流极为发育,以沟谷型为主,主要分布在高山峡谷区、活动构造带附近和历史强震区内,正在规划建设的成兰铁路受泥石流危害极为严重,其经过的安县、茂县和松潘县等地段内位于2008年汶川地震极震区内,在汶川地震之后形成的若干大型、巨型泥石流直接威胁的铁路选址、施工和运营安全。

(2)采用空天地一体化技术,系统调查研究了松潘上窑沟泥石流、大窑沟泥石流、黑斯沟泥石流和茂县富顺槽木沟等大型泥石流沟发育分布特征、形成条件与形成机理,提出了泥石流发展区域与防治建议。

(3)松潘县窑沟泥石流为一条老泥石流沟,在历史上受暴雨影响多次发生大规模泥石流灾害,属于低频泥石流,目前已采用谷坊群、拦挡坝和排导槽等工程措施对该泥石流沟进行了综合治理,但谷坊群中最下游的2道拦挡坝已经淤满,其他谷坊坝和拦挡坝前也淤积了大量松散堆积体,若沟道内发生大规模崩滑灾害,很可能形成灾害链,威胁沟口城镇和交通安全。

(4)松潘县大窑沟泥石流沟谷纵坡大,属于暴雨沟谷型泥石流,调查认为牟尼沟隧道公路修建时,工程弃渣被堆积于大窑沟左侧岸坡后部和表面,泥石流物源量明显增多,泥石流发生周期缩短,在强降雨作用下可能发生泥石流的活动规模和破坏能力增大。

(5)茂县富顺槽木沟泥石流历史上曾发生过泥石流,之后长期处于平稳期,受2008年汶川地震影响,在沟道内形成大量崩塌、滑坡等堆积体,于2011年以来在暴雨条件下多次发生泥石流灾害,造成极为严重的灾害。

(6)黑斯沟泥石流主要为暴雨激发,暴雨是引发泥石流的主要因素,"5·12"汶川地震后黑斯沟沟域内松散固体物源量大增,在暴雨条件下可能会发生大规模泥石流灾害,威胁沟口居民生命财产安全。

第八章 堵江滑坡发育特征及地质意义研究

自晚新生代以来,伴随着青藏高原的强烈隆升,研究区内新构造运动强烈,地震频发且震级大(彭建兵等,2004;Zhang et al.,2015;张永双等,2016),内外动力地质作用异常强烈,地质环境十分脆弱,崩滑流等地质灾害极为发育,堵江滑坡事件频繁发生(柴贺军等,2002)。著名的1933年叠溪地震诱发大量的堵江滑坡,形成数十个堵江滑坡堰塞湖,最大的较场海子于45d后溃坝,形成的洪水、泥石流导致岷江下游2500余人死亡。2008年汶川8.0级地震诱发堵江滑坡多达200多个,如令人印象深刻的唐家山滑坡,幸运的是,这些堵江滑坡坝都被人工及时地疏通,并没有引发溃坝后的次生灾害。成兰铁路等重大工程近乎平行岷江穿过研究区,已经存在的堵江滑坡和未来可能发生的堵江滑坡对成兰铁路线路工程的施工建设、后期运营以及对研究区内城镇规划建设来说都是一个重大挑战。因此,对堵江滑坡开展专题研究,特别是岷江上游堵江滑坡的发育特征和形成机理进行深入研究,对区内重大工程规划建设和防灾减灾具有重要的意义。

第一节 堵江滑坡国内外研究现状

一、国际上典型堵江滑坡事件

斜坡或边坡岩土体在地震、降雨、人类活动等外力地质作用下发生崩塌、滑坡、泥石流而造成江河堵塞和回水的现象,称为堵江滑坡事件。江河堵塞有两方面的含义:一是堵断江河水体,使下游断流,上游积水成湖,称为完全堵江;二是失稳坡体挤压河床或导致河床上拱,使过流断面的宽度或深度明显变小,上游形成塞水,称为不完全堵江(柴贺军等,1995)。在过去的几百年里,在世界范围内的高山峡谷区发生了大量的堵江滑坡和溃坝事件(图8-1、图8-2),包括欧洲的阿尔卑斯山脉、喜马拉雅山脉、中亚山脉以及中国的青藏高原周缘和南美洲的安第斯山脉地区(G Scarascia-Mugnozza et al.,2011)。

1513年瑞士南部Ticino河堵江滑坡溃坝,由此产生的洪水席卷了瑞士城市Biasca,造成下游35km范围内约600人死亡。1841年巴基斯坦因喜马拉雅山西部地区发生岩质滑坡,滑坡堵塞印度河,溃坝后洪峰流量达到$54×10^4 m^3/s$,使印度河下游420km范围内的上百座村镇遭遇洪水泥石流席卷,共造成6000多人死亡(Delaney et al.,2011)。1911年塔吉克斯坦大地震诱发Usoi山体滑坡堵塞Murgab河,滑坡坝高550m,形成了面积达$17km^2$的滑坡堰塞湖,是世界上目前存在的最大滑坡堰塞湖(Schuster et al.,2004)。1959年赫尔本7.1级地震诱发的大型滑坡,阻塞了美国蒙大拿州的麦迪逊河,形成了巨大的滑坡堰塞湖(Hadley,1964)。1983年位于美国犹他州中部的锡斯尔古滑坡发生复活,2200万m^3的滑坡体堵塞福克河,形成了一个库容为0.78亿m^3的滑坡堰塞湖,淹没了锡斯尔小镇,这次滑坡及引起上游淹没造成的损失估计在2亿美元以上(Slosson et al.,1992)。

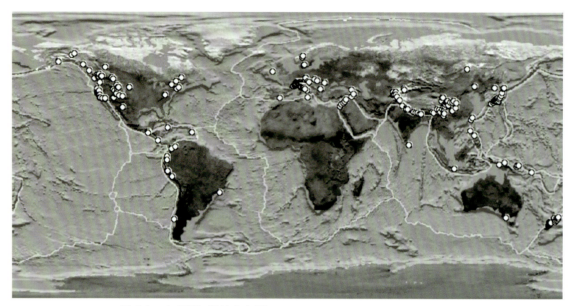

图 8-1 全球堵江滑坡分布图(基于 350 个案例)(Ermini L et al.,2002)

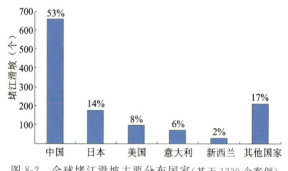

图 8-2 全球堵江滑坡主要分布国家(基于 1239 个案例)
(Peng et al.,2012 修编)

1786 年 6 月 1 日,在我国四川省康定—泸定一带发生 M_s 7.75 级地震,地震触发的滑坡堵塞大渡河,并于 10d 后溃决,造成下游约 10 万人死亡,这是迄今为止人类历史上最具破坏性的单体滑坡灾害 (Dai et al.,2005;Ling,2011)。1933 年叠溪地震诱发的崩塌、滑坡堵塞岷江形成大量的堰塞湖,据灾后统计,死于震灾 6800 余人,而震后 45d 堰塞湖溃决造成下游 2500 多人死亡(王兰生等,2000)。1950 年 8 月 15 日,西藏察隅 8.5 级大地震,诱发的滑坡堵塞雅鲁藏布江形成堰塞湖,并于 8d 后溃决,形成 7m 高的巨浪淹没下游成千个村镇,其死亡人数为地震的 3 倍以上(李忠生,2001)。2000 年 4 月 9 日,西藏波密县发生了体积约 $3\times10^8 m^3$ 的巨型滑坡,滑坡堵断了易贡藏布;6 月 10 日坝体溃决给下游地区造成了严重灾难(殷跃平等,2000;王治华等,2001;邢爱国等,2010)。2008 年汶川 8.0 级地震形成的堵江滑坡多达 200 多个,造成了重大的人员伤亡,幸运的是,由于这些堵江滑坡及时地被人工疏通,并没有造成滑坡溃坝等次生灾害(陈晓清等,2008;王光谦等,2008;胡卸文等,2009;Cui et al.,2009;Xu et al.,2009;Yin et al.,2009)。2018 年 10 月 11 日,金沙江右岸江达县波罗乡白格村发生特大型滑坡,形成堵江堰塞湖;11 月 3 日滑坡后缘发生二次滑动,叠加于前一期堰塞坝之上。白格滑坡堰塞湖导致江达县波罗乡、白玉县金沙乡等先后被淹;人工干预泄洪后仍出现较大洪峰,四川、云南等下游部分沿江地区被淹,多座桥梁被冲毁,造成巨大的经济损失和广泛的社会影响(许强,2018;王立朝等,2019;邓建辉等,2019;张永双等,2020)。由此可知,堵江滑坡在全球范围内具有普遍性,其造成的灾难不仅仅在于滑坡发生时滑坡体推挤、埋覆、冲击效应造成的灾难,更具灾难性的特点在于堵江滑坡形成的堰塞湖蓄水溃坝后的洪水泥石流等次生灾害效应。堵江滑坡因其自身的灾害性以及溃坝后产生的次生灾害的严重性，逐渐引起全球地质学家特别是工程地质学家的广泛关注。

二、国外堵江滑坡研究现状

美国从 20 世纪 70 年代中期开始有针对性地对堵江滑坡进行研究。Schuster 和 Costa 教授作为最早研究堵江滑坡的代表人物，基于世界范围内的资料收集，编制了《世界滑坡堵江目录》，该目录共收录全球范围内堵江滑坡 184 例。随后，新西兰、意大利、加拿大、巴基斯坦、印度等国家的学者也对堵江滑坡诱发因素、形成时间、滑坡堰塞湖保留时间、滑坡体积与堰塞湖体积关系等方面进行过研究。

1. 堵江滑坡诱发因素方面

Costa 和 Schuster(1988)分析了全球 128 个典型滑坡堰塞湖，发现 50.78% 的堰塞湖由强降雨诱发形成，39.06% 的滑坡由地震诱发形成，7.81% 的由火山喷发形成，2.35% 的为其他因素。Oliver Korup(2004)分析了新西兰的 236 个滑坡堰塞湖，发现 39% 的堵江滑坡由地震诱发形成，3% 的堰塞湖由强降雨诱发形成，3% 的为其他因素，59% 的诱发因素不明。1929 年的新西兰 Murchison 7.7 级地震，同震堵江滑坡占同震滑坡总数的 17%（40 个）。

Peng 等(2012)基于全球 1239 个堵江滑坡（广义的堵江滑坡）数据库分析结果表明，42% 的堵江滑坡由降雨和融雪诱发形成，40% 的滑坡由地震诱发形成，3% 的为由人类工程活动诱发，1% 的由火山喷发诱发，2% 的为其他因素，未知诱发因素占 12%（Peng et al.，2012）。其中，降雨诱发的堵江滑坡大多分布于沿海山脉地区，是由台风天气带来的强降雨诱发。所以在内陆地区堵江滑坡的诱发因素主要为地震（图 8-3）。

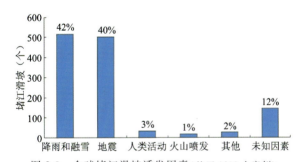

图 8-3　全球堵江滑坡诱发因素（基于 1239 个案例）
(Peng et al.，2012)

Schuster 等(2004)对 Usoi 堵江滑坡堰塞湖的形成、特征进行了总结，并对滑坡堰塞湖溃坝可能的诱发因素进行了探讨研究。Alexander Strom(2015)对阿富汗 Gunt 河流域内的史前堵江滑坡进行了总结，认为其诱发因素主要为古地震和古气候剧变，并结合史前河流阻塞特征对堵江滑坡进行了危害性评估。

2. 堵江滑坡形成时间方面

Oliver Korup(2004)对新西兰 104 个已知形成时间的堵江滑坡进行了统计分析发现，约有 75% 的堵江滑坡发生在 20 世纪，很大程度上是因为 1929 年 Murchison M_s7.7 级地震的影响，在距今 1000～100a 期间堵江滑坡较少，一方面可能是因为这个时间段堵江滑坡不发育，另一方面很可能是因为这段时间处于研究空白区,也是下一步应该重点关注的时间段(图 8-4)。近 500a 以来全球堵江滑坡随时间呈波动增长趋势(Ermini et al.,2002)(图 8-5)。

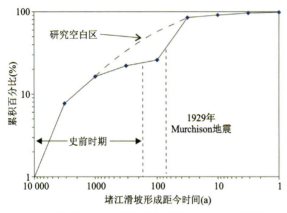

图 8-4 新西兰 104 个堵江滑坡坝形成的绝对时间累计分布图(Oliver Korup,2004 修编)

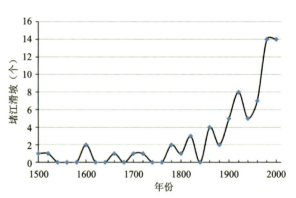

图 8-5 1500—2000 年堵江滑坡形成时间分布图

3. 堵江滑坡坝保留时间方面

由于堵江滑坡坝体主要是由岩土体碎块石快速堆积形成,其结构松垮、物质松散,多处于欠固结或非固结状态,因此坝体极易失稳溃坝(石振明等,2010)。相比于人工坝体,没有输干区来控制孔隙水压力,没有心墙去防止坝体渗流管涌,也没有溢流设施稳定堰塞湖水位,因此堰塞坝极有可能由于管涌、渗透或者漫顶溢流发生失稳破坏(Costa et al.,1988;Casagli et al.,2003;聂高众等,2004)。

Schuster 等(1998)对全球范围内的 87 个已知溃坝时间的堵江滑坡研究后发现,约 93％的坝体在一年之内自然溃决。Costa 等(1988)的统计结果显示:约 35％的堵江滑坡坝在一天内溃决,约 55％的在一周之内溃决,约 66％的一月之内溃决,约 83％半年之内溃决,约 89％的一年之内溃决(图 8-6)。Canuti 等(1998)对意大利 Appenines 北部的堵江滑坡坝研究后发现,21％的滑坡坝在 1d 内溃坝,30％的 1 个月内溃坝,58％的 1 年溃坝,仅仅有 3％的持续多于一个世纪不溃坝。Evans 等(2011)对 1841—2000 年间发生 15 个典型堵江滑坡研究后发现,约 50％的堵江滑坡在 75d 内溃决,不多于 20％的滑坡坝在一年内溃决,仅 6％的堵江滑坡可以保持两年以上(图 8-6)。而 Peng 和 Zhang 研究了世界范围内的 204 个堵江滑坡后认为,87％的堵江滑坡在一年内溃决,71％的在一个月内溃决,51％的在一周内溃决,34％的在一天内溃决,8％在一个小时内溃决(图 8-6)(Peng et al.,2012;Zhang et al.,2015)。

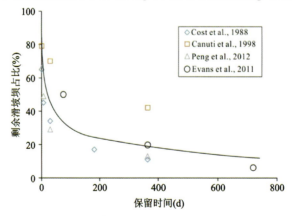

图 8-6 剩余滑坡坝占比随时间变化关系

三、国内堵江滑坡研究现状

我国对堵江滑坡的初步研究始于20世纪80年代末期,系统分析研究始于20世纪90年代。研究区域主要集中于青藏高原东缘地区的大江大河流域,如金沙江、大渡河、岷江、白龙江、澜沧江等。自晚新生代以来,伴随着青藏高原的强烈隆升运动,在青藏高原东缘形成了地形起伏度剧烈变化的地形地貌特征,山势巍峨、河谷深切。在地震、气候剧变等作用下,地质历史上区内发育有大量的堵江滑坡。

前人对中国堵江滑坡的空间分布规律、时间序列、发育规模及其诱发因素等方面进行过深入分析研究(柴贺军等,1995;王运生等,2000;Dai et al.,2005;原俊红,2005;严容,2006;王兰生等,2007;Xu et al.,2009;Cui et al.,2009;徐则民等,2011;吴俊峰,2013;Chen et al.,2013;王鹏飞,2015;陈剑平等,2016)。本节通过总结全国276个具有详细信息的堵江滑坡,对其时空分布规律、诱发因素、发育规模等方面进行了分析。

1. 堵江滑坡空间分布规律

我国堵江滑坡主要分布于第一阶梯和第二阶梯的过渡地带,即青藏高原周缘地区。地理位置上看,堵江滑坡主要分布在我国四川、云南、甘肃、青海、陕西、西藏、湖北等省(区),其中四川省堵江滑坡占据了63.2%(图8-7)。地貌上,堵江滑坡集中发育在青藏高原及其周缘地区,多达244个,占全国堵江滑坡总数的88%,其中35个分布在青藏高原东北缘的青海、甘肃等地区,34个分布在青藏高原东南缘的云南等地区,10个分布在青藏高原的西藏波密、察隅、芒康等地,剩余的165个分布于青藏高原东缘的四川西部地区(图8-8)。

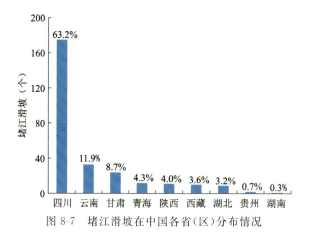

图8-7 堵江滑坡在中国各省(区)分布情况

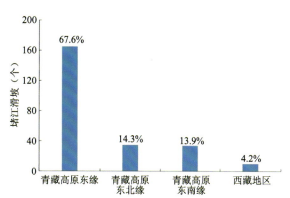

图8-8 青藏高原周缘堵江滑坡分布情况

由于青藏高原东缘具有高陡的地形地貌特征,在地震、气候剧变等作用下,地质历史上区内大江大河流域发育有大量的堵江滑坡,如金沙江、岷江、大渡河、白龙江、雅砻江、涧江等,在长江中游和黄河中上游地区也发育有大量的堵江滑坡(图8-9)。

2. 堵江滑坡形成时间序列

按照形成时间序列可以将我国堵江滑坡分为3个时期:17世纪以来的堵江滑坡、1000a以前的堵江滑坡以及其他时期堵江滑坡(图8-10)。

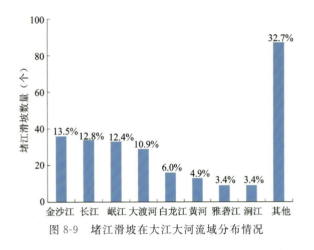

图 8-9 堵江滑坡在大江大河流域分布情况

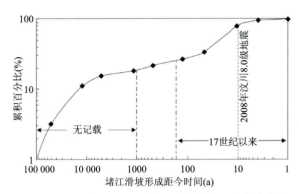

图 8-10 中国堵江滑坡形成绝对年龄累积曲线分布图
（基于本书统计的 223 个堵江滑坡）

从 17 世纪以来的堵江滑坡频次变化图可以看出（图 8-11），堵江滑坡集中发育于 3 个时间点，在频次图上出现 3 个峰值点，分别对应 1786 年大渡河流域泸定-康定 $M_s7.75$ 级地震、1933 年岷江上游叠溪 $M_s7.5$ 级地震和 2008 年汶川 $M_s8.0$ 级地震，说明在某一时间点或时间段堵江滑坡的成群发育往往与强震事件有关。

同时，在 20 世纪 40 年代之后出现了多个小的堵江滑坡峰值点，统计数据显示该时间段内的堵江滑坡多由降雨诱发，这可能与 20 世纪以来全球变暖导致的极端强降雨增多有关。1950 年以来中国降雨强度发生了较大变化，中国总降雨量变化趋势不明显，但"毛毛雨"却普遍减少，尤其是近年来随着全球气候变暖，小雨出现频率明显减少，致使大部分地区年均降雨天数明显减少，从而使多数地区的极端暴雨和大暴雨显著增多（Zhai P et al.，2005；Chen D，2009）。如 1982 年黄河中上游地区的连续特大暴雨，1998 年长江流域的强降雨等。综上认为，20 世纪 40 年代以来极端强降雨的增多是堵江滑坡的一个重要诱发因素。

1000a 以前中国堵江滑坡的形成时间序列图表明，堵江滑坡发育集中在 3 个时间段：0.1 万～0.5 万年前、1.5 万～2 万年前、2 万～2.5 万年前（图 8-12）。同时，我们也可以发现，1.5 万～2.5 万年前之间的堵江滑坡集中发育在青藏高原周缘的大渡河上游、岷江上游、金沙江上游、黄河上游地区。前面对 17 世纪以来的堵江滑坡分析可知，堵江滑坡的群发性往往与地震和极端强降雨有关，那么是否可以说明，在 0.1 万～0.5 万年前、1.5 万～2 万年前、2 万～2.5 万年前三个时间段内中国构造活动或古气候演化相对活跃。

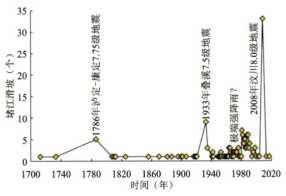

图 8-11 17 世纪以来我国堵江滑坡频次变化图
（基于 172 个堵江滑坡）

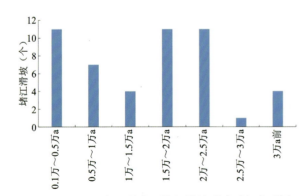

图 8-12 0.1 万年以前中国堵江滑坡形成时间序列图
（基于 49 个堵江滑坡）

3. 堵江滑坡坝保留时间

对中国范围内的 41 个已知溃坝时间的地质历史时期和人类历史时期的滑坡堵江事件研究发现，约 24.4% 的堵江滑坡坝在一天之内自然溃决，约 51.2% 的堵江滑坡坝在一个月内溃决，约 63.4% 的坝体在一年内溃决，约 73.2% 的坝体在 10a 内溃决，约 75.6% 的 100a 内溃决，约 87.8% 的在 1000a 内溃决，约 92.7% 的坝体在 1 万年内溃决（图 8-13）。需要说明的是，本次统计数据中地质历史时期堵江滑坡的存在可能在一定程度上增大了堵江滑坡坝的保留时间，这是因为目前发现的大多数地质历史时期堵江滑坡为长期堵江滑坡，而短暂的历史堵江滑坡遗迹现今则很难寻觅。

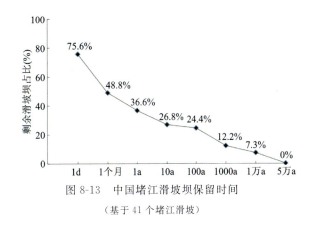

图 8-13 中国堵江滑坡坝保留时间

（基于 41 个堵江滑坡）

4. 堵江滑坡发育规模

按照堵江滑坡的体积大小，可分为小于 10 万 m^3（小型）、(10~100)万 m^3（中型）、(100~1000)万 m^3（大型）、(1000~10 000)万 m^3（巨型）以及大于 1 亿 m^3 5 类。各类型的数量及所占比例如图 8-14 所示，堵江滑坡体积超过 100 万 m^3 的占比 85.2%，而规模在巨型以上堵江滑坡达到了 49%，由此可见，堵江滑坡以大型—巨型滑坡为主，这是因为滑坡堆积体规模越大，堵塞江河的可能性越大，而小规模的滑坡体，很容易被湍急的流水侵蚀冲垮。

5. 堵江滑坡诱发因素

中国堵江滑坡的诱发因素主要为地震和降雨，其中地震约占 33.7%，降雨约占 23.6%，地震和降雨耦合因素约占 3.6%。其次，近年来随着山区水电开发、城镇规划以及重大交通线路建设的加剧，人类工程活动诱发堵江滑坡事件也占到了 7.6%。另外有 27.2% 的堵江滑坡由于缺乏信息，诱发因素不明（图 8-15）。

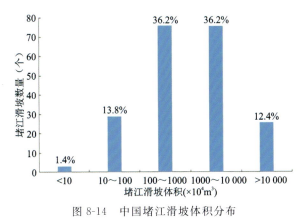

图 8-14 中国堵江滑坡体积分布

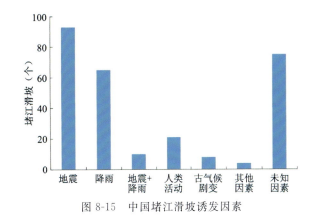

图 8-15 中国堵江滑坡诱发因素

分别对地震和降雨诱发的堵江滑坡体积进行了统计分析，结果表明，地震诱发的堵江滑坡以大型—巨型为主，体积在 (100~1000)万 m^3 的堵江滑坡占 28.0%，(1000~10 000)万 m^3 的堵江滑坡占 34.4%，大于 1 亿 m^3 的堵江滑坡占 16.1%。而降雨诱发的堵江滑坡主要以中型-大型滑坡为主，其中中型滑坡最多，占比 32.3%，大型滑坡占据 27.7%。巨型以上滑坡的占比相较地震堵江滑坡明显减小，分别从

34.4%下降到18.5%,16.1%下降至6.2%(图8-16,图8-17)。

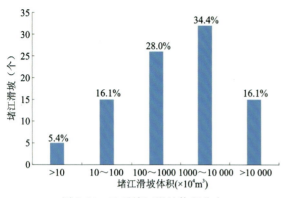

图8-16 地震堵江滑坡体积分布

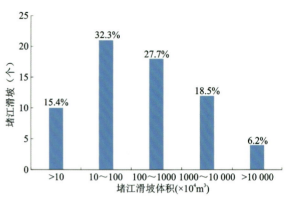

图8-17 降雨堵江滑坡体积分布

综上分析表明,我国堵江滑坡的诱发因素主要为地震和降雨,地震诱发的堵江滑坡规模以大型-巨型为主,巨型占比最大,而降雨诱发的堵江滑坡以中型-大型为主,中型占比最大,体积在$1×10^8 m^3$以上的堵江滑坡差异更加明显。

值得指出的是地震震级足够大(M_s>7.0级)才可以形成堵江滑坡(Ermini L et al.,2002),以中国为例,令人印象深刻的诱发堵江滑坡的地震如1786年泸定7.75级地震、1933年叠溪地震、2008年汶川地震等,它们都大于7.5级,而在同样的地区2013年芦山7.0级地震、2017年九寨沟7.0级地震诱发堵江滑坡较少(表8-1)。

表8-1 世界上诱发堵江滑坡的典型地震

地点	时间	震级	资料来源
美国加利福尼亚	1989年	M_s7.1	Schuster et al.,1998
中国四川叠溪	1933年	M_s7.5	柴贺军等,1995
中国四川泸定	1786年	M_s7.75	Dai F C et al.,2005
巴布亚新几内亚	1986年	M_s7.1	King et al.,1989
中国台湾桃岭	1941年	M_s7.1	Chang,1984
美国蒙大拿州	1959年	M_s7.1	Hadley,1978
旧金山	1906年	M_s8.2	Keefer,1984
意大利西西里岛	1963年	M_s7.4	Boschi et al.,1995
意大利卡拉布里亚	1783年	M_s7.0	Boschi et al.,1995
中国四川汶川	2008年	M_s8.0	Xu et al.,2009;Cui et al.,2009
中国西藏察隅	1950年	M_s8.5	李忠生,2001
塔吉克斯坦	1911年	M_s7.4	Schuster R L et al.,2004
中国台湾	1999年	M_s7.6	Hsu et al.,2009

第二节 岷江上游堵江滑坡发育特征

岷江上游地处青藏高原东缘,自晚新生代以来,伴随着青藏高原的强烈隆升,区内新构造活动强烈,地震频发且强度大,内外动力地质作用非常强烈,地质环境十分脆弱,崩塌、滑坡、泥石流等地质灾害极为发育,滑坡堵江事件频繁发生。

在10.5万年前左右,岷江上游叠溪、茂县发生多起滑坡堵江事件,这可能与岷江上游当时强烈的构造活动有关。约6.2万年,岷江上游堆积了厚10m左右的风成黄土,表明在10万~6万年之间岷江上游处于快速隆升阶段,由此引起区域性气候的变化(杨文光,2005)。20世纪90年代开始,柴贺军等(1995,1996,2000,2002)对岷江上游堵江滑坡进行了详细研究,对堵江滑坡的模式、形成条件和环境效应进行了总结,并从时间序列上将岷江上游堵江滑坡事件分为3期:地质历史时期的古滑坡堵江事件、人类历史上的滑坡堵江事件以及近代滑坡堵江事件。许多学者(王兰生等,2000,2005,2007,2012;段丽萍等,2002;王小群等,2009,2010,2013)对1933年叠溪地震堵江滑坡的形成机制、滑坡堰塞坝的稳定性及发展趋势进行了研究,在对叠溪地震滑坡调查的过程中发现了叠溪古堰塞湖相沉积,认为这是由3万年前的堵江滑坡形成的古老沉积物,进而对该沉积物中所记载地质环境和古气候环境变化信息进行了系统研究。另外,其他学者也对岷江上游堵江滑坡及其堰塞湖沉积进行过研究,并新发现了一些堵江滑坡堰塞湖,如发生于10万年前的瓦尔查滑坡堵江形成茂县古堰塞湖(朱俊霖,2014),5万年前的马脑顶滑坡、野鸡扒滑坡(王运生等,2000;韩蓓,2014)、2万年前的中房滑坡(王运生等,2000)、苦地瓜子滑坡(陈丹等,2014)等。显然,岷江上游堵江滑坡具有多期、原位重叠发育的特点(柴贺军等,2002)。

据野外调查和资料收集,晚第四纪以来,岷江上游茂县至松潘段共发生堵江滑坡33个(图8-18、图8-19,表8-2)。值得注意的是,由于堵江滑坡坝体主要是由岩土体快速堆积形成,其结构松垮、物质松散,多处于欠固结或非固结状态,因此坝体极易失稳溃坝(石振明等,2010)。相比于人工坝体,没有输干区来控制孔隙水压力,没有心墙去防止坝体渗流管涌,更没有溢流设施稳定堰塞湖水位,坝体极有可能由于管涌、渗透或者漫顶溢流发生破坏(Costa et al.,1988;Casagli N et al.,2003;聂高众等,2004)。国内外学者研究表明,在自然状态下滑坡堰塞湖能够保持1a之上的可能性只有10%左右(Schuster et al.,1986;Canuti et al.,1998;Evans et al.,2011;Peng et al.,2012;李海龙等,2015)。

根据岷江上游地区堵江滑坡堰塞湖沉积速率大约为15~20mm/a(王兰生等,2007;王小群等,2013)可知,区内厚度达到10m以上的堰塞湖沉积物说明了当地堰塞湖至少存在了500a。目前能发现数米堰塞湖沉积物的堵江滑坡可能还不足历史堵江滑坡总数的1%。因此,在地质历史上,堵江滑坡事件在岷江上游地区绝非偶然事件。

一、堵江滑坡空间分布规律

岷江上游堵江滑坡空间分布特征为:①峡谷段堵江滑坡明显多于宽谷段,尤其是在茂县盆地、松潘盆地、漳腊盆地等宽谷段区域几乎没有堵江滑坡发育,表明堵江滑坡的发育受地形地貌的严格控制;堵江滑坡群发段:茂县南新镇至汶川雁门乡和茂县叠溪镇至两河口。②堵江滑坡大多数发育于岷江干流(70%),而支流中的堵江滑坡又集中于松坪沟,即唐荣昌等(1983)、黄祖智等(2002)认为的叠溪地震发震断裂-松坪沟断裂通过的位置。③在岷江干流,堵江滑坡多发育于岷江左岸(16个),极少数发育于右岸(6个),这与斜坡结构息息相关,调查发现,岷江茂县至松潘段左岸多为顺向坡或顺向斜向坡,而岷江右岸多为逆向坡或横向坡(图8-18)。

二、堵江滑坡形成时间

按照时间序列可以将堵江滑坡分为四期:晚更新世时期堵江滑坡(12万年以来),如石门坎滑坡、古

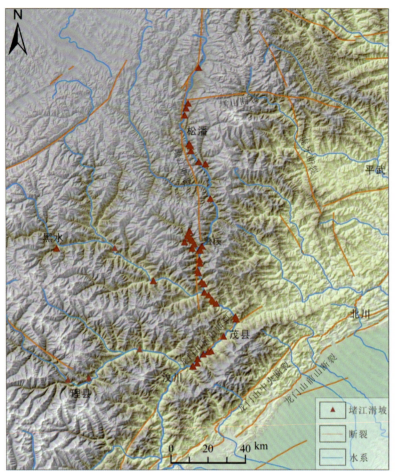

图 8-18 岷江上游堵江滑坡分布图

叠溪滑坡群、野鸡扒滑坡；全新世时期堵江滑坡（1 万年以来），如元坝子滑坡；古代堵江滑坡（1840 年以前），如公元前 10 年、公元 336 年、公元 888 年、公元 952 年岷江上游堵江滑坡（柴贺军等，2002；严容，2006），1713 年红花园滑坡；近现代堵江滑坡（1840 年以后），如 1933 年叠溪地震滑坡、草原滑坡、周场坪滑坡、呐咪沟沟口滑坡。岷江上游堵江滑坡具有群发性、多期重叠发育的特点，如 2 万年前发生的古叠溪堵江滑坡群，可能为古地震或古气候变迁所致（王兰生等，2000；王小群等，2009）；1933 年叠溪地震堵江滑坡群；2017 年 6 月 24 日新磨村滑坡。

根据有形成时间的 27 个堵江滑坡信息绘制岷江上游堵江滑坡形成绝对年龄累积曲线（图 8-20），可以看出曲线上有明显的两个陡直增长区间，对应时间分别为 2 万～3 万年间和 1933 年。

三、堵江滑坡发育规模

对岷江上游具有体积信息的 21 个堵江滑坡按照体积大小可分为 10 万～100 万 m^3（中型）、100 万～1000 万 m^3（大型）、1000 万～10 000 万 m^3（巨型）以及大于 10 000 万 m^3 四类，其中中型堵江滑坡 1 个，大型堵江滑坡 3 个，巨型堵江滑坡 13 个，大于 1 亿 m^3 的堵江滑坡 4 个，可以看出堵江滑坡的规模以巨型为主，占堵江滑坡总数的 81%（图 8-21）。

图 8-19　岷江上游典型堵江滑坡照片

表 8-2　岷江上游典型堵江滑坡事件目录

序号	滑坡名称	地点	发生时间	滑坡体积（×10⁴ m³）	堵江类型	堵江历时	诱发因素	资料来源
1	瓦尔查滑坡群	茂县	20 000a B.P.		完全	38ka	地震，气候剧变	王兰生等,2007；朱俊霖,2014
2	扣山滑坡	汶川	23 240±80a B.P.	15 000	完全	300~500a		柴贺军等,1995,2002
3	野鸡扒滑坡	茂县	50 000a B.P.	10 200	完全	长期	地震,降雨	王运生等,2000
4	马脑顶滑坡	茂县	50 000a B.P.	15 000	完全	长期	地震,降雨	王运生等,2000；韩蓓,2014

续表 8-2

序号	滑坡名称	地点	发生时间	滑坡体积 /($\times 10^4 \text{m}^3$)	堵江类型	堵江历时	诱发因素	资料来源
5	古叠溪滑坡群	茂县叠溪	30 000a B.P.		完全	15 000a	地震,气候变动	王兰生等,2012
6	石门坎滑坡	茂县	25 000a B.P.	10 000	完全	6000a		严容等,2006
7	中房滑坡	茂县	20 000a B.P.	7087	完全	长期	地震,降雨	王运生等,2000
8	文镇堵江滑坡	茂县	20 760a B.P.		完全	长期	地震,气候剧变	王兰生等,2007
9	元坝子滑坡	松潘	13 100a B.P.		不完全		地震	本书
10	红花园滑坡	茂县	1713.09.04	2000	完全	1d	地震($M_s=6.5$)	柴贺军等,1995
11	周场坪滑坡	茂县	1982.06	1800	不完全	长期	降雨,爆破,开挖	柴贺军等,1995;严容,2006;韩蓓,2014
12	干海子滑坡	茂县叠溪	1933.08.25	4650	完全	45d	地震($M_s=7.5$)	柴贺军等,1995
13	银屏岩滑坡	茂县叠溪	1933.08.25	7500	完全	长期	地震($M_s=7.5$)	柴贺军等,1995
14	较场滑坡	茂县叠溪	1933.08.25	21 000	完全	长期	地震($M_s=7.5$)	黄润秋等,2007
15	鱼儿寨滑坡	茂县叠溪	1933.08.25	675	完全	长期	地震($M_s=7.5$)	柴贺军等,1995
16	下白腊寨滑坡	茂县叠溪	1933.08.25	1320	完全	<45d	地震($M_s=7.5$)	柴贺军等,1995
17	下白腊寨滑坡	茂县叠溪	1933.08.25	20	完全		地震($M_s=7.5$)	柴贺军等,1995
18	公棚滑坡	茂县叠溪	1933.08.25	3000	完全	长期	地震($M_s=7.5$)	柴贺军等,1995
19	上水磨沟滑坡	茂县叠溪	1933.08.25	750	完全	长期	地震($M_s=7.5$)	柴贺军等,1995
20	下水磨沟滑坡	茂县叠溪	1933.08.25	50	完全	长期	地震($M_s=7.5$)	柴贺军等,1995

续表 8-2

序号	滑坡名称	地点	发生时间	滑坡体积 /(×10⁴m³)	堵江类型	堵江历时	诱发因素	资料来源
21	二八溪滑坡	茂县叠溪	1933.08.25		完全	长期	地震($M_s=7.5$)	唐荣昌等,1983
22	牟托堵江滑坡	茂县		4300	完全		地震	韩蓓,2014
23	永和村滑坡	茂县		1200	完全	500~800a	地震	本书
24	苦地瓜子滑坡	茂县			完全	长期	地震	陈丹等,2014
25	呐咪沟沟口	松潘	目前正在滑动	200	不完全		降雨,河流侵蚀	本书
26	俄寨滑坡	松潘			不完全		地震	本书
27	尕米寺滑坡	松潘	24 280±3320a B.P.	2500	完全	长期	地震,冰川	本书
28	云屯堡滑坡	松潘			完全	长期	地震或降雨	本书
29	新塘关滑坡	松潘	2540±320a B.P.		完全	长期	地震或降雨	本书
30	亭江堡滑坡	茂县		1500	不完全		地震或降雨	本书
31	新磨村滑坡	茂县叠溪	2017.06.24	1200~1800	完全		地震和降雨	许强,2017;殷跃平,2017
32	瓦窑坪滑坡	茂县石鼓乡	22 500±550a B.P.		完全	长期	地震,气候剧变	王兰生等,2007
33	茂县古堰塞湖堵江滑坡	茂县	10.7±1.0万年		完全	6.2±0.6万年	构造活动或气候剧变	杨文光,2005

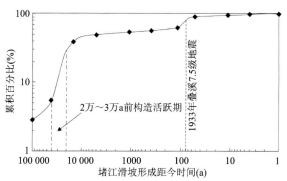

图 8-20 岷江上游堵江滑坡形成绝对年龄累积曲线
(基于 27 个堵江滑坡)

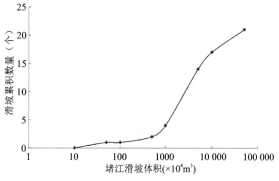

图 8-21 岷江上游堵江滑坡体积分布累积曲线

四、堵江滑坡诱发因素

岷江上游堵江滑坡的诱发因素主要为地震、冰川和降雨。如1713年茂县地震诱发的红花园堵江滑坡,1933年叠溪地震诱发的9个堵江滑坡等;地质历史时期的堵江滑坡可能与构造活动引发的地震或者冰川活动有关。降雨诱发的堵江滑坡如1982年滑动半堵塞岷江的周场坪滑坡和2017年堵塞岷江支流的茂县新磨村滑坡,当然新磨村滑坡的发生与1933年叠溪7.5级地震和2008年汶川8.0级地震也息息相关,降雨只是其触发因素(图8-22)。

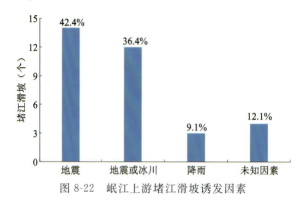

图8-22　岷江上游堵江滑坡诱发因素

第三节　堵江滑坡与构造活动的关系

一、堵江滑坡堰塞湖沉积是古地震信息的载体

堰塞湖沉积物中的火焰构造、波状构造、包卷构造是未固结沉积物在强烈地震时发生液化的产物,是古地震的遗迹。王鹏飞(2015)通过对金沙江苏哇龙堵江滑坡堰塞湖沉积物的液化卷曲构造和球枕构造研究后发现,区域内在公元1115年左右发生了一次震级大于5级的地震活动。王兰生等(2012)从叠溪古堰塞湖沉积物中划分出10个强烈扰动层,据此推测叠溪地区强震复发周期为1000a左右。在叠溪团结村堰塞湖沉积地层中发育多条年龄大约在4500 a B.P.的断层,在太平乡的湖相层中同样存在多条正断层,这些断层表明在堰塞湖形成以来的多次强震事件(图8-23)。

堰塞湖沉积物中粉砂、砂的含量突然上升之后又逐渐下降可能是地震的表现(李艳豪,2015),地震不仅使区内地表细颗粒沉积物变得疏松而易于搬运,而且导致该区大量新滑坡发生,为工作区提供大量粉尘物源,粉尘被风搬运到湖里沉积下来,表现为沉积粒度突然上升,伴随着植被的恢复,粒度逐渐减少至正常水平。这种现象在岷江上游的理县和茂县叠溪地区的堰塞湖沉积中均有表现。李艳豪等(2015)通过对理县古堰塞湖沉积的研究,揭示出岷江上游在15.81~14.7ka B.P.期间地震活动频繁,可能发生了11次古地震事件。叠溪新磨村古堰塞湖沉积的粒度波动显示该区域在18.65ka B.P.之后发生了多次强震事件(Jiang et al.,2014)。

图 8-23 叠溪古堰塞湖沉积物中揭示的断层

二、群发性堵江滑坡事件可能与构造活动有关

已有研究认为,第四纪以来曾出现 4 个大的冰期,由早到晚依次为贡兹、民德、里斯和武木冰期,各冰期对应的时间大致为距今 300ka、200ka、100ka 和 20ka(许强等,2008)。李炳元(2000)对青藏高原不同地区的数十个湖泊沉积测年数据分析发现,大约在 40～25ka B.P. 期间,有的可能延续至 20ka B.P.,该时期青藏高原处于大湖期,高原环境特别湿润,降雨丰富、高原湖面升高、河流卸载能力较强。这一时期丰富的降雨和强烈的河流深切作用容易诱发滑坡堵江事件(李海龙等,2015)。之后全球进入末次冰期——武木冰期,相当于中国的大理冰期,主冰期介于 25～15ka B.P. 间,而青藏高原东部于 18ka B.P. 进入盛冰期(唐领余等,1998)。大量研究认为,青藏高原东部末次冰期盛期时,气候寒冷干燥,年平均气温比现代低 5～6℃左右(崔之久,1980;施雅风等,1990,1995;姚檀栋等,1997)。这一时期降雨稀少,河流下切作用小于河床沉积作用,降雨诱发滑坡堵江事件可能性较小。

统计数据显示,青藏高原东缘的堵江滑坡事件主要集中发育于降雨较少的 25～15ka 年间,而在 25ka 年前的降雨丰沛期却发育较少。这可能有两方面原因:一方面是因为地震成因的滑坡堰塞湖,其迅速溃坝率大约为 57%,而降雨成因的堵江滑坡迅速溃坝率则高达 82%,这是因为降雨引起的滑坡坝体中缺少组构的胶结而较容易溃坝(Shu et al.,2011);另一方面由于在 40～25ka 年间河流卸载能力较强,堵江滑坡坝体和堆积体都不易保存下来(李海龙等,2015)。王兰生等(2007)和朱俊霖(2014)对叠溪古堰塞湖底部测年获得的最老年龄为 3 万年前左右,且古堰塞湖底部只比现今河床高 2～3m,这说明现今岷江河谷形成于 3 万年前,Matheson 等(1973)也指出现今的大渡河河谷的形成年龄在 2.5 万年前,以上表明 3 万年或 2.5 万年以来青藏高原东缘的大渡河、岷江河谷下切作用微弱,堵江滑坡形成后不易溃坝,堵江证据更容易保存下来。

这也说明青藏高原东部在 25～15ka B.P. 期间构造活跃,强震频发,导致了大量的堵江滑坡事件。很多学者的研究也表明青藏高原东缘的龙门山后山断裂、岷江断裂等在 25～15ka B.P. 活动比较强烈。如唐方头等(2008)认为茂汶断裂最新活动时代为晚更新世晚期,其在距今 28～19ka B.P. 期间可能发生过多次强震事件。王旭光(2016)基于实地考察、遥感解译、差分GPS测量以及测年分析等工作,认为茂汶断裂在T3阶地形成后(45～40ka)、T2阶地形成前(20ka)有过强烈活动,而在T2阶地形成之后活动不明显。龙门山断裂带西南段-冷碛断裂20ka年来发生过两次古地震事件,第一次发生在18ka B.P.左右,第二次发生在11ka B.P.左右(李海龙等,2010)。Wang等(2011)对叠溪沙湾村附近的湖相沉积软变形特征进行了详细调查与研究,最后识别出了7个构造变形层,分别代表7次古地震事件,湖相沉积光释光和^{14}C测年结果表明,除了最新一次地震事件外,其他6次地震事件主要发生在距今26～20ka期间。

综上认为,在25～15ka B.P.期间,青藏高原东部处于构造活跃期,堵江滑坡群发事件应该与该时期构造活动诱发的强震事件有关。

第四节 小 结

基于前人文献和统计分析,从诱发因素、滑坡坝保留时间、形成时代、空间分布、滑坡体积等方面对国际和国内堵江滑坡研究现状进行了总结。重点对岷江上游33个堵江滑坡的发育规律进行了总结分析,并对堵江滑坡与构造活动的关系进行了初步探讨,得到以下结论。

(1)按照时间序列将岷江上游堵江滑坡分为四期:晚更新世时期堵江滑坡(12万年以来)、全新世时期堵江滑坡(1万年以来)、古代堵江滑坡(1840年以前)、近现代堵江滑坡(1840年以后)。绘制了岷江上游堵江滑坡形成绝对年龄累积曲线,曲线上有明显的两个陡直增长区间,对应时间分别为15～25ka B.P.和1933年,堵江滑坡群发事件与该时期构造活动诱发的强震事件有关。

(2)岷江上游堵江滑坡的空间分布规律与地形地貌、地层岩性、斜坡结构具有密切关系;诱发因素以地震和降雨为主,地震堵江滑坡以大型-巨型滑坡为主,降雨诱发的堵江滑坡主要以中型-大型滑坡为主。

(3)鉴于堵江滑坡在岷江上游高山峡谷区大量分布且易发,建议在该区域内进行线性工程建设时,尽量以隧道形式穿越高山峡谷区,对于开挖隧道较为困难的区域要尽量把线路选在岷江右岸。

第九章 主要结论和认识

岷江上游位于青藏高原与四川盆地之间的过渡区，地跨岷江和涪江上游高山峡谷地带，地质构造复杂、河谷深切，地质环境复杂并十分脆弱，构造地貌形态多样，是内、外动力地质灾害都极为发育的地带。本书紧密围绕青藏高原东缘岷江上游成兰铁路等重大工程与重要城镇规划建设迫切需要解决的活动断裂、地质灾害和高陡斜坡稳定性等相关科学问题，在广泛收集相关地质资料的基础上，采用遥感解译、野外调查、探槽揭露、地球物理探测、试验测试及数值模拟等方法手段，调查研究了岷江上游主要活动断裂发育分布特征与活动性、地质灾害发育特征与易发性、岩质斜坡变形破坏模式、古滑坡发育与复活、高位远程滑坡、重大泥石流灾害、堵江滑坡地质意义等重大工程地质与地质灾害问题，通过典型案例分析，探索研究了活动断裂地质灾害效应的主要表现形式及内外动力耦合作用成灾机理，为重大工程和城镇规划建设提供科学依据和地质资料。

一、主要结论

发育有纵横交错的高山深切河谷地貌，同时，受龙门山断裂带、岷江断裂和塔藏断裂等区域性大型活动断裂的影响。

1. 岷江上游第四纪和重要活动断裂发育特征与活动性研究

（1）研究区位于南北地震带中部，活动断裂极为发育。在梳理区内前人活动断裂发育特征和活动性和补充调查基础上，编制了青藏高原东部主要活动断裂分布图，认为研究区与重要城镇、成兰铁路规划建设密切相关的活动断裂主要有龙门山断裂带、岷江断裂、塔藏断裂等大型区域性活动断裂带，部分活动断裂全新世以来活动强烈，且具有诱发强震背景。

（2）龙门山断裂带晚第四纪以来持续活动，是龙门山地区地壳缩短增厚、山脉隆升与构造地貌演化的重要原因，2008年5月12日沿龙门山断裂带的北川-映秀断裂发生$M_s8.0$级强震，诱发大量地质灾害。

（3）岷江断裂是岷山断块的西边界，起贡嘎岭以北，向南经卡卡沟、川盘、川主寺、较场，至茂县以北消失，全长约170km，走向呈近南北，断面西倾，倾角不定，该断裂分段活动性强，在镇江关-叠溪-两河口段全新世活动显著。

（4）塔藏断裂是东昆仑断裂带的一条分支断裂，晚第四纪的活动表现为分段性和多期性，西部以水平剪切运动为主，东部走滑运动分量逐渐减少，塔藏断裂罗叉段、马家磨段等地段全新世活动性强。

2. 区域地质灾害调查研究

（1）在活动断裂调查、遥感解译和前人研究资料的基础上，开展了4幅1:5万图幅的工程地质和地质灾害调查，揭示松潘幅内发育崩滑流地质灾害147处，其中滑坡104处，崩塌21处，泥石流22处；漳腊幅内发育地质灾害点202处,滑坡105处,以中小型为主,崩塌39处,均为小型岩质崩塌;泥石流58处;土门幅内地质灾害类型以滑坡为主,其次是崩塌和泥石流,共调查崩塌、滑坡、泥石流等地质灾害及隐患点126处,其中崩塌灾害点36处,滑坡灾害点74处,泥石流灾害点16处;叠溪幅内共调查地质灾害185处,滑坡80处,崩塌73处,泥石流32处。针对区内典型滑坡、泥石流单体灾害开展了大比例尺测绘、调查,结合物探、数值模拟等手段,进行了初步分析。

(2)青藏高原东缘地质灾害极为发育,并发育大量大型、特大型—巨型滑坡,影响滑坡发育分布的因素主要有地震、降雨、人类工程活动和断裂蠕滑等,以及在多因素耦合作用下发生滑动。区内在强震作用下诱发的地震滑坡极为发育,主要分布有叠溪地震滑坡群和龙门山地震滑坡群等2个地震滑坡集中发育区,总体上具有沿高山峡谷和近断裂带密集发育分布的特征。地震滑坡大多具有高位、规模大、滑速快、滑程远、破坏力强等特点,对重大工程建设规划和城镇安全具有极大的威胁。

3. 岩质斜坡变形破坏模式分析

(1)以茂县-北川公路层状岩质斜坡为例开展了岩质斜坡变形破坏研究,主要以斜坡物质组成、层状岩体的完整程度、岩层倾向与坡向的关系以及岩层倾角作为4级分类标准将研究区内所调查的68个典型斜坡进行斜坡结构类型的分类,总共划分为9个类别:中倾顺向层状结构、陡倾顺向层状结构、横向层状结构、斜顺向层状结构、斜反向层状结构、中倾反向层状结构、陡倾反向层状结构、破碎层状结构和碳质千枚岩结构斜坡。

(2)研究区内绢云母千枚岩,绢云母千枚岩风化物中伊利石和蒙脱石等含量较高,伊利石遇水易分解和蒙脱石遇水强烈膨胀的特性导致区内碳质千枚岩斜坡的变形破坏主要以降雨条件下的坍塌为主。

(3)不同加载角条件下的绢云母千枚岩单轴压缩试验强度呈明显的各向异性,以金山村斜坡为研究对象,提出了滑移—弯曲—压实—剪断型变形破坏模式,通过FLAC^{3D}数值模拟软件对金山村斜坡表层千枚岩体进行了天然工况和极端降雨工况条件下斜坡的稳定性分析,数值模拟表明:天然工况下斜坡斜坡稳定系数1.13,极端降雨条件下斜坡稳定性系数为1.06。

4. 古滑坡发育特征与复活机理

(1)岷江上游因其特殊的自然、地质环境条件,古滑坡极为发育,研究认为岷江上游的大部分古滑坡可能为地震诱发,这些古滑坡多具地震滑坡的特征,当前整体稳定性较好,但部分因后期地震、降雨、坡脚冲刷、人类工程活动等因素影响而导致局部复活。

(2)在遥感解译、野外调查的基础上,采用无人机、高密度电法和电阻率测深法,并结合钻探对川西岷江河谷发育的松潘县大窑沟古滑坡、红花屯古滑坡、俄寨村古滑坡、元坝子古滑坡等典型大型—巨型古滑坡的空间结构进行了勘探分析,有效确定了古滑坡的空间结构和滑带特征。基于古滑坡的地球物理勘探数据和解译结果,统计分析了川西岷江河谷地区大型—巨型古滑坡空间岩土体的地球物理物性参数,对指导该区滑坡调查分析具有重要的指导意义。

(3)通过古滑坡关键岩土体工程地质力学测试、物质组成结构和强度分析,提出了大型古滑坡变形破坏机制,并研究了古滑坡的稳定性,研究认为区内古滑坡主要受地震、降雨和河流侵蚀等作用影响,以次级滑动为主,在暴雨和地震等内外动力耦合作用下,部分滑坡可能会发生整体滑动。

5. 高位远程滑坡发育特征与形成机理

(1)青藏高原东缘岷江上游发育大量高位远程滑坡,2008年汶川地震诱发了大量高位远程滑坡-堵江-溃坝灾害链,2017年在叠溪镇新磨村发生了严重的高位远程滑坡灾害,调查认为研究区内古高位远程滑坡也极为发育,如松潘尕米寺古高位远程滑坡、扣山古高位远程滑坡等。

(2)尕米寺古滑坡位于岷江上游冰缘区,研究认为其形成于距今25ka左右,最大滑动距离达

1.42km,滑坡后壁与堆积区前缘高差约310m,具有高速远程滑动的特征;滑坡堆积体堰塞岷江古河谷,物探和钻探揭露古河道埋藏在滑坡堆积区地表下30~50m,古河床厚40~60m,并在后期溃坝后岷江改道至滑坡前缘目前河道。发育于尕米寺古滑坡中后部的岷江断裂的强烈活动可能是诱发尕米寺古滑坡形成的主要因素。

(3)扣山滑坡位于岷江上游汶川县雁门乡扣山村体积,滑坡1.5亿~1.8亿 m^3,研究认为扣山滑坡形成于24ka B.P.左右,其形成与茂汶断裂茂县段在距今28~19ka年间发生过多次强震事件有关,形成过程可分为坡体后缘震动拉裂、软弱层(千枚岩)顺层滑动、前部"锁固段"剪断、溃滑震动堆积四个阶段。

6. 重大泥石流灾害发育特征与致灾机理

(1)岷江上游泥石流极为发育,以沟谷型为主,主要分布在高山峡谷区、活动构造带附近和历史强震区内,正在规划建设的成兰铁路受泥石流危害极为严重,其经过的安县、茂县和松潘县等地段内位于2008年汶川地震极震区内,在汶川地震之后形成的若干大型、巨型泥石流直接威胁的铁路选址、施工和运营安全。

(2)采用空天地一体化技术,系统调查研究了松潘上窑沟泥石流、大窑沟泥石流、黑斯沟泥石流和茂县富顺槽木沟等大型泥石流沟发育分布特征、形成条件与形成机理,提出了泥石流发展区域与防治建议。

7. 堵江滑坡发育特征与形成机理

(1)伴随着青藏高原的强烈隆升,岷江上游新构造运动强烈、地震频发且震级大,在极为发育的崩塌、滑坡和泥石流等地质灾害作用下,堵江滑坡事件频繁发生,1933年叠溪地震,2008年汶川8.0级地震均诱发了大量的堵江滑坡,形成大量堵江滑坡堰塞湖,其中叠溪地震形成的较场海子堰塞湖45天后溃坝,形成的洪水、泥石流导致岷江下游大量人员伤亡死亡。

(2)通过对岷江上游33个堵江滑坡的发育规律进行了总结分析,按照时间序列将岷江上游堵江滑坡分为四期:晚更新世(12万年以来)、全新世(1万年以来)、古代(1840年以前)、近现代(1840年以后)。研究认为岷江上游堵江滑坡形成绝对年龄有明显的两个陡直增长区间,对应时间分别为15~25ka B.P.和1933年,堵江滑坡群发事件与该时期构造活动诱发的强震事件有关。

(3)岷江上游堵江滑坡的空间分布规律与地形地貌、地层岩性、斜坡结构具有密切关系;诱发因素以地震和降雨为主,地震堵江滑坡以大型—巨型滑坡为主,降雨诱发的堵江滑坡主要以中型—大型滑坡为主。

二、问题和建议

活动断裂带地质灾害效应评价是一个复杂的科学问题,涉及区域地震地质背景、工程地质特征、断裂活动性、地质灾害成灾背景等多个方面,同时由于岷江上游所处于特殊的大地构造部位,地形地貌和地质条件都极其复杂,尽管本项目通过大量野外地质调查、测试分析和综合研究取得了一定的进展和成果,仍有很多重大前沿科学问题和需要坚持长期的持续研究。

(1)岷江上游复杂特殊的地质环境决定了工程地质问题的地域性、复杂性和特殊性,制约着重大工程规划和建设,并导致区内重要城镇、重大工程建设过程中工程地质问题频发、防灾形式严峻。

(2)断裂活动诱发地质灾害的形式、规模和特征与断裂活动特征具有密切的关系,针对断裂在正断、逆断和走滑,以及蠕滑和剧烈活动等不同情况下的地质灾害形成机理和长期活动性的研究深度和认识水平有待提高。

（3）受地质构造、地层岩性、强降雨和人类工程活动等因素影响，岷江上游高陡斜坡发育机制复杂，在重点高陡斜坡稳定性调查评价时，应考虑层间黏土矿物成分、考虑雨水进入坡体后所产生的渗流作用和流-固耦合作用对斜坡稳定性的影响。

（4）青藏高原岷江上游大型古滑坡、堵江滑坡、高位远程滑坡、特大泥石流等地质灾害发育规模大，已造成了严重的危害，在强震、强降雨和强烈人类工程活动作用下，此类地质灾害将持续发生，应加强高位隐蔽型高位滑坡、大型古滑坡复活等灾害的早期识别与综合监测研究，建立适用于岷江上游的特大地质灾害早期识别体系。

（5）加强研究区的以第四纪地质、活动断裂和地质灾害调查为主的综合工程地质调查部署安排，对于研究区内重大铁路工程、高速公路工程、水电站工程和新型城镇规划的防灾减灾具有迫切的现实意义。

由于活动断裂与地质灾害效应研究涉及众多的学科领域，本书中肯定存在不少错误或不妥之处，敬请同行专家批评指正。

主要参考文献

安卫平,赵晋泉,闫小兵,等,2008.岷江断裂羌阳桥-带古堰塞湖沉积及构造变形与古地震[J].地震地质,30(4):980-988.

安晓凡,李宁,孙闻博,2018.岩质边坡倾倒变形机理及稳定性研究综述[J].中国地质灾害与防治学报,29(3):1-11.

白云峰,2005.顺层岩质边坡稳定性及工程设计研究[D].成都:西南交通大学.

曹玲,罗先启,2007.三峡库区千将坪滑坡滑带土干-湿循环条件下强度特性试验研究[J].岩土力学,28(S1):93-97.

曹廷,2012.西南某铁路高烈度地震山区地质选线研究[D].成都:西南交通大学.

柴贺军,刘汉超,2002.岷江上游多级多期崩滑堵江事件初步研究[J].山地学报,20(5):616-620.

柴贺军,刘汉超,张倬元,1995.中国滑坡堵江事件目录[J].地质灾害与环境保护,6(4):1-9.

柴贺军,刘汉超,张倬元,1996.滑坡堵江的基本条件[J].地质灾害与环境保护,7(1):41-46.

柴贺军,刘汉超,张倬元,2000.中国堵江滑坡发育分布特征[J].山地学报,18:51-54.

陈长云,任金卫,孟国杰,等,2012.巴颜喀拉块体北东缘主要断裂现今活动性分析[J].大地测量与地球动力学,32(3):27-30.

陈丹,傅荣华,约其阿光,2014.地震在滑坡体上的响应形式研究:以苦地瓜子滑坡为例[J].高校地质学报,20(4):642-649.

陈国光,计凤桔,周荣军,等,2007.龙门山断裂带晚第四纪活动性分段的初步研究[J].地震地质,29(3):657-673.

陈剑平,李会中,2016.金沙江上游快速隆升河段复杂结构岩体灾变特征与机理[J].吉林大学学报(地球科学报),46(4):1153-1167.

陈龙飞,2015.层状岩质斜坡坡体结构及其效应研究[D].兰州:兰州大学.

陈全明,2011.陡倾顺层岩质斜坡倾倒变形破坏机制的数值模拟研究[D].成都:成都理工大学.

陈社发,邓起东,赵小麟,等,1994.龙门山及其邻区的构造和地震活动性及动力学[J].地震地质,16(4):389-403.

陈社发,邓起东,赵小麟,等,1994.龙门山中段推覆构造带及相关构造的演化历史和变形机制(二)[J].地震地质,16(4):413-420.

陈晓清,崔鹏,程尊兰,等,2008.5·12汶川地震堰塞湖危险性应急评估[J].地学前缘,15(4):244-249.

陈运泰,2008.汶川特大地震的震级和断层长度[J].科技导报,26(10):26-27.

陈志坚,2001.层状岩质边坡工程安全监控建模理论及关键技术研究[D].南京:河海大学.

陈祖煜,汪小刚,杨健,等,2005.岩质边坡稳定性分析——原理·方法·程序[M].北京:中国水利水电出版社.

成尔林,1981.四川及其邻区现代构造应力和现代构造运动特征[J].地震学报,3(3):231-241.

崔之久,1980.初探青藏高原特殊的冰缘现象[J].科学通报,25(11):509-512.

寸江峰,2007.喀斯特地区层状岩质边坡破坏机理及其稳定性评价理论研究[D].贵州:贵州大学.

丁国瑜.1991.活动亚板块、构造块体相对运动[M]//《中国岩石圈动力学地图集》编委会,中国岩石圈动力学概论.北京:地震出版社,142-153.

邓继辉,陈柏林,吴小宁,等,2011.岩体结构面产状的自组织聚类分析[J].长江科学院院报,28(3):50-53.

邓建辉,高云建,余志球,等,2019.堰塞金沙江上游的白格滑坡形成机制与过程分析[J].工程科学与技术,51(1):13-20.

邓起东,陈社发,赵小麟,1994.龙门山及其邻区的构造和地震活动及动力学[J].地震地质,16(4):389-403.

邓起东,张培震,冉勇康,等,2002.中国活动构造基本特征[J].中国科学(D辑),32(12),1020-1030.

邓志平,李典庆,曹子君,等,2017.考虑地层变异性和土体参数变异性的边坡可靠度分析[J].岩土工程学报,39(6):986-996.

地质矿产部水文地质工程地质司工程地质处,1983.四川鸡扒子滑坡和甘肃洒勒山滑坡简介[J].水文地质工程地质(4):27-30+2.

杜方,闻学泽,张培震,等,2009.2008年汶川8.0级地震前横跨龙门山断裂带的震间形变[J].地球物理学报,52(11),2729-2738.

段丽萍,王兰生,董孝璧,等,2002.湖泊记录中的古气候和古环境指标及其地质灾害信息[J].沉积与特提斯地质,22(1):40-45.

冯君,吕和林,李安洪,2005.顺层岩质边坡稳定性影响因素分析[J].四川建筑科学研究(4):78-80.

冯文凯,黄润秋,许强,2010.斜坡震裂变形发育分布规律及危险性分析[J].成都理工大学学报(自然科学版),37(6):679-689.

冯文凯,许强,黄润秋,2009.斜坡震裂变形力学机制初探[J].岩石力学与工程学报,28(S1):3124-3124.

冯振,李滨,贺凯,2014.近水平厚层高陡斜坡崩塌机制研究[J].地质力学学报,20(2):123-131.

高玄彧,李勇,2006.岷江上游和中游几个河段的下蚀率对比研究[J].长江流域资源与环境,15(4):517-521.

龚涛,2009.顺层岩质边坡稳定性研究[D].西安:西安理工大学.

谷德振,1963.地质构造与工程建设[J].科学通报(10):23-29.

谷德振,1979.岩体工程地质力学基础[M].北京:科学出版社.

谷德振,1983.水库区工程建设和地质环境相互作用[J].勘察技术科学(2):3-8.

郭长宝,孟庆伟,张永双,等,2012.断裂构造对斜坡应力场影响的数值模拟及成灾机理研究[J].防灾减灾工程学报,32(5):592-599.

郭长宝,张永双,王涛,等,2017.南北活动构造带中段地质灾害与重大工程地质问题概论[J].地质力学学报,23(5):707-722.

郭志广,魏丽敏,何群,等,2013.武广高速铁路无砟轨道路基动力响应试验研究[J].振动与冲击,32(14):148-152.

韩贝传,王思敬,1999.边坡倾倒变形的形成机制与影响因素分析[J].工程地质学报(3):213-217.

韩蓓,2014.基于GIS的岷江上游汶川—叠溪河段滑坡灾害危险性评价[D].成都:成都理工大学.

韩竹军,向宏发,冉勇康,2001.青藏高原东缘礼县-罗家堡断裂带晚更新世以来的活动性分析[J].地震地质,23(1):43-48.

何文贵,袁道阳,熊振,等,2006.东昆仑断裂带东段玛曲断裂新活动特征及全新世滑动速率研究[J].地震,26(4):67-75.

何文贵,郑文俊,王爱国,等,2013.临潭-宕昌断裂新活动特征与岷县漳县 M_s6.6 地震关系研究[J].地震工程学报,35(4):751-760.

何祥丽,李海兵,张蕾,等,2018.龙门山灌县-安县断裂带断层泥低磁化率的矿物、化学响应和蠕滑作用环境[J].地球物理学报,61(5):136-150.

何玉林,2013.青藏高原东缘主干断裂活动性及其构造变形模式研究[D].成都:成都理工大学.

侯康明,雷中生,万夫岭,等,2005.1879 年武都南 8 级大地震及其同震破裂研究[J].中国地震,21(3):295-310.

胡卸文,吕小平,黄润秋,等,2009.唐家山堰塞湖大水沟泥石流发育特征及堵江危害性评价[J].岩石力学与工程学报,28(4):850-858.

黄才来,2015.松潘隧道富水软岩大变形控制措施实践与探讨[J].企业科技与发展,24(1):38-40.

黄洪波,2003.层状岩质边坡的稳定性分析[D].杭州:浙江大学.

黄满斌,2011.深埋隧道岩爆机理与微震监测预警初探[D].大连:大连理工大学.

黄润秋,2007.20 世纪以来中国的大型滑坡及其发生机制[J].岩石力学与工程学报(3):433-454.

黄润秋,李为乐,2008.5·12 汶川大地震触发地质灾害的发育分布规律研究[J].岩石力学与工程学报,27(12):2585-2592.

黄润秋,李为乐,2009.汶川大地震触发地质灾害的断层效应分析[J].工程地质学报,17(1):19-28.

黄润秋,张倬元,王士天,1994.论岩体结构的表生改造[J].水文地质工程地质(4):1-6.

黄祖智,唐荣昌,刘盛利,2002.四川较场弧形构造与 1933 年叠溪地震发震构造的再讨论[J].中国地震,18(2):183-192.

И.В.波波夫,1956.水力发电建设工程地质勘察[M].北京:电力工业出版社.

蒋良文,王士天,刘汉超,等,2002.岷江上游干流岸坡主要表生地质灾害分布特征及成因浅析[J].地质灾害与环境保护,13(1):13-17.

金星,2016.顺层岩质斜坡倾倒变形破坏机理研究[D].兰州:兰州大学.

康波,赵玉鹏,熊丽媛,2015.岷江-雪山梁子断裂带的时空构架及其演化特征研究[J].内蒙古石油化工(3):134-136.

李炳元,2000.青藏高原大湖期[J].地理学报,55(2):174-182.

李陈侠,徐锡伟,闻学泽,等,2009.东昆仑断裂东段玛沁-玛曲段几何结构特征[J].地震地质,31(3):441-458.

李陈侠,徐锡伟,闻学泽,等,2011.东昆仑断裂带中东部地震破裂分段性与走滑运动分解作用[J].中国科学:地球科学,41(9):1295.

李陈侠,袁道阳,杨虎,等,2016.东昆仑断裂带东段分支断裂-阿万仓断裂晚第四纪构造活动特征[J].地震地质,38(1):44-64.

李传友,宋方敏,冉勇康,2004.龙门山断裂带北段晚第四纪活动性讨论[J].地震地质,26(2):248-258.

李春峰,贺群禄,赵国光,2004.东昆仑活动断裂带东段全新世滑动速率研究[J].地震地质,26(4):676-687.

李东林,2007.陕西陇县水银河斜坡变形演化与典型滑坡研究[D].北京:中国地质科学院.

李峰,刘华国,贾启超,等,2018.青藏高原东缘岷江断裂北段全新世活动特征[J].地震地质,40(1):97-106.

李光涛,苏刚,程理,等,2019.临潭-宕昌断裂带遥感解译及其晚第四纪活动特征研究[J].防灾科技学院学报(2):21-28.

李海兵,许志琴,王焕,等,2013.汶川地震主滑移带(psz):映秀—北川断裂带内的斜切逆冲断裂[J].中国地质,40(1):121-139.

李海华,冯学才,1985.南北地震带北段地震大形势的初步分析[J].地震工程学报(S1):53-64.

李海龙,张岳桥,2015.滑坡型堰塞湖形成与保留条件分析——基于文献总结和青藏高原东缘南北向深切河谷研究[J].第四纪研究,35(1):71-87.

李海龙,张岳桥,李建华,2010.青藏高原东缘南北向河流系统及其伴生古堰塞湖研究[J].第四纪研究,30(4):812-824.

李浩宾,冯文凯,葛华,等,2015.普格县重点城镇斜坡结构类型划分及破坏模式探讨[J].水利与建筑工程学报(4):40-44.

李吉均,方小敏,1998.青藏高原隆起与环境变化研究[J].科学通报,43(15):1569-1574.

李吉均,方小敏,马海洲,等,1996.晚新生代黄河上游地貌演化与青藏高原隆起[J].中国科学(D辑:地球科学),26(4):316-322.

李建军,蔡瑶瑶,张军龙,2019.东昆仑断裂带东段塔藏断裂几何结构及滑动递减模型讨论[J].地震,39(1):22-30.

李俊,2017.峨胜石灰石矿山露采高边坡岩体结构特征及其强度参数研究[D].武汉:中国地质大学(武汉).

李磊,2017.千枚岩隧道挤压性大变形机理及控制技术研究[D].北京:北京交通大学.

李强,管昌生,周武,2001.基于Monte-Carlo法的滑坡稳定可靠性分析[J].岩石力学与工程学报,20(s):1674-1676.

李铁锋,潘懋,刘瑞珣,等,2002.基岩斜坡变形与破坏的岩体结构模式分析[J].北京大学学报(自然科学版),38(2):239-244.

李祥龙,2013.层状节理岩体高边坡地震动力破坏机理研究[D].武汉:中国地质大学(武汉).

李小伟,吴益平,张荣,等,2014.滑带土抗剪强度特性的环剪试验研究[J].科学技术与工程,14(27):273-277.

李晓,李守定,陈剑,等,2008.地质灾害形成的内外动力耦合作用机制[J].岩石力学与工程学报,27(9):1792-1806.

李艳豪,2015.岷江上游理县晚更新世湖相沉积的年代学和地震事件初步研究[D].北京:中国地震局地质研究所.

李艳豪,蒋汉朝,徐红艳,等,2015.四川岷江上游滑坡触发因素分析[J].地震地质,37(4):1147-1161.

李永昭,郭兵,2008.成都平原的晚新生代构造[J].成都理工大学学报(自然科学版),35(4):371-376.

李勇,2006.青藏高原东缘大陆动力学过程与地质响应[M].北京:地质出版社.

李勇,黎兵,周荣军,等,2007.剥蚀-沉积体系中剥蚀量与沉积通量的定量对比研究——以岷江流域为例[J].地质学报,81(3):332-343.

李勇,徐公达,周荣军,2005,等.龙门山均衡重力异常及其对青藏高原东缘山脉地壳隆升的约束[J].地质通报,24(12):1162-1168.

李勇,周荣军,2006.青藏高原东缘龙门山晚新生代走滑-逆冲作用的地貌标志[J].第四纪研究,26(1):40-50.

李勇,周荣军,DENSMORE A L,等,2006.龙门山断裂带走滑方向的反转及其沉积与地貌标志[J].矿物岩石,26(4):26-34.

李勇,周荣军,DENSMORE A L,等,2006.青藏高原东缘龙门山晚新生代走滑-逆冲作用的地貌标志[J].第四纪研究,26(1):40-51.

李勇飞,嵇其伟,2006.浅谈古滑坡的判别[J].西部探矿工程(12):286-287.

李友龙,2011.特大型桥梁工程地质勘察特点[J].西部探矿工程,23(4):102-104.

李永昭,郭兵.2008.成都平原的晚新生代构造[J].成都理工大学学报(自然科学版),35(4):371-376.

李忠生,2001.地震动作用下滑坡稳定性研究[D].西安:长安大学.

廖秋林,李晓,李守定,等,2005.三峡库区千将坪滑坡的发生、地质地貌特征、成因及滑坡判据研究[J].岩石力学与工程学报(17):3146-3153.

刘才华,陈从新,2012.层状岩质边坡稳定性[M].北京:科学出版社.

刘光勋,1996.东昆仑活动断裂带及其强震活动[J].中国地震(2):119-126.

刘海,2012.穿越古滑坡川主寺隧道主要工程地质问题研究[D].成都:成都理工大学.

刘汉超,陈明东,等,1993.库区环境地质评价研究[M].成都:成都科技大学出版社.

刘仁阳,2016.成兰铁路杨家坪隧道活动断裂软岩大变形处置设计施工技术[J].企业技术开发,35(34):8-13.

刘维明,杨胜利,方小敏,2013.川西高原黄土记录的末次冰期气候变化[J].吉林大学学报(地球科学版),43(3):974-982.

刘晓东,1999.青藏高原隆升对亚洲季风形成和全球气候与环境变化的影响[J].高原气象,18(3):321-332.

刘兴旺,袁道阳,邵延秀,等,2015.甘肃迭部-白龙江南支断裂中东段晚第四纪构造活动特征[J].地球科学与环境学报,37(6),111-119.

刘艳灵,2016.基于岩溶复杂地质的高速公路桥梁桩基施工技术研究[J].四川水泥(1):21-22.

刘勇,2006.川西高原层状地貌研究[D].南京:南京师范大学.

刘振军,2001.层次分析法在青藏高原中西部航磁异常分类及找矿预测中的应用[J].物探与化探,25(3):161-167.

刘振敏,2002.中国伊利石黏土矿概述[J].化工矿产地质(1):28-32.

鲁海峰,姚多喜,胡友彪,等,2017.基于FLAC3D多裂隙模型的层状岩质边坡破坏特征及稳定性[J].水利水电科技进展(4):36-41.

吕江宁,沈正康,王敏,2003.川滇地区现代地壳运动速度场和活动块体模型研究[J].地震地质,25(4):543-554.

吕祖珩,2006.天龙湖地下水电站厂区枢纽设计与施工[J].西北水电(4):31-36.

马保起,苏刚,侯治华,等,2005.利用岷江阶地的变形估算龙门山断裂带中段晚第四纪滑动速率[J].地震地质,27(2):234-242.

马利衡,梁青槐,谷爱军,等,2014.沪宁城际高速铁路路基段振动试验研究及数值分析[J].铁道学报(1):88-93.

马寅生,施炜,张岳桥,等,2005.东昆仑活动断裂带玛曲段活动特征及其东延[J].地质通报,24(1):30-35.

马宗晋,高维明,1985.华北地震区与南北地震带近期强震危险性判定与研究进展[J].中国地震(1):74-76.

毛可,石特临,杨立明,1997.南北地震带强震迁移特征及其预测意义[J].地震工程学报(4):6-11.

毛雪,2011.末次冰消期岷江上游叠溪湖相沉积记录初步研究[D].北京:中国地质大学(北京).

绵阳市水利电力建筑勘察设计研究院,2003.绵阳启明星水电开发有限责任公司武安水电站工程初步设计报告[R].绵阳:绵阳市水利电力建筑勘察设计研究院.

聂高众,高建国,邓砚,2004.地震诱发的堰塞湖初步研究[J].第四纪研究,24(3):293-301.

牛全福,程维明,兰恒星,等,2011.基于信息量模型的玉树地震次生地质灾害危险性评价[J].山地学报,29(2):243-249.

欧先交,曾兰华,周尚哲,等,2012.四川西部黄土沉积与环境演变研究综述[J].地球环境学报,3(1):692-704.

裴钻,黄润秋,许强,等,2011.强震触发横向坡失稳的力学模式研究[J].水土保持通报,31(6):117-120.

彭冬菊,2008.边坡地质灾害隐患探测方法研究[D].长沙:中南大学.

彭建兵,马润勇,卢全中,等,2004.青藏高原隆升的地质灾害效应[J].地球科学进展,19(3):457-466.

彭省临,刘亮明,赖健清,等,2005.层次分析法在矿床大比例尺定位预测中的应用—以铜陵凤凰山铜矿为例[J].大地构造与成矿学,29(1):71-77.

戚筱俊,2002.古滑坡复活实例分析[J].西部探矿工程(2):125-126.

齐超,邢爱国,殷跃平,等,2012.东河口高速远程滑坡-碎屑流全程动力特性模拟[J].工程地质学报,20(3):334-339.

钱洪,马声浩,龚宇,1995.关于岷江断裂若干问题的讨论[J].中国地震,11(2):140-146.

钱洪,唐荣昌,1997.成都平原的形成与演化[J].四川地震(3):1-7.

钱洪,周荣军,1999.岷江断裂南段与1933年叠溪地震研究[J].中国地震,15(4):333-338.

钱明明,2018.千将坪滑坡失稳机制研究[D].合肥:合肥工业大学.

青海省地震局,1999.东昆仑活动断裂带[M].北京:地震出版社.

全国国土资源标准化技术委员会,2016.滑坡防治工程勘查规范(GB/T 32864-2016)[S].北京:中国标准出版社.

任俊杰,2013.龙日坝断裂带晚第四纪活动及与其周边断裂的运动学关系[D].北京:中国地震局地质研究所.

邵延秀,袁道阳,何文贵,等,2014.陇南市活断层地震危险性评估[J].地震工程学报(3):645-656.

邵兆刚,孟宪刚,杨朝斌,等,2006.西藏阿里札达盆地的"翘板式"形成机制[J].地质论评,52(2):215-218.

沈曼,2014.岷江上游叠溪古堰塞湖沉积物中地震信息研究[D].成都:成都理工大学.

沈亚麒,郭长宝,吴瑞安,等,2017.川西松潘黄土发育特征与工程地质力学特性分析[J].地质力学学报,23(5):766-777.

施雅风,李吉均,1999.晚新生代青藏高原的隆升与东亚环境变化[J].地理学报,54(1):12-22.

施雅风,郑本光,1990.青藏高原的末次冰期与最大冰期[J].冰川冻土,12(1):16.

施雅风,郑本兴,李世杰,等,1995.青藏高原中东部最大冰期时代高度与气候环境探讨[J].冰川冻土,17(2):97-112.

石振明,李建可,鹿存亮,等,2010.堰塞湖坝体稳定性研究现状及展望[J].工程地质学报,18(5):657-663.

司建涛,刘顺,2008.青藏高原东缘岷江断裂构造特征、变形序列和演化历史[J].四川地质学报,28(1):1-5.

四川省地质调查院,2014.土门幅1:5万区域地质调查报告[R].成都:四川省地质调查院.

四川省地质矿产局成都水文地质工程地质队,1990.岷江流域上游水文地质工程地质综合调查报告[R].成都:四川省地质矿产局成都水文地质工程地质队.

宋章,蒋良文,杜宇本,等,2016.成兰铁路软岩大变形特征及成因机制分析[J].铁道标准设计(1):11-16.

孙广忠,1988.岩体结构力学[M].北京:科学出版社.

孙红月,尚岳全,1999.顺斜向坡变形破坏特征研究[J].工程地质学报(2):141-146.

孙玉科,2003.工程地质学发展与创新思路探讨之五——岩体结构的发现及其理论意义[J].矿产勘查,6(1):30-31.

孙玉科,古迅,1980.赤平极射投影在岩体工程地质力学中的应用[M].北京:科学出版社.

孙玉科,李建国,1965.岩质边坡稳定性的工程地质研究[J].地质科学(4):330-352.

孙玉科,姚宝魁,1983.我国岩质边坡变形破坏的主要地质模式[J].岩石力学与工程学报(1):67-76.

唐方头,邓志辉,梁小华,等,2008.龙门山中段后山断裂带晚第四纪运动特征[J].地球物理学进展,23(3):710-716.

唐辉明,2008.工程地质学基础[M].北京:化学工业出版社.

唐领余,沈才明,孔昭宸,等,1998.青藏高原东部末次冰期最盛期气候的花粉证据[J].冰川冻土,20(2):133-140.

唐荣昌,韩渭宾,1993.四川活动断裂与地震[M].北京:地震出版社.

唐荣昌,文德华,黄祖智,等,1991.松潘—龙门山地区主要活动断裂带第四纪活动特征[J].中国地震,7(3):64-71.

唐文清,刘宇平,陈智梁,等,2004.岷山隆起边界断裂构造活动初步研究[J].沉积地质与特提斯地质,24(4):31-34.

唐文清,孙志明,1999.四川松潘弓嘎岭-漳腊盆地新构造运动[J].沉积与特提斯地质(A01):107-111.

陶舒,胡德勇,赵文吉,等,2010.基于信息量与逻辑回归模型的次生滑坡灾害敏感性评价——以汶川县北部为例[J].地理研究,29(9):1594-1605.

铁道部第二勘察设计院,1982.铁西滑坡形成条件及特征[J].四川地质学报,3(2):103.

汪一鹏,马瑾,李传友,2007.南北地震带强震迁移特征及其与南亚地震带的联系[J].地震地质,29(1):1-14.

王成善,丁学林.1998.青藏高原隆升研究新进展综述[J].地球科学进展,13(6):526-532.

王恭先,徐峻岭,刘光代,等,2004.滑坡学与滑坡防治技术[M].北京:中国铁道出版.

王光谦,傅旭东,李铁建,等,2008.汶川地震灾区堰塞湖应急处置中的计算分析[J].中国水土保持科学,6(5):1-6.

王国章,李滨,冯振,等,2014.重庆武隆鸡冠岭岩质崩滑-碎屑流过程模拟[J].水文地质工程地质,41(5):101-106.

王焕,李海兵,司家亮,等,2013.汶川地震断裂带结构特征与龙门山隆升的关系[J].岩石学报,29(6),2048-2060

王金烁,2017.疑难地震区发震构造研究方法与技术应用[D].兰州:中国地震局兰州地震研究所.

王兰生,2007.意大利瓦依昂水库滑坡考察[J].中国地质灾害与防治学报(3):145-148+158-159.

王兰生,王小群,许向宁,等,2007.岷江上游近两万年前发生了什么事件?[J]地学前缘,14(4):189-196.

王兰生,王小群,许向宁,等,2012.岷江叠溪古堰塞湖的研究意义[J].第四纪研究,32(5):998-1010.

王兰生,杨立铮,李天斌,等,2000.四川岷江叠溪较场地震滑坡及环境保护[J].地质灾害与环境保护(3):195-199.

王兰生,杨立铮,王小群,等,2005.岷江叠溪古堰塞湖的发现[J].成都理工大学学报(自然科学版),32(1):1-11.

王磊,李滨,高杨,等,2016.大型厚层崩滑体运动特征模拟研究:以重庆武隆县羊角场镇大巷危岩为例[J].地学前缘,23(2):251-259.

王立朝,温铭生,冯振,等,2019.中国西藏金沙江白格滑坡灾害研究[J].中国地质灾害与防治学报,30(1):5-13.

王鹏飞,2015.金沙江上游苏洼龙滑坡形成机制与稳定性研究[D].北京:中国地质大学(北京).

王平德,牟银杰,2011.川(主寺)黄(龙)公路雪山梁路段气象灾害影响分析[J].高原山地气象研究,31(4):78-81.

王涛,马寅生,龙长兴,等,2008.四川汶川地震断裂活动和次生地质灾害浅析[J].地质通报,27(11):1913-1922.

王涛,吴树仁,石菊松,等,2013.国内外典型工程滑坡灾害比较[J].地质通报,32(12):1881-1899.

王小群,2009.岷江上游叠溪古堰塞湖沉积物的环境地质信息研究[D].成都:成都理工大学.

王小群,王兰生,2013.岷江叠溪古堰塞湖沉积物中孢粉特征[J].地球科学——中国地质大学学报,38(5):975-982.

王小群,王兰生,沈军辉,2010.岷江上游叠溪古堰塞湖沉积物粒度特征及环境意义[J].工程地质学报,18(5):677-684.

王旭光,李传友,吕丽星,等,2017.龙门山后山断裂中段汶川-茂县断裂的晚第四纪活动性分析[J].地震地质,39(3):572-586.

王妍,姚多喜,鲁海峰,2017.层状岩质边坡稳定性赤平投影法分析及防治措施[J].地球科学前沿,7(5):610-620.

王运生,HUANG,段海澎,等,2006.中国西部末次冰期一次强烈的侵蚀事件[J].成都理工大学学报(自然科学版),33(1):73-76.

王运生,李渝生,2000.岷江上游马脑顶—两河口段滑坡、崩塌形成的控制因素分析[J].成都理工大学学报(自科版)(s1):205-208.

王治华,吕杰堂,2001.从卫星图像上认识西藏易贡滑坡[J].遥感学报,5(4):312-316.

王自高,何伟,2011.水电水利工程地质灾害问题分类[J].地质灾害与环境保护,22(4):35-40.

吴迪,简文彬,徐超,2011.残积土抗剪强度的环剪试验研究[J].岩土力学,32(7):2045-2050.

吴光,肖道坦,蒋良文,等,2010.复杂山区高等级铁路选线工程地质的若干问题[J].西南交通大学学报,45(4):527-532.

吴俊峰,2013.大渡河流域重大地震滑坡发育特征与成因机理研究[D].成都:成都理工大学.

吴小平,胡建中,2009.岷江源地区新构造运动特征[J].现代地质,23(3):430-439.

吴永胜,2017.千枚岩隧道围岩力学特性研究及工程应用[D].北京:北京交通大学.

肖丁,张沛然,杨帆,等,2015.黄土抗剪强度试验研究[J].四川建筑,35(1):102-103.

肖诗荣,刘德富,胡志宇,2010.世界三大典型水库型顺层岩质滑坡工程地质比较研究[J].工程地质学报,18(1):52-59.

邢爱国,徐娜娜,宋新远,2010.易贡滑坡堰塞湖溃坝洪水分析[J].工程地质学报,18(1):78.

徐邦栋,2001.滑坡分析与防治[M].北京:中国铁道出版社.

徐江,2011.茂县羊毛坪滑坡"5·12"地震触发机理研究[D].成都:西南交通大学.

徐锡伟,闻学泽,陈桂华,等,2008.巴颜喀拉地块东部龙日坝断裂带的发现及其大地构造意义[J].中国科学:地球科学,38(5):529.

徐锡伟,闻学泽,叶建青,等,2008.汶川M_s8.0地震地表破裂带及其发震构造[J].地震地质,30(3):894-926.

徐锡伟,于贵华,马文涛,等,2008.昆仑山地震(M_w7.8)破裂行为、变形局部化特征及其构造内涵讨论[J].中国科学:地球科学(7):785-796.

徐则民,刘文连,黄润秋,2011.金沙江寨子村巨型古滑坡的工程地质特征及其发生机制[J].岩石力学与工程学报(S2):3539-3550.

许冲,戴福初,徐锡伟,2011.汶川地震滑坡灾害研究综述[J].地质评论,56(6):860-874.

许强,陈伟,张倬元,2008.对我国西南地区河谷深厚覆盖层成因机理的新认识[J].地球科学进展,23(5):448-456.

许强,黄润秋,2008.5·12汶川大地震诱发大型崩滑灾害动力特征初探[J].工程地质学报,16(6):721-729.

许强,李为乐,董秀军,等,2017.四川茂县叠溪镇新磨村滑坡特征与成因机制初步研究[J].岩石力学与工程学报,36(11):2612-2628.

许强,汤明高,徐开祥,等,2008.滑坡时空演化规律及预警预报研究[J].岩石力学与工程学报(6):1104-1112.

许强,郑光,李为乐,等,2018.2018年10月和11月金沙江白格两次滑坡-堰塞堵江事件分析研究[J].工程地质学报,26(6):129-146.

许志琴,杨经绥,姜枚,等.1999.大陆俯冲及青藏高原周缘造山带的崛起[J].地学前缘,6(3):139-152.

严容,2006.岷江上游崩滑堵江次生灾害及环境效应研究[D].成都:四川大学.

晏鄂川,刘汉超,张倬元,1998.茂汶-汶川段岷江两岸滑坡分布规律[J].山地研究,16(2):109-113.

晏鄂川,唐辉明,2002.工程岩体稳定性评价与利用[M].武汉:中国地质大学出版社.

杨德江,2010.狭管效应与气象灾害[J].科技创新导报(21):142.

杨甲奇,2015.成兰铁路槽木沟泥石流的形成机制研究[J].公路交通科技(应用技术版),11(8):267-269.

杨景春,邓天岗,王元海,等,1979.岷江上游地区第四纪构造应力状态及其与地震的关系[J].地震地质,1(3):68-75.

杨景春,李有利,2005.地貌学原理-修订版[M].北京:北京大学出版社.

杨农,张岳桥,孟辉,等,2003.川西高原岷江上游河流阶地初步研究[J].地质力学学报,9(4):363-370.

杨文光,2005.岷江上游阶地沉积记录与气候环境变迁研究[D].成都:成都理工大学.

杨文光,朱利东,张岩,等,2011.岷江上游茂县古堰塞湖的沉积演化[J].海洋地质前沿(5):35-40.

杨文光,朱利东,郑洪波,等,2008.岷江上游第四纪叠溪古堰塞湖的演化[J].地质通报(5):605-610.

杨晓平,冯希杰,戈天勇,等,2008.龙门山断裂带北段第四纪活动的地质地貌证据[J].地震地质,30(3):644-657.

杨晓平,冯希杰,黄雄南,等,2015.礼县-罗家堡断裂晚第四纪活动特征:兼论1654年礼县8级地震孕震机制[J].地球物理学报,58(2):504-519.

杨晓平,蒋溥,宋方敏,等,1999.龙门山断裂带南段错断晚更新世以来地层的证据[J].地震地质,21(4):341-345.

姚檀栋,施雅风,秦大河,等,1997.古里雅冰芯中末次间冰期以来气候变化记录研究[J].中国科学:地球科学,27(5):447-452.

叶米里扬诺娃,1986.滑坡作用的基本规律[M].铁科院西北所滑坡室,译.重庆:重庆出版社.

殷跃平,2000.西藏波密易贡高速巨型滑坡特征及减灾研究[J].水文地质工程地质,27(4):8-11.

殷跃平,2008.汶川八级地震地质灾害研究[J].工程地质学报,16(4):433-444.

殷跃平,王文沛,张楠,等,2017.强震区高位滑坡远程灾害特征研究——以四川茂县新磨滑坡为例[J].中国地质(5):827-841.

俞晶星,郑文俊,袁道阳,等,2012.西秦岭西段光盖山-迭山断裂带坪定-化马断裂的新活动性与滑动速率[J].第四纪研究,32(5),957-967.

原俊红,2007.白龙江中游滑坡堵江问题研究[D].兰州:兰州大学.

袁道阳,雷中生,何文贵,等,2007.公元前186年甘肃武都地震考证与发震构造探讨[J].地震学报,29(6):654-663.

张会平,杨农,张岳桥,等,2006.岷江水系流域地貌特征及其构造指示意义[J].第四纪研究,26(1):126-135.

张军龙,任金卫,陈长云,等,2013.岷江断裂全新世古地震参数及模型[J].地球科学——中国地质大学学报,38(1):83-90.

张军龙,任金卫,付俊东,等,2012.东昆仑断裂带东部塔藏断裂地震地表破裂特征及其构造意义[J].地震,32(1):1-16.

张可,2017.页岩的各向异性对力学性能的影响以及应变率效应研究[D].绵阳:西南科技大学.

张明,殷跃平,吴树仁,等,2010.高速远程滑坡-碎屑流运动机理研究发展现状与展望[J].工程地质学报,18(6):805-818.

张培震,徐锡伟,闻学泽,等,2008.2008年汶川8.0级地震发震断裂的滑动速率、复发周期和构造成因[J].地球物理学报,51(4):1066-1073.

张晓东,2017.汶马高速公路典型变质岩边坡变形破坏机理研究[D].西安:长安大学.

张永双,2014.青藏高原东部地震地质灾害成灾背景[M].北京:科学出版社.

张永双,巴仁基,任三绍,等,2020.中国西藏金沙江白格滑坡的地质成因分析[J].中国地质,47(6):1637-1645.

张永双,郭长宝,姚鑫,等,2014.青藏高原东缘地震工程地质[M].北京:地质出版社.

张永双,郭长宝,姚鑫,等,2016.青藏高原东缘活动断裂地质灾害效应研究[J].地球学报,37(3):277-286.

张永双,石菊松,孙萍,等,2009.汶川地震内外动力耦合及灾害实例[J].地质力学学报,15(2):131-141.

张永双,苏生瑞,吴树仁,等,2011.强震区断裂活动与大型滑坡关系研究[J].岩石力学与工程学报,28(增刊2):3503-3513.

张永双,吴瑞安,郭长宝,等,2018.古滑坡复活问题研究进展与展望[J].地球科学进展,33(7):728-740.

张勇,李天鹏,聂德新,等,2009.金沙江某水电站上下坝址岩体卸荷差异研究[J].工程地质学报,17(3):313-316.

张岳桥,李海龙,李建华,2010.青藏高原东缘中更新世伸展作用及其新构造意义[J].地质论评(6):781-791.

张岳桥,李海龙,吴满路,等,2012.岷江断裂带晚新生代逆冲推覆构造:来自钻孔的证据[J].地质论评,58(2):215-223.

张岳桥,李建,李海龙,等,2016.青藏高原东缘1933年叠溪M_s7.5级地震发震构造再研究[J].地质论评,62(2):267-276.

张岳桥,杨农,孟晖,2005.岷江上游深切河谷及其对川西高原隆升的响应[J].成都理工大学学报(自然科学版),32(4):331-339.

张倬元,王士天,王兰生,等,1994.工程地质分析原理[M].北京:地质出版社.

赵国光,1996.青藏高原北部的第四纪断层运动[J].中国地震(2):109-118.

赵景波,岳应利,陈云,1997.黄土湿陷性及其成因[J].地质力学学报,3(4):64-70.

赵肃菖,马惠民,1998.论坡体结构与坡体病害类型[C]//兰州滑坡泥石流学术研讨会.

赵小麟,邓起东,陈社发,等,1994.岷山隆起的构造地貌学研究[J].地震地质,16(4):429-439.

郑文俊,刘小凤,赵广堃,等,2005.2003年11月13日甘肃岷县M_s5.2地震基本特征[J].地震工程学报,27(1),61-65.

郑文俊,袁道阳,何文贵,等,2013.甘肃东南地区构造活动与2013年岷县—漳县M_s6.6地震孕震机制[J].地球物理学报,56(12):4058-4071.

郑颖人,2007.边坡与滑坡工程治理[M].北京:人民交通出版社.

周宝春,2016.成兰铁路柿子园隧道4号横洞挤压性围岩大变形施工技术[J].路基工程(3):232-236.

周德培,钟卫,杨涛,2008.基于坡体结构的岩质边坡稳定性分析[J].岩石力学与工程学报(4):687-695.

周荣军,李勇,ALEXANDER L D,等,2006.青藏高原东缘活动构造[J].矿物岩石,26(2):40-51.

周荣军,蒲晓虹,何玉林,等,2000.四川岷江断裂带北段的新活动、岷山断块的隆起及其与地震活动的关系[J].地震地质,22(3):285-294.

周尚文,薛华庆,郭伟,2017.基于扫描电镜和X射线能谱的页岩矿物分析方法[J].中国石油勘探,22(6):27-33.

周绪纶,2013.论岷山地区冰缘岩溶[J].四川地质学报,33(4):479-487.

朱俊霖,2014.岷江上游地区阶地初步研究[D].成都:成都理工大学.

朱林,2016.理县基地千枚岩斜坡倾倒变形及失稳机理研究[D].成都:成都理工大学.

朱筱敏,2008.沉积岩石学[M].北京:石油工业出版社.

祝意青,王双绪,程宏宾,等,2003.南北地震带强震活动的时空关联现象探讨[J].地震工程学报,25(2):179-182.

资宜,马士伟,2011.岩溶隧道涌突水灾害发生机理与工程防治[J].隧道工程学报,2(2):85-89.

ALI E,GUANG W,ZHIMING Z,et al.,2014. Assessments of Strength Anisotropy and Deformation Behavior of Banded Amphibolite Rocks[J]. Geotechnical and Geological Engineering,32(2):429-438.

Armijo R P, Tapponnier P, Mercier J,et al., 1986. Quaternary extension in southern Tibet: field observations and tectonic implications[J]. Journal of Geophysical Research, 91:13803-13872.

Avouac J P, Tapponnier P,1993. Kinematic model of active deformation in Central Asia[J]. Geophysical Research Letters, 20: 895-898.

CASAGLI N,ERMINI L,ROSATI G,2003. Determining grain size distribution of the material composing landslide dams in the Northern Apennines:sampling and processing methods[J]. Engineering Geology,69(1):83-97.

CHEN D,2009. Characteristics of Northwest China Rainfall Intensity in Recent 50 Years[J]. Chinese Journal of Atmospheric Sciences,33(5):923-935.

CHEN J,DAI F C,LÜT Y,et al.,2013. Holocene landslide-dammed lake deposits in the Upper Jinsha River,SE Tibetan Plateau and their ages[J]. Quaternary International,298:107-113.

CHEN S F, WILSON C J L, DENG Q D, et al., 1994. Active faulting and block movement associated with large earthquakes in the Min Shan and Longmen Mountains, northeastern Tibetan Plateau[J]. Journal of Geophysical Research Solid Earth, 99(B12): 24025-24038.

CLARK M K, ROYDEN L H, 2000. Topographic ooze: Building the eastern margin of Tibet by lower crustal flow[J]. Geology, 28: 703-706.

COHEN K M, STOUTHAMER E, BERENDSEN H J A, 2002. Fluvial deposits as a record for Late Quaternary neotectonic activity in the Rhine-Meuse delta, The Netherlands[J]. Netherlands Journal of Geosciences/Geologie en Mijnbouw, 81(3-4): 384-405.

COSTA J E, SCHUSTER R L, 1988. The formation and failure of natural dams[J]. Geological Society of America Bulletin, 100(7): 1054-1068.

CROSTA G B, CHEN H, FRATTINI P, 2006. Forecasting hazard scenarios and implications for the evaluation of countermeasure efficiency for large debris avalanches[J]. Engineering Geology, 83: 236-253.

CRUDEN D M, VARNES D J, 1996. Landslide types and processes, specalepot, transportation research board[J]. National Academy of Sciences, 247: 36-75.

DAI F C, LEE C F, DENG J H, et al., 2005. The 1786 earthquake-triggered landslide dam and subsequent dam-break flood on the Dadu River, southwestern China—Reply [J]. Geomorphology, 73(3): 277-278.

DELANEY K B, EVANS S G, 2011. Rockslide Dams in the Northwest Himalayas (Pakistan, India) and the Adjacent Pamir Mountains (Afghanistan, Tajikistan)[J]. Central Asia, 133: 205-242.

DENSMORE A L, ELLIS M A, LI Y, et al., 2007. Active tectonics of the Beichuan and Pengguan faults at the eastern margin of the Tibetan Plateau[J]. Tectonics, 26(4): 1-17.

DEWEY J F, SHACKLETON R M, CHANG C F, et al., 1988. The tectonic evolution of the Tibetan Plateau[M]. Philosophical Transaction of Royal Society of London, Series A, 327(A): 379-413.

DONG J J, TU C H, LEE W R, et al., 2012. Effects of hydraulic conductivity/strength anisotropy on the stability of stratified, poorly cemented rock slopes[J]. Computers and Geotechnics, 40: 147-159.

ENGLAND P, HOUSEMAN G A, 1986. Finite strain calculations of continental deformation: Comparison with the India-Asia collision[J]. Journal of Geophysical Research, 91: 3664-3667.

ERMINI L, CASAGLI N, 2002. Prediction of the behaviour of landslide dams using a geomorphological dimensionless index[J]. Earth Surface Processes & Landforms, 28(1): 31-47.

EVANS S G, DELANEY K B, 2011. Characterization of the 2000 Yigong Zangbo River (Tibet) Landslide Dam and Impoundment by Remote Sensing[M]//Natural and Artificial Rockslide Dams. Springer Berlin Heidelberg: 543-559.

GEO-SLOPE International Ltd, 2008. Seepage modeling with SEEP/W 2007 version: an engineering methodology. 3rd edit[M]. Calgary: GEO-SLOPE International Ltd.

GUO C, ZHANG Y S, MONTGOMERY DAVID R, et al., 2016. How unusual is the long-runout of the earthquake-triggered giant Luanshibao landslide, Tibetan Plateau, China Geomorphology, 259: 145-154.

HADLEY J B, 1978. Madison Canyon rockslide, USA. In Rockslides and Avalanches, Vol. 1, Voigth B (ed.). Elsevier: New York: 167-180.

HARRIS J R, WILKINSON L, GRUNSKY E C, 2000. Effective use and interpretation of lithogeochemical data in regional mineral exploration programs: application of geographic information systems (GIS) technology[J]. Ore Geology Reviews,16:107-143.

HE X L,LI H B,WANG H,et al.,2018. Creeping along the Guanxian-Anxian fault of the 2008 M_w 7.9 Wenchuan earthquake in the Longmen Shan,China[J]. Tectonics,37(7),2124-2141.

HOLT W E, Chamot R N, Le P X,et al., 2000. Velocity field in Asia inferred from Quaternary fault slip rates and Global Positioning System observations[J]. Journal of Geophysical Research, 105: 19185-19209.

HSU K J,1975. Catastrophic debris streams (sturzstroms) generated by rockfalls[J]. Geol. Soc. Am. Bull,86:129-140.

HSU Y S,HSU Y H,2009. Impact of earthquake-induced dammed lakes on channel evolution and bed mobility: Case study of the Tsaoling landslide dammed lake[J]. Journal of Hydrology,374(1): 43-55.

HU X,LI Y,YANG J,2005. Quaternary paleolake development in the fen river basin, north china [J]. Geomorphology,65(1-2),1-13.

HUNGR O,1995. A model for the runout analysis of rapid flow slides, debris flows, and avalanches[J]. Canadian Geotechnical Journal,32(4):610-623.

HUNGR O,EVANS S G,1996. Rock avalanche runout prediction using a dynamic model[C]. In: Proceedings of the 7th international symposium on landslides,17:21.

HUNGR O,EVANS S G,BOVIS M J,et al.,2001. A review of the classification of landslides of the flow type[J]. Environmental & Engineering Geoscience,7(3):221-238.

JIANG H,MAO X,XU H,et al.,2014. Provenance and earthquake signature of the last deglacial Xinmocun lacustrine sediments at Diexi, East Tibet[J]. Geomorphology,204(1),518-531.

JIANG H,ZHONG N,LI Y,et al.,2016. Soft sediment deformation structures in the Lixian lacustrine sediments, eastern Tibetan Plateau and implications for postglacial seismic activity[J]. Sedimentary Geology,344:123-134.

JIANG H,ZHONG N,LI Y,et al.,2017. A continuous 13.3ka record of seismogenic dust events in lacustrine sediments in the eastern Tibetan Plateau[J]. Scientific reports,7:15686.

KEEFER D K,1984. Landslide caused by earthquakes[J]. Geological Society of America Bulletin 95:406-421.

KIDD W S F,MOLNAR P,1988. Quaternary and Active Faulting Observed on the 1985 Academia Sinica-Royal Society Geotraverse of Tibet[J]. Philosophical Transactions of the Royal Society of London A,327(1594):337-363.

KIN G J,LOVEDAY I,SCHUSTER R L,1989. The 1985 Bairaman landslide dam and resulting debris flow[J]. Quarterly Journal of Engineering Geology,22(4):257-270.

KIRBY E,HARKINS N,WANG E,et al.,2007. Slip rate gradients along the eastern Kunlun fault [J]. Tectonics,26(2):375-393.

KIRBY E,REINERS P W,KROL M A,et al.,2002. Late Cenozoic evolution of the eastern margin of the Tibetan Plateau: Inferences from $^{40}Ar/^{39}Ar$ and (U-Th)/He thermochronology[J]. Tectonics,21(1):1-20.

KIRBY E,WHIPPLE K X,BU RCHFIEL B C,et al.,2000. Neotectoniics of the Min Shan,China: implications driving Quaternary deformation along the eastern margin of the Tibetan Plateau[J]. GSA Bulletin,112(3):375-393.

KIRBY E,WHIPPLE K X,BURCHFIEL B C,et al.,2000. Neotectonics of the Min Shan,China: Implications for mechanisms driving Quaternary deformation along the eastern margin of the Tibetan Plateau[J]. Geological Society of America Bulletin,112(3):375-393.

KIRBY E,WHIPPLE K X,TANG W,et al.,2003. Distribution of active rock uplift along the eastern margin of the Tibetan Plateau:Inferences from bedrock channel longitudinal profiles[J]. Journal of Geophysical Research:Solid Earth,108(B4):2217.

KORUP O,2004. Geomorphometric characteristics of New Zealand landslide dams[J]. Engineering Geology,73(1):13-35.

KUENZA K,TOWHATA I,ORENSE R P,et al.,2004. Undrained torsional shear tests on gravelly soils[J]. Landslides,1(3):185-194.

KUO Y S, TSANG Y C, CHEN K T,et al.,2011. Analysis of landslide dam geometries[J]. 山地科学学报(英文版),8(4):544-550.

LE DAIN A Y, TAPPONNIER P, MOLNAR P, 1984. Active faulting and tectonics of Burma and surrounding regions[J]. Journal of Geophysical Research, 89: 453-472.

LI H B, WANG H, YANG G, et al., 2016. Lithological and structural characterization of the Longmen Shan fault belt from the 3rd hole of the Wenchuan Earthquake Fault Scientific Drilling project (WFSD-3)[J]. International Journal of Earth Sciences,105(8):2253-2272.

LI J,ZHANG Y Q,LI H L,et al.,2016. Revisiting Late Quaternary Slip-rate along the Maqu Segment of the Eastern KunlunFault,Northeast Tibet[J]. Acta Geologica Sinica(English Edition),90(2): 486-502.

LIANG L,JIANG H,2017. Geochemical composition of the last deglacial lacustrine sediments in East Tibet and implications for provenance,weathering,and earthquake events[J]. Quaternary International,430:41-51.

LIN A,GUO J,2008. Nonuniform Slip Rate and Millennial Recurrence Interval of Large Earthquakes along the Eastern Segment of the Kunlun Fault,Northern Tibet[J]. Bulletin of the Seismological Society of America,98(6):2866-2878.

MADDY D,1997. Uplift-driven valley incision and river terrace formation in southern England [J]. Journal of Quaternary Science,12:539-545.

MATHESON D S,THOMSON S,1973. Geological Implications of Valley Rebound[J]. Canadian Journal of Earth Sciences,10(6):961-978.

MCDOUGALL S,HUNGR H,2004. A model for the analysis of rapid landslide motion across three-dimensional terrain[J]. Canadian Geotechnical Journal,41:1084-1097.

MOLNAR P, LYON-CAEN H, 1989. Fault plane solutions of earthquakes and active tectonics of the northern and eastern parts of the Tibetan Plateau[J]. Geophys Jour Int, 99: 123-153.

MOLNAR P, TAPPONNIER P, 1975. Cenozoic tectonics of Asia: Effects of a continental collision[J]. Science, 189: 419-426.

MOLNAR P, TAPPONNIER P, 1978. Active tectonics of Tibet[J]. Journal of Geophysical Research, 83: 5361-5375.

PAN B,HU Z,WANG J,et al.,2012. The approximate age of the planation surface and the incision of the yellow river[J]. Palaeogeography,Palaeoclimatology,Palaeoecology,356-357(Complete): 54-61.

PENG C,ZHU Y Y,HAN Y S,et al.,2009. The 12 May Wenchuan earthquake-induced landslide lakes:distribution and preliminary risk evaluation[J]. Landslides,6(3):209-223.

PENG M,ZHANG L M,2012. Breaching parameters of landslide dams[J]. Landslides,9(1):13-31.

PIRULLI M,2009. The Thurwieser rock avalanche (Italian Alps):Description and dynamic analysis[J]. Engineering Geology,109(1-2):80-92.

PIRULLI M,SCAVIA C,HUNGR O,2004. Determination of rock avalanche run-out parameters through back analyses. [M]//LACERDA W A,EHRLICH M,FONTOURA S A B,et al., Landslides,evaluation and stabilixation. London:CRC Press:1361-1366.

RAN Y,CHEN W,XU X,et al.,2014. Late quaternary paleoseismic behavior and rupture segmentation of the Yingxiu-Beichuan fault along the Longmenshan fault zone,China[J]. Tectonics,33(11):2218-2232.

REN J,XU X,YEATS R S,et al.,2013. Holocene paleoearthquakes of the Maoergai fault,eastern Tibet[J]. Tectonophysics,590(2):121-135.

REN J,XU X,YEATS R S,et al.,2013. Latest Quaternary paleoseismology and slip rates of the Longriba fault zone,eastern Tibet:Implications for fault behavior and strain partitioning[J]. Tectonics,32(2):216-238.

ROYDEN L H, BURCHFIEL B C, KING R E, et al., 1997. Surface deformation and lower crustal flow in eastern Tibet[J]. Science, 276: 788-790.

SALVATICI T,MORELLI S,PAZZI V,et al.,2017. Debris flow hazard assessment by means of numerical simulations:implications for the Rotolon creek valley (Northern Italy)[J]. Journal of Mountain Science,14(4):636-648.

SCARASCIA-MUGNOZZA G,EVANS S G,HERMANNS R L,et al.,2011. Natural and Artificial Rockslide Dams[J]. Aseanheartjournal Org,133.

SCHUMM S A,DUMONT J F,HOLBROOK J M,2000. Active Tectonics and Alluvial Rivers [M]. Cambridge:Cambridge University Press.

SCHUSTER R L, ALFORD D, 2004. Usoi Landslide Dam and Lake Sarez, Pamir Mountains, Tajikistan[J]. Environmental & Engineering Geoscience,10(2):151-168.

SHEN Z,LÜ J,WANG M,et al.,2005. Contemporary crustal deformation around the southeast borderland of the Tibetan Plateau[J]. Journal of Geophysical Research Solid Earth,110(B11):409.

SINGH J,RAMAMURTHY T,RAO G V,1989. Strength anisotropy in rocks[J]. Ind Geotech J,19(2):147-166.

SLOSSON J E,YOAKUM D D,SHUIRMAN G,1992. Chapter 9:Thistle landslide:Was mitigation possible? [J]. Reviews in Engineering Geology:83-94.

SOSIO R,CROSTA G B,HUNGR O,2008. Complete dynamic modeling calibration for the Thurwieser rock avalanche (Italian Central Alps)[J]. Engineering Geology,100(1-2):11-26.

STROM A,2015. Natural River Damming:Climate-Driven or Seismically Induced Phenomena:Basics for Landslide and Seismic Hazard Assessment[M]//Engineering Geology for Society and Territory-Volume 2. Springer International Publishing:33-41.

TAPPONNIER P, PELTZER G, LE D A Y,et al., 1982. Propagating extrusion tectonics in Asia: New insight from simple experiments with plasticine[J]. Geology, 10: 1339-1384.

TAPPONNIER P,RYERSON F J,WOERD J V D,et al.,2001. Long-term slip rates and characteristic slip:keys to active fault behaviour and earthquake hazard[J]. Comptes Rendus De Lacademie

Des Sciences,333(9):483-494.

VAN DER WOERD J,RYERSON F J,TAPPONNIER P,et al. ,1998. Holocene left-slip rate determined by cosmogenic surface dating on the Xidatan segment of the Kunlun fault (Qinghai,China) [J]. Geology,26(8):695-698.

VAN DER WOERD J,TAPPONNIER P J,RYERSON F,et al. ,2002. Uniform postglacial slip-rate along the central 600 km of the Kunlun Fault (Tibet),from 26Al,10Be,and 14C dating of riser offsets,and climatic origin of the regional morphology[J]. Geophysical Journal International,148(3):356-388.

WANG F,ZHANG Y,et al. ,2004. The July 14,2003 Qianjiangping Landslide,Three Gorges Reservoir,China[J]. Landslide,1:157-162.

WANG H,LI H,SI J,et al. ,2014. Internal structure of the Wenchuan earthquake fault zone,revealed by surface outcrop and WFSD-1 drilling core investigation[J]. Tectonophysics,619:101-114.

WANG P,ZHANG B,QIU W,et al. ,2011. Soft-sediment deformation structures from the Diexi paleo-dammed lakes in the upper reaches of the Minjiang River,east Tibet[J]. Journal of Asian Earth Sciences,40:865-872.

WELLS D L,COPPERSMITH K J,1994. New empirical relationships among magnitude,rupture length,rupture width,rupture area,and surface displacement[J]. Bulletin of the seismological Society of America,84(4):974-1002.

WEN X,YI G,XU X,2007. Background and precursory seismicities along and surrounding the Kunlun fault before the M_s 8.1,2001,kokoxili earthquake,China[J]. Journal of Asian Earth Sciences,30(1):1-72.

XU C,DAI F,XU X,et al. ,2012. GIS-based support vector machine modeling of earthquake-triggered landslide susceptibility in the Jianjiang River watershed,China[J]. Geomorphology,145:70-80.

XU H,JIANG H,YU S,et al. ,2015. OSL and pollen concentrate ^{14}C dating of dammed lake sediments at Maoxian,east Tibet,and implications for two historical earthquakes in AD 638 and 952[J]. Quaternary International,371:290-299.

XU Q,FAN X M,HUANG R Q,et al. ,2009. Landslide dams triggered by the Wenchuan Earthquake,Sichuan Province,south west China[J]. Bulletin of Engineering Geology & the Environment,68(3):373-386.

YANG Z,LAN H,GAO X,et al. ,2015. Urgent Landslide Susceptibility Assessment in the 2013 Lushan Earthquake-impacted Area,Sichuan Province,China[J]. Natural Hazards,75(3):2467-2487.

YIN A,HARRISON T M,2000. Geologic evolution of the Himalayan-Tibetan orogen[J]. Annual review of earth and planetary sciences,28(1):211-280.

YIN Y P,CHENG Y L,LIANG J T,et al. ,2015. Heavy-rainfall-induced catastrophic rockslide-debris flow at Sanxicun,Dujiangyan,after the Wenchuan M_s 8.0 earthquake[J]. Landslides,13(1):9-23.

YIN Y,WANG F,SUN P,2009. Landslide hazards triggered by the 2008 Wenchuan earthquake,Sichuan,China[J]. Landslides,6(2):139-152.

ZHAI P,ZHANG X,WAN H,et al. ,2005. Trends in Total Precipitation and Frequency of Daily Precipitation Extremes over China[J]. Journal of Climate,18(18):1096-1108.

ZHANG B P,1995. Geoecology and sustainable development in the Kunlun Mountains,China. [J]. Mountain Research & Development,15(3):283-292.

ZHANG J L,REN J W,CHEN C Y,et al.,2014. The Late Pleistocene activity of the eastern part of east Kunlun fault zone and its tectonic significance[J]. Science China Earth Sciences,57(3):439-453.

ZHANG Y S,GUO C B,LAN H X et al.,2015. Reactivation mechanism of ancient giant landslides in the tectonically active zone:a case study in Southwest China[J]. Environmental earth Science,74:1719-1729.

ZHONG N,JIANG H C,LI H B,et al.,2019. Last deglacial soft-sediment deformation at Shawan on the eastern Tibetan plateau and implications for deformation processes and seismic magnitudes[J]. Acta Geological Sinica (English edition),93(2):430-450.

ZHONG N,SONG X,XU H,et al.,2017. Influence of a tectonically active mountain belt on its foreland basin:evidence from detrital zircon dating of bedrocks and sediments from the eastern Tibetan plateau and Sichuan Basin,SW China[J]. Journal of Asian Earth Sciences,146:251-264.